U0751741

主动数据库系统理论基础

郝忠孝　著

科 学 出 版 社

北 京

内 容 简 介

本书是在作者三十余年来对主动数据库系统理论研究的基础上撰写的。书中系统论述和分析了主动数据库系统理论以及若干新的概念、方法和算法。

本书共分二十章。主要内容包括：主动数据库管理系统的体系结构、主动规则的相关模型及说明语言、事件监测，特别重点讨论了基于触发图、活化图、惰化图、事务、规则优先级、活化路径、代数等方法对主动规则集终止性、汇流性的静态和动态分析，较详细地给出了相关的定理、方法和算法及算法证明，深入地讨论了规则执行和监测、主动数据库完整性等。

本书可作为计算机科学与技术学科、控制理论与控制工程学科等相关专业的高年级本科生教材或硕士生选修课教材，也可供从事上述领域研究的博士生、科研人员及工程技术人员等参考。

图书在版编目（CIP）数据

主动数据库系统理论基础/郝忠孝 著. —北京：科学出版社，2009
ISBN 978-7-03-023364-6

Ⅰ. 主… Ⅱ. 郝… Ⅲ. 数据库管理系统-理论 Ⅳ. TP311.13

中国版本图书馆 CIP 数据核字（2008）第 175218 号

责任编辑：耿建业/责任校对：陈玉凤
责任印制：赵 博/封面设计：耕者设计工作室

科学出版社 出版
北京东黄城根北街 16 号
邮政编码：100717
http://www.sciencep.com

新蕾印刷厂 印刷
科学出版社发行 各地新华书店经销

*

2009 年 1 月第 一 版 开本：B5（720×1000）
2009 年 1 月第一次印刷 印张：24
印数：1—3 000 字数：481 000

定价：68.00 元

（如有印装质量问题，我社负责调换〈新蕾〉）

前　言

数据库技术是在20世纪60年代末作为数据管理的最新技术登上数据处理舞台的。随着计算机应用的不断扩大，计算机硬件快速发展，数据库技术也得到了迅速的发展。数据库技术和计算机网络技术已成为当今世界计算机应用中两个最重要的基础领域。经过四十多年的发展，以数据模型的进展、变化为主线，出现了以层次模型和网状模型为代表的层次数据库和网状数据库的第一代数据库。70年代末出现了以关系数据模型为代表的第二代数据库——关系数据库。80年代以来，由于非传统应用领域的不断扩大，针对一些特殊领域的应用提出了许多新的数据模型和许多新的数据管理要求功能，由于传统数据库不具备这种能力，因此出现了以面向对象数据库为代表的新一代数据库系统。工程数据库、空间数据库、时空数据库、多媒体数据库、时态数据库、空值数据库、无环数据库等支持这些数据库的数据模型都是基于关系数据模型的扩充或者是面向对象模型。

传统数据库系统只能被动地按照用户明确给出的请求执行相应的操作，完成某个事务，因此传统数据库系统是被动的。数据库状态的改变是外界或用户程序影响的结果，也就是所有的查询和数据处理操作必须通过人工操作完成。为了实现数据完整性和一致性的自动维护以及满足实时信息处理的需要，要求数据库系统通过主动规则或触发器的形式扩充传统数据库，作出实时响应，出现了主动数据模型和主动数据库管理系统。1976年，美国的Eswaran在“Specifications, Implementations and Interactions of a Trigger Subsystem in an Integrated Database System”一文中首先提出了触发的概念。1983年，Morgenstern在“Active Databases as a Paradigm for Enhanced Computing Environments”一文中首次提出了“主动数据库”这个术语。80年代后期，有关主动数据库的大量论文开始出现，主动数据库开始成为数据库系统领域研究的一个热点。

数据库的应用分为两大类：①面向外部的应用。面向外部的一些应用领域，如航空航天、军事系统、重要的生产过程控制系统等严格要求实时性、安全性、可靠性、交互性和监测、报警等功能，提供主动性功能的主动数据库系统则提供了这种功能。除此之外，诸如工业控制系统、工作流管理、仓库、生物信息管理等众多领域都充分利用了主动规则机制。②面向数据库本身的应用主要有：数据库的完整性控制、安全性控制、导出数据处理、面向对象数据库模型中继承机制的定义与应用、性能测度等。不仅如此，就是数据库系统本身系统功能的监测与恢复也要求主动性功能以便及时得到监测和系统功能的恢复。

主动数据库系统从任意一个状态开始，经过有限步规则的执行过程是否可以终止？这就是主动数据库的可终止性问题。

规则执行时，若有多个规则同时被触发，哪个规则首先被选择执行？数据库的最终状态是否取决于规则被选择执行的先后顺序？这就是汇流性问题。

当一个规则的动作是数据检索或事务回退操作，我们就称规则的这个动作是可观察的。如果规则执行时有多个规则同时被触发，当多个规则被选择执行的顺序对可观察动作的结果不产生影响，就称这个规则集是可观察确定的，这就是可观察确定性。

具有可终止性、汇流性、可观察确定性是保证主动规则集具有良好行为特性的三个重要特征，因为规则集的无限循环执行会导致系统大量资源的浪费，从而导致系统性能恶化，而对一些要求严格的控制系统则会对系统产生致命的损害。主动规则集的可终止性判定是一个直接影响主动数据库设计和应用的关键问题之一。另外一个对系统造成致命损害的关键问题是主动规则集的执行的汇流性。一般来说，在确保汇流性的情况下，可观察确定性可能是确定的。由于主动规则集描述上的无结构性导致它的可终止性成为数据库界的一个著名的不确定问题。而具有可终止性、汇流性是保证主动规则集具有良好行为特性的重要特征。因此，本书重点和较为深入地介绍规则集的可终止性判定和汇流性分析的理论问题。

本书出版的目的之一是通过对主动数据库中主动规则集的可终止性、汇流性分析理论的论述，提供进一步研究的理论基础。打破主动规则集行为难以预测的瓶颈，使主动规则的语义表达更丰富、更充分。促进主动数据库在当前各个应用领域中得到更充分、更广泛、更可靠的应用。另一个目的是作者从事数据库理论研究工作三十余年，作为一种责任想把研究的一些结果留给年轻的同志，使有兴趣的同行和读者进入到这一领域。

本书以主动数据库管理系统的体系结构、特征为主线，力求用通俗易懂的语言来较为全面、系统地介绍以下内容：主动规则集的可终止性的静态、动态分析、判定方法；规则执行时的汇流性分析、判定方法；主动数据库中的依赖关系；自依赖规则的判定理论；各种规则执行模式和事务、规则调度方法；主动数据库的完整性等的相关概念、定义、引理、定理、算法及相应的证明。本书力求做到条理清晰、逻辑性强、易于理解。但是，由于本书是国内首部系统阐述主动数据库系统理论方面的著作，有些理论尚未来得及去实践，有些还有待于进一步的发展，加之作者水平有限，书中难免有不妥之处，敬请同行和读者批评指正，以便今后改正和不断发展。

本书可作为计算机科学与技术学科、控制理论与控制工程学科等相关专业的高年级本科生或硕士生选修课教材，也可供从事上述领域研究的博士生、科研人员及工程技术人员等参考。

本书的出版得到了科学出版社的大力支持和帮助，在此表示衷心的感谢。

在本书的写作过程中，我的博士生熊中敏、任超等为本书的出版做了大量有益的工作，特别是博士生李博涵、李松对全书进行了校对，并由李博涵绘制了本书的插图，在此表示真挚的谢意。

作　者

2008年10月于哈尔滨

目　　录

第 1 章　主动数据库系统概论

在主动数据库的研究中，已经出现了多种不同的系统和模型。但是，什么是主动数据库系统？什么是主动数据库管理系统？在什么情况下，我们可以说一个管理系统是“主动”的。抽象地说，一个主动数据库系统是由主动数据库管理系统与一个具体的数据库构成。主动数据库系统能对数据库的情形自动地进行反应，并能指定系统的反应行为。但这种定义不够精确，而且，对“主动”一词的解释也没有广泛的一致看法。简单地说，主动数据库系统（ADBS）就是将“被动的”数据库系统扩展成具有反应行为（reactive behavior）功能的数据库系统。从功能的角度来讲，一个主动数据库系统是由一个传统的数据库系统和一个事件驱动的知识库以及相应的事件监测模块组成，形式化地描述为

$$\text{ADBS}=\text{DBS}+\text{EB}+\text{EM}$$

其中，DBS 是用来存储、维护、管理数据的传统数据库系统；EB 是一个由事件驱动的知识库，其中每一项知识表示在相应的事件发生时，如何（何时、何地）来主动地执行用户预先定义的动作；EM 是在数据库应用程序运行的过程中，监测数据库的状态变化，一旦 EB 中定义的事件发生时就主动地触发系统，按 EB 中指明的相应知识执行其中预先定义的动作，从而实现主动功能。由此可见，主动数据库的知识库（或规则库）是实现主动功能的关键，EB 中知识表示不同，也就决定了不同的主动功能的实现。主动数据库的主要设计思想是要用一种统一而方便的机制来实现对应用主动性功能的需求，即使得系统能用统一的方法把各种主动服务功能与数据库系统集成在一起，利于软件的模块化和软件重用，同时也增强了数据库系统的自我支持能力。

在当前的主动数据库中，知识大多数都采用由事件驱动的“事件—条件—动作”形式的规则来表示，所以又简称 E-C-A 规则。

1.1　基础知识

本书将在第 2 章中描述一个主动数据库管理系统应有的特性。为了更好地理解和掌握这些特性和本书的后面的内容，为此在介绍主动数据库管理系统的特性之前，先简单介绍一些相关的概念。

1.1.1 主动规则

E-C-A 规则（event-condition-action）是主动数据库系统中的核心概念。

定义 1.1 主动规则由事件、条件和动作组成。记为 E-C-A 或 ECA。

一个主动规则具有三个组成成分：事件（event）既可以是数据操作事件（数据库系统内部的事件）也可以是系统外部反馈给系统的事件。条件（condition）就是对当前数据库状态的一个请求，通常表达为谓词、数据库查询语句。动作（action）通常表示为一组数据库更新操作或包含一组数据库更新操作的过程。

规则的基本运作方式是，一旦系统检测到相应规则事件发生，就在特定时刻检查规则的条件，若条件满足，则执行相应的动作。除了三要素之外，主动规则还包含一些基本语义说明，如优先级、规则耦合方式等，合称为规则属性。规则属性决定着系统对规则三要素的不同处理方式，如何时检查规则条件等。一般情况下规则定义如下：

```
define rule <rule_name>
  event     <event_clause>
  condition <condition>
action      <action>
coupling mode (<coupling>, <coupling>)
priorities  (before | after) <rule_name>
interrupt   <interrupt>
interruptible (<interruptible, interruptible>)
```

在定义了规则后，主动数据库系统监视相关的事件。当监测到相关的事件发生时，系统通知负责处理规则执行的组件，来处理规则条件的评价和规则动作的执行。主动数据库管理系统提供规则定义语言（rule definition language）来定义 E-C-A 规则，用户可以用该语言来指定规则的事件、条件和动作。

规则触发后，系统需要确定规则在何时开始执行以及规则执行时应当有什么样的属性，我们称为规则的执行模型（execution model）。

一般情况下，事件发生在事务内，规则也在事务内执行。若一个事件在事务内发生并且触发了规则，则该事务称为触发事务（triggering transaction）；负责规则执行的事务称为被触发事务（triggered transaction）。

执行模型确定触发事务和被触发事务的提交和夭折依赖关系，以及规则执行的并发控制和恢复。常用来描述触发事务和被触发事务间关系的框架结构是嵌套事务模型。

1.1.2　事务

定义 1.2　事务是用户定义的一个数据库操作序列，这些操作要么全做要么全不做，是一个不可分割的工作单位。

例如，在关系数据库中，一个事务可以是一条 SQL 语句、一组 SQL 语句或整个程序。

事务的开始和结束可以由用户显式控制。如果用户没有显式地定义事务，则由数据库关系系统按缺省规定自动划分事务。在 SQL 语言中，定义事务的语句有三条：

begin transaction

commit

rollback

事务通常是以 begin transaction 开始，以 commit 或 rollback 结束。

commit 表示提交，即提交事务的所有操作。具体地说就是将事务中所有对数据库的更新写回到磁盘上的物理数据库中去，事务正常结束。rollback 表示回滚，即在事务运行的过程中发生了某种故障，事务不能继续执行，系统将事务中对数据库的所有已完成的操作全部撤销，回滚到事务开始时的状态。这里的操作指对数据库的更新操作。

对于一个事务具有下列性质：原子性、持久性、一致性、隔离性。

1. 原子性

所谓原子性就是不可分割的意思。在事务管理中，我们强调最多的就是原子性。因为原子性是用来描述事务的不可分割性，换句话说，事务的操作要么全部执行要么全部不执行而不存在部分被执行的问题。而这种原子性的要求就会产生下面的情况，当一个事务由于故障而中断时，它的部分结果同时也被取消。

一般来说，导致事务无法执行的原因一般有两个，即事务中止和系统故障。当一个事务的输入有错误时，该程序将无法继续运行，因此就会提出中止请求，这样可以产生一个事务的中断；如果事务本身是有错误的，那么在有些执行过程中，它是无法完成的，这样也会产生事务的中断。事务的中止也可以因与系统有关的原因而由系统来强迫中止，典型例子为系统过载和死锁。在出现事务中止时保证其原子性的措施叫做事务恢复，而在系统故障时保证原子性的措施叫做故障恢复。

完成一个事务叫做事务提交。如果要修改数据库，唯一的条件是出现事务提交。假定每个事务用“开始事务”原语来开始的，用“中止”原语来结束的，再考虑到系统强迫的中止。

2. 持久性

在数据库中，要保证当完成了事务提交以后，系统必须使其操作的结果永远不会丢失，而不管这之后有无故障以及发生何种故障。这就要求系统必须把保留的事务结果存放在数据库中，所以提供事务持久性的活动称之为数据库的恢复。

3. 一致性

事务执行的结果必须是使数据库从一个一致性状态到另一个一致性状态。因此当数据库只包含成功事务提交的结果时，就说数据库处于一致性状态。如果数据库系统运行中发生故障，有些事务尚未完成就被迫中断，这些未完成事务对数据库所做的修改有一部分已写入物理数据库，这时数据库就处于一种不正确的状态，或者说是不一致的状态。例如某公司在银行中有 A，B 两个账号，现在公司想从账号 A 中取出一万元，存入 B 账号。那么就可以定义一个事务，该事务包括两个操作，第一个操作是从账号 A 中减去一万元，第二个操作是向账号 B 中加入一万元。这两个操作要么全做，要么全不做。全做或者全不做，数据库都处于一致性状态。如果只做一个操作则用户逻辑上就会发生错误，少了一万元，这时数据库就处于不一致状态。可见一致性和原子性是密切相关的。

4. 隔离性

当一个事务在没有完成时，是不能在其托付之前把结果暴露给其他事务，这种信息的屏蔽作用就是隔离性。换句话说，如果一个事务（或者说是部分结果）能被观察到以后将被中止，则它必须被中止，如果这些事务中有几个已被托付，我们也将不得不取消它们，因为它们违反了事务持久性的性质。所以，为了有效地实现事务，事务隔离是极其重要的。

1.1.3 事务历史查询

在多数主动数据库系统中，规则可以查询事务执行的历史信息。可查询的信息包括两种：数据库的历史状态（历史数据）和历史事件。

1. 历史数据

主动数据库中存取（access）所发生事件影响数据的历史状态的一般方法是扩展规则定义语言的查询语法，在规则定义语言中使用特定的关键字（keyword）表示所查询的数据是历史数据。原则上从事务开始执行到事件发生以及所有这中间的数据库状态都可以成为查询的目标，但是在实际的系统中，只有某些特定的状态可以被查询：

(1) 事务开始执行之前的数据库状态 (pretransaction state)。

(2) 最近一次对规则进行条件评价之后的数据库状态 (last-consideration state)。

触发规则的事件发生之前的数据库状态，就是引发事件的操作还未被执行之前的数据库状态 (pre-event state)。

2. 历史事件及其影响的项 (item)

事务历史查询的另一方面是对事务中已发生事件及其影响的数据项的查询。对已发生事件及其影响的数据项的查询对许多应用来说是一个重要的特性，它允许对某些规则的条件评价只有在数据确定被事务访问之后才执行，这就使系统得到显著的优化。对历史事件及其影响的数据项的查询方法通常是扩展规则的定义语言，系统在规则定义语言中提供一些关键词，并为规则中对历史事件的访问提供特定的数据结构。由于规则语义的不同，在规则中可以查询自事务开始以来发生的所有事件所影响的数据项，或者只是查询那些与所触发的规则相关的事件影响的数据项。某些系统允许规则查询所有已发生的事件及其影响的数据项，而另一些系统则只允许查询与触发的规则相关的事件。例如在 Chimera 中，允许在规则中用关键词 Occurred 来查询已发生的事件，若规则在定义时使用了关键词 Event-Consuming，则只能查询最近的触发规则的事件，若规则定义时使用了 Event-Preserving，则可查询自事务开始以来的所有事件。

1.1.4　事件和事件表达式

定义 1.3　事件是在数据库运行中的某一特定时刻的一个对系统有意义的发生（事件要么发生，要么不发生，没有第三种状态）。

事件体现数据库系统相关的动作或状态变化。它可以是一种数据库操作、时间行为、事务管理活动，以及与外部环境的交互活动或系统的其他活动。

在时间线上，一种事件类型的事件可以发生零次或若干次。所谓的时间线，是指一条表明事件发生先后顺序的直线，它以 0 开始，用非负数的、等距离的、离散的时刻表示事件的发生。时间线的粒度根据系统和实际情况的需要而定。时间间隔表示两个绝对点的时间段。

事件分为原子事件和复合事件。

定义 1.4　原子事件是系统预先定义的事件有限集。原子事件的发生具有原子性。

原子事件可以进一步分为以下几类：

(1) 对象事件。

关于数据库中数据对象的操作，包括查询、插入、删除和更新。

(2) 事务事件。

事务事件对应于标准的事务操作，包括事务开始（begin）、提交（commit）、夭折（abort）。

(3) 时序事件。

存在三种类型的时序事件：绝对时序事件、相对时序事件和周期时序事件。绝对时序事件被定义为一个确定的时间点（例如1990年10月，8：00：00）；而相对时序事件是相对于其他参考事件的时间点（例如事件e发生后30s），周期时序事件就是周期性的重复出现的时刻（例如每天中午12：00）。时序事件就是一个系统时间点。

(4) 方法事件。

在面向对象的环境中，方法调用可以看作是有“意义”的事件。当方法执行，其对应的事件就会发生。由于方法是在一段时间区间内执行而不是时间点，必须利用时间修饰符（before/after）来体现事件发生的时间点。Before修饰符的语义是在方法调用前产生方法事件。After修饰符的语义是在方法执行完后立即产生方法事件。

(5) 外部事件。

与外部环境的通信，是一种系统不能预先定义的活动标志，如I/O中断、外部命令、实时信号等。对于外部事件需要通过操作系统提供的中断进行处理。

若原子事件是在一段时间间隔内发生，记为$E(t_1; t_2)$（E是事件，t_1是事件的初始时刻，记为$\uparrow E$；t_2是事件的终止时刻，记为$E\downarrow$）。有些原子事件初始时刻与终止时刻为同一时刻（$t_1=t_2$）。

对于许多应用，仅用原子事件是不够的。为了能够表达现实生活中的一些复杂的情况，人们构造了多个事件操作符，形成事件表达式来准确的表示这些事件。下面介绍基于发生语义的复合事件。

定义1.5 复合事件是利用系统规定的事件操作符把若干成分事件原子的或复合的联结起来，作为单个事件处理，称为复合事件。构造复合事件的事件称为成员事件。

复合事件的发生也具有原子性，可以用事件修饰符界定具体发生时刻。复合事件是在一段时间间隔内发生，在其最后成员事件被监测到的时刻就是复合事件被监测到的时刻。我们引入初始事件（initiator）、监测事件（detector）、终止事件（terminator）的概念来定义复合事件的发生。

(1) 初始事件。它是复合事件第一成员事件，它的发生标志监测复合事件的开始。

(2) 监测事件。它的发生用以监测复合事件。

(3) 终止事件。此事件的发生标志监测的完成，复合事件的发生。

1.1.5 事件的消耗模式和事件的组合

当规则被处理之后（对规则进行条件评价之后或规则的动作被执行），对触发相应规则的事件的处理方式称为事件的消耗模式。与事件的消耗模式相关的问题有两个：事件消耗的范围和事件消耗的时间。

1. 事件消耗的范围

在对触发的规则进行处理之后，对触发事件的处理方式有三种：

(1) 不消耗（no consumption）。规则的条件评价或动作的执行对触发规则的事件没有影响，事件仍然可以触发规则；称这种事件是不消耗事件。

(2) 局部消耗（local consumption）。触发规则的事件对已经处理的规则来说不再是活动的，即不能再触发已经处理的规则，但仍然可以触发没有进行条件评价的规则。称这些事件是被已经处理的规则局部消耗事件。多数主动数据库管理系统采用了这种方式。

(3) 全局消耗（global consumption）。事件既不能再触发已经处理的规则，也不能再触发已经触发而又未被执行条件评价的规则。我们称这些事件是被那些已经处理的规则和不能被该事件触发的那些规则的全局消耗事件。

Postgres 系统采用了这种方式，在 Postgres 中，对一个规则可以定义一个有相同触发事件的例外（exception）规则，当这个公共的事件发生时，普通规则与例外规则同时触发，例外规则首先进行条件评价，而例外规则的执行会反触发（detrigger）普通规则，这种情况下，我们称例外规则消耗了普通规则的触发事件。

2. 事件的消耗时间

触发规则的事件消耗可以发生在规则的条件评价之后（不论条件评价的结果是真还是假），也可以只在规则的动作被执行之后才被消耗。在后一种情形下，已经触发规则的条件评价结果如果为假，则触发事件不被消耗，事件还可以继续触发规则。多数系统的事件消耗发生在规则的条件评价之后。

在一些系统的规则定义语言中，触发规则的事件只能是原子事件。而在另一些系统中允许触发规则的事件则是原子事件的任意的组合。对事件组合的支持因系统的不同而有所差异，有的系统只允许简单的析取操作，而有的系统支持复杂的操作，包括原子事件的逻辑连接和各种复杂的时间操作符。

3. 事件的净效应

一个常见的事件组合的应用是事件净效应（net effect）。当一个事件发生时，可能只考虑当前发生的事件，而在有的系统中，当前发生的事件可能使以前发生的相关事件无效（如在一个元组的更新事件之后又发生了该元组的删除事件）。在前一种情形下，我们说系统仅考虑发生的事件；在后一种情形下，我们说系统支持事件序列的净效应，或者称为净事件。事件的净效应的计算因系统的不同而有所不同。如在 Starburst 中，事件的净效应计算如下：

(1) 若一个元组在一个事务中被创建，而后又在同一个事务中被删除（在这中间还可能有多次更新），则事件的净效应为空（null）。

(2) 若一个元组在一个事务中被创建，而后在同一事务经过一次或多次更新，则事件的净效应为元组的创建，其创建值是该元组最后一次更新的值。同样，若元组在一个事务中被更新，而后在同一事务又被更新多次，则事件的净效应为元组的更新，其更新值是该元组最后一次更新的值。

(3) 若一个元组首先被更新，而后被删除，则事件的净效应是元组的删除。

事件净效应一般应用于以下两个方面：

(1) 事件的触发。当一个事件发生时，若系统允许考虑事件的净效应，则已触发的事件可能会因为该事件的发生而被改变其触发状态。

例如，若有一个规则因一个元组的创建操作触发，而后又发生在该元组的删除操作事件，这个规则的触发状态就会因为此删除操作事件而改变，不再是触发的。

(2) 事件的查询。在查询事务的历史事件时，对于允许事件净效应的系统，可以指定所查询的事件是仅仅查询所发生的事件或是事件的净效应。

1.1.6 规则库与事件库

一个主动数据库可以看作是由三部分组成：数据库（database）、事件库（eventbase）和规则库（一些主动规则构成的集合）。数据库与传统“被动”数据库相同，存储应用所需要的数据。事件库则记录了与数据库相关的系统的历史行为。这里用 DB 表示数据库包含的内容，用 EB 表示事件库所包含的内容。并扩展数据库状态的概念，用一个状态对表示主动数据库的状态，即一个主动数据库的状态是一个状态对＜数据库状态，事件库状态＞。

事件库 EB 记录了系统中发生的原子事件及系统监测到的复合事件，事件库 EB 中记录的事件描述了事件的以下信息：

(1) 事件标识符 EID。所发生的事件的唯一标识符。

(2) 事件的类型 TYPE。系统所能识别的事件的类型，可以是原子事件，也可能是复合事件。

(3) 事件的时间信息 TS。系统监测到事件发生时的时间，用一个系统的时间戳表示。

(4) 产生事件的事务标识符 TID。标识事件是由哪一个事务产生的。

(5) 变换效果Trans_info。记录与事件相关的操作（insert，delete，update）所产生的变换效果，此信息只对数据操作类的原子事件有效，因为其他类的原子事件不会改变数据库的状态。

1.1.7 规则的粒度和耦合模式

传统的关系数据库中，数据的更新操作被分为面向元组的（或面向实例的）操作和面向集合的（set oriented）操作两类，面向元组的操作的目标是一个单一的数据库实体，而面向集合的操作的目标是一个数据库实体集合。在对规则的区分中，我们也引入类似的概念。规则可能对单个数据项的操作进行响应，即每一个数据项的更改都可能触发规则，如 Postgres；规则也可能是对一个数据操作语句进行响应，即该语句影响的数据项集合的更改触发规则且只触发一次，则称规则是面向集合的，如 Starburst。我们把这种规则对操作的不同响应类型称为规则的粒度。若规则对单个数据项的操作响应，称规则是面向元组粒度的规则；若规则对数据项集合进行响应，称规则是面向集合粒度的规则。这种区分也适用于面向对象的主动数据库，在面向对象的情况下，如果规则响应于单个的对象更新操作，则称规则是面向对象的。如果规则响应于影响同一个类的对象集合的事件，则称规则是面向集合的。

在 SQL3 标准及大多数商用关系数据库系统中，即可以定义面向实例的规则，也可以定义面向集合的规则。

例 1.1　SQL3 标准中，规则由面向集合的 SQL 更新语句触发，被触发的规则可以是面向元组的，也可以是面向集合的。下面是一个面向元组的 SQL3 规则，该规则在对表 Employee 进行插入操作时触发，执行的动作是更新公司中新雇员的数量。若插入操作执行了 *n* 次，则该规则被触发 *n* 次。

```
create trigger comput_emp_number
after insert on employee
for each row
when true
    update company_statistics
    set new_emp_number=new_emp_number+1
```

将 for each row 更改为 for each statement，该规则就变成一个面向集合粒度的规则。

耦合模式的概念用以描述两个问题：一个是规则的活化、条件评价和动作的执行之间的同步关系；另一个是条件评价和动作的执行与产生触发规则的事件的事务之间的关系。

耦合模式又分为事件-条件（E-C）耦合模式和条件-动作（C-A）耦合模式两个部分。

（1）事件-条件耦合模式。事件-条件耦合模式描述产生事件的用户事务与条件评价之间的时间关系以及它们之间的事务关系。事件-条件耦合模式有三种：

① 立即模式。条件评价在事件发生后立即执行。根据系统对不可中断的更新单元的规定，立即模式可能有各种的行为特性，在已经实现的各个系统中，有的系统的规则在面向实例的更新后立即开始反应，而在一些系统中，规则需要在较为复杂的不可中断的更新序列完成后才开始执行。

② 延迟模式。在延迟模式下，规则的条件评价不是在更新事件发生后立即执行，而是要等到某个事件发生后才开始，这个事件可以是任意的依赖于应用的事件，或者是某个特殊的事件，如事务的提交事件等。

③ 分离模式。在分离模式中，规则的条件评价不是在引发事件的事务中进行处理，而是由系统为条件评价创建一个新的事务，由这个新的事务来执行对规则的条件进行评价。分离模式又分为两种：依赖的子事务和非依赖的子事务。在依赖的子事务的情况下，这个新的事务是产生触发事件的事务的子事务。在这种情况下，子事务的失败或夭折将导致主事务（即产生触发事件的事务）的失败或夭折。在非依赖的子事务的情况下，新的事务是一个独立的事务，新事务的失败或夭折与主事务无关。

（2）条件-动作耦合模式。规则的条件-动作耦合模式描述条件评价与动作执行之间的事件关系以及它们之间的事务关系。与事件-条件耦合模式相类似，规则的条件-动作耦合模式也有三种，分别是立即模式、延迟模式和分离模式。

① 立即模式。条件评价之后且条件满足时，立即执行规则的动作。根据系统对不可中断的更新单元的规定，立即模式可能有各种的行为特性，在已经实现的各个系统中，有的系统的规则在面向实例的更新后立即开始反应，而在一些系统中，规则需要在较为复杂的不可中断的更新序列完成后才开始执行。

② 延迟模式。在延迟模式下，规则在条件评价后且条件满足时不立即执行，而是要等到某个特定时刻后才开始，如事务提交之前。

③ 分离模式。在分离模式中，在进行条件评价之后且条件满足时，不在引发事件的事务中执行规则的动作，而由系统为规则的动作部分创建一个新的事务，由这个新的事务来执行动作。C-A 分离模式与 E-C 分离模式一样也分为两种：依赖的子事务和非依赖的子事务。在依赖的子事务的情况下，这个新的事务是产生触发事件的事务的子事务。在这种情况下，子事务的失败或夭折将导致主事务（即产生触发事件的事务）的失败或夭折。在非依赖的子事务的情况下，新的事务是一个独立的事务，新事务的失败或夭折与主事务无关。

1.2　几个主动数据库原型系统

一个主动数据库管理系统必须首先是一个数据库管理系统。对传统的“被动”数据库管理的要求，主动数据库管理系统也必须能达到。就是说，如果用户不使用主动数据库的主动功能，则他应该能像使用一个“被动”数据库系统一样使用主动数据库。因此，一个主动数据库系统必定基于一个特定的数据模型。如Starburst是基于关系数据模型的主动数据库系统；而HiPAC则是基于面向对象数据模型的主动数据库系统。

1.2.1　基于关系数据模型的主动数据库系统

国外已有主动数据库管理系统的基础数据模型是关系数据模型的，如Starburst、Postgres、Ariel等。

在关系数据库中包含有主动行为的许多商业数据库系统包含有触发机制。Starburst主动规则系统在一个扩展的关系数据库系统上增加了主动功能。其他的关系系统还有Postgres、Ariel等。另外，还包括具有主动机制的关系数据库标准SQL3。

下面简单地介绍这几个典型的主动关系数据库系统。

1. Starburst

Starburst是IBM Almaden研究中心在1984～1992年由Jennifer Widom等开发的系统。Starburst系统是第一个清楚地定义了面向集合语义的主动数据库系统。在Starburst中，规则的事件、条件和动作都以类似于SQL的语法来表示。其规则定义的一般形式如下：

```
create rule name on table
when triggering-operations
[if condition]
then action-list
[precedes rule-list]
[follows rule-list]
```

其中，name指定规则的名字，每个规则都与定义中指定的table相联系，方括号表示该从句可以被省略。

when从句指定规则何时被触发，在Starburst中规则可被三种数据操作inserted，deleted，updated事件触发。

if从句指定规则触发后需要判定的条件，条件一般用select语句表示，它类似于 SQL 查询语言对数据库状态的谓词判定。当 select 语句至少产生一个非空元组时，规则的条件判定为真。if 从句可以被省略，当省略 if 从句时，表示规则的条件部分总是为真。

then 从句指定规则的动作列表。每个动作可以是任意的数据库操作，包括 Starburst 的 SQL 数据操纵命令（如 select，insert，delete，update），数据定义命令（如 create table，drop rule 等），以及 rollback 命令。动作部分的各个语句按所列顺序执行。

precedes 和 follows 从句是可选择的，用来指定规则之间的优先顺序。若一个规则 r_1 在它的 precedes 从句中指定了规则 r_2，则意味着当 r_1，r_2 同时触发时，r_1 必须在 r_2 之前进行条件评价和执行动作。follows 语句则相反。优先顺序的指定不允许出现环。

Starburst 采用了一种称为附加过程（attachment procedure）的机制来实现主动规则。在每次对表进行了存取之后，系统调用附加过程。系统为所定义的规则中的事件指定一个附加过程，当特定的事件发生时，指定的附加过程被调用，向引发事件的事务传递相应的规则的参数信息。在事务准备提交时，系统开始处理所触发的规则。

规则的条件和动作部分可以访问任意的数据库表，也可以访问变迁表（transition table）。在 Starburst 中有四种变迁表 inserted，deleted，new-updated，old-updated。若一个定义在表 T 上的规则的触发事件是 inserted 事件，则该规则可以访问的变迁表 inserted 包含的元组是 inserted 事件发生时插入表 T 的元组。deleted 变迁表则相反，包含的元组是 deleted 事件发生时从表中删除的元组。变迁表 new-updated 包含的元组是 updated 事件发生时表中被更新的元组的当前值。而 old-updated 变迁表包含的元组是 updated 事件发生时表中被更新的元组的初始值。

2. Postgres

Postgres 系统是加利福尼亚大学伯克利分校在 1986～1994 年开发的主动数据库系统，由 Michael Stonebraker 主持开发。Postgres 系统可以看作是一个对象关系数据库，它是对关系模型的扩展。Postgres 使用 POSTQUEL 查询语言。在这里我们举一个简单的例子来说明。

设有一个 EMP 表，salary 是该表中的一个属性，以下 POSTQUEL 命令将 Mike 的工资更改为与 Bill 的工资相同：

replace EMP（salary＝E. salry）using E in EMP

where EMP. name＝“Mike” and E. name＝“Bill”

Postgres 的规则定义不是采用通常的 E-C-A 模式。在 Postgres 中，有三个特殊的修改符（modifier）可以附加在 POSTQUEL 命令之前，若一个 POSTQUEL 命令被附加了修改符，则该命令就成为一个规则。

（1）always 修改符。对上文的 POSTQUEL 命令使用 always 修改符，就成为如下形式：

always replace EMP（salary＝E. salry）

using E in EMP

where EMP. name＝“Mike” and E. name＝“Bill”

这个被附加了 always 修改符的命令在逻辑上总是被执行。这个规则的语义是系统必须保证任何用户在查询雇员 Mike 的工资时，他所查询到的值与雇员 Bill 的工资值相同。

（2）refuse 修改符。refuse 修改符的目的一般是为了保护数据，如：

refuse retrieve（EMP. salary）

where EMP. name＝“Mike”

这条命令永远不能被执行。该规则的语义是若有任何对 Mike 雇员的工资查询请求，系统将拒绝执行。

（3）one-time 修改符。

one-time replace EMP（salary＝E. salry）

using E in EMP

where EMP. name＝“Mike” and E. name＝“Bill”

该规则的语义是指当 where 条件满足时，命令将被执行一次，而且只被执行一次。

3. Ariel

佛罗里达大学 Hanson 等在 1989～1992 年设计开发了 Ariel 系统。Ariel 也是一个扩展了关系模型的主动数据库系统，它的查询语言是 POSTQUEL 查询语言的子集，并在此基础上加入了规则定义语言。Ariel 的规则定义形式如下：

define rule rule-name

[priority priority-value]

[on event]

[if condition]

then action

方括号内的部分表示在定义规则时该部分可以省略。规则名（rule-name）必须是唯一的。

priority 从句用来指定规则的优先级，规则的优先级是一个－1000～1000 之间的数，若省略了 priority 从句，则规则的优先级为 0。

on 从句指定触发规则的事件，在 Ariel 中可以触发规则的事件有：

append [to] <表名>；

delete [from] <表名>；

replace [to] <表名> [（属性列表）]；

retrieve [from] <表名> [（属性列表）]；

时间事件。

if 从句是规则触发后需要判定的条件，其格式如下：

限定条件 [from from-list]

其中，限定条件是类似于 SQL 查询语句的 where 从句，但不支持在规则中使用聚集函数。

then 从句指定规则的动作部分。动作部分可以是单个的数据操作或数据定义命令，也可以是用 do…end 包含的有多个命令的命令列表。

4. SQL3 标准

SQL3 标准不是一个具体的主动数据库管理系统。SQL3 标准支持主动规则，一般的商用关系数据库管理系统都遵循 SQL3 标准。

在 SQL3 标准中，规则被称为触发器（trigger）。触发器由四部分组成：隶属表（subject table）、触发操作（triggering operation）、触发条件（trigger condition）和触发动作（trigger action）。创建触发器的语法如下：

<触发器定义>∷=

CREATE TRIGGER <触发器名>

<触发器响应时间>

<触发事件> on <表名>

[REFERENCING <旧（新）值别名列表>]

<触发器动作>

<触发器响应时间>∷=BEFORE | AFTER

<触发事件>∷=INSERT | DELETE | UPDATE [OF<列名列表>]

<旧（新）值别名列表>∷=<旧（新）值别名>…

<旧（新）值别名>∷=

OLD [AS] <标识符>

| NEW [AS] <标识符>

| OLD_TABLE [AS] <标识符>

| NEW_TABLE [AS] <标识符>

<触发器动作>∷= [FOR EACH {ROW | STATEMENT}]

[<触发器条件>]

<触发的 SQL 语句>
<触发器条件>::=WHEN <左括弧> <查询条件> <右括弧>
<触发的 SQL 语句>::=
<SQL 过程语句>
| BEGIN ATOMIC
{<SQL 过程语句> <分号>} …
END

触发器名必须是唯一的，规则的隶属表必须是一个基本表（SQL3 标准不允许在视图上定义规则），规则的触发操作只能是 insert，delete 或 update 语句。触发器条件可以是任意复杂的 SQL 谓词判定（predicate），谓词判定可以包括子查询、用户定义的函数等。触发器条件可以省略，当省略触发器条件时，意味着其条件为真。触发器的动作部分是一个 begin/end 语句块，在块中可以包含任意的 SQL 语句。

每个触发器都有一个触发器响应时间，以确定触发器在何时（before 或 after）响应触发它的操作。若触发器的响应时间是 before，则触发器在触发它的操作执行之前活化并处理执行；若触发器的响应时间是 after，则触发器在触发它的操作执行之后活化并处理执行。

SQL3 允许两种触发器粒度（trigger granularity）：行级触发器（row-level trigger）和语句级触发器（statement-level trigger）。行级触发器用 for each row 来指定，语句级触发器用 for each statement 来指定，若未为触发器指定触发器粒度，系统默认指定为语句级触发器。一个语句级触发器在一次操作触发后只执行一次，而一个行级触发器的执行次数取决于触发它的操作所影响的表的行数。操作所影响的行数也可能为 0，此时行级触发器将不被执行，而语句级触发器必被执行一次。

1.2.2　基于面向对象数据模型的主动数据库系统

面向对象数据库系统与关系数据库系统不同的是它总支持在数据库数据上进行的用户自定义操作。这些用户自定义操作一般表示为在数据库数据的结构即类（class）上定义的方法。

下面简单地介绍几个典型的面向对象主动数据库系统。

1. HiPAC

HiPAC 工程开始于 1987 年，由 Dayal，McCarthy 等开发，最初在 CCA（Computer Corporation of America）进行，后来转移到Xerox Advanced Information Technology Center。HiPAC 是面向对象主动数据库的先驱。在 HiPAC

中，采用了 E-C-A 规则，它被看做一类对象。规则对象有以下几个主要属性：

(1) Event。触发规则的事件，可以是数据库操作事件、时态事件以及外部事件。HiPAC 支持复合事件。

(2) Condition。面向对象数据操纵语言的查询，查询中可以使用事件和数据库状态的相关信息。

(3) Action。可以是对数据库进行的操作，也可以是对应用程序发送的消息(message)。

(4) E-C 耦合模式。确定事件发生后何时对规则的条件进行评价。

(5) C-A 耦合模式。确定规则的条件评价为真后何时执行规则的动作。

HiPAC 的系统执行模型采用扩展了的嵌套事务执行模型。由于在事件和条件评价之间以及条件评价和动作执行之间可以指定各种耦合模式，使得用户在定义规则的反应行为时有很大的灵活性。

在 HiPAC 系统中给出了一个主动数据库管理系统的体系结构。该体系结构扩展了被动的面向对象数据库的事务管理器和对象管理器组件的功能，并增加了事件探测器、条件检测器和规则管理器组件。

2. SAMOS

SAMOS 是一个面向对象的主动数据库管理系统，由瑞士苏黎世大学 Gatziu，Dittrich 等在 1990～1994 年间开发。SAMOS 中规则的定义形式如下：

```
define rule rule_name
on event_clause
if condition
do action
coupling mode (coupling, coupling)
priorities (before | after) rule_name
```

规则定义指定规则的事件描述、条件、动作和执行约束。规则定义中的事件描述和动作是必须的，而条件是可选择的。若没有显式地指定条件，则规则的条件总是为真。事件、条件和动作也可以单独定义。

事件可以是原子事件，也可以是复合事件。SAMOS 中的原子事件包括时间事件、消息发送事件（message sending events）、值事件（value events）、事务事件（transaction events）和抽象事件（abstract events）。

条件是用一个 SAMOS 查询语言表示的查询表达式。动作则是用 SAMOS 系统中的数据操纵语言所写的任何可执行的程序。

在 SAMOS 中每个事件有相应的事件参数，事件参数用来将事件发生时数据库状态的有关信息传递给规则的条件和动作部分。特定类型事件的事件参数集合是固定的（抽象事件除外）。每个发生的事件带有相应的环境参数（enviroment parameters）（时间事件除外），如事件发生的时间，产生事件的事务标识等。

3. Chimera

Chimera 是由 Bonn 大学 Rainer Manthey 在 1992～1996 年间主持研发 IDEA 项目时设计的系统。Chimera 是一个面向对象的主动数据库系统，它的规则也采用了 E-C-A 的形式。

Chimera 中的事件只允许内部事件（internal events），即对数据库的查询或更新事件，如 create，modify，delete，generalize，specialize，select 等。一个规则可以是指定目标的（targeted）或未指定目标的（untargeted）。所谓指定目标的规则是指，若规则的指定目标是某个类型，则只有与该类型相关的事件才能触发规则，否则任何类型的事件都能触发规则。

条件是一个数据库状态的查询公式。Chimera 不支持事件与条件部分之间的参数传递。但在条件中可以包含事件公式，从而可以在条件中查询事件库，获取事件的相关信息。

以下是一个 Chimera 规则。该规则在创建一个 stock 项时，检查 stock 项是否超过了允许的最大数量，若超过，则更改允许的最大数量的值。

```
define immediate checkStockQty for stock
events: create
condition: stock (S), occurred (create, S), S. quantity>S. max_quantity
action: modify (stock. quantity, S, S. max_quantity)
end
```

小　结

本章简要介绍了国外已有主动数据库管理系统的基础数据模型，主要是在两类数据库的数据模型的基础上发展起来的，一类是关系数据模型，另一类是面向对象数据模型。介绍了以关系数据模型为基础的几个典型的主动关系数据库系统，如 Starburst，Postgres，Ariel 等。另外，还包括具有主动机制的关系数据库标准 SQL3，SQL3 标准不是一个具体的主动数据库管理系统，但它支持主动规则。在关系数据库中包含有主动行为的许多商业数据库系统包含有触发机制。Starburst 主动规则系统在一个扩展的关系数据库系统上增加了主动功能，采用了一种称为附加过程的机制来实现主动规则。在每次对表进行了存取之后，系统调用附加过程。在以关系数据模型为基础的主动数据库管理系统中，Starburst 主动规则系统是比较成熟且结构比较清晰，正因为如此，本书后面的讨论中将涉及以关系数据模型为基础的主动数据库管理系统。

面向对象数据库系统与关系数据库系统不同的是它总支持在数据库数据上进行的用户自定义操作。这些用户自定义操作一般表示为在数据库数据的结构即类上定义的方法。本章简单地介绍了几个典型的面向对象主动数据库系统 HiPAC，SAMOS，Chimera。

第 2 章　主动数据库管理系统的体系结构

2.1　主动数据库管理系统的特性

任何一种数据库系统必须具有其相应的数据库管理系统来完成数据库数据的定义、操作、维护和管理。通过构建系统的反应机制，主动数据库管理系统（ADBMS）除了完成上述功能之外，还应该具有对任意事件表达式的事件进行监测并转去执行相应动作的功能，来扩展“被动”数据库管理系统。主动数据库管理系统应当具有如下特性。

2.1.1　E-C-A 规则定义特性

1）一个 ADBMS 必须首先是一个 DBMS。

无论是关系数据库还是面向对象数据库或是其他的被动数据库中的“被动”数据库管理系统所要求的所有概念，同样适用于主动数据库管理系统。如建模工具、查询语言，多用户访问和恢复等。也就是说，如果用户不使用主动数据库管理系统的所有功能，ADBMS 的使用应当和被动的 DBMS 一样。

2）ADBMS 必须有一种 E-C-A 规则模型（E-C-A rule model）。

主动数据库管理系统用反应行为（reactive behavior）扩展了“被动的”数据库管理系统。反应行为必须是用户可以自行定义的，定义规则的方法称为 E-C-A 规则模型。E-C-A 规则模型与数据定义工具统称为知识模型。E-C-A 规则模型的使用意味着以下三个特性。

(1) ADBMS 必须提供方法来定义事件类型。

事件类型也称为事件描述、事件模式（pattern）或事件定义。描述系统需要对什么样的情形进行响应以做出定义。事件类型可以是原子事件，也可以是复合事件。可能的原子事件类型有方法调用、数据库项的更改（modification）、事务操作，抽象（abstract）事件类型或时间事件类型等。复合事件类型是由事件操作符（constructor）把某些原子或复合事件组合起来的事件类型。常见的事件操作符如析取、合取、顺序等。

事件的发生则是某种事件类型的具体的实例。一个事件的发生可以想象用一个符号对（<事件类型>，<时间戳>）来表示，其中<事件类型>表示所发生的事件是什么事件类型，<时间戳>则表示事件发生的时间点。复合事件发生的时间戳由组成它的事件来确定，如最后一个组成事件的发生时间点。通常，事件发生的时间点是一个事件发生的参数。当然事件发生还可能有其他的参数，如事件发生时它所在的事务，启动该事务的用户名等。

(2) ADBMS 必须提供方法来定义条件。

条件是一个用公式表示的数据库的相关状态。它表示规则执行前要做的对数据库的检测。条件在规则触发之后才被检测。条件可以是用类似于 SQL 语句中 "where" 从句表示的数据库状态的某个判定，也可以是对数据库的一个查询，这个查询可能返回空或非空的结果。当条件返回非空或判定为真时，我们称条件被满足。可以形式地表示为

On Event If Condition Then Action

当事件 Event 发生时，如果满足条件 Condition 则执行动作 Action 部分。所以多数的主动规则的定义类似如下形式：

```
Rule <规则名> [<参数 1>、<参数 2>、…、<参数 n>]
When <条件表达式>
     If <条件 1> Then <动作 1> End If
                  ⋮
     If <条件 n> Then <动作 n> End If
EndRule <规则名>
```

(3) ADBMS 必须提供方法来定义动作。

动作表示规则被相关的事件触发且条件评价被满足后规则的相应反应。动作可以包含对数据的修改或者对数据的检索操作、事务操作（如事务的提交或夭折）和任意的过程或方法调用。在动作部分中，应至少能使用包括事务命令的数据操纵命令。

3) ADBMS 必须支持对规则的管理、规则库的更新。

(1) ADBMS 必须支持对规则库的管理。

在一个给定时刻，数据库中所定义的规则集合构成规则库。数据库应当对规则库进行管理。也就是说，E-C-A 规则的定义是 ADBMS 和数据库元信息 (meta information) 的一部分。ADBMS 应当存储相应的信息，记录当前有哪些规则存在，以及它们是如何定义的。这些信息对用户和应用程序来说，应当是可见的。较好的方法是 ADBMS 将规则的元信息按照基础数据模型的分类表示为其中的一个部分条目。在这种情况下，用户和应用程序可以像在"被动"数据库一样检索规则的相关信息。

(2) ADBMS 必须支持对规则库的更新。

规则库必须是可以改变的。若一个 ADBMS 只能支持固定的规则集合，对用户应用来说是乏力、不够的。因此 ADBMS 必须允许定义新的 E-C-A 规则，删除旧的规则，或重新定义已有的规则（更改规则对事件、条件和动作的定义）。

(3) 一个 ADBMS 必须支持对规则的活化和惰化功能。

规则应能被活化和惰化。惰化一个规则意味着该规则的定义依然存在于规则库中，但该规则在相应的事件发生时，不会被触发。活化则是相反的操作，一个被惰化的规则被活化时，该规则又能被相应的事件触发。

主动规则的一般形式是完全的 E-C-A 规则形式，但有的系统则采用了某些特殊的规则形式：

① 省略条件部分。有的系统的规则形式没有条件部分，称这种规则为事件-动作规则（E-A 规则）。这种规则的条件可能在动作部分中指定。

② 隐式（implicit）事件（C-A 规则）。有时规则的定义没有事件部分，事件在编译规则时由系统产生。在这种情况下称事件是隐式定义的。用户在规则定义时指定规则的条件和动作，由 ADBMS 自动确定触发规则的事件。

2.1.2 E-C-A 规则执行特性

1）一个 ADBMS 必定有一种执行模型。

(1) ADBMS 必须能监测事件的发生。

理想的情形，ADBMS 能自动监测所有事件的发生。如果 ADBMS 不能监测某些事件的发生，那就要求用户或应用程序显式地发出信号通知 ADBMS 某种事件发生。若所有的事件发生都由用户或应用程序来负责发出信号，则系统就变成了一个被动的数据库管理系统。

(2) ADBMS 必须能执行条件评价。

ADBMS 必须能在监测到事件的发生后，执行对规则的条件评价。在实际应用中，必须能将事件的一些信息传递给条件，若关于某个特定对象或某个关系中一些元组的事件发生，在条件评价时，系统应当能引用这些对象或元组的信息。

(3) ADBMS 必须能执行动作。

一个 ADBMS 必须能在监测到事件发生且条件评价满足后，执行规则的相应的动作。系统应当能支持将事件、条件部分的某些信息传递给动作部分。动作的执行可能作为触发事务的一个部分，因此对动作的执行也要进行并发和错误恢复控制。

2）ADBMS 必须提供不同的耦合模式。

触发事务与被触发事务之间的关系（被触发事务相对于触发事务的开始时间点，以及它们之间的依赖关系）通常用耦合模式来描述。一般有三种：立即模式、延迟模式和分离模式。

3）ADBMS 必须能实现消耗模式。

若一个 ADBMS 支持复合事件，则这个 ADBMS 必须实现某种事件消耗模式。事件消耗模式决定一个复合事件由哪些成员事件构成，以及复合事件的参数应当如何计算。不同的应用可能需要不同的事件消耗模式，如“最近的”、“时间顺序的”、“连续的”、“累积的”等。一个 ADBMS 或者支持一个固定的消耗模式，或者允许用户在某些消耗模式之间进行选择。

4）ADBMS 必须能管理事件历史。

事件历史（event history）包含所定义的事件类型的所有发生的事件（包括复合事件的成员事件）。事件历史在第一个事件发生被检测到时开始。

5）ADBMS 必须能实现冲突的解决方法。

当在一个时刻存在多个触发事务需要执行时，ADBMS 就需要有解决冲突的方法。

2.1.3 ADBMS 可用性和应用特性

1）ADBMS 应当提供一个可编程的环境。

这个特性并不是主动数据库管理系统所必须的。为了帮助用户更好地使用主动数据库管理系统，ADBMS 应当提供以下一些工具：

（1）规则浏览工具。

（2）规则设计工具。

（3）规则库分析工具。

（4）调试工具。

（5）维护工具。

（6）跟踪工具。

（7）性能优化工具（见特性 10）。

这些工具可以是专为 ADBMS 设计的独立的工具，也可以是已有的 DBMS 工具的扩展。规则浏览工具用来查看当前已经存在的规则。规则库是对被动数据库管理系统的扩展，它包含所定义的 E-C-A 规则集合的元信息。显然，在进行规则定义时，对已有的规则的考察是系统应当提供的基本功能。

ADBMS 应当提供工具来帮助用户定义规则，这个工具称为规则设计工具。

规则库分析工具用来对当前已有的规则库进行检测分析。如对规则库的终止性、汇流性和可观察确定性进行分析。若 ADBMS 允许规则的嵌套执行，保证所定义的规则集合在任何情况下的执行终止性是非常重要的。规则库分析工具用来帮助数据库管理员证实规则库的这些属性。

调试工具用来对规则在可控制的状态下执行，从而帮助检查规则是否达到了用户对应用的要求。与分析工具不同的是，调试工具主要用来帮助用户测试规则，从而对规则进行修改调整。

维护工具用来支持用户对规则库的改进。它支持对已有规则的删除和更新定义。

跟踪工具则可以记录系统中事件的发生和规则的执行，从而使得数据库管理员可以查看系统触发了哪些动作。若没有这样的工具，用户则不可能知道系统已经执行了哪些动作。

2）ADBMS 应当是可以优化的（tunable）。

一个 ADBMS 必须是在其应用领域是可用的。特别地，对一个应用来说，采用主动数据库管理系统的解决方案与采用被动数据库管理系统的解决方案相比，不应当有明显的性能上的损失。显然，如果系统能对所定义的规则库进行优化（当然，规则集合的语义不会在优化时被改变），将会是非常有用的。

2.2　主动数据库管理系统的体系结构

为了深入了解主动数据库管理系统的主动功能是如何实现的，现在介绍主动数据库管理系统的体系结构，如图 2.1 所示。它表示实现一般主动数据库管理系统的主动功能所需要的主要处理过程（在图 2.1 中用矩形框表示）和数据存储（在图 2.1 中用罐状体表示）以及各部件之间的数据流（实线表示静态阶段用户调用静态辅助工具时所需的数据流，虚线表示运行阶段用户调用动态辅助工具时所需的数据流）。

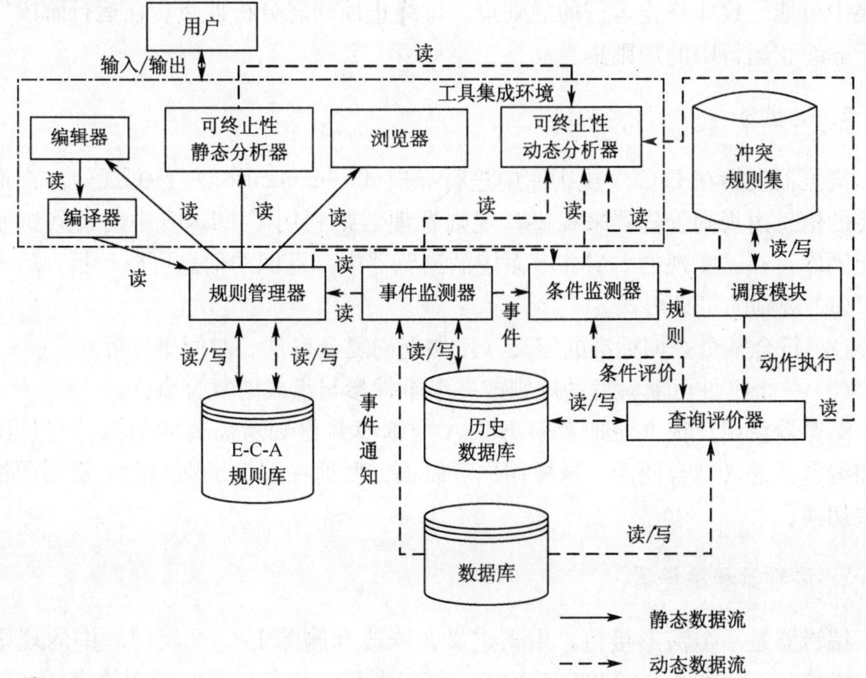

图 2.1　主动数据库管理系统的体系结构

图 2.1 所示的主动数据库管理系统的抽象体系结构大体上可分为以下三部分。

(1) 辅助工具集成环境。它是用户与主动数据库系统交互的用户界面，其中包含的编辑器、编译器、可终止性静态分析器、浏览器是在编译阶段运行的静态辅助工具，而可终止性动态分析器是在运行阶段执行的动态分析工具。

(2) 执行主动功能部件。它由规则管理器、事件监测器、条件监测器、调度模块、查询评价器组成。

(3) 数据存储部件。它由 E-C-A 规则库、冲突规则集、历史数据库、数据库组成。

下面简述各部分组成部件实现的主动功能和具体运行操作。

2.2.1 辅助工具集成环境

辅助工具集成环境是用户与系统进行交互的图形接口。浏览器和编辑器使用户比较方便地定义和修改规则并存储到 E-C-A 规则库中，或从 E-C-A 规则库中访问相应的规则定义。编译器一般不直接显示出来，而是与编辑器联合使用的工具。编译器对编辑器定义或修改的规则进行语法和语义分析，只有通过编译器分析无误的规则才能被系统理解执行。可终止性静态分析器负责在编译阶段发现规则集中可能导致非终止运行的规则集。可终止性动态分析器负责在运行阶段发现处于非终止运行中的规则集。

1. 浏览器

浏览器支持在 E-C-A 规则库中进行导航式（navigation）查询规则。查询中需要的信息由规则管理器来提供，规则管理器则利用了 DBMS 中的访问机制查询规则库。在已实现的 SAMOS 系统的浏览器中，返回的信息可以包括：

(1) 规则的定义形式。

(2) 符合某个查询标准的定义（比如查询复合事件、时间事件等）。

(3) 一个事件可能触发的规则或一个事件参与组成的复合事件。

浏览器使用户很方便地考察 E-C-A 规则库并得到所需要的信息，并且浏览器和编辑器通常结合使用，这样用户可以很方便地在编辑规则和浏览规则两种状态中切换。

2. 编辑器和编译器

编辑器是一个图形接口，用来定义、修改和删除 E-C-A 规则库中的规则及其组成成分。比如在 SAMOS 系统中，编辑器翻译用 SAMOS 规则语言所作的定义语句，使之成为机器可识别的代码；然后调用规则编译器进行语法和语义错误监测，否则系统无法正确地理解和执行规则；接着利用规则管理器将新数据存储到 E-C-A 规则库中。

3. 可终止性静态分析器

可终止性静态分析器通过规则管理器访问 E-C-A 规则库中的规则定义，根据规则库中规则定义进行必要的语法分析，然后通过现有的可终止性判定方法将可能导致非终止运行的规则集或已确定可终止运行的规则集返回给用户。

例如若采用本书介绍的可终止性静态分析方法，则首先对规则集中规则定义进行语法分析建立触发图；然后通过语义分析建立活化图；最后利用提出的基于触发图和活化图的判定方法进行可终止性分析。

4. 可终止性动态分析器

可终止性动态分析器在系统运行阶段监测已触发的规则集是否处于一个执行循环当中。首先可终止性动态分析器从可终止性静态分析器中读入静态分析时所得到的信息。例如若采用本书的动态分析方法，则应取得在可终止性静态分析时，去掉可终止执行规则集后所得到的不可归约规则集。然后可终止性动态分析器利用不可归约规则集计算非终止规则子集构成的格结构，由格结构得到所有的最小环。根据计算环监测程序的监测规则集的计算方法，计算出环监测程序的监测规则集。一旦可终止性动态分析器从调度模块处知道环监测程序的监测规则被执行，则立即启动相应的环监测程序。在运行阶段，可终止性动态分析器同时还从事件监测器、条件监测器、查询评价器处取得被事件触发的规则集，调度模块调度的规则执行后相关属性值的改变等所需信息。环监测程序利用这些信息计算最小环所监测的执行状态，并与执行状态的历史记录比较：若已存在同一个执行状态，则判断运行时刻出现了不可终止执行循环；否则，将计算出的执行状态存储到执行状态历史记录中。

2.2.2　执行主动功能的部件

1. 规则管理器

规则管理器负责存储和访问与事件和规则定义相关的信息。事件和规则定义存储在 E-C-A 规则库中，因为事件作为规则组成的一个部分，同时又具有自己的定义形式，故把事件和规则的定义都放在 E-C-A 规则库中，以方便定义、修改和访问规则。

比如若事件监测器监测到一个事件已经发生，则规则管理器访问 E-C-A 规则库中以此事件为触发事件的所有规则；然后规则执行部件按一定的执行顺序处理这些规则：条件监测器评价选中的规则的条件，若条件为真并被调度模块调度执行，则由查询评价器执行其动作。

2. 事件监测器

事件监测器确定是否有规则系统关注的事件发生。原子事件的产生由数据库或外部事件源通知事件监测器；复合事件的产生由刚刚输入到事件监测器的原子事件和从历史数据库中取得的已发生事件的信息所决定。

3. 条件监测器

条件监测器评价以事件监测器监测到的事件为触发事件的规则的条件，这些规则通过规则管理器访问 E-C-A 规则库取得，并传送到查询评价器以确定规则的条件是否为当前数据库状态所满足。

4. 调度模块

调度模块将最近被触发的规则与冲突规则集中先前已被触发的规则比较，从而可能修改规则冲突集，并根据规则系统的冲突解决策略选中应被立即执行的规则。已被触发但当前并不被处理的规则，则存储到冲突规则集中。

5. 查询评价器

查询评价器执行数据库查询或规则动作。查询评价器可能对数据库当前的状态和过去的状态进行存取，以便监测到数据库的变化情况。当有规则的条件被评价或执行规则动作的时候，查询评价器被调用，此时查询评价器可能要对数据库进行读/写操作或利用历史数据库中的信息查询已发生的变化。对数据库的存取和更新操作反过来又可能导致新的事件的发生。

2.2.3 数据存储部件

1. E-C-A 规则库和冲突规则集

E-C-A 规则库主要存储规则和事件的定义。虽然事件是规则的一个组成成分，但它具有自己的定义形式，为方便定义、更新和访问规则，把它们放到同一个 E-C-A 规则库中。对 E-C-A 规则库中规则定义和事件定义的存储、更新、查询工作主要通过规则管理器来实现。冲突规则集存储有已被触发但当前未被执行的可执行规则。由调度模块读/写冲突规则集，以便调度规则执行或将已被触发但现在不执行的规则写入冲突规则集中。

2. 数据库和历史数据库

数据库存储当前数据，当对数据库中数据进行修改、删除、插入等操作时，数据库可通知事件监测器发生的相应的原子事件。而对于复合事件，由于组成它的已发生事件作为历史数据存储在历史数据库中，一旦数据库通知有新的原子事件发生，则事件监测器查询历史数据库中已发生的过去事件，以便确定是否有可组合的复合事件发生。历史数据库存储有与事件监测器相关的记录，这些记录中的信息表明数据库中已发生的改变。一旦数据库通知事件监测器有新的原子事件发生，则事件监测器就读/写历史数据库，即将已发生的原子事件作为历史记录存储到历史数据库中；同时又读入已发生的事件，看是否有相应的复合事件。

2.3　主动数据库管理系统的实现途径

根据主动数据库管理系统的不同实现途径，可将主动数据库管理系统划分为两类：层次型结构、集成型结构。

层次型结构：在这种结构中，主动功能部件作为现有的被动数据库系统的上层软件来实现，而现有的被动数据库系统几乎不作改变（改造的途径）。这种实现途径的优点是无须访问原来的被动数据库系统的源代码，并且产生的主动数据库系统较容易移植到不同的被动数据库系统上。但是由于缺少对底层数据库系统内核的访问，将影响到系统的执行性能以及限制了系统在原子事件监测、耦合模式和优化等方面所支持的系统功能。

集成型结构：①这种结构通过改变现有的被动数据库系统的源代码来实现主动功能部件（嵌入主动程序设计语言的途径）。这种实现途径使设计者避免了层次型设计方法带来的限制，但是实际上为了支持主动功能而对系统内核做出的改变并不多，所以在开发实际的主动数据库系统时经常将主动功能部件设计成上层软件，同时只需在内核中设置少数相应的程序陷阱（hooks）。②重新设计主动数据库程序设计语言将实现对数据的各种定义、操作、数据管理与应用程序彻底融合在一起，按照主动数据库管理系统应具有的功能进行设计，自然也是一条可取的途径。这就彻底地解决了所谓“阻抗不匹配”问题。

主动数据库系统可以有几种实现途径。

1. 改造的途径

最简单的实现方案就是在原有数据库管理系统的基础上进行改造。为此只需在原有数据库管理系统之上增建一个经常有机会运行的事件监测器即可。此时，事件规则库是统一的一个库，由用户预先设置好。在应用程序运行的同时，由事件监视器来监视事件的发生，并根据库中所示自动执行相应的动作。

2. 嵌入主动程序设计语言的途径

一般的方法是把一般程序设计语言改造成一种主动的程序设计语言，按传统方法把数据库操作嵌入在其中执行。这种途径已由主动程序设计语言将事件规则库分成块，分布在各个过程或对象（当采用面向对象范式时）中，运行效率可望大大提高。如 Starburst 是 IBM 公司在关系型 DBMS 的基础上扩充“面向集合的产生式”后形成的系统。

3. 重新设计主动数据库程序设计语言的途径

按照主动数据库管理系统应具有的功能进行设计。一般来说，第一种途径是一种最简单的途径，但效率较差；第二种途径是一种折中方案，改造的工作量适中，除了在两种语言的接口部分可能损失一定的效率之外，运行效率较好；第三种途径是一种最彻底的途径，运行效率较高，但实现的难度和工作量较大，因此要根据具体情况对以上三种途径进行选择。

小　结

主动数据库系统和任何一种数据库系统一样，必须具有其相应的数据库管理系统来完成数据库数据的定义、操作、维护和管理。通过构建系统的反应机制，主动数据库管理系统（ADBMS）除了完成上述功能之外，还应该具有对任意事件表达式的事件进行监测并转去执行相应动作的功能，来扩展“被动”数据库管理系统。主动数据库管理系统应当具有如下特性：E-C-A 规则定义特性、E-C-A 规则执行特性、ADBMS 可用性和应用特性。

为了深入了解主动数据库管理系统的主动功能是如何实现的，本章较为系统地给出了主动数据库管理系统的体系结构。它表示实现一般主动数据库管理系统的主动功能所需要的主要处理过程、数据存储以及各部件之间的数据流。本章给出的主动数据库管理系统的体系结构是比较合理和详尽的，并对各部分组成部件实现的主动功能和具体运行操作进行了详细的说明。在实际的应用设计中可以根据应用对象的实际需要，采取其中的一部分而进行设计。

最后，指出了为了设计主动数据库管理系统的两类不同实现途径。

第 3 章　主动规则的相关模型和规则说明语言

3.1　主动规则的知识模型

主动规则的知识模型指的是如何描述系统的主动规则，指明系统中主动规则的表现形式。为阐述主动规则的知识模型，可以给出一种主动规则语言的语法。但由于目前尚不存在一种通用的或标准的主动规则语言，所以现存的任何一种主动规则语言都不足以刻画、描述主动数据库的知识模型，可以通过一系列的维度来刻画、描述主动规则的知识模型，而且这种描述更明确、通用。它比通过主动规则语言描述知识模型更能清晰地反映主动数据库的本质特点。所以本书通过一系列的刻画、描述主动规则的维度给出主动数据库系统规则的知识模型。在设计主动规则系统时，当这些维度确定以后，无须给出系统的形式化描述，原型系统就会清晰地展现在设计者的眼前。表 3.1 给出了主动规则的知识模型的维度。

表 3.1　知识模型的描述范畴

事件 (event)	事件来源⊂{结构操作事件，行为调用事件，事务事件，抽象或用户自定义事件，异常情况事件，时钟事件，外部事件} 事件粒度⊂{集合，子集，成员} 事件的类型⊂{原子事件，复合事件} 事件操作⊂{OR，AND，Seq，Closure，Times，NOT} 消耗策略⊂{最近的，顺序的，连续的，累积的} 事件角色∈{可选择方式，取消方式，强制方式}
条件 (condition)	条件角色∈{可选择方式，取消方式，强制方式} 条件语境⊂{当前事务开始时的数据库，事务发生时的数据库，条件被评价时的数据库，动作执行时的数据库}
动作 (action)	操作选择方式⊂{数据操作，子功能调用，规则操作，取消，通知，外界操作，操作取代} 数据访问范围⊂{ DB_T，$Bind_E$，$Bind_C$，DB_E，DB_C，DB_A}

本书的主动规则采用 E-C-A 规则：事件、条件、动作。

与这三个结构成分相关的主动行为的描述范畴见表 3.1 所示。这些范畴用来说明主动规则系统的设计者进行设计时的决策范围。

在表 3.1 中，符号⊂表示具体的描述范畴可采用值域中的多个值，而∈表示只能从列出的值中取一个值。

下面对表 3.1 中规则的三个结构成分事件、条件、动作的描述范畴作以下详细介绍。

3.1.1 事件描述范畴

对表 3.1 中规则事件的描述范畴作如下说明。

1. 事件来源（source）

事件指系统某一时刻发生的情况，由主动数据库中的数据的操作引发（如表格或视图中的字段、记录的检索、增加、删除、更新、创建、修改表格或视图的元数据、索引、用户、角色的创建和删除）。指定一个事件必须提供监测其发生的描述方式。事件的描述以及如何监测其发生的方式依赖于事件描述范畴——事件来源，并对其可作如下选择：

(1) 结构操作事件（structure operation）。此时事件的发生是通过在某数据结构上的一个操作来实现的。

(2) 行为调用事件（behavior invocation）。此时事件发生是通过执行某个用户定义的操作来实现的。事件语言通常都允许事件在一个已执行的操作之前或之后发生。通常，事件定义语言可以指定在调用前或之后触发事件。

(3) 事务事件（transaction）。此时事件发生是通过执行事务命令来实现的，包括“开始事务”、“取消事务”、“提交事务”。

(4) 抽象或用户自定义事件（abstract or user-defined）。此时系统应用一种编程机制，允许一个应用程序显式地表明一个事件的发生（比如：对用户输入的某种信息的反应）。这种情况下引发的事件也称之为虚拟事件，因为这种事件并非实际发生数据操作，而是用户编写程序代码通过编程的方式引发。例如，针对输入到系统中的某些信息，用户在程序中编写代码检测这些信息的合法性。当发现不合法时，不经过事件检测而直接用程序代码引发相关的事件。

(5) 异常情况事件（exception）。此时事件的发生是系统出现了异常情况导致的结果，异常也常常是事件的一个来源。例如，用户企图访问未经授权的数据。换句话说，主动规则也常常用来作为一种异常处理的实现机制。

(6) 时钟事件（clock）。此时事件在某个时刻发生。时间事件在许多主动数据库中是十分重要的一类事件，它是在时钟到达某一个时间引起的。时钟事件有绝对（absolute）时钟事件（如：1998 年 12 月 13 日 15：00）和相对（relative）时钟事件（如：每月的第一天）。

(7) 外部事件（external）。此时事件的发生是通过数据库系统外部某个情况的发生来实现的（比如：温度读数超过 30℃）。

2. 事件粒度（event granularity）

事件的粒度指的是事件与集合中元素的对应关系。可作如下选择：

(1) 集合（set）。如果集合中任何一个元素都可以激发一个事件，此时事件定义在一个集合的每个对象上（比如：一个类的每个实例）。

(2) 子集（subset）。如果集合中任何一个元素都可以激发一个事件，此时事件定义在一个给定的子集合上（比如：除教授外的所有教职工）。

(3) 成员（members）。如果引发事件的仅仅是集合中的某些特定元素，此时事件定义在一个集合的指定成员上（比如：禁止对特定实例未授权访问的用户）。

3. 事件的类型（type）

按照事件是否可分，事件可以分为简单事件和复合事件。

(1) 原子事件（primitive）。此时事件发生是通过事件来源中单个的某一类事件的发生来实现的。比如：事件 on insert to Owns 监测的事件为是否在关系 Owns 中插入了新元组。

(2) 复合事件（composite）。此时，事件发生是通过事件代数中的一组操作将几个简单或复合事件组合起来而实现。

4. 事件操作（operators）

因系统的不同而不同，最普通的操作有以下几种。

析取（disjunction）：当 E_1 或 E_2 已经发生时 E_1 or E_2 才发生。

合取（conjunction）：当 E_1 和 E_2 以任意顺序全都发生时 E_1 and E_2 才发生。

顺序（sequence）：当 E_1 在 E_2 之前发生时 Seq（E_1，E_2）才发生。

截止（closure）：Closure E in Int 仅在 E 首次发生时发生而不计其后时间间隔 Int 内 E 的发生。

历史（history）：times（n，E）in Int 当事件 E 在时间间隔 Int 内发生了 n 次时才发生。

否定（not）：not E_1 in Int 的发生用来检测 E_1 在时间间隔 Int 内没有发生。

以下的规则具有复合事件，用来实现约束：关系 Stock 的属性 qty 与关系 Owns 具有相同的数量。

```
on update to qty of Holder or
update to qty of Stock or
insert to Stock or
delete to Stock or
```

```
insert to Holder or
delete to Holder
if exists (select * from Stock where qty≠
(select sum (qty) from Owns where
Owns. reg# =Stock. reg#))
do abort
```

为了发现股票（Stock）价格在一天内是否已发生变化，可用如下事件表示：on update to price of Stock in [09：00，15：00]。

5. 事件消耗策略（consumption policy）

当探测到复合事件时，可能会出现同一事件类型的几个已发生的事件，可用来组成复合事件。到底应用哪一种选择构成复合事件可由事件消耗策略来决定。可采用的选择有：最近方式、时间顺序方式、连续方式、累积方式。初始事件及终止事件都是复合事件的成员事件，初始事件标志着复合事件监测的开始，而终止事件标志着监测的完成，同时也标志着复合事件的发生。

(1) 最近方式（recent）：仅采用复合事件 E 的初始事件 E_i 最近发生的实例来计算 E 的参数。当 E 发生时，触发相应的规则并删除所有参数运算中已用到的事件实例。

(2) 时间顺序方式（chronicle）：复合事件的初始事件、终止事件是成对匹配且唯一的。最先发生的初始事件与最先发生的终止事件相匹配，以此类推。

(3) 连续方式（continuous）：复合事件的每个初始事件实例都启动对该事件的监测过程，而一个终止事件可能导致该复合事件的一个或多个发生。这种选择特别适用于动态地跟踪某种趋势的发展。

(4) 累积方式（cumulative）：对于每个成员事件，其所有发生的实例的参数被累积起来，直到复合事件发生时传递给规则的条件评价器。复合事件发生后，用到了的成员事件实例都被删除。

四种方式各有各的应用背景，因此，采用何种复合事件构造方式，这取决于具体应用的类型和特点。

6. 事件的角色（role）

用来指示在主动规则的结构中是否必须给出事件（event）。若角色为以下方式之一。

(1) 可选择方式（optional）：则无事件被指定时系统支持 Condition-Action (C-A) 规则，此规则的功能和实现与 Event-Condition-Action（E-C-A）规则有显著的不同；

(2) 取消方式（none）：则无事件被指定，所有的规则都是 Condition-Action 规则；

(3) 强制方式（mandatory）：则系统支持 E-C-A 规则。

C-A 规则通常称为产生式规则，在产生式规则系统如 OPS5 中有专门研究。本书将主动规则视为 E-C-A 规则，即事件的角色采用 Mandatory。

3.1.2 条件描述范畴

对表 3.1 中规则条件的描述范畴作如下说明。

1. 条件的角色（role）

用来指示在主动规则中条件部分是否一定要给出。和事件的角色处理一样，我们仍将条件的角色采用强制的（mandatory），即我们将所有主动规则视为 E-C-A规则。

2. 条件的语境（context）

指规则条件评价时所处的数据库状态设置。当一条 E-C-A 规则活化执行时，它的三个组成部分的计算是彼此关联的，而且与数据库密切相关。此外它们的计算可能并不是连续的，彼此之间可能会有延迟。正是因为这些原因，一条规则的执行过程中，数据库至少有四种不同的状态。单个规则的处理至少与四种不同的数据库状态相关联：DB_T 为当前事务开始时的数据库；DB_E 为当事务发生时的数据库；DB_C 为条件被评价时的数据库；DB_A 为动作执行时的数据库。主动规则系统支持规则的条件对 DB_T、DB_E 和 DB_C 以及与事件相关的信息（$Bind_E$）进行访问的手段。在规则执行的不同阶段，可以访问的数据状态如图 3.1 所示。

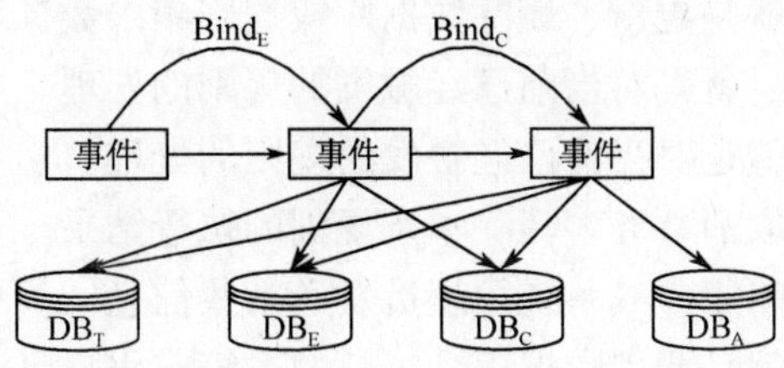

图 3.1 规则执行过程中可访问的数据环境

下面的例子，说明如何应用这些信息。例子中的规则用来对一个持股者（Holder）持有的股票（Stock）价值降至 0 时作出反应。

```
on update to value of Holder
if new.  value=0
```

do <action>

在这个规则中，来自事件的信息（DB_E）用来鉴别字段 value 是否已经赋值为 0，从而采取适当的反应。另外，从后面将举出的例子中可看到规则条件或动作访问事件参数的方式：old 指一个数据项在事件更新其值前所具有的数据值；insert 指最近插入的值；delete 指最近删除的值；update 指为一个更新事件所影响的数据项的属性。在处理规则的条件部分过程中，可以访问的数据环境包括 DB_T、DB_E、DB_C、DB_A。除此之外，还可以访问与事件相关的信息 $Bind_C$。一般来说，实际系统要复杂得多，不仅有更多的数据库状态，而且由于多条规则的并发执行而使得数据库状态难以维护。下面举一个例子来说明这个问题。

on update to value of Holder

if new. value=0

do <action>

这条规则就是在条件部分用来自 DB_E 的信息来判断条件的真假。new 是一个关键词，可以用它来访问事件发生后的信息。在某些情况下，还会用 old 访问事件发生前的信息，用 insert 访问新插入到数据库中的数据，用 delete 访问刚刚删除的数据。

3.1.3 动作描述范畴

对表 3.1 中规则动作的描述范畴作如下说明。

1. 操作

操作维度定义了规则触发且条件部分判断为真时可以执行的任务。可选择操作为下面几类：

(1) 数据操作。就是更新、删除数据库或规则集中数据等。

(2) 子功能调用。就是对当前已经触发的规则的处理。

(3) 规则操作。就是对当前已经触发的规则的处理。

(4) 取消。就是取消事务，消除本条规则的执行结果。

(5) 通知。就是向用户或系统管理员发送某些信息。

(6) 外界操作。就是调用数据库系统外的系统或用户自定义功能。

(7) 操作取代。就是取消引发事件的操作的执行结果并且代之以其他操作。

举例来说，当下面的一条规则：

on delete to Holder

if delete. value>0

do instead<inform system manager>

执行时，如果 delete. value>0 判断为真，则取消删除操作并且通知系统管理员。而下面的一条规则：

```
on delete to Holder
if delete. value>0
do <inform system manage>
```

执行时，如果条件部分判断为真，则仅执行通知系统管理员的操作，删除操作并未取消。

2. 数据访问范围

行为部分的数据访问范围与条件部分类似，它表示规则行为部分能访问的数据的范围。如图 3.1 所示，一条规则可以访问的数据范围包括 DB_T，DB_E，DB_C，DB_A，此外它还可以访问与条件部分相关的信息 $Bind_C$。举例来说，下面一条规则：

```
on update to price of Stock
if true
do update Holder
        set value=value * (new. price/old. price)
        where reg# in (select reg#
from Owns
where stock#=update. stock#)
```

当行为部分执行时，就是通过 new 访问 DB_E 和信息。

3.2　主动规则运行模型

在真正运行时刻规则被系统处理时，尽管主动规则系统与底层的 DBMS 密切相关，但主动数据库的处理由若干不同的阶段组成，这种特性是其特有的，因而是对底层 DBMS 的超越，一般具有如图 3.2 所示的步骤。

图 3.2　规则执行过程中的主要执行步骤

(1) 事件通知阶段（signaling）。指系统中某一事件产生源导致了一个事件产生。

(2) 触发阶段（triggering）。根据已产生的事件触发相关的规则，规则及其事件的一次发生构成一个规则实例（rule instantiation）。

(3) 评价阶段 (evaluation)。评价已触发规则的条件，条件可以满足的所有规则实例构成一个规则冲突集 (rule conflict set)。

(4) 调度阶段 (scheduling)。指如何处理冲突规则集。

(5) 执行阶段 (execution)。执行选中规则实例的动作。

与知识模型相比较，规则运行模型是用来规定在上述处理过程中规则集如何被系统处理，并为表 3.2 中所示的描述范畴所描述。在表 3.2 中，符号⊂表示具体的描述范畴可采用值域中的多个值，而∈表示只能从列出的值中取一个值。

表 3.2 执行模式的描述范畴

E-C 耦合模式⊂ {立即，延迟，分离}
C-A 耦合模式⊂ {立即，延迟，分离}
变化粒度⊂ {元组，集合}
累积效果模式⊂ {累积，非累积}
环策略⊂ {循环，递归}
优先级∈ {动态，数字编码，相对编码，无}
调度方式∈ {并行执行，顺序执行，饱和执行，部分执行}
错误处理⊂ {取消，忽略，回溯，意外处理}
净效应∈ {是，否}

对表 3.2 中执行模式的描述范畴作如下说明。

1. 耦合模式

E-C 耦合模式表示 Event-Condition 耦合模式，用来决定条件相应于规则触发事件的评价时刻。C-A 耦合模式表示 Condition-Action 耦合模式，用来决定动作相应于条件评价的执行时刻。常见的耦合选择有：

(1) 立即方式 (immediate)。若指 Event-Condition 耦合模式，则表示条件在触发事件出现后立即进行评价；若指 Condition-Action 耦合模式，则表示动作在条件评价为真后立即被执行。

(2) 延迟方式 (deferred)。若指 Event-Condition 耦合模式，则表示条件评价与规则的触发事件在同一个事务中；若指 Condition-Action 耦合模式，则表示动作的执行与条件评价在同一个事务中。但它们一般留至事务结束时才被处理。

(3) 分离方式 (detached)。若指 Event-Condition 耦合模式，则表示条件评价与触发事件处于不同的事务中；若指 Condition-Action 耦合模式，则表示动作执行与条件评价处于不同的事务中。

2. 变化粒度 (transition granularity)

变化粒度表明事件的发生和规则实例的关系是 1∶1 还是 n∶1 的关系。若变化粒度为元组（tuple），则事件发生一次就触发一个规则。若变化粒度为集合（set），则事件发生多次只触发一个规则。比如系统通常在一个规则 r 具有延迟的 Condition-Action 耦合方式并且触发事件为 E 时，作下述处理：在同一个事务中 E 发生了三次 e_1，e_2，e_3，当变化粒度为元组时，对 e_1，e_2，e_3，r 分别产生一个规则实例；当变化粒度为集合时，r 相应于 e_1，e_2，e_3 只产生一个规则实例。因为本书已将 Event-Condition 和 Condition-Action 耦合模式采用了立即方式，故不考虑变化粒度的选择，即只能有一种默认的选择：元组级变化粒度。

3.“净效果”策略（net effect policy）

另一个影响事件与其触发规则之间关系的因素是“净效果”策略（net effect policy），即不考虑单个事件发生而是综合考虑多个事件发生的最终效果。当同一数据项上存在多个更新操作时可以将它们考虑为一个单一的更新操作：若一个实例先被更新然后又被删除，则净效果为将最初的实例删除；若一个实例先被插入然后又被更新，则操作的净效果是将更新过的实例插入；若一个实例先被插入然后又被删除，则净效果为不做任何操作。因为我们已将 Event-Condition 和 Condition-Action 耦合模式采用了立即方式，故不考虑操作的净效果。

4. 环策略（cycle policy）

当规则条件评价时或其动作执行过程中有事件发生，系统将如何反应由执行模式中的环策略（cycle policy）来决定。一般来说，有两种选择：

（1）循环法（iterative）。即在条件评价或动作执行过程中发生的事件添加到已发生事件集合中去，按序被规则所消耗。这意味着其中有事件发生的条件评价或动作执行过程不会中止。

（2）递归法（recursive）。即发生的事件会导致条件评价或动作执行过程中止，从而监控此事件的立即耦合模式规则立即被执行。系统通常对耦合模式为立即方式的规则采取递归式的环策略，故在本书将环策略选为递归式。

5. 规则的调度阶段（scheduling）

规则的调度阶段决定系统中同时有多个规则被触发时如何反应。主要有如下两个关键问题：

（1）受触发的下一个规则的选择。规则的执行顺序极大地影响着系统规则执行的结果。一种选择方法是按事件发生的就近原则或条件的复杂性来动态地给冲突集中规则分配优先级。这种方法通常为专家系统采用，而主动数据库系统通常采用静态分配优先级的方法。静态优先级通常由系统或用户作为规则的一个属性为其分配。优先级可采用数字模式，即给每个规则分配一个绝对数值作为其优先级。另一种方式则为相对模式，即规定同时被触发的冲突规则集中某个规则必须优先于另一规则被触发。由于对同一个规则集，不同的用户和系统可以为冲突的规则分配不同的优先级，并且系统允许用户动态更改作为规则属性的优先级，故本书中未考虑规则的优先级问题。这里在分析规则集的可终止性时按最坏情况考虑，即从冲突集中选取最有可能使规则集不可终止的规则。这样可确保在规则系统支持优先级时，并不影响现在运用我们的分析方法判断为可终止的规则集的行为。

(2) 受触发的规则的数量。可能的选择有：①按序触发所有规则实例（all sequentially)；②并发执行所有规则实例（all parallel)。支持完整性维护的规则采用了第一种选择，一旦所有限制条件都是合法的，则更新成功。而第二种方法则有利于规则处理更为有效，因为规则实例可以并发执行。在本书中采用了第一种选择方法，即选取规则调度方式为全部有序方式。

6. 意外错误处理（error handling)

意外错误处理是规则执行模式的另一个描述范畴。在规则集的可终止性分析中，总按最坏情况考虑，即假设系统不发生任何意外错误时，规则集能否保持不可终止。故本书不考虑这种范畴。

3.3 主动规则管理模型

上面给出了主动数据库系统的知识模型和运行模型，它们构成了一个主动数据库系统的核心部分。但在一个主动数据库系统中，对规则各个方面的管理也是必不可少的，这主要包括：如何管理规则，特别是可以对规则实施那些操作；规则如何表示；如何为规则提供编程支持等。下面首先给出确定主动系统管理特征的各个维度，他们共同构成了主动数据库系统的管理模型。如表 3.3 所示。

表 3.3 主动数据库管理模型的维度表

规则描述方式⊂｛编程语言，查询语言，对象｝
操作⊂｛激活，抑制，激发｝
适用性⊂｛编译时间，运行时间｝
数据模型∈｛关系，扩展关系，演绎，面向对象｝
编程支持⊂｛查询，跟踪｝

3.3.1 规则描述方式和操作

这主要指的是以什么形式给出规则的形式化描述。

（1）编程语言。即用数据库编程语言来描述规则是一种常用的方式，非常灵活。

（2）查询语言。

（3）对象。在面向对象数据库或对象-关系数据库中，可以用对象来描述规则，一条规则被描述为一个对象。

上述规则的描述方式并非彼此互不相干。例如，可以对面向对象数据库中的查询语言加以扩展使其支持规则的定义。

除了可以对规则施加创建和删除操作外，其他的操作还有活化、抑制、激发。

（1）活化。就是使主动数据库开始监视事件和处理条件。

（2）抑制。就是使主动数据库停止监视事件和处理条件。

（3）激发。这个操作是用来支持用户自定义事件的，可以在应用中用这个操作显式的引发一个事件。

某些主动规则的执行可能会持续很长时间。有了活化/抑制操作，系统管理员就可以在不删除规则的情况下就能打开/关闭某些规则。另外，抑制操作还有助于提高系统的运行效率、调试效率，以及预防死锁。活化/抑制操作的对象可以是单条主动规则，也可以是一个主动规则类。

一个维度的确定是规则被改变后何时能够生效的问题。一般有两种大的分类：编译时间适应和运行时间适应。

（1）编译时间。规则被修改后，需要经过重新编译应用程序。这些规则才能生效。这种适应性称之为编译时间适应。

（2）运行时间。规则被修改，不需要重新编译程序源代码，而是在系统运行时修改便可生效的适应性称之为运行时间适应。这种适应性支持规则的行为部分动态修改规则库。

在实际的主动数据库系统中，适应性往往介于上述两者之间。在本书讨论的主动数据库管理模型中，任何应用程序代码不需要重新编译，便可以使新创建的主动规则生效的主动数据库系统都可以看作支持运行时间适用。

3.3.2　主动数据模型

任何主动数据库系统都是建立在一种数据模型之上的。这种数据模型对主动系统的设计与实现有着重大的影响，因此它被称作为主动系统管理模型的一个维度，常见的数据模型有以下几种类型：

（1）关系。

（2）扩展关系。

（3）演绎。

(4) 面向对象。

(5) 编程支持。

主动规则是否能够称为开发商业软件的主流技术，对编程的支持至关重要。支持主动规则库开发的设施主要有：

(1) 查询功能。

(2) 跟踪功能。通过此功能，可以跟踪某条规则或整个主动系统的执行过程。

3.4 主动规则管理器和事件管理器结构

3.4.1 主动规则管理器

主动规则管理器的任务有：

(1) 在系统启动后，为规则建立索引并且与触发规则的事件建立定购联系。

(2) 在正常的执行过程中，接受从事件监测器发来的事件通知，并执行相应的规则。

为了确保可预测性，系统中的所有事件类型都被赋予了整数形式的系统标识符，而标识符是在系统的编译阶段确定的。由于是整数，可以使用数组来直接实现从事件到规则的映射，这样比利用哈希函数来获得事件的标识符更有效。

由于规则间存在优先级关系，优先级高的将被排在规则列表的前面。也就是说所有规则的执行顺序将按照规则在列表的顺序来执行。需要注意的是规则执行的顺序不必与他们的动作执行的顺序一致，因为动作的执行顺序是由调度器根据其时序属性来调度的。

模式的改变可以通过多个规则列表阵列（array）来实现。在某一个时刻只有一个阵列是活化的，表示当前的模式。当模式改变时，指针就会从当前的阵列移动到待要活化的阵列。一条规则可以存在于一个或多个阵列的一个或多个列表中。当事件对象从事件监测器传到规则管理器时，也将同时获得事件对象的事件标识符。利用标识符，搜索当前活动阵列的规则列表，与之匹配的规则将被活化。如图 3.3 所示。

一个主动数据库管理系统不仅要能定义规则，而且还应该能够提供对规则的管理。因此，必须提供对规则进行操作的手段。对规则的操作有：

(1) 创建规则。建立一个新的规则。

(2) 删除规则。删除一个已有的规则 Delete rule ＜规则名＞。

(3) 活化规则。将一个规则的状态标记为活化状态 Enable ＜规则名＞。

(4) 惰化规则。将一个规则的状态标记为惰化状态 Disable ＜规则名＞。

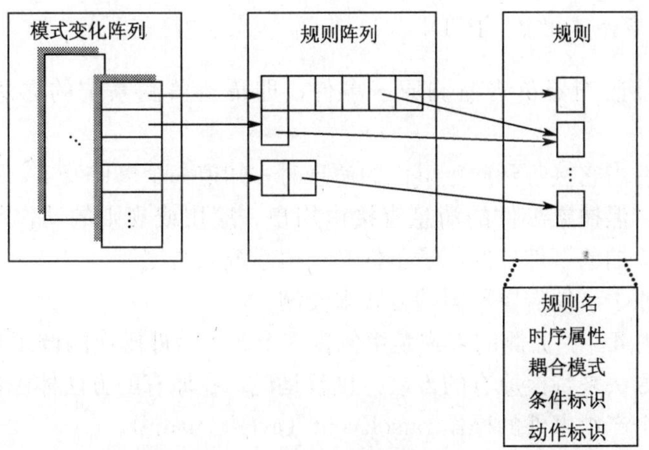

图 3.3　规则管理器图示

3.4.2　事件管理器

事件管理器主要有两个任务：首先是监测事件和创建相应事件；其次是在向规则管理器发信号之前过滤事件，即只有那些触发规则的事件才能被传送到规则管理器。

事件管理器模块由原子事件监测器（primitive event detector，PED），复合事件监测器（composite event detector，CED），事件发生构造器（event occurrence construction，EOC），条件过滤器（condition filter，CF）和解除中断规则过滤器（enabled rule filter，ERF）等子模块构成。如图 3.4 所示。

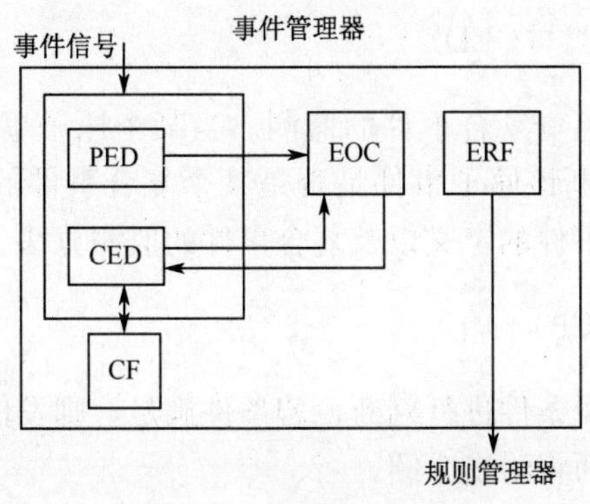

图 3.4　事件管理器

1. 原子事件监测器（PED）

原子事件监测器负责监测原子事件，即负责监测系统的方法事件和抽象事件。

系统只有当它接收到产生事件的消息时才知道一个事件发生，消息从事件监测器中送出，但抽象事件的消息直接由用户、应用或规则的动作部分发出。因此，所有的除抽象事件外的原子事件必须由系统来监测。

不同的原子事件需要不同的方式来监测。

（1）方法事件。监测的方式是用包含一个产生事件操作的调用和原有方法的调用的新的方法来替换原有的方法。也就是说，在原有的方法体中在返回语句之前，加上一个产生事件的操作 raiseEvent（event_name）。

（2）时间事件。可通过监视系统时钟来监测，利用操作系统的系统提供的功能调用来实现，如 UNIX 下的 cron，在指定的日期和时间执行命令。

（3）事务事件。所有事务是类 sam_transaction 的实例，sam_transaction 是 os_transaction 的子类，os_transaction 是由系统提供的基础类。开始、提交、失败等事务操作作为类的方法来实现。因此，相应的事务事件的监测可以通过重载这几个方法，在这些方法中加入产生事件的调用（raiseEvent）即可。

2. 事件发生构造器（EOC）

当有原子事件产生时，事件发生构造器 EOC 建立和存储发生的事件对象，并向 CED 发信号。事件管理器存储事件发生并支持事件历史队列。对象是构成事件历史队列的基础。

3. 复合事件监测器（CED）

复合事件监测器负责复合事件的监测。当某个原子事件发生时，EOC 就会向它发信号，CED 判断该原子事件是否是某个复合事件的成员事件。本书将在下一章中详细地给出事件的定义以及复合事件的监测算法。

4. 条件过滤器（CF）

条件过滤器对逻辑条件进行判断，若条件满足，则发信号触发相应的逻辑事件。对于逻辑事件后面将给出介绍。

5. 解除中断规则过滤器（ERF）

解除中断规则过滤器在把产生的事件传送到规则管理器之前，ERF 检查事件的下标，只把与规则建立订购关系的事件传送给规则管理器。

小　　结

主动规则的知识模型，指明系统中主动规则的表现形式。为阐述主动规则的知识模型，给出一种主动规则语言的语法。但由于目前尚不存在一种通用的或标准的主动规则语言，所以现存的任何一种主动规则语言都不足以刻画主动数据库的知识模型，可以通过一系列的维度来描述主动规则的知识模型，而且这种描述更明确、通用。它比通过主动规则语言描述知识模型更能清晰的反映主动数据库的本质特点。通过一系列的刻画主动规则的维度给出主动数据库系统规则的知识模型。在设计主动规则系统时，当这些维度确定以后，无需给出系统的形式化描述。

给出了主动数据库系统的执行模型，主动数据库系统的规则的知识模型和执行模型构成了一个主动数据库系统的核心部分。但在一个主动数据库系统中，对规则各个方面的管理主要包括：如何管理规则，特别对规则实施哪些操作；规则如何表示；如何为规则提供编程支持等。

讨论了主动规则管理器的任务。为了确保可预测性，系统中的所有事件类型都被赋予了整数形式的系统标识符，而标识符是在系统的编译阶段确定的。由于规则间存在优先级关系，优先级高的将被排在规则列表的前面。也就是说所有规则的执行顺序将按照规则在列表的顺序来执行。需要注意的是规则执行的顺序不必与他们的动作执行的顺序一致，因为动作的执行顺序是由调度器根据其时序属性来调度的。

第 4 章　规则说明语言

实时主动数据库是主动数据库的重要的一种，无论是一般比较通用的主动数据库还是实时主动数据库，时序属性在实时主动数据库和主动数据库的规则中是必须的、不可缺少的。下面我们将给出具有时序属性的规则定义语言的文法。

4.1　规则说明语法

4.1.1　词法的约定

我们将介绍使用扩展的 BNF（EBNF）格式扩展 E-C-A 规则所用的词法。

程序是由命题语句、表达式和声明语句等语法实体组成的句子构成的。比如，若 X 是由实体 Y 和 Z 串联构成，那么 X 可以形式化地表示为 X＝YZ。若 X 是由 Y 或 Z 中之一构成，则 X 可以形式化地表示为 X＝Y | Z。X 是由空或由 Y 构成，可表示为 X＝［Y］。对于 X 是由 0 或多个 Y 构成的，约定用 X＝{Y} 表示。

在下面的例子中，给出了一些 EBNF 表达式和对应的语句。

(X | Y)(Z | Q)	XZ YZ XQ YQ
X［Y］Z	XZ XYZ
X {YX}	X XYX XYXYX XYXYXY…
{X | Y} Z	Z XZ YZ XXZ XYZ YYZ YXZ

EBNF 的语法形式上可以表示如下：

syntax ＝ {statement}

statement ＝identifier “＝” expression

expression ＝term { “ | ” term}

term ＝factor {factor}

factor ＝identifier | string | “（“expression”）” |

“［“expression”］” | “｛“expression”｝”

标识符必须是以字母开头，后面是 0 或多个由字母、阿拉伯数字和下划线（_）的任意序列组成的字符串。标识符可形式地表示为

identifier ＝letter {letter | digit | “_”}

letter ＝ “A” |…| “Z” | “a” |…| “z”

digit ＝ “0” |…| “9”

字符串是用引用标记封装的任意字符的序列：

string ＝ “{character}”

4.1.2　E-C-A 规则语法

扩展 E-C-A 规则语言描述如下：

extended_rule_language＝ [system_parameter_declaration]
　　[operation_mode_declaration]
　　{event_definition}
　　extended_rule {extended_rule}

规则说明语法如下：

extended_rule＝rule [rule_name] [operation_modes] [precedence]
　　on event_spec
　　[if condition_spec]
　　do action_spec
　　[or action_spec]

rule_name ＝identifier

system_parameter_declaration、event_definition 和 operation_modes 等实体将在下面进行描述。

4.2　规 则 说 明

4.2.1　时间说明和操作模式说明

我们给出时序的说明性语法（specification syntax）的 EBNF 格式的定义：

time＝time_stamp

duration＝time_stamp

time_stamp＝ [date_spec] time_spec [(“＋” | “－”) time_spec]

date_spec＝ [year “－”] month “－” day

time_spec＝ [[hour “:”] minute “:”] second [“.” fraction]

year＝integer

month＝integer

day＝integer

hour＝integer

minute＝integer

second＝integer

fraction＝integer

integer＝digit {digit}

在上面的说明中，基本时间单位是秒。而且可以清楚地看出，在此语法说明语言中，时刻与时间间隔的定义没有什么区别。实际应用中，可以通过上下文来确定需要的是哪种类型。例如，截止期总是指一个绝对的时间点，而执行时间就是指一段时间间隔。截止期也可以是相对于一个绝对时间点的一个时间点，比如相对于事件发生的时刻。为了便于表达这个概念，我们用关键字 tocc 表示事件发生的时刻，那么截止期可以表示为 tocc＋5。而且当前绝对事件点用 now 表示。

许多主动数据库规则库是运行在动态环境中的规则库，即规则是可以变化的，可以向规则库插入规则，也可以删除规则。而在时间约束的环境，使用动态规则库会产生不可预测性，所以采用静态的规则库是比较理想的。在实际应用中出现不同规则在不同环境下应用的情况，可以通过在规则库设置模式开关来实现。比如制造不同型号汽车的生产线的机器人，它可以对传送带传送来的不同的部件做出不同的反应。映射到规则就是有多个规则定购同一个事件，而这些规则是在不同的模式下运行的。

一种操作模式赋予一个标识符，而且必须在使用前用如下格式说明：

operation_mode_declaration＝opmode mode_name {mode_name}

mode_name ＝identifier

用下面的格式，可以指定规则在一种或多种操作模式下运行：

operation_modes＝inmodes mode_name {mode_name}

在某一时刻只有一种操作模式被活化。当另一种操作模式被活化时，当前操作模式就自动的失效。若规则没有指定操作模式，那么它可以在所有操作模式下运行。

4.2.2 规则优先级说明

当出现一个事件触发多个规则的情况，可以通过制定规则执行的顺序加以限制。对于同一事件，一个规则可以被指定为在其他指定规则或甚至是所有规则的前或后执行。标准的语法形式如下：

precedence ＝precedence [before rule_list] [after rule_list]

rule_list ＝rule_name {rule_name} | all

若一个规则优先级被指定为 all，那么当触发规则的事件发生时，这个规则的执行将在所有的事件触发规则之前触发执行。只有一个规则的优先级，可以指定为 after all。

由于规则库是静态的，规则的优先级可以在编译阶段确定，并分析其正确性，例如有没有循环优先级。如果优先级没有指定，此时规则的执行顺序将是随意的。

4.2.3　事件说明和条件说明

事件的说明语法如下：

event_ specification ＝event event_ id [mode change]
primitive_ or_ logical_ event

primitive_ or_ logical_ event ＝abstract | [before | after] method_ call |
event_ expression

event_ express ＝event_ expression event_ operator event_ expression |
interval_ operator "(" event_ expression ","
event_ expression "," event_ expression ")" |
event_ identifier

event_ operator ＝ "∇" | "Δ" | ";" | "interval_ operator ＝NOT | A | P | A* | P* | Plus

下面我们给出一些例子：

event update_ temp is after temp_ sensor. update

event update_ press is after pressure_ sensor. update

event check_ criticality is update_ temp (update_ press)

event system_ start is abstract

event system_ shutdown is abstract

event read_ sensor_ period is p (system_ start, 10, sytem_ shutdown)

事件 update_ temp 与 update_ press 在指定的方法执行完毕后被触发。事件 update_ temp 与 update_ press 同时触发时，触发事件 check_ criticality。事件 system_ start 与 system_ shutdown 是抽象事件，在系统启动或关闭时被触发。周期事件 read_ sensor_ period 表示在事件 system_ start 与 system_ shutdown 组成的时间段内，每隔 10s 读一次传感器。

在本书的规则说明语言，条件是可选项。若没有给出条件，那么条件评价默认为真，规则被看做是 Event-Action (E-A) 形式的规则。

条件评价表达式的基本语法如下：

condition_ spec＝logical_ expression | method_ call

4.2.4　事件参数和系统参数说明

事件携带参与条件评价的信息。下面所有的参数可作为固定参数，适合于所有事件类型及每个事件实例。

event_ parameter＝time_ of_ occurrence | time_ of_ detection

event_ id transaction_ id | object_ id | criticality
event_ specific_ parameters

event_ id=eid
time_ of_ occurrence=tocc
time_ of_ detection=tdet
transaction_ id=tid
object_ id=oid
criticality=crit
event_ specific_ parameters=…

event_ id 可以用来区分是哪种类型的事件发生；transaction_ id 标识符可以用来识别是由哪个事务产生事件；object_ id 标识符标志产生事件的对象；而对于绝对时序事件，transaction_ id 和 object_ id 可以为空（null）。对于event_ specific_ parameters，由于实际应用参数因事件类型的不同而不同，这里就不一一列出。

系统参数反映的是事件发生时整个数据库的状态，他可以是系统时钟、传感器标识符等。任何系统参数在使用前必须说明。

system_ parameter_ declaration=syspar type system_ parameter_ name
{type system_ parameter_ name}

system_ parameter_ name=identifier

可用的系统参数类型是由系统决定的，并会在编译阶段进行检查。

4.2.5 逻辑表达式和方法调用说明

逻辑表达式是利用事件或系统参数检验条件最简单的结构。

logical_ expression=logical_ formula {logical_ op logical_ formula}
logical_ op=and | or
logical_ formula=condition_ variable relational_ op
(condition_ variable | constant)
condition_ variable=event_ parameter | system_ parameter
relational_ op= "=" | "! =" | ">" | "<" | …

常量可以是条件变量可使用的任何类型的值。

在这里需要对方法调用加以限制的是它必须返回一个布尔值，以便确定动作是否要执行。

method_ call=method
[system system-parameter_ name
{system_ parameter_ name}]

```
begin
  …
end
```

就像在逻辑表达式中一样，事件参数和系统参数在使用前必须说明。

4.2.6　动作说明

为了及时执行动作，在动作说明部分必须指定相应的时序信息和约束。动作说明的语法如下：

```
action_spec=do [temporal_attributes]
          action_definition
          or [temporal_attributes]
          action_definition
temporal_attributes= [deadline time [criticality criticality]]
                     [execution_time duration]
                     [ (earliest | latest) starttime time]
                     [ coupling_mode coupling_mode ]
action_definition=action_method | modechange mode_name | abort
action_method= [system system_parameter_name
                 {system_parameter_name}
               begin
                 …
               end
```

关键字 criticality 是用来给调度器指定具体信息的。例如关键字按如下指定。

criticality =soft | firm | hard

如果应急程度被指定为 hard 时，那么执行时间被看做是最坏的情况。若是应急程度为 soft 或 firm，执行时间被当作平均执行时间。

如果需要在动作中存取系统参数，这些参数必须在 system 语句中说明。

如果在动作定义中指定了 modechange，操作模式的开关将立即切换到相应的操作模式。

在默认的情况下，规则将在分离独立模式（detached independent mode）下执行。在特殊情况下，耦合模式也可以支持立即模式和延迟模式，比如当动作为事务的 abort 时。耦合模式的语法如下：

coupling_mode =immediate | deferred | detached 下面我们给出两个规则说明的例子。

Syspar SenorObject_type sensor1

```
rule read_sensor
on read_sensor_period
do deadline tocc+10 criticality firm execution_time 0.5
system sensor1
begin
  dbstor ( "sensor1", sensor1.read ());
end
```

事件read_sensor_period是我们在事件说明中的例子，表示在事件system_start与system_shutdown组成的时间段内，每隔10s读一次传感器。这样规则read_sensor每隔10s就被触发一次。执行的动作是读传感器的值，并将数值存到数据库。如果数值在事件发生10s后，没有存储到数据库，那么它就会被舍弃。在这个规则定义中，没有条件部分，即条件评价默认为真，规则被看做是Event-Action（E-A）形式的规则。应急程度为firm，执行时间为平均执行时间。

第二个例子是监控工厂容器的压力和温度。如果容器的压力和温度两者之一有超过警戒线，就要开启安全阀门。而在这有危害的情况被检测到10s后，安全阀门没有开启，那么就要关闭加热设备，并向操作者报警。我们可以用三个规则来实现。其中前两个规则如下：

```
syspar SensorObject_type pressure
       SensorObject_type temperature
       Actuator_type value
       Actuator_type heater
       Alerter_type operator
rule retrieve_temperature
on read_sensor_period
do dealine ts+10 criticality firm execution_time 0.5
system temperature
begin
    dbstore ( "temperature", temperature. read ());
end
rule retrieve_pressure
on p (system_star, 7, system_shutdown)
do deadline ts+7 criticality firm execution_time 0.4
system pressure
begin
    dbstore ( "pressure", pressure. read ());
```

```
end
```

第一个规则用来读温度传感器，而另一个规则读压力传感器。可以清楚地看到，压力数值的读取要快于温度数值的读取，即压力数值读取的周期要比温度的读取周期短。从传感器读取的数值存储到数据库中，也可以被系统当作系统变量来使用。在第三条规则中就会发现这两个数值用在了条件评价中。这两条规则的应急程度为 firm，并且是在分离的耦合模式下执行。

```
rule pressure_temp_guard precedence before all
on check_criticality
if method
system temperature pressure
begin
    hazardous_pres_temp (temperature. get (), pressure. get ());
end
do deadline ts+10 criticality hard essential execution_time 7
system valve
begin
    valve. open ();
end
or deadline ts+10 criticality hard critical execution_time 2
coupling_mode detached
system heater operator
begin
    heater_off ();
    operator. alert (ACTIVE);
end
```

当压力和温度作为系统变量被更新，进行监测检查时，就会触发第三条规则。如果监测到压力或温度有一个超过了警戒线，那么在 10s 内就会采取相应的动作，开启阀门降低压力或温度，否则采取应急动作，关闭加热设备并通知操作人员。

4.3　逻辑事件说明

每一个事件的发生都是在特定的事件环境下发生。

逻辑事件是具有上下文条件的事件。逻辑事件是上下文相关的，它只会在特定的事件环境下发生，即在事件上下文。逻辑事件是基于基础事件并通过基础事件的发生来触发。不像其他 E-C-A 主动数据库系统中的事件，逻辑事件只会在满足规定约束的有意义发生的情况下发生。逻辑事件的发生时间与它的基础事件的发生时间是同一时间。因此在我们的系统中，事件可以在同一时刻发生。约束是事件发生时关于事件环境的逻辑条件，逻辑条件规定了逻辑事件发生时的上下文。由于在事件发生前不能评价事件的上下文，因此定义逻辑事件的事件监测语义如下：

if E then

if cEc then

  Ec

E 是逻辑事件的基础，即基础事件；cEc 是逻辑事件的条件；Ec 是逻辑事件，符号 Ec 用来表明逻辑事件是基于成分事件 E，c 代表逻辑条件。

当基础事件发生，评价逻辑条件为真时，逻辑事件发生。逻辑条件可以是关于事件上下文的任意布尔函数。

4.3.1 逻辑事件的语义和逻辑条件说明

逻辑事件是具有上下文条件的事件。当基础事件发生，事件环境的条件即上下文条件满足时，逻辑事件被触发。否则逻辑事件将不会被触发。

形式上逻辑事件表示如下：

E：T- -> {true，false}

C：T- -> {true，false}

E (t) = “true”，事件 E 在时刻 t 发生

  “false” otherwise

C (t) = “true”，上下文在时刻 t 满足约束 c

  “false” otherwise

逻辑事件 Ec 将发生：

$Ec(t)=(E(t)\wedge c(t))$

逻辑事件 Ec 在 t 时刻发生当且仅当事件 E 在 t 时刻发生，且事件环境的上下文条件 c 在时刻 t 为真时。通过定义，逻辑条件的评价为事件监测过程中的一部分。基础事件可以是任意型的事件（原子事件、复合事件、逻辑事件）。逻辑事件也可以是基于逻辑事件上的逻辑事件，但逻辑事件不能定义自己本身。由于逻辑事件的发生与基础事件的发生是在同一时刻，所以逻辑事件与基础事件有相同的事件环境。

逻辑条件是事件条件，而不是规则条件。它是反映基础事件 E 发生时刻事件环境的布尔函数 F。逻辑条件函数可以是任何不改变数据库状态、不触发任何新事件的布尔函数。一个布尔函数是针对某一事件发生时的上下文而建立的，而

与其他事件发生时的上下文无关。

逻辑条件可以表示为：

context(t)-> 事件 E 在 t 时刻发生时的上下文

Fcondition(t,context(t))->当条件 condition 满足事件上下文 context(t)时，布尔函数的值返回为“真”，否则返回为“假”。

Fcondition 为逻辑事件指定正确的上下文。它是通过有用的上下文信息间 AND/OR 操作来获得布尔函数值的。

4.3.2　逻辑事件在 E-C-A 规则中的语义和规范说明

下面介绍利用逻辑事件把 E-C-A 规则拓展成 E(logical)-C-A。

E-C-A 规则定义为事件 E、条件 C 和动作 A 三部分。每个部分被评价的时刻取决于事件和条件的耦合方式与条件和动作的耦合方式。

我们把规则用下面的公式表达：

$$R(E(t),C(t'),A(t''))=(E(t)\wedge C(t'))\wedge A(t'')$$

它的语义是，当事件 E(t)发生且条件 C(t')满足时，动作 A(t'')就会执行。只要选定了耦合方式，那么时刻 t、t' 和 t'' 就可以确定。它们之间的大体关系是：$t\leqslant t'\leqslant t''$。

现在我们把逻辑事件引入 E-C-A 规则中，可以把逻辑事件表示为

$$Ec(t)=(E(t)\wedge C(t))\wedge Ec(t)$$

则规则表示如下：

$$\begin{aligned}R(Ec(t),C(t'),A(t''))&=R(Ec(t)\wedge C(t'))\wedge A(t'')\\&=R((E(t)\wedge C(t))\wedge Ec(t))\wedge C(t'))\wedge A(t'')\\&=R((E(t)\wedge C(t))\wedge C(t'))\wedge A(t'')\end{aligned}$$

逻辑条件的评价必须在事件 E 被监测到的时刻 t 进行。要形成触发动作 A(t'')的逻辑事件 Ec(t)不仅要在 t 时刻监测到事件 E 而且逻辑条件 c 在 t 时刻也必须满足。如果在时刻 t 监测到事件 E 并且在 t 时刻逻辑条件 c 满足，规则条件 C 在时刻 t' 满足，那么就会触发动作 A(t'')。

基于逻辑事件的规则检测语义如下表示：

```
if E   then / * 事件监测部分 * /
    if cEc   then   / * 依赖 E-C 耦合方式 * /
      if C   then A   / * 依赖 C-A 耦合方式 * /
```

当事件 E 发生且逻辑条件满足时，就会触发规则；规则评价规则条件 C，若 C 满足则触发动作 A。这就是 EcCA 规则的执行语义。

逻辑事件是基于基础事件并通过独立的事件定义语言来定义的。在事件定义中，我们增加了逻辑条件，用来表示事件发生时的上下文。事件监测器对逻辑条

件进行判断，若条件满足则发信号触发相应的逻辑事件。

逻辑事件规范说明如下：

<logical-event-specification> ：=

<event-specification>

<logical-condition-specification>

4.3.3 逻辑事件的上下文和参数中的上下文信息

上下文是指事件发生时的环境，即事件发生时整个数据库的状态。在逻辑条件中，查询事件环境对上下文进行评价，确定上下文是否满足逻辑条件。在基本的事件模型中，事件具有事件参数。通过利用作为事件环境一部分的事件参数，我们在大多数情况下，没有必要查询整个数据库。

我们可以把事件上下文分成几个子上下文区，各区之间的层次关系是：环境参数上下文⊂事件类型参数上下文⊂事件触发参数上下文⊂总的环境（数据库）。

其中环境参数是上下文最小的一部分，总的环境就是整个数据库，是最大的可用上下文。

1）环境信息-环境参数。

(1) transaction_id：触发事件的事务标识符。

(2) time_of_occurrence：触发事件的时刻。

(3) user_id：用户标识符，用户的事务触发事件。

以上三种参数是每个事件类型可用的基本参数。

2）事件类型信息-事件类型参数。

事件类型信息随着事件类型的不同而变化，事件类型参数亦是如此。

(1) class_id：类标识符，调用方法的类。

(2) object_id：对象标识符，调用方法的对象。

(3) method_name：方法名，实际触发事件的方法。

3）事件触发信息-事件触发参数。

同一类型的事件每次触发可能会产生不同类型的信息。在面向对象系统中，方法的每次调用可能产生不同的方法参数。可以把这些方法参数作为事件触发信息。

method_arguments_list：方法调用中实际参数的列表，可以为空或多元素。

对于逻辑事件，上下文必须传递给事件作为事件参数。可用的参数可以是环境参数、事件类型参数和事件触发参数。在事件发生时，系统对参数进行评价。

逻辑事件定义的格式为：

DEFINE <envent_identifier-1>

ON {<event_identifier-2>}

[IF <context_condition>]

逻辑事件既可以在原子事件和复合事件的基础上定义，也可以基于另外一个逻辑事件的事件标识符上定义。但它必须是存在的有效事件标识符，即这个逻辑事件已经被定义。

上下文条件格式如下：

<context_condition>：=

<context_condition> AND <context_condition>

| <context_condition> OR <context_condition>

| NOT <context_condition>

| USE = {user_id_expression> | <function_name>}

| TIME [[(+ | −)] <offset_expression>]

[(< | >) = {<date [time] >| NOW |

INFINITY | <function_name>}

| CLASS = {<class_name> | <function_name>}

| METHOD = {<method_name> | <function_name>}

| OBJECT = {<object_id> | <function_name>}

| <method_parameter_signature> [(< | >)] = {<value>} | <function_name>}

| <function_name>

<method_parameter_signature>：=

| {ARG1 | ARG2 | …}

小　　结

词法的约定、规则说明语法、逻辑事件为描述主动数据库的系统设计和针对具体应用对象的设计提供了工具。介绍了使用扩展的 BNF（EBNF）格式扩展 E-C-A 规则所用的词法。对事件、条件和动作的说明，进一步给出了规则的内涵。同时，对规则的三大部分分别进行了更详细的说明，对深入理解和认识规则提供了帮助。

时序属性在实时主动数据库的规则中是必须的。

许多主动数据库规则库是运行在动态环境中的规则库，是变化的，可以向规则库插入规则，也可以删除规则。而在时间约束的环境，使用动态规则库会产生不可预测性，所以采用静态的规则库是比较理想的。在实际应用中出现不同规则在不同环境下应用的情况，可以通过在规则库设置模式开关来实现。

第 5 章　复合事件监测

5.1　事件的复合操作

所有的主动数据库系统的事件说明语言都是基于监测语义的。基于监测语义的事件说明语言不能区分事件发生与事件监测。尽管它是在所在的时间区间末段被监测到，但事件仍然是在一段时间区间内发生的。从监测的观点来说，事件的初始时刻是未知的，直至监测到事件。对于不同的事件说明语言，发生和监测语义没有什么不同，但对于某些操作符（例如顺序操作符），可能会产生无意识的语义。例如根据复合事件($E_1;E_2$)定义，E_1 应当早于 E_2 发生。使用基于监测语义事件监测语言，只要 E_1 的实例终止时间值小于 E_2 的实例终止时间值，事件($E_1;E_2$)就会被监测到。被监测到的时刻等于成员事件 E_2 被监测到的时刻，而事件实例的初始时刻不予考虑。这会导致以下问题。

对于复合事件($E_1;(E_2;E_3)$)和($E_2;(E_1;E_3)$)，可能是两个不同的事件：对于第一个复合事件，E_1 严格先于 E_2 发生；而对于后一个复合事件，E_2 严格先于 E_1 发生。

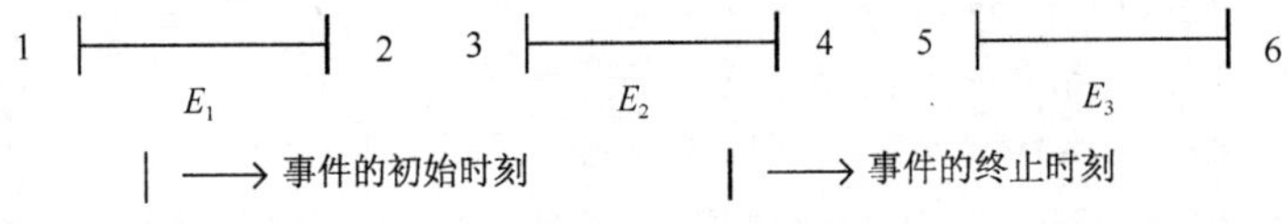

图 5.1　事件实例

如图 5.1 所示给定事件 $E_1[1,2]$（1 是事件 E_1 的初始时刻，2 是事件 E_1 的终止时刻），$E_2[3,4]$和 $E_3[5,6]$。根据事件的监测语义，它们满足上述两个事件表达式。第一种情况，E_1 的监测时间值（终止时刻）为 2，小于($E_2;E_3$)的监测时间值 6；第二种情况，E_2 的监测时间值为 4，也小于($E_1;E_3$)的监测时间值 6。而基于发生语义，只有第一个表达式能监测到，事件 $E_1[1,2]$的监测时间值小于($E_2;E_3$)的初始时间值（即 $2<3$）；第二个表达式不满足语义，$E_2(3,4)$的监测时间值为 4，大于($E_1;E_3$)的初始时间值 1。

下面将给出事件发生的语义，讨论并实现事件图下的事件监测方法。

对于某些操作符（非周期操作符），监测事件和终止事件是不同事件；而对于顺序操作符，两者则是同一事件。

复合事件 E 在一段时间间隔内发生，记为 $E[t_1,t_2]$。其中，t_1 是复合事件发生的初始时刻（t_1 是初始事件的初始时刻），记为 $\uparrow E$；t_2 是复合事件发生的终止时刻（监测事件或终止事件的终止时刻），记为 $E\downarrow$。

事件初始：$O(\uparrow E,t)=\exists t'(t\leqslant t'\wedge O(E,[t,t']))$

事件终止：$O(E\downarrow,t)=\exists t'\leqslant t(O(E[t',t]))$

符号“O”表示基于事件发生的语义。

事件发生时间区间或是相交或者不相交。相交情况下共有 13 种结合的方式，如图 5.2、图 5.3 所示。

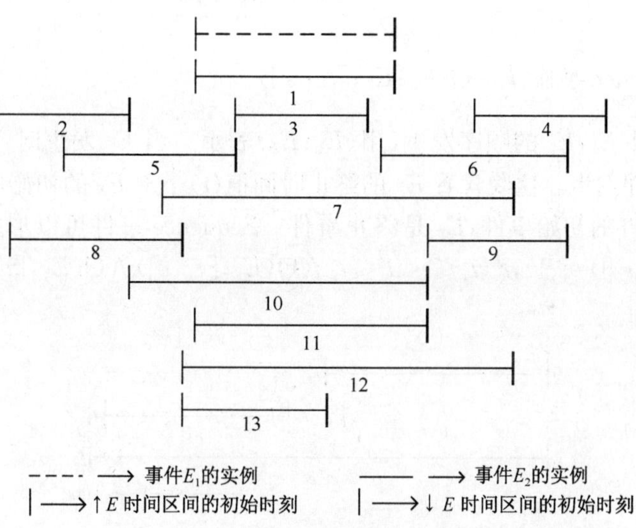

图 5.2　区间相交事件的结合

图 5.3　区间不相交事件的结合

事件的复合操作符有：OR（∇），AND（∇），SEQ（;），Plus，A，A*，P，P* 和 NOT(¬)等。下面给出基于发生语义下各种操作符的形式定义。

1. AND 事件：$E=O(E_1\Delta E_2,[t_1,t_2])$

事件 E_1，E_2 的析取，记为 $E_1\Delta E_2$。当 E_1 发生且 E_2 发生时发生，在区间 $[t_1,t_2]$ 内不管两者发生的顺序如何，AND 事件发生。E_1，E_2 既可以做初始事件，也可以做终止事件。AND 事件可以形式化地表示为

$$O(E_1\Delta E_2,[t_1,t_2])=\exists t,t'(t_1\leqslant t\leqslant t_2\wedge t_1\leqslant t'\leqslant t_2$$
$$\wedge((O(E_1,[t_1,t])\wedge O(E_2,[t',t_2]))\vee(O(E_1,[t',t_2])$$

$$\wedge\ O(E_2,[t_1,t])))$$

如图 5.4 所示。

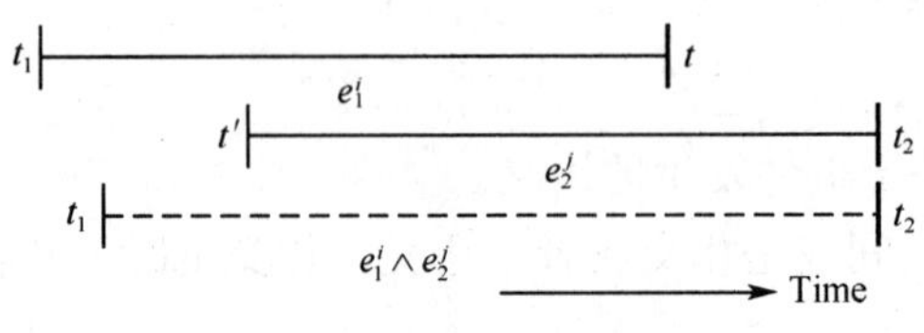

图 5.4　AND 操作符示例

2. Sequence 事件：$E=O(E_1;E_2,[t_1,t_2])$

两个事件 E_1，E_2 的顺序发生，用(E_1；E_2)表示。当 E_2 发生时，E_1 已经发生，Sequence 事件发生。这隐含着 E_1 的终止时间值(t)小于 E_2 的初始的时间值(t')。E_1 是顺序事件的初始事件，E_2 是终止事件。Sequence 事件可以形式化地表示为 $O(E_1;E_2[t_1,t_2])=\exists t,t'(t_1\leqslant t<t'\leqslant t_2\wedge O(E_1,[t_1,t])\wedge O(E_2,[t',t_2]))$。如图 5.5 所示。

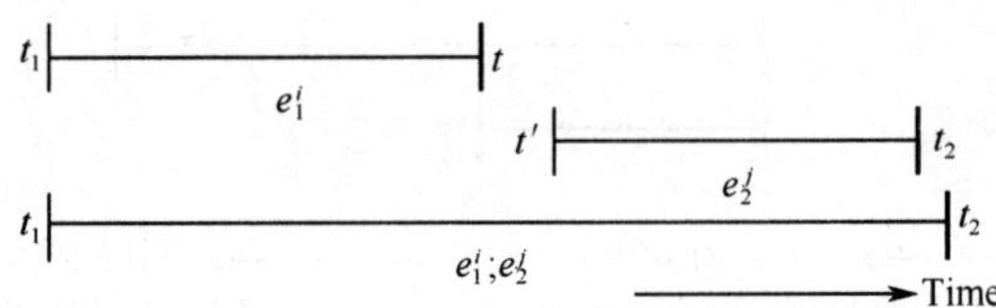

图 5.5　Sequence 操作符示例

3. OR 事件：$E=O(E_1\nabla E_2,[t_1,t_2])$

两个事件 E_1 和事件 E_2 的合取，记为 $E_1\nabla E_2$。当 E_1 发生或者 E_2 发生时，OR 事件发生。E_1 和 E_2 既可以做初始事件，也可以做终止事件。OR 事件可以形式化地表示为 $O(E_1\nabla E_2,[t_1,t_2])=O(E_1,[t_1,t_2])\vee O(E_2,[t_1,t_2])$。如图 5.6 所示。

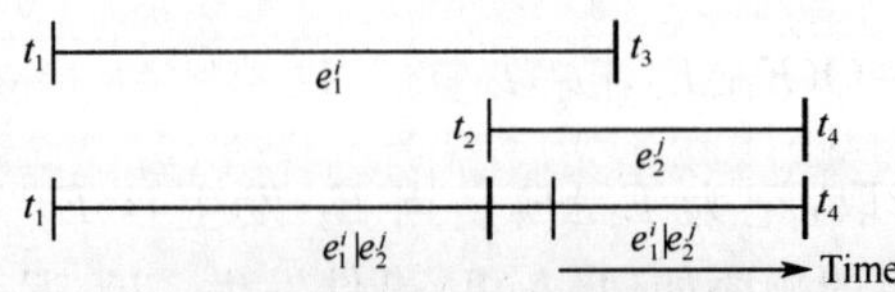

图 5.6　OR 操作符示例

4. NOT事件：$E=O(\neg(E_2)[E_1;E_3],[t_1,t_2])$

用Oin表示断言。事件$E[t_1',t_2']$在时间区间$[t_1,t_2]$内发生，NOT事件形式化地表示为$Oin(E[t_1,t_2])=\exists t_1',t_2'(t_1\leqslant t_1'\leqslant t_2'\leqslant t_2\wedge O(E,[t_1',t_2']))$

在由E_1的终止时刻、E_3的初始时刻组成的时间闭区间内，监测到事件E_2没有发生时NOT事件发生。NOT事件形式化表示为$O(\neg(E_2)[E_1,E_3],[t_1,t_2])=O(E_1\downarrow,t_1)\wedge O(\uparrow E_3,t_2)\wedge\neg Oin(E_2,[t_1,t_2])$。如图5.7所示。

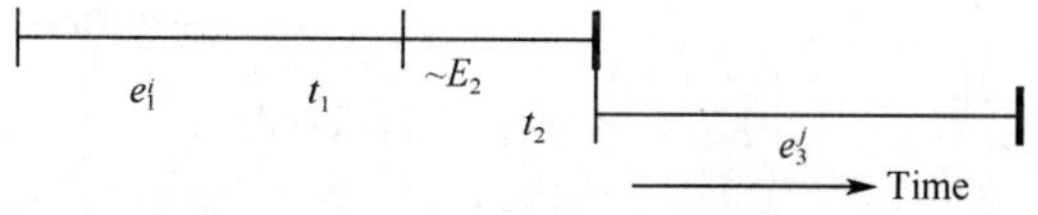

图5.7　NOT操作符示例

5. 非周期事件操作符(A,A*)

非周期操作符可以表达在一个封闭的时间段内的一个非周期事件的发生。有两种形式：A是非积累式，A*是积累式的。

非积累非周期的事件E表示为$E=O(A(E_1,E_2,E_3),[t_1,t_2])$。事件$E$发生，仅当$E_2$每次发生时间都落在由$E_1$的终止时刻和$E_3$的初始时刻构成的时间区间内。

积累非周期事件E可以表示为$E=O(A^*(E_1,E_2,E_3),[t_1,t_2])$。在由$E_1,E_3$构成的闭区间内积累所有$E_2$的发生，直到事件$E_3$发生，则事件$E$发生。

A操作符的形式化定义如下：$O(A(E_1,E_2,E_3),[t_1,t_2])=O(E_2,[t_1,t_2])\wedge\exists t<t_1(O(E_1\downarrow\wedge\neg Oin(E_3,[t+1,t_2])))$

E_1是初始事件，E_2是监测事件，E_3是终止事件。如图5.8所示。

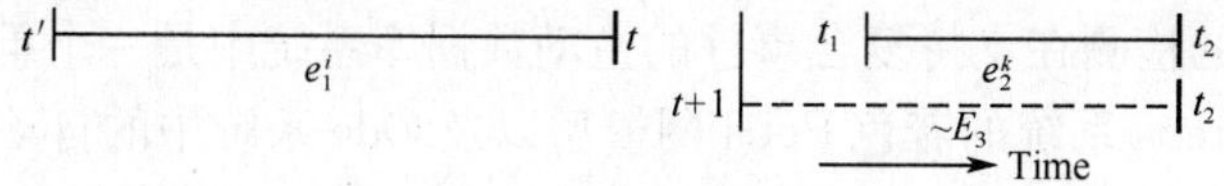

图5.8　事件"A"的发生时刻就是事件E_2的发生时刻

6. 周期操作符(P,P*)

周期性的事件是周期性发生的时间事件，与非周期事件类似，周期性事件也有两种形式。

周期性事件"E"可以表示为$E=O(P(E_1,[t],E_3),[t,t])$。其中$E_1$、$E_2$可以是任意型事件，事件$E_2$("$t$")是时间表达式。周期性事件在$E_1$的初始时刻与$E_3$

的终止时刻构成的时间闭区间内，每隔时间 t 发生一次，记为 P。E_1 是初始事件，E_2 是监测事件，E_3 是终止事件。P 的积累形式 P^*，可以表示为：$E=O(P^*(E_1,[t],E_3))$。与 P 不同的是，仅当 E_3 发生，P^* 只发生一次。P 操作符可形式化地表示为 $O(P(E_1,n,E_3),[t])=\exists t'<t\exists i\in Z^+(t=t'+n_i\wedge O(E_1\downarrow,t')\wedge\neg Oin(E_3,[t'+1,t]))$。如图 5.9 所示。

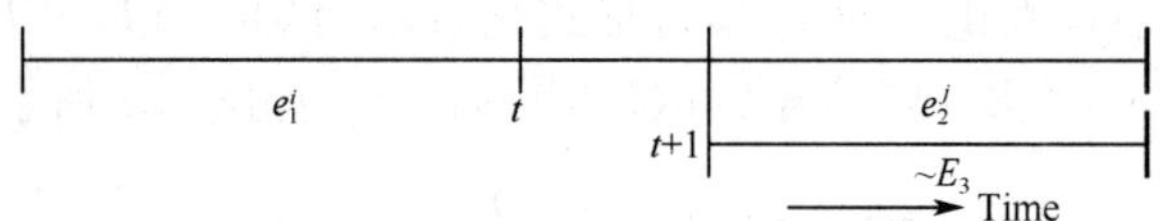

图 5.9 周期操作符示意图

7. Plus 事件：$E=O(Plus(E_1,n)[t,t])$

延迟事件用操作符 Plus 指定一个相对时间的事件。这里 E_1 可以是任意型事件。Plus 事件在 E_1 发生后延迟[n]时间间隔发生。E_1 是初始事件，事件 E_2(“n”)是终止事件。Plus 可形式化表示为 $O(Plus(E_1,n)[t])=\exists t'<t(O(E_1\downarrow,t')\wedge t=t'+n)$。如图 5.10 所示。

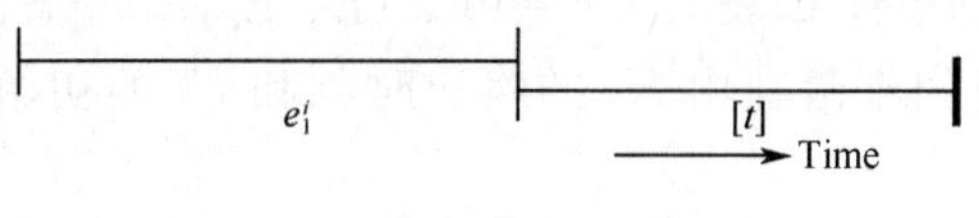

图 5.10 Plus 操作符示例

5.2 利用事件图监测复合事件

5.2.1 事件图

复合事件的检测在支持复合事件的主动数据库系统中是一个重要的环节。

相对于 Samos 系统的着色 Petri 网模型以及 Ode 系统中的自动机模型，Sentinel 系统提出了利用事件树模型监测复合事件的思想。事件树是由叶子(leaf)结点、分支结点以及边构成。所有的叶子结点代表原子事件，而分支结点对应于复合事件。除根结点外，每个结点都有一条入边和出边。事件参数沿着边由叶子结点向根结点传播。如图 5.11 所示。

从图 5.11 可以看出，我们把复合事件的第一成员事件作为左叶子结点事件，复合事件的第二成员事件作为右叶子结点事件。为了便于在监测算法中描述，我们分别把这两个事件称为左部事件和右部事件。而对于 NOT 事件、非周期事件(A,A^*)，周期事件(P,P^*)的中间的叶子事件称为中间事件。

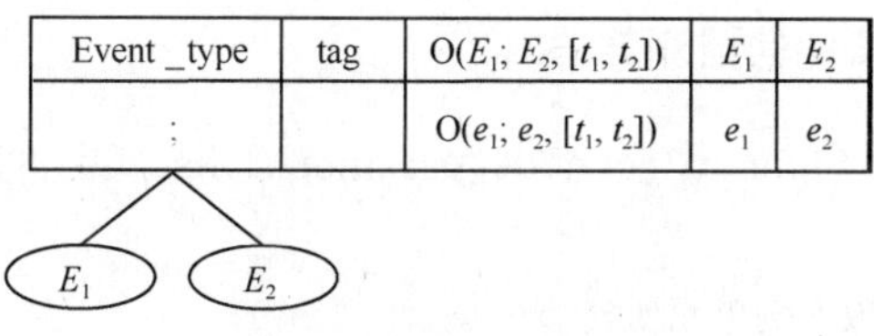

图 5.11　事件树结构示例

当原子事件发生时，首先活化代表本事件的叶子节点，然后叶结点沿着边将事件参数传给父节点(分支节点)，并存入相应的事件列表。在此进行复合事件的检测，若有复合事件发生，将事件实例存入事件列表。在分支结点有一个标记，用来标记此复合事件是否是系统定义的触发事件，标记为空，说明本复合事件只是系统定义的触发事件的成员事件，否则通知系统复合事件的发生。

通过合并事件树的公共子表达式，就形成一个事件图。这样可以实现多事件共享共同的事件结点，避免同一事件多次监测，减少了计算量并节省存储空间。下面以复合事件 A=(E_1;(E_2 ∇E_3)),B=((E_1 ∇E_2);E_3)和 C=(E_2 ∇E_3)为例，如事件图 5.12 所示。

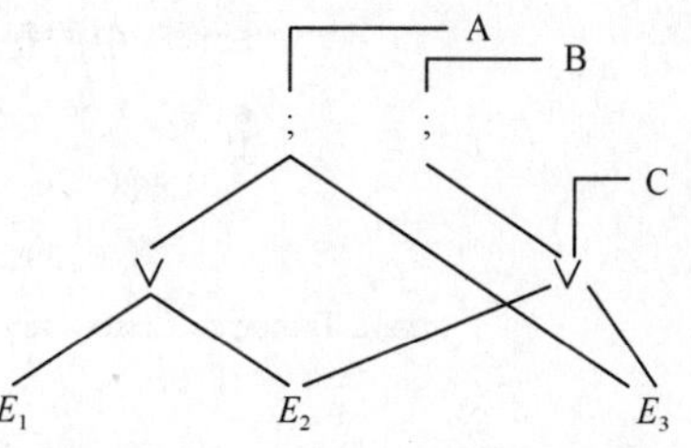

图 5.12　A=(E_1;(E_2 ∇E_3)),B=((E_1 ∇E_2);E_3)和 C=(E_2 ∇E_3)构成的事件图

利用事件图模型来监测事件有很多优点。事件图表达能力强、规范，能够很好解决自动机的参数处理问题，而且可以弥补 Petri 网公共事件子表达式重复存储和监测的缺陷。

复合事件的检测是一个识别复合事件发生的过程，并在此过程中收集和记录事件的各个参数。因为在我们的模型中复合事件的监测算法是基于事件图的，要监测复合事件就要用到事件图。在用户进行规则定义后，系统为每个事件表达式建立事件图。建立事件图时，不仅要读取规则定义中的事件表达式，还要读取用户的事件表达式。事件图有如下特性。

(1) 每个复合事件用一个事件树来表示。

(2) 事件树的叶子节点是原子事件。

(3) 事件树的中间节点是事件操作符。

(4) 如果某个非叶子节点代表的复合事件表达式可能触发规则，则在该节点作一个标记，表示其可能触发规则。

(5) 对于有着公共子表达式的复合事件树进行合并，构成一个事件图。

5.2.2 事件图复合事件的监测算法

算法 5.1 Proc_Oper_Etec(node,parameter_list)(事件图复合事件的监测)

```
输入：node；
输出：有关参数实例单元列表(parameter_list)；
begin
case node：
  AND：
    if node 是左部事件 then
        if E2的列表≠∅ then
            for E2中的每一个 e2满足(t_s(e2)≤t_s(e1)∧(t_e(e2)≤t_e(e1)) do
                将(<e2,e1>,[t_s(e2),t_e(e1)])存到本结点；
                将 e1的最新实例加到 E1的列表；
    call Detect_Compo(node,parameter_list)；
    if node 是右部事件 then
        if E1的列表≠∅ then
            for E1中的每一个 e1满足(t_s(e1)≤t_s(e2)∧(t_e(e1)≤t_e(e2)) do
                将(<e1,e2>,[t_s(e1),t_e(e2)])存到本结点；
                将 e2的最新实例加到 E2的列表；
    call Detect_Compo(node,parameter_list)；
OR：
  for 任何事件发生 do 将发生的事件实例存到本结点 do
  call Detect_Compo(node,parameter_list)；
SEQ：
  if node 是左部事件 then
          将 e1的最新实例加到 E1的列表；
   if node 是右部事件 then
          if E1的列表≠∅ then
              for E1列表中每一个 e1满足(t_s(e2)>t_e(e1))do
                  将(<e1,e2>,[t_s(e1),t_e(e2)])存到本结点；
  call Detect_Compo(node,parameter_list)；
PLUS：
  if node 是左部事件 then
          获取 node 的 eid；
          创建存储单元,存入 eid 和E2的时间表达式；
          将 e1的最新实例加到 E1的列表；
```

```
  if node 是右部的结点 then
        获取 node 的 eid;
        if E1列表中存在 e1的 eid 与 e2的 eid 一致 then
           将(<e1,e2>,[t_s(e2),t_e(e2)])存到本结点;
  call Detect_Compo(node,parameter_list);
APER:
  if node 是左部事件 then
        将 e1的最新实例加到 E1的列表;
  if node 是中间事件 then
        if E1的列表≠∅ then
        for 检验 E1列表中的每个 e1满足(t_e(e1)<t_s(e2))do
        将(<e1,e2>,[t_e(e1),t_s(e3)])存到本结点;
        call Detect_Compo(node,parameter_list);
  if node 是右部事件 then
        if E1的列表≠∅then
        for 检验 E1列表中所有 e1满足(t_e(e1)<t_s(e3)) do
          把 e1从 E1列表中删除;
CUMU_APER:
  if node 是左部事件 then
        将 e1的最新实例加到 E1的列表;
  if node 是中间事件 then
        if E1列表≠∅且满足(t_e(E1的最早终止时刻)<t_s(e2)) then
          将 e2的最新实例加到 E2的列表;
  if node 是右部事件 then
        if E1列表≠∅且满足(t_e(E1的最早终止时刻)<t_s(e2))then
          for E1中每一个 e1 do
            if(t_e(e1)<t_s(e3)) then
              将 e1加到临时事件列表 tempE1;
        if E2的列表≠∅ then
          for E2列表中的每个 e2 do
            if((t_e(e2)<t_s(e3))∧(t_e(e1<t_s(e2)))) then
              将 e2加到临时事件列表 tempE2;
              if tempE2≠∅ then
                将(<tempE1,tempE2,e3>,[t_s(tempE2中最早的初始时刻)
                            ∧t_s(tempE2最大的终止时刻)])存到本结点;
                删除 tempE2;
                从 E1列表中删除 e1;
                call Detect_Compo(node,parameter_list);
```

```
                if E1的列表 = ∅ then
                    清空 E2的列表;
                else
                    for E2中的每个 e2 do
                        if(t_s(e2)<t_e(E1列表中最早终止时刻)then
                            从 E2中删除 e2;
PERIO:
    if node 是左部事件 then
      取得 e1的 eid;
      创建存储单元,存入 eid 和E2的时间表达式;
      将 e1的最新实例加到 E1的列表;
    if node 是中间事件 then
      取得 e2的 eid;
    if E1的列表≠∅ then
      for E1中 e1的 eid = e2的 eid do
      创建存储单元,存入 eid 和E2的时间表达式;
      将(<e1,e2>,[t_e(e1),t_s(e3)])存到本结点;
      call Detect_Compo(node,parameter_list);
    if node 是右部事件 then
      if E1的列表≠∅ then
      for E1中每个 e1(t_e(e1)<t_s(e3)) do
        从 E1列表中删除 e1;
CUMU_PERIO:
    if node 是左部事件 then
      取得 e1的 eid;
      创建存储单元,存入 eid 和E2的时间表达式;
      将 e1的最新实例加到 E1的列表;
    if node 是中间事件 then
      取得 e2的 eid;
      if e1的 eid 与e2的 eid 匹配 then
        创建存储单元,存入 eid 和E2的时间表达式;
        将 e2的最新实例加到 E2的列表;
    if node 是右部事件 then
      if E1的列表≠∅且(t_e(E1中的最早终止事件<t_s(e3)) then
        for E1中的每个 e1 do
          if(t_e(e1)<t_s(e3) then
            取得 e1的 eid,将 E2中与 e1的 eid 一致的
            e2加到临时事件列表 tempE2;
```

```
        if tempE₂列表≠∅ then
          将(<e₁,tempE₂,e₃>,[t_s(tempE₂中最早的初始时刻),
            t_s(tempE₂中最大的终止时刻)])存到本结点；
          删除 tempE₂；
          从 E₂列表中删除匹配过的 e₂实例；
          从 E₁列表中删除 e₁；
          call Detect_Compo(node,parameter_list)；
NOT:
        if node 是左部事件 then
          将 e₁的最新实例加到 E₁的列表；
        if node 是中间事件 then
          if E₁的列表≠∅且(t_e(E₁中的最早终止时刻)<t_s(e₂)) then
              将 e₂的最新实例加到 E₂的列表；
        if node 是右部事件 then
        if E₁的列表≠∅ then
            for E₁列表中每一个 e₁满足(t_s(e₂)>t_e(e₁))do
                for E₂列表中的每个 e₂满足(t_e(e₂)<t_e(e₁)∧ t_s(e₃)<t_s
                (e₂)) do
                    将(<e₁,e₂,e₃>,[t_e(e₁),t_s(e₃)])存到本结点；
                    call Detect_Compo(node,parameter_list)；
end.
```

算法 5.2 Detect_Compo(node,parameter_list)(复合事件监测算法)

```
输入:发生的事件；
输出:复合事件；
begin
  if  检查本结点标记,若是系统定义的触发事件 then
          通知系统原子或复合事件发生；        /*在此输出复合事件*/
  if  结点 node 的父结点 node_parent≠∅ then
          将结点 node 及其参数复制到结点的父结点 node_parent 中；
          call Proc_Oper_Detec(node_parent,parameter_list)；
end.
```

定理 5.1 算法 5.2 是正确的、可终止的,且时间复杂度为 $O(\log_2 n)$。

证明 (正确性)本算法是由叶子节点到根结点的过程。如果一个原子事件的发生引发复合事件,则会在相应的复合事件的节点做标记,并向系统汇报复合事件的发生;否则没有复合事件发生,不会在节点做标记。所以算法是正确的。

(可终止性)本算法实际上是一个递归调用的过程,在算法 Proc_Oper_Detec 和算法 Detect_Compo 中 case 语句,for 循环语句和 if 判断语句都是可终止的。当一个原子事件发生时,活化的叶子结点首先判断是不是系统所需的事件,若是向系统发信号。然后检验是否存在父结点，如果不存在，则算法终止；如果存在父结点，则调用算法 Proc_Oper_Detec，判断是哪种复合操作符，并将监测到的复合事件存到本结点的实例列表中，调用算法 Detect_Compo。整个过程由底向上判断，直到不满足或者没有父结点时终止算法。事件图的高度是有限的，所以整个算法是可终止的。

(时间复杂度分析)本算法中设整个事件图的节点数为 n，若是由底向上监测复合事件全部是由三元操作符构成，其监测过程的时间复杂度为 $O(\log_3 n)$，而对于其他全部由二元操作符构成复合事件监测过程的时间复杂度为 $O(\log_2 n)$。由于 $O(\log_3 n)$ 小于 $O(\log_2 n)$，所以整个算法的时间复杂度为 $O(\log_2 n)$。证毕。

5.3 约束环境下事件监测

5.3.1 约束环境

无约束环境下，将有大量的事件发生。从应用的角度出发，并不是所有的事件都有意义。为了提供与应用需要相匹配的有意义事件的发生，Snoop 引入几种约束机制(事件消耗模式)过滤无约束环境下产生的事件，减少事件的数量，从而满足不同的应用语义的需要。Snoop 定义了四种约束环境：顺序环境(chronicle)、最近环境(recent)、连续环境(continuous)和累积环境(cumulative)。下面简单介绍这四种约束环境。

1. 顺序环境

在这种环境中，存在不同事件类型及其发生的匹配问题。对于一个复合事件发生，初始事件和终止事件的匹配(最早的初始事件和最早的终止事件)是唯一的，且只能参加一次复合事件的监测。对于二元操作符，监测事件和终止事件是同一事件，一旦用过，就不能参与其他事件的复合事件的监测。对于三元操作符，监测事件和终止事件是不同的事件。被监测到的监测事件将与初始事件和相应终止事件一起删除，而没有监测到的监测事件保留参与其他复合事件的监测。

2. 最近环境

在这种环境中，只使用最近或最新的初始事件启动复合事件的监测。这要求最近事件的发生更新以前同一事件类型的发生。初始事件启动复合事件的监测直到一个新的初始事件或终止事件的发生。一旦复合事件被监测到，所有的成员事件将被删除。

3. 连续环境

当事件监测需要沿着移动的时间窗时，宜采用连续环境。在这种环境中，每一个初始事件都会启动复合事件的监测，监测事件和终止事件将参与一次或多次同一复合事件的监测。对于二元操作符，一旦复合事件被监测到，所有的成员事件（初始事件、监测事件和终止事件）都被删除。对于三元操作符，监测事件与终止事件是不同的事件。一旦复合事件被监测到，参与监测的监测事件、对应的初始事件和终止事件将被删除。

4. 累积环境

这种环境适用于对成员事件的多次发生进行分组。在这种环境中，成员事件的所有发生作为事件实例被积累，直到复合事件的发生为止。成员事件不能参与同一复合事件的不同发生，只参加一次复合事件的复合监测，即只要一个复合事件发生了，用于复合事件监测的成员事件都必须删除，其他成员事件将被保留。对于二元操作符和三元操作符，监测事件与终止事件是同一成员事件。

其中顺序环境和最近环境最适合在实时环境中应用，分别对应事件的匹配和传感器重复采样。下面分别给出这两种环境下复合事件的监测算法。

5.3.2 顺序环境下复合事件监测算法

算法 5.3 Chr_Oper_Detec(node，parameter_list)（顺序环境下复合事件的监测）

```
输入：node;
输出：有关参数实例单元列表(parameter_list);
begin
case node:
    AND:
        if node 是左部事件 then
            if E2的列表≠∅且(E2head)≤t_s(e1)∧
            (t_e(E2head)≤t_e(e1)) then
              将(<E2head,e1>,[t_s(E2head),t_e(e1)])存到本结点;
              将 e1,E2的表头结点从列表中删除;
              call Chr_Detect_Compo(node,parameter_list);
            else 将 e1的最新实例加到 E1的列表;
        if node 是右部事件 then
            if E1的列表≠∅且(t_s(E1head)≤t_s(e2))∧(t_e(E1head)≤
            t_e(e2)) then
              将(<E1head,e2>,[t_s(E1head),t_e(e2)])存到本结点;
              将 e2,E1的表头结点从列表中删除;
              call Chr_Detect_Compo(node,parameter_list);
```

```
            else 将 e2的最新实例加到 E2的列表；
OR：
  for 任何事件发生 do
      将发生的事件实例存到本结点；
      call Chr_Detect_Compo(node,parameter_list)；
SEQ：
  if node 是左部事件 then
      将 e1的最新实例加到 E1的列表；
  if node 是右部事件 then
      if E1的列表≠∅(t_s(e2)>t_e(E1head)) then
          将(<E1head,e2>,[t_s(E1head),t_e(e2)])存到本结点；
          将 e2,E1的表头结点从列表中删除；
          call Chr_Detect_Compo(node,parameter_list)；
NOT：
  if node 是左部事件 then
      将 e1的最新实例加到 E1的列表；
  if node 是中间事件 then
      if E2的列表≠∅且(t_e(e1)<t_s(e2)) then
          将 e2的最新实例加到 E2的列表；
  if node 是右部事件 then
      if E1的列表≠∅且(t_s(e2)>t_e(E1head)) then
          if E2的列表≠∅ then
              for E2列表中的每个 e2满足(t_e(e2)<t_e(e1)∧ t_s(e3)<
              t_s(e2)) do
                  将(<E1head,e2,e3>,[t_e(E1head),t_s(e3)])存到本
                  结点；
                  清空 E1,E2的列表；
                  call Chr_Detect_Compo(node,parameter_list)；
          else
                  将(<E1head,e2,e3>,[t_e(E1head),t_s(e3)])存到本
                  结点；
                  将 E1的表头结点从列表中删除；
          call Chr_Detect_Compo(node,parameter_list)；
APER：
      if node 是左部事件 then
          将 e1的最新实例加到 E1的列表；
          if E1的列表≠∅且(t_e(E1head)<t_s(e2)) then
              将(<E1head,e2>,[t_e(E1ehad),t_s(e3)])存到本结点；
```

```
            call Chr_Detect_Compo(node,parameter_list);
        if node 是右部事件 then
            if E1的列表≠∅ then
              把表头结点从 E1列表中删除;
CUMU_APER:
        if node 是左部事件 then
            将 e1的最新实例加到 E1的列表;
        if node 是中间事件 then
                if E1的列表≠∅且(t_e(E1head)<t_s(e2)) then
                  将(<E1head,e2>,[t_e(E1ehad),t_s(e3)])存到本结点;
        if node 是右部事件 then
            if E1列表≠∅且(t_e(E1head)<t_s(e3)) then
                if E2列表≠∅ then
                    for E2中每个 e2 do
                    if (t_e(e2)<t_e(e3)) then
                      将 e2加到 tempE2;
                if tempE2列表≠∅ then
                  将(<E1head,tempE2,e3>,[t_s(tempE2中最早的初始时刻,
                  t_e(tempE2中最后的终止时刻)])加到本结点;
                  删除 tempE2,E1的表头结点;
                  call Chr_Detect_Compo(node,parameter_list);
PLUS:
        if node 是左部事件 then
            获取 node 的 eid;
            创建存储单元,存入 eid 和对应E2的时间表达式;
            将 e1的最新实例加到 E1的列表;
        if node 是右部的结点 then
            获取 node 的 eid;
          if E1列表中存在 e1的 eid 与 e2的 eid 一致 then
            将(<e1,e2>,[t_s(e2),t_e(e2)])存到本结点;
            call Chr_Detect_Compo(node,parameter_list);
PERIO:
        if node 是左部事件 then
            获取 node 的 eid;
            创建存储单元,存入 eid 和对应E2的时间表达式;
            将 e1的最新实例加到 E1的列表;
        if node 是中间事件 then
              获取 node 的 eid;
```

```
        if E₁的列表≠∅且 e₁的 eid 与e₂的一致 then
            创建存储单元,存入 eid 和对应E₂的时间表达式;
            将(<e₁,e₂>,[t_s(e₂),t_e(e₂)])存到本结点;
            call Chr_Detect_Compo(node,parameter_list);
    if node 是右部事件 then
        if E₁列表≠∅ then
            if(t_e(e₁)<t_s(e₃)) then
                删除 E₁的表头结点;
CUMU_PERIO:
    if node 是左部事件 then
        获取 node 的 eid;
        创建存储单元,存入 eid 和对应E₂的时间表达式;
        将e₁的最新实例加到 E₁的列表;
    if node 是中间事件 then
        获取 node 的 eid;
        if E₁的列表≠∅且 e₁的 eid 与e₂的一致 then
        创建存储单元,存入 eid 和对应E₂的时间表达式;
        将 e₂的最新实例加到 E₂的列表;
    if node 是右部事件 then
        if E₁的列表≠∅且(t_e(e₁)<t_s(e₃)) then
            获取 e₁的 eid;
            将 E₂中与 e₁的 eid 一致的加到临时列表 tempE₂;
            删除 E₁列表表头;
    if tempE₂非空 then
        将(<eq₁,tempE₂,e₃>,[t_s(tempE₂最早初始时刻),
        t_e(tempE₂最后终止时刻)])存到本结点;
        删除 tempE₂;
        call Chr_Detect_Compo(node,parameter_list);
end.
```

算法 5.4 Chr_Detect_Compo(node,parameter_list)(顺序环境下检查输出复合事件)

```
输入:发生的事件;
输出:复合事件;
begin
    if  检查本结点标记,若是系统定义的触发复合事件 then
      通知系统复合事件发生; /*在此输出复合事件*/
        if  结点 node 的父结点 node_parent≠∅ then
          将结点 node 及其参数复制到结点的父结点 node_parent 中;
```

```
        call Chr_Oper_Detec(node_parent,parameter_list);
    end.
```

定理 5.2 算法 5.4 是正确的、可终止的，且时间复杂度为 $O(\log_2 n)$。

证明 （正确性）本算法是由叶子节点到根结点的过程。如果一个原子事件的发生引发复合事件，则会在相应的复合事件的节点做标记，并向系统汇报复合事件的发生。

（可终止性）本算法实际上是一个递归调用的过程，在算法 Chr_Oper_Detec 和 算法 Chr_Detect_Compo 中，case 语句，for 循环语句和 if 判断语句都是可终止的。当一个原子事件发生时，活化的叶子结点首先判断是不是系统所需的事件，若是向系统发信号。然后检验是否存在父结点，如果不存在，则算法终止；如果存在父结点，则调用算法 Chr_Oper_Detec，判断是哪种复合操作符，并将监测到的复合事件存到本结点的实例列表中，调用算法 Chr_Detect_Compo。整个过程由底向上判断，直到不满足或者没有父结点时终止算法。事件图的高度是有限的，所以整个算法是可终止的。

（时间复杂度分析）本算法分析算法中设整个事件图的节点数为 n，若是由底向上监测复合事件全部是由三元操作符构成，其监测过程的时间复杂度为 $O(\log_3 n)$，而对于其他全部由二元操作符构成复合事件监测过程的时间复杂度为 $O(\log_2 n)$。由于 $O(\log_3 n)$ 小于 $O(\log_2 n)$，所以整个算法的时间复杂度为 $O(\log_2 n)$。证毕。

5.3.3 最近环境下复合事件监测算法

算法 5.5 Rec_Oper_Detec(node,parameter_list)（最近环境下复合事件监测）

```
输入：node;
输出：有关参数实例单元列表(parameter_list);
begin
  CASE node:
    AND:
      if node 是左部事件 then
           if E2 的列表≠∅且(t_s(e2)≤t_s(e1))∧(t_e(e2)≤t_e(e1)) then
              将(<e2,e1>,[t_s(e2),t_e(e1)])存到本结点;
              将 E1 的列表换成 e1 的最新实例;
              call Rec_Detect_Compo(node,parameter_list);
      if node 是右部事件 then
          if E1 的列表≠∅且(t_s(e1)≤t_s(e2))∧(t_e(e1)≤t_e
```

```
            (e2)) then
               将(<e1,e2>,[t_s(e1),t_e(e2)])存到本结点;
               将 E2 的列表换成 e2 的最新实例;
               call Rec_Detect_Compo(node,parameter_list);
OR:
      for 任何事件发生 do 将发生的事件实例存到本结点;
        call Detect_Compo(node,parameter_list);
SEQ:
      if node 是左部事件 then
          将 E1 的列表换成 e1 的最新实例;
      if node 是右部事件 then
          if E1 的列表≠∅(t_s(e2)>t_e(e1)) then
                  将(<e1,e2>,[t_s(e1),t_e(e2)])存到本结点;
                  将 E2 的列表换成 e2 的最新实例;
                  call Rec_Detect_Compo(node,parameter_list);
NOT:
      if node 是左部事件 then
        将 E1 的列表换成 e1 的最新实例;
        清空 E2 的列表;
      if node 是中间事件 then
        if E2 的列表≠∅且(t_e(e1)<t_s(e2)) then
            将 e2 的最新实例加到 E2 的列表;
      if node 是右部事件 then
        if E1 的列表≠∅且(t_s(e3)>t_e(e1)) then
            if E2 的列表≠∅ then
               for E2 列表中的每个 e2 满足(t_e(e2)>t_s(e3)∧t_s(e2)<
               t_s(e1)) do
                  将(<e1,e3>,[t_e(e1),t_s(e3)])存到本结点;
                  将 e2 从 E2 列表中删除;
                  call Rec_Detect_Compo(node,parameter_list);
            else
               将(<e1,e3>,[t_e(e1),t_s(e3)])存到本结点;
               清空 E1 的列表;
               call Rec_Detect_Compo(node,parameter_list);
APER:
      if node 是左部事件 then
          将 E1 的列表换成 e1 的最新实例;
      if node 是中间事件 then
```

```
            if E1的列表≠∅且(t_e(e1)<t_s(e2)) then
                将(<e1,e2>,[t_e(e1),t_s(e2)])存到本结点;
                call Rec_Detect_Compo(node,parameter_list);
        if node 是右部事件 then
            if E1的列表≠∅ then
                if(t_e(e1)<t_s(e3)) then
                    清空 E1的列表;
CUMU_APER:
        if node 是左部事件 then
            将 E1的列表换成 e1的最新实例;
            if E2的列表≠∅ then
              清空 E2的列表;
        if node 是中间事件 then
            if E1≠∅且(t_e(e1)<t_s(e2)) then
                if node 是右部事件 then
                    if E1的列表≠∅且(t_e(e1)<t_s(e3)) then
                      if E2的列表≠∅ then
                        for E2中的每个 e2 do
                          if(t_e(e2)<t_e(e3)) then
                            将 e2加到临时列表 tempE2;
                      if tempE2的列表≠∅ then
                        将(<e1,tempE2,e3>,[t_s(tempE2中最早初始时刻),
                        t_(tempE2最后终止时刻)存到本结点;
                        call Rec_Detect_Compo(node,parameter_list);
PLUS:
        if node 是左部事件 then
            获取 node 的 eid;
            创建存储单元,存入 eid 和对应 E2的时间表达式;
            将 E1的列表换成 e1的最新实例;
        if node 是右部的结点 then
            获取 node 的 eid;
            if E1列表中存在 e1的 eid 与 e2的 eid 一致 then
              将(<e1,e2>,[t_s(e2),t_e(e2)])存到本结点;
              call Rec_Detect_Compo(node,parameter_list);
PERIO:
        if node 是左部事件 then
            获取 node 的 eid;
            创建存储单元,存入 eid 和对应 E2的时间表达式;
```

```
            将 E1的列表换成 e1的最新实例;
        if node 是中间事件 then
            获取 node 的 eid;
            if E1的列表≠∅且 e1的 eid 与 e2的一致 then
                    创建存储单元,存入 eid 和对应E2的时间表达式;
                    将(<e1,e2>,[t_s(e2),t_e(e2)])存到本结点;
                    call Rec_Detect_Compo(node,parameter_list);
        if node 是右部事件 then
            if E1列表≠∅ then
                if(t_e(e1)<t_s(e3)) then
                    清空 E1的列表;
    CUMU_PERIO:
        if node 是左部事件 then
            获取 node 的 eid;
          创建存储单元,存入 eid 和对应E2的时间表达式;
            将 E1的列表换成 e1的最新实例;
              if E2的列表≠∅ then
              清空 E2的列表;
        if node 是中间事件 then
            获取 node 的 eid;
              if E1的列表≠∅且 e1的 eid 与 e2的一致 then
                  创建存储单元,存入 eid 和对应E2的时间表达式;
                  将 e2的最新实例加到 E2的列表中;
        if node 是右部事件 then
            if E1的列表≠∅且(t_e(e1)<t_s(e3)) then
                获取 e1的 eid;
                将 E2中与 e1的 eid 一致的加到临时列表 tempE2;
                清空 E1,E2的列表;
                if tempE2≠∅ then
                    将(<eq1,tempE2,e3>,[t_s(tempE2最早初始时刻),
                    t_e(tempE2最后终止时刻)])存到本结点;
                    删除 tempE2;
                    call Rec_Detect_Compo(node,parameter_list);
    end.
```

算法 5.6　Rec_Detect_Compo(node,parameter_list)(最近环境下检查输出复合事件)

输入:发生的事件;

输出:复合事件;

```
begin
    if  检查本结点标记,若是系统定义的触发复合事件,then
        通知系统复合事件发生; /*在此输出复合事件*/
    if  结点 node 的父结点 node_parent≠∅ then
        将结点 node 及其参数复制到结点的父结点 node_parent 中;
        call Rec_Oper_Detec(node_parent,parameter_list);
end.
```

定理 5.3　算法 5.6 是正确的、可终止的,且时间复杂度为 $O(\log_2 n)$。

证明　(正确性)本算法是由叶子节点到根结点的过程。如果一个原子事件的发生引发复合事件,则会在相应的复合事件的节点做标记,并向系统汇报复合事件的发生;否则没有复合事件发生,不会在节点做标记。故算法是正确的。

(可终止)本算法实际上是一个递归调用的过程,在算法 Rec_Oper_Detec 和算法 Rec_Detect_Compo 中,case 语句,for 循环语句和 if 判断语句都是可终止的。当一个原子事件发生时,活化的叶子结点首先判断是不是系统所需的事件,若是向系统发信号。然后检验是否存在父结点,如果不存在,则算法终止;如果存在父结点,则调用算法 Proc_Oper_Detec,判断是哪种复合操作符,并将监测到的复合事件存到本结点的实例列表中,调用算法 Rec_Detect_Compo。整个过程由底向上判断,直到不满足或者没有父结点时终止算法。事件图的高度是有限的,所以整个算法是可终止的。

(时间复杂度分析)本算法中设整个事件图的节点数为 n,若是由底向上监测复合事件全部是由三元操作符构成,其监测过程的时间复杂度为 $O(\log_3 n)$,而对于其他全部由二元操作符构成复合事件监测过程的时间复杂度为 $O(\log_2 n)$。由于 $O(\log_3 n)$小于 $O(\log_2 n)$,所以整个算法的时间复杂度为 $O(\log_2 n)$。证毕。

5.4　约束环境下事件监测举例

为了便于理解,例子中采用的事件都是原子事件,即事件的初始时刻与终止时刻是同一时刻。

用图 5.13 的事件发生来说明二元操作符:SEQ(;)、OR(▽)、AND(Δ)。在图 5.13 中,事件发生集为{$e_1^1[0,0]$,$e_1^2[1,1]$,$e_2^1[2,2]$,$e_2^2[3,3]$,$e_1^3[4,4]$}。

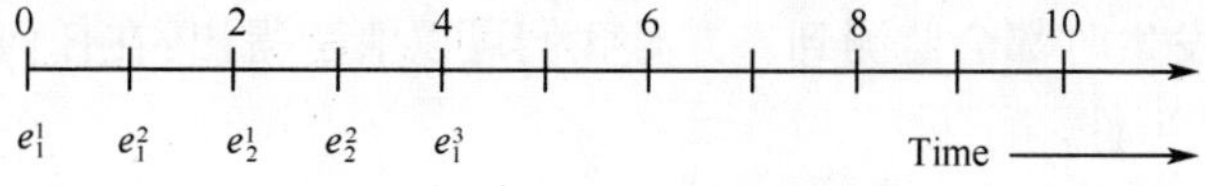

图 5.13　原子事件发生图

5.4.1 Sequence 操作符和 AND 操作符

Sequence(;)是二元操作符。根据前面的定义,下面我们解释如何在顺序环境和最近环境下监测事件($E_1;E_2$)。

(1) 最近环境:在这种环境下,最新的初始事件被用启动一个 SEQ 事件直到一个新的初始事件的发生。在这里只有监测事件,而没有终止事件。对于上面时间线上发生的事件来说,当事件 e_1^1[0,0]发生时,它作为事件($E_1;E_2$)的初始事件。当事件 E_1 的下一次发生(即 e_1^2[1,1])时,e_1^2[1,1]就会成为新的初始事件。事件 e_2^1 在时间间隔[2,2]内发生,与事件 e_1^2 相匹配,构成一个“;”事件,即复合事件(e_1^2,e_2^1)[1,2]。由于没有终止事件,e_1^2 继续初始下一个复合事件。事件 e_2^2 在时间间隔[3,3]内发生,则在间隔[1,3]内监测到复合事件(e_1^2,e_2^2)[1,3]的发生。而 E_1 的下一次发生 e_1^3[4,4]作为新的初始事件,启动新的“;”事件的监测。

(2) 顺序环境:在此环境下,初始事件(最早的)与终止事件(最早的)对是唯一的。e_1^1,e_1^2 分别在[1,1],[2,2]时间段内发生。当事件 e_2^1[3,3]发生时,它作为终止事件与 E_1 列表中最早的实例 e_1^1 相匹配,构成复合事件(e_1^1,e_2^1)[0,2]。e_2^2 与 e_1^2 成对在间隔[1,3]监测到事件(e_1^2,e_2^2)。

AND(Δ)是二元操作符,下面解释如何监测复合事件($E_1 \Delta E_2$)。

(1) 最近环境:在最近环境下,对于 Δ 操作符而言只有监测事件。这样初始事件初始新的复合事件直到新的初始事件的发生。从图 5.13 来看,发生在[0,0]的 e_1^1 启动了“Δ”事件。e_1^2 的出现代替了 e_1^1 称为新的初始事件。当 e_2^1 发生后,它监测到一个“Δ”事件在[1,2]时间间隔的发生。这种情况下,E_1 是作为了初始事件,后发生的 E_2 作为了监测事件,反之亦然。当 e_2^2 发生后,它代替 E_2 列表中的 e_2^1 成为“Δ”事件的初始事件。e_1^3 的发生监测到“Δ”事件在[3,4]间隔内的发生。

(2) 顺序环境:在此环境下,初始事件与终止事件对是唯一的。在事件 e_2^1 发生的时刻,e_1^1 与 e_2^1 相匹配,“Δ”事件在间隔[0,2]被监测到,e_1^1 与 e_2^1 两个事件实例都将被删除。当 e_2^2 发生,它与事件 e_1^2 相匹配,在[1,3]构成“Δ”事件,随即被删除。

5.4.2 OR 操作符和 NOT 操作符

对于此二元操作符而言,无论哪一个成员事件的发生都会监测到“∇”事件的发生。从图 5.13 来看,复合事件($E_1 \nabla E_2$)在 e_1^1[0,0],e_1^2[1,1],e_2^1[2,2],e_2^2[3,3],e_1^3[4,4]的每次发生时都会监测到。并且我们可以清楚得出:在任何环境下都会监测出同样的“∇”事件。

NOT(¬)操作符是一个三元操作符,但是其却表现如同二元操作符,因为此操作符是监测第二个成员事件的“非”发生。我们将利用下面的图 5.14 来解释

“¬ ”事件(¬ (E_1,E_2,E_3))。

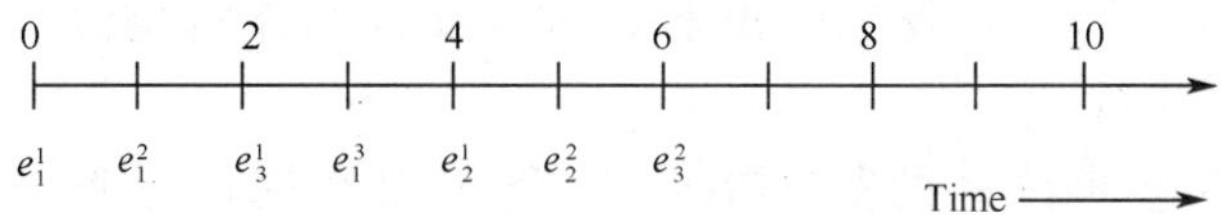

图 5.14　NOT 操作符事件示例图

(1) 最近环境:最新的初始事件(E_1)在事件 E_3 发生前监测事件 E_2 的“非”发生。由于“¬ ”操作符的行为像二元操作符,它只包含监测事件。e_1^2 的发生代替了 e_1^1 成为新的初始事件。当事件 e_3^1 发生时,它监测到在由事件 E_1 和 E_2 构成的时间区间[1,2]内,事件 E_2 没有发生。e_1^3 的发生代替 e_1^2 成为新的初始事件,开始下一个复合事件的监测。e_3^2 的发生不会监测到复合事件的发生,因为期间有两次 E_2 的发生。

(2) 顺序环境:在事件 e_3^1 发生的时刻,E_1 的列表中有两个事件实例,且没有 E_2 发生。这样 e_3^1 与 e_1^1 匹配,监测到在区间[0,2]内没有 E_2 的发生。当 e_3^2 发生时,在 E_1 和 E_2 的列表中都存在两个实例,且在(e_1^2,e_3^2)与(e_1^2,e_3^2)的间隔中都有 E_2 的实例发生。e_3^2 的发生不能监测“¬ ”事件的发生。由于 E_1 列表中的事件不能初始“¬ ”事件,所以清空 E_1 和 E_2 的列表。

5.4.3　非周期操作符和 Plus 操作符

A 是三元非周期操作符,非周期事件 A(E_1,E_2,E_3)会监测到由事件 E_1 和 E_3 构成的区间内事件 E_2 的发生。下面我们利用图 5.15 来说明非周期事件。

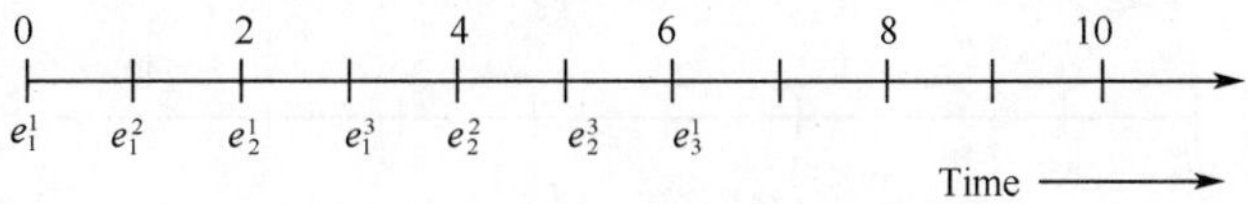

图 5.15　A,A* 操作符示例图

(1) 最近环境:事件 e_1^2 的发生代替 e_1^1,成为“A”事件的初始事件。当监测事件 e_2^1 在[2,2]时刻发生时,它监测到由事件 e_1^2 初始的“A”事件。e_1^3[3,3]初始下一个“A”事件。当事件 e_2^2 在[4,4]时刻发生时,它监测到一个“A”事件。由于 e_2^2 是监测事件,初始事件 e_1^3 不会被删除。类似的,当 e_2^3 发生也会监测到“A”事件。e_3^1 的发生会终止由事件 e_1^3 初始的“A”事件。

(2) 顺序环境:当事件 e_1^2 发生时,它会被加到 E_1 的列表中,此时 E_1 的列表中包含 e_1^1。e_1^1 和 e_1^2 两者都初始了“A”事件。当事件 e_2^1 发生时,它监测到了由事件 e_1^1 和 e_1^2 初始化的“A”事件。e_2^2 和 e_2^3 的发生也监测到了“A”事件。当 e_3^1 发生时,它终

止了由 e_1^1 初始的“A”事件。

A^* 操作符除了在 E_3 发生前积累 E_2 外，与 A 操作符类似。同样可利用图 5.15 来说明 A^* 事件。

(1) 最近环境：事件 e_1^2 的发生初始了一个 A^* 事件同时，也终止了由 e_1^1 初始的 A^* 事件。e_2^1 的发生不会监测一个 A^* 事件的发生，它只是被积累。e_1^3 的发生初始了一个新的 A^* 事件，并且终止了由 e_1^2 初始的 A^* 事件，从 E_2 的缓冲区内删除 e_2^1。e_2^2 和 e_2^3 被积累。事件 e_3^1 的发生监测到事件(e_1^3,e_2^2,e_2^3,e_3^1)[4,5]，终止了由 e_1^3 初始的 A^* 事件。

(2) 顺序环境：事件 e_1^2 发生后被加到 E_1 的列表中，此时列表中还有事件 e_1^1。事件 e_2^1 的发生被积累；事件 e_1^3,e_3^1 发生后也被加到 E_1 的列表中。随后发生的 e_2^2 和 e_2^3 也被积累。当事件 e_3^1 的发生，最早的初始事件 e_1^1 与它匹配组成一个 A^* 事件($e_1^1,e_2^1,e_2^2,e_2^3,e_1^3$)[2,5]。所有参与的初始事件、终止事件以及不能参与下一次事件监测的成员事件都要被删除。这样 e_1^1 和 e_3^1 被删除。而事件 e_1^1,e_2^2 和 e_2^3，由于可以参加未来事件监测未被删除。

Plus 操作符用来指定一个相对的时间。Plus 的事件相对于指定的 E_1 的时间只发生一次。我们用图 5.16 解释(E_1+[10min])事件的经历。

最近环境：e_1^1 在[0,0]时刻初始了 Plus 事件。在时刻 5，事件 e_1^2 的发生初始一个新的 Plus 事件，代替了由 e_1^1 初始的 Plus 事件。“Plus”事件在[15,15]发生，则由 e_1^2 初始的 Plus 事件终止。e_1^2 初始了一个新的 Plus 事件。

顺序环境：“Plus”事件会在 E_1 发生的指定时刻后发生。我们会看到三次 Plus 事件发生[10,10]，[15,15]，[35,35]，分别对应于 e_1^1、e_2^2 和 e_2^3。如图 5.16 所示。

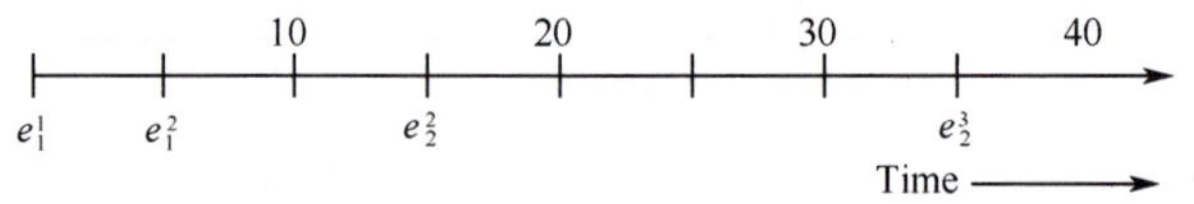

图 5.16　Plus 操作符示例图

5.4.4　周期操作符

这里就图 5.16 的事件经历来说明 P(E_1,E_3)。

(1) 最近环境：e_1^1 初始一个“P”事件。这样在时刻[5,5]发生一个“P”事件，在[10,10]出现下一个“P”事件。e_1^2 在[15,15]初始了一个新的“P”事件，在[20,20]产生一个由 e_1^2 初始的“P”事件。e_3^1 终止了“P”事件产生。

(2) 顺序环境：e_1^1 初始一个“P”事件。e_1^2 的发生也不会终止由 e_1^1 初始“P”事件的发生。e_3^1 的发生终止了由 e_1^1 初始“P”事件的发生。如图 5.17 所示。

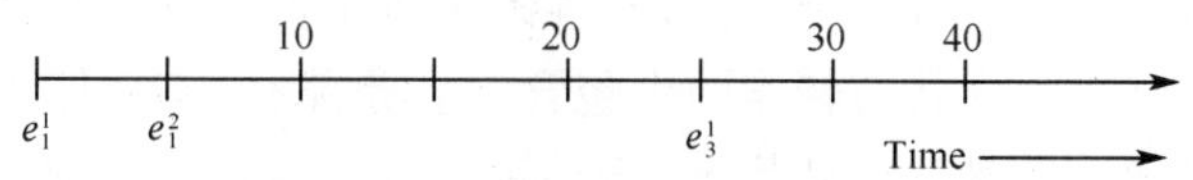

图 5.17　周期操作符示例图

下面我们就同样的事件经历来说明 P* 与 P 之间的差别。

(1) 最近环境：e_1^1 初始一个“P* ”事件，在[5,5]和[10,10]第二成员事件被积累。根据这种环境的定义，e_1^2 的发生代替 e_1^1 初始了一个新的“P* ”事件。当 e_3^1 发生，它监测到一个“P* ”事件(e_1^2,20,25,e_3^1)，并终止了 e_1^2 初始的事件。

(2) 顺序环境：e_1^1，e_1^2 初始“P* ”事件。所有第二成员事件的发生会对应相应的初始事件被积累。事件 e_3^1 的出现监测到一个“P* ”事件(e_1^1,5,10,15,20,25,e_3^1)的发生。而对应 e_1^2 的第二成员事件仍然被积累直到新的终止事件的发生。

5.5　复杂条件及其评价

复杂条件往往是基本条件的各种组合，因此引入复杂条件表达式的概念能方便准确地描述用户的要求。处理复杂条件表达式有多种方式，如逻辑求值法，条件评价树法等。为了提高复杂条件的评价效率，书中给出一种基于关键路径评价条件优先级方法。

复杂条件由各种基本条件和条件运算符构成，形式化的定义如下：

<Complex_ condition>::=<Basic_ condition>|<Basic_ condition>
OPR <Complex_ condition>

<Basic_ condition>::=<NT_ condition>|<TC_ condition>

OPR ::=AND | OR | SUC

运算操作符 OPR 用于连接多个基本条件以定义复杂条件，可以分别是“与”、“或”、“序列”等。

通过对条件表达式词汇分析、各基本条件的评价及相关运算，自然可得到整个复杂条件表达式的评价。然而效率低是这种简单方法的一个很大的弊端，在大量基本条件参与复合运算的情况下，真正对整个表达式的结果起作用的往往只是一部分。此时，如果每个基本条件都一一参与评价，无疑将会浪费大量的时间和系统资源，从而延迟整个复杂条件表达式的评价速度，就整个系统的效率而言，显然是不可取的。为此，对复杂条件评价，书中提出基于关键路径的分析方法。

首先给出条件表达式的状态转换图。

为了对复杂条件进行有效的评价，首先需要对复杂条件表达式进行处理，将一个复杂条件表达式构造成状态转换图(或状态矩阵)。在状态转换图中相邻状态间的边对应一个基本条件,由起始状态沿着各条边逐步推演到终结状态所经历的条件序列称为一条路径。在状态转换图中包含着多条路径,有可能无须试探整个图中的每一条路径便可能到达终结状态。若能这样,无疑将大量减少用于条件评价的时间。

我行首先给出条件操作符的算符优先关系如表 5.1 所示。

表 5.1　条件操作符的算符优先关系

$Optr_1$ \ $Optr_2$	NOT	AND	OR	(	)	#
NOT	>	>	>	<	>	>
AND	<	>	>	<	>	>
OR	<	<	>	<	>	>
(	<	<	<	<	=	?
)	>	>	>	?	>	>
#	<	<	<	<	?	=

以下分别给出对三种条件操作的处理,目的是将这些操作构成的条件表达式转化为条件状态转换图(或状态矩阵)。

1. OR 操作(C_1 or C_2)

OR 操作将在状态转换图中增加两条边:$\delta(S_1,C_1)=S_2$,$\delta(S_1,C_2)=S_2$。如图 5.18 所示。

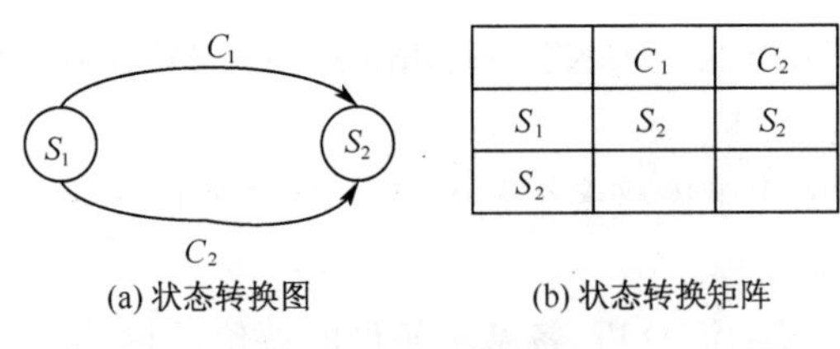

图 5.18　OR 操作

2. AND 操作(C_1 and C_2)

AND 操作将在状态转换图中增加两个中间状态及四条边:S_3,S_4,$\delta(S_1,C_1)=S_3$,$\delta(S_1,C_2)=S_4$,$\delta(S_3,C_2)=S_2$,$\delta(S_4,C_1)=S_2$。如图 5.19 所示。

3. SUC 操作(C_1 suc C_2)

SUC 操作将在状态转换图中增加一个中间状态 S_3 及两条边:$\delta(S_1,C_2)=$

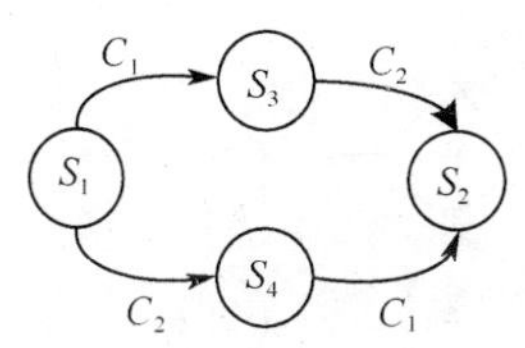

(a) 状态转换图

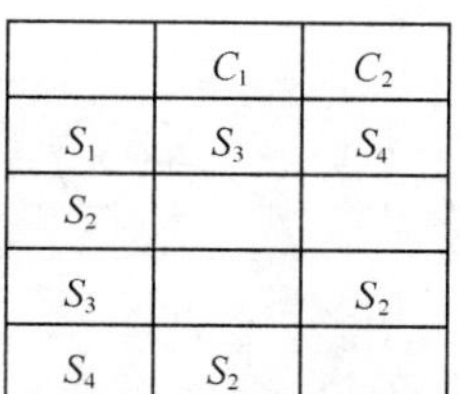

	C_1	C_2
S_1	S_3	S_4
S_2		
S_3		S_2
S_4	S_2	

(b) 状态转换矩阵

图 5.19　AND 操作

S_3，$\delta(S_3,C_1)=S_2$。如图 5.20 所示。

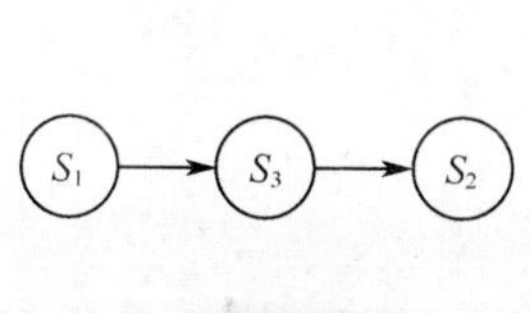

(a) 状态转换图

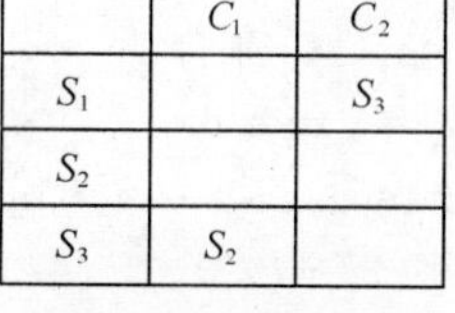

	C_1	C_2
S_1		S_3
S_2		
S_3	S_2	

(b) 状态转换矩阵

图 5.20　SUC 操作

其次讨论路径选优法。

1. 评价路径标识

通过对复杂条件表达式的扫描，可以得到一个状态转换图，并且确定图中初始状态到终结状态的各条路径。由于某些处于关键边上的条件对于通过它的某几条路径都具有“开关”作用，因此我们需要找出这些条件，并赋予它们较高的评价优先级。下面以复杂条件表达式 $C_m=\{ C_1$ and $[C_2$ or$(C_3$ and $C_4)]$ and $C_5\}$or$\{C_6$ and $[C_7$ or$(C_8$ and $C_9)]\}$为例，首先得到其状态转换图如图 5.21 所示。

图中有 $C_1\sim C_9$ 共 9 个基本条件，且有①～④共 4 条路径。通过以下的条件评价优先级分配算法，可以给出各个基本条件分配不同的优先级并找出位于图中关键位置上的各个条件。

2. 条件评价优先级分配算法

算法 5.7　Paac(priority assignment algorithm to condition){条件评价优先级分配算法}

```
输入：Cm；        /*表达式 Cm 的状态转换图，设 Cm 有 n 个条件*/
输出：pc1，pc2，…，pcn；        /*Cm 中所有条件的优先级*/
begin
pall = p1 ∪ p2 ∪ … ∪ pm；
```

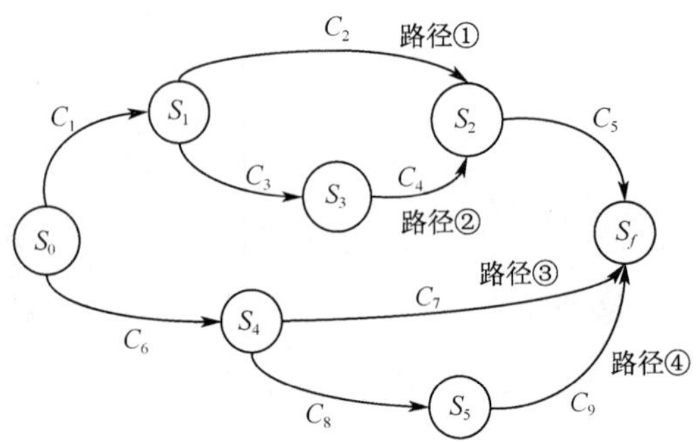

图 5.21　状态转换图

```
for  all p_all ∈ C_m 集合 do
    for j = 1 to m do
      if 1 ≤ i_1, i_2, …, i_k ≤ n then
         p_j = {C_{i_1}, C_{i_2}, …, C_{i_k}};
            /*找出 C_m 集合中所有 p_all 路径,给出路径的标识 p_1, p_2, …, p_m */
         for  p_min ∈ p_all  do  /*找出图中包含条件最少的最短的路径*/
            if 1 ≤ i_1, …, i_k ≤ m then
               p_min = p_{i_1} ∪ p_{i_2} ∪ … ∪ p_{i_k};
         for i = 1 to n do
           p_all = p_all - p_min;
               for p_j ∈ p_min do
             for all p_i ∈ p_all do
               if p_i ∩ p_min = ∅ then /*∩用于检查路径中是否存有相同的条
               件*/
                 if C_j ∈ p_j then
                   p_{C_1} = l_i;  /*l_i 表示条件的优先级别,其中 l_{i+1} ≤ l_i */
               else  if  p_i ∩ p_j ≠ ∅ then
                   p(C_i ∈ (p_i ∩ p_j)) = l_i; p_j = p_j - (p_i ∩ p_j);
                   P(C_i ∈ p_j) = l_{i+1};
end.
```

定理 5.4　算法 5.7 包含条件最少是正确的、可终止的,其时间复杂度是$O(n^2)$。

证明　(正确性)算法对找出的最小路径集合和剩余的路径集合进行逐一比较看是否存在交集,每一个步骤都会得出一个确定的判定结果,故算法正确。

(可终止性)因为算法给出条件个数是有限的,相应复杂条件表达式的状态图中所有路径也有限,所以算法中对所有路径进行从小到大的排序有限,然后从中取出最小的路径和剩余的路径集合逐一进行比较也有限,这样算法在执行有限次之后会自动终止，即算法是可终止的。

（算法分析）条件评价优先级分配算法 5.7 由两部分组成，第一部分是对由 n 个条件组成的 $m(m\leqslant n)$ 个路径进行从小到大的排序，其最坏复杂度为 $O(n^2)$，第二部分是检查最小的路径和剩余的路径是否存在交集，其时间复杂度是 $O(n^2)$，因此整个算法的时间复杂度为 $O(n^2)$。证毕。

从算法 5.7 可知，图 5.21 中最短路径为路径③，与其所含条件有公共解的是路径④，其公共解为 C_6，路径①、路径②与路径③无公共解。这样令 $C_6=l_1$，$C_7=l_2$，依此类推可知其他条件的优先级分别如下：$C_8=C_9=l_3$，$C_1=C_5=l_4$，$C_2=l_5$，$C_3=C_4=l_6$。

最后给出评价流程。

当初始化后，通过以上优先级分配算法得到的复杂条件表达式中各基本条件的评价优先级，填入条件评价流程表 5.2 中。

表 5.2　条件评价流程表

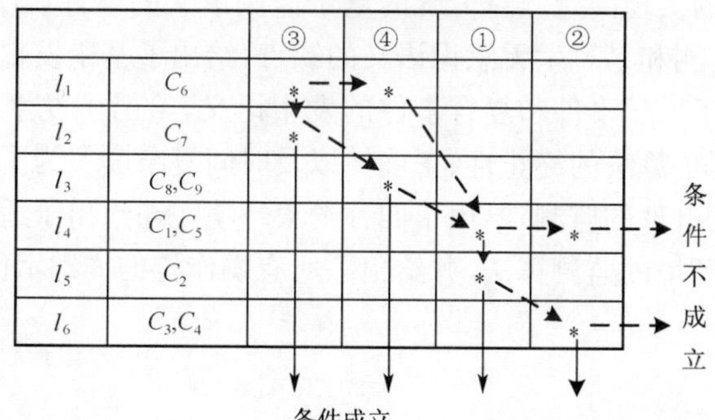

其中，“ * ”表示路径 i 上包含此条件。如：路径③包含条件 C_6，C_7，路径②包含条件 C_1，C_5 及 C_3，C_4。有向线段表示条件评价的结果传播及流程路径，若本条件不成立则沿虚线方向前进；否则沿实线推进，到达表外的，则得到相应的最终评价结果。

在系统初启时，可预先给出复杂条件表达式中的各基本条件的评价优先级，并生成条件评价流程表。因此系统运行时，只需根据当前条件的状况，沿关键路径选择并评价基本条件，这样能够提高运行效率。可以看出，经过路径选优，真正需要评价的基本条件数，远远低于实际拥有的基本条件数。显然这样将节约大量用于条件评价的时间，能够更好地满足实际应用系统的需求。

主动规则的各种条件，都可以通过复杂运算操作符用复杂条件表达式来表示。而由编译原理可知，表达式的分析总是可以利用自动机来实现，因此利用路径选优法对主动规则复杂条件评价的实现，具有功能上的完备性。不过由于实际应用中影响条件评价优先级的因素很多，因此对条件评价优先级的分配算法有待于进一步分析和研究。

一般来说，大多数主动数据库系统允许规则的条件部分省略，即认为条件部分永远为真。

小　结

现代实时应用的要求是DBMS能自动监视关于数据库和外部环境的状态，当一定的情形出现时，能自动、适时地做出相应的反应，即执行特定的活动，也就是要求系统有主动能力。主动数据库可为实时应用提供有力支持，可与实时数据库紧密结合起来，因为主动数据库除了存储数据外，还存储了规则或控制知识和过程。

为了让主动规则能够满足实时应用，必须具有时序属性。给出具有时序属性的规则定义语言的文法，增加规则的时序属性。讨论了现有耦合模式，指出立即和延迟模式不适合实时环境下事件的监测，仅限于分离的模式。还讨论了规则管理器和事件管理器的实现问题。对传统的基于监测语义的事件说明语言，不能区分事件发生、事件监测和易产生无意识语义的缺点，给出了基于发生语义的事件监测的概念。并给出了原子事件和复合事件的发生语义，给出了发生语义复合事件的监测算法，并证明了算法的终止性、正确性以及时间复杂度。为了提高监测事件的效率，减少不必要事件的监测，给出了四种约束环境。还给出了适合实时环境中应用的顺序和最近环境的监测算法，并给出了所有操作符的详细示例。

第6章　基于图的主动规则集终止性静态分析

6.1　规则分析主动规则的三个特性

主动数据库系统在没有用户干预的情况下，能够通过数据库服务器监控数据库状态和操作，在相关环境变化、系统状态改变或者有数据库操作的时候，根据不同的条件进行监测分析并实时地触发响应，这些响应可以自动控制数据库的状态。在主动数据库系统中，内部世界的状态是被控系统（物理世界）状态在控制系统中的映像，执行控制系统是通过内部世界状态而感知外部世界的状态，并且基于此与被控系统发生交互作用。与被动数据库相比，主动数据库无论在功能还是在性能方面都有了很大的提高。主动数据库和被动数据库最大的区别就是：① 增加了一套规则库，用户可以显式的定义想要监测的情形；② 通过规则库能够自动对外部环境的改变进行监测与评价情形的出现；③ 一旦说明的情形出现，则自动执行相应的动作。这种规则在数据库系统中进行定义、存储在数据库系统中，与用户和应用无关，可以被程序共享，由服务器进行优化。

对任意数据库状态的改变，规则处理都会发生；一些规则开始被触发，被触发规则的执行会触发其他的规则，也可能对同一个规则触发多次，甚至规则本身也可能被自己的动作所触发。于是，会产生一连串非结构化的连锁反应，使得准确地预测一个规则集的执行规律变得十分困难。因此对主动数据库的规则分析就成为主动数据库研究的一个重点、难点问题。

主动数据库规则分析研究主动规则的不同特性，主要有以下三个方面：

(1) 终止性。主动数据库系统从任意一个状态开始，规则的执行过程在经过有限步是否可以终止？如果是终止的，我们称这个规则集是可终止的。

(2) 汇流性。规则执行的时候，若有多个规则同时被触发，那么规则执行时，哪个规则首先被选择执行？数据库的最终状态是否取决于规则被选择执行的先后顺序？如果最终数据库的状态不取决于多个规则被选择执行的先后顺序，我们称这个规则集是可汇流的。

(3) 可观察确定性。如果一个规则的动作是数据检索或事务回退操作，我们就称规则的这个动作是可观察的。如果规则执行时有多个规则同时被触发，这多个规则被选择执行的顺序对可观察动作的结果产生影响。例如一个规则动作为数据检索操作，如果上面多个规则被选择执行的顺序使得检索的数据结果不同，我们称之为可观察的动作受到了影响。我们就称这个规则集为不可观察确定的。如果多个规则被选择执行的顺序对可观察动作的结果不产生影响，我们就称这个规则集是可观察确定的。

6.1.1 主动规则集分析

对主动规则分析形成了几种分析方法，目前主要有两大类：①静态分析方法；②动态分析方法。其中，目前静态分析方法占主导地位。在静态分析方法中又可分为图方法和代数方法。各种方法都有其优缺点，这主要表现在规则分析的精确性、规则分析的效率方面。

国内外在主动规则可终止性判定和汇流性分析方面有了一定的研究。早期的研究可以追溯到产生式系统，比如专家系统 OPS5，它是基于产生式规则 C-A 模型的。Yuli Zhou、Tsai 基于产生式规则提出了可终止性判定的定理。但不适用于主动规则，因为主动规则遵循 E-C-A 模型。对主动规则集的可终止性研究大多集中在编译阶段的静态分析，而对运行阶段的动态分析较少。对于编译阶段的静态分析，早期的研究是基于触发图（triggering graph，TG）进行的，触发图可通过简单的语法分析得到。Aiken 提出了基于触发图分析保证主动规则可终止性的一个充分条件：触发图中不含有任何触发环。但触发图中含有触发环的主动规则集仍有可能是可终止的，处理这种情况下主动规则集可终止问题的有 Baralis 提出的一类自惰化规则形成的规则集，在触发图和活化图提供的信息的基础上的可终止性判定，其中的关键技术是利用归约算法计算不可归约规则集。一个规则可能对另一个规则形成活化作用，这不能由简单的语法分析得到，而只能由语义分析得到。Baralis、Widom 提供了建立活化图（activation graph，AG）的一种方法，所提出的算法可较准确地确定活化图中有向弧的生成。但 Baralis 在编译阶段的分析对立即执行模型存在如下缺陷。

(1) 当规则集中所有规则均能由一个触发环触发可达和一个活化环活化可达时，无法进行进一步的归约。它们只考虑到一个规则可无限次执行时一定存在一条来自于触发环的入边和一条来自于活化环的入边，却没有分析触发环和活化环之间的关系。因为一个活化环活化可达的规则可能被多个触发环触发可达，使得满足上述条件的规则与其相应的活化规则可能不会同步地无限次执行，导致该规则不会真正地被执行而被归约掉。

(2) 当规则集中含有能被多个触发环触发可达的规则时，因为没有以触发环为分析单位，并且不能处理既能由触发环触发可达又能由活化环活化可达的规则，从而无法处理这类规则的归约情况。此时需要研究新的解决方法和算法，使得规则集得到较完全的归约。

Karadimce 及 Urban 等他们没有基于触发环分析，而是根据当一条触发边的条件公式不成立时则消除该触发边的方法提出了规则集可终止的一个充分条件。

但其方法中谓词表达式的可满足性问题本身就是一个复杂的判定问题，另外未考虑活化关系且同时存在上述缺陷（2）。Lee 虽然考虑了上述缺陷（2），但所描述的算法复杂度是指数级的，并且没有涉及活化关系的处理。另外有限次更新变量的判定问题也是一个与可终止性问题一样复杂的问题，文中只提供了一个判定该问题的充分条件。Comai 利用演绎数据库中已有的知识，通过将主动规则转化成等价的演绎规则来解决主动规则集的可终止性判定问题。因为主动规则和演绎规则遵循不同的模型，只有当主动规则能等价地转换为相应的演绎规则时，提出的方法才有效而且该方法只是提供静态分析规则集可终止性的一个充分条件。Bailey 提出了一种基于抽象解释（abstract interpretation）的分析方法，思想是静态地推导和收集程序在运行时刻的特征和操作方面的信息，通过抽象解释来近似模拟实际的数据库状态。在其近似模拟规则的执行过程时分析的只是规则之间的触发关系，由于要保存近似的数据库状态，需要维护大量的表结构来记录数据库状态和推导的状态。另外，推导过程中未利用规则之间的活化关系。Mackenstock，Li 分别利用 Petri Nets 来模拟规则执行，然后通过执行图（execution graph）分析可终止性问题，若此图是无环的则规则执行是可终止的。执行图是通过分析 Petri Nets 来构造的，但在分析过程中需要使用大量的 Petri Nets。Karadimice 和 Yahia Rabih 分别将主动规则简化为 term rewriting 系统，利用后者现有的技术进行可终止性分析，但要求 term rewriting 系统满足一个良序的 term 排序的定义。这种要求即使对一个较小的规则应用程序来说，也是一个很复杂的任务。Baralis 提出了规则行为静态分析的不同方法：将同类的规则组合成模块，若模块满足特定的行为或结构特性，则它们可保持可终止性。但此方法要求规则的编程人员自发地保证每个模块内部规则执行的可终止性。故规则集的可终止性判定方法可作为一个技术补充，用来分析各个模块内部的可终止性。

6.1.2　在编译阶段执行的主动规则集可终止性静态分析

（1）具有不可终止性的触发环和具有不可终止性的规则应具有的特征研究。正确描述主动规则集规则之间的触发关系、活化关系以及触发环与活化环、触发环之间的关系是一个关键，也是一个难点。另外，针对已有的方法对立即执行模式存在缺陷，故选取为所有原型系统都支持的立即执行模式来研究具有不可终止性的触发环和具有不可终止性的规则应当具有的特征。本书主要克服了现有文献的下述理论不足：

① 在主动规则集中，若某个规则可无限次执行，则它一定具有一条来自触发环的入边和一条来自活化环的入边。结合立即执行模型分析，若对此规则受到的活化作用与其受到的触发作用不能同步执行，则此规则就不会真正被规则处理过程调度执行。

② 在已知的触发图和活化图相结合的分析方法，认为一个不可终止规则集中的规则一定被一个触发环或活化环“双边可达”，从而既能触发可达又能活化可达。此理论存在问题，通过实例检测可简单地表明，不存在“双边可达”性质的规则依然可以在立即执行模式下无限次地执行。本书提出了活化可达、触发可达的概念来替代“双边可达”，使得规则之间的关系描述得更为客观、准确。为了标识一个规则可能受到的无限次的活化作用，本书以活化环的概念为基础，给出了一个规则的活化路径、活化路径集的定义，根据触发环中的规则受到的触发作用和活化作用的“同步”问题，将触发环划分为独立型触发环和非独立型触发环。

(2) 针对已有的方法给出了基于触发图（TG）和活化图（AG）的分析方法以及基于条件公式的分析方法，在支持立即执行模式下未能考虑下述情形：

① 对 TG 或 AG 中一条路径，若建立的条件公式不满足，则这条路径将失去触发作用和活化作用；

② 对 TG 中一个触发环内任一规则，若不存在一条活化路径可与之同步地无限次执行，则此规则一定可终止执行。本书给出了一种新的可终止性静态分析方法，比现有的方法能发现更多的可终止性情况。

(3) 计算不可归约规则集的归约算法的研究。若不可归约规则集为空集，则可直接判定主动规则集是可终止的；否则，需要进行运行阶段的动态分析。

本书采取逐步深入的分析方法，首先分析了只含独立型触发环的主动规则集的归约算法。理论上的证明和算法的实例检测表明，所提出的归约算法较好地解决了前面提到的第一个缺陷，即考虑了不可终止的执行规则受到的触发作用和活化作用应同步地无限次存在。

若主动规则集中含有非独立型触发环，则它的可终止性判定更为复杂。经过严格的理论证明，本书给出了当一个规则不仅能由独立型触发环触发可达，而且可由非独立型触发环触发可达的时候，它能无限次地执行的充分条件。因此较好地解决了前面提到的第二个缺陷，即触发环之间存在相互影响时，一个规则的归约情况，应取决于相互有影响的几个触发环的执行情况。

本书第 6 章介绍了 TG 和 AG 的构造方法。TG 的构造较简单，只通过简单的语法分析就可完成。但 AG 构造涉及规则之间的语义分析，相对较为复杂。介绍了一种用代数方法分析规则之间的活化关系，能够精确地构造规则集的 AG。给出了基于触发图、活化图，惰化图的终止性静态分析，即基于图的主动规则集终止性静态分析。第 7 章介绍了基于演化图（EG）的主动规则集终止性静态分析，即基于事务的主动规则集终止性静态分析。第 8 章给出了带有规则优先级的主动规则集终止性静态分析。第 9 章讨论了基于代数法的主动规则集终止性静态分析。第 10 章详细介绍了基于活化路径和同步关系的分析方法以及基于活化路径和条件公式的分析方法，并给出了相应的算法描述和分析。详细讨论了基于活化路径的主动规则集终止性静态分析方法。

6.2　有向图环路检测算法

TG 和 AG 是主动规则集行为分析的基础，这里将介绍如何根据规则集构造相应的 TG 和 AG。首先，介绍 TG 的构造方法。TG 的构造相对较容易，只通过简单的语法分析就可以完成。然后，介绍了构造 AG 的方法。AG 的构造涉及规则之间的语义分析，相对较复杂，这里主要介绍用一种代数方法分析规则之间的活化关系，从而能够精确地构造规则集的 AG。

定义 6.1　设 $D=(V,E)$是一个有向图,V 是图结点的集合,E 是有向边的集合,$V=\{v_1,v_2,\cdots,v_n\}$,则 D 的邻接矩阵 $A=(a_{ij})$是一个 n 阶方阵,其中

$$a_{ij}=\begin{cases}1, & <v_i,v_j>\in E_{ij}\\0, & \text{其他}\end{cases}$$

有向图的邻接矩阵不一定对称,第 i 行中“1”的数目表示结点 v_i 的引出次数,第 j 列中“1”的数目表示结点 v_j 的引入次数。

有向图的回路检测可通过邻接矩阵的运算而得,先就邻接矩阵的运算介绍如下:

矩阵的幂 $\mathbf{A}^m=\mathbf{A}\cdot\mathbf{A}\cdot\cdots\cdot\mathbf{A}$($m$ 个 $\mathbf{A}$ 相乘)。如矩阵的二次幂 $\mathbf{A}^2=(a_{ij}^{(2)})$,其中

$$a_{ij}^{(2)}=\sum_{k=1}^{n}a_{ik}a_{kj}=a_{i1}a_{1j}+a_{i2}a_{2j}+\cdots+a_{in}a_{nj}$$

图 6.1 的邻接矩阵列于其右。

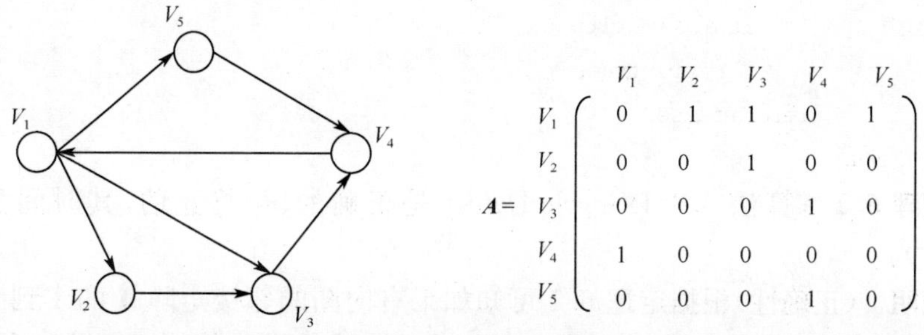

图 6.1　有向图及矩阵

定理 6.1　有向图 $D=(V,E)$中结点数为 n,邻接矩阵为 $\mathbf{A}$,如果邻接矩阵 $\mathbf{A}$ 的 1 到 n 次幂中,矩阵元素 $a_{ii}^{(m)}$ 的值都为 0,则有向图 D 中不存在环路。

证明　在矩阵 $\mathbf{A}$ 的 1 次幂中,矩阵元素 $a_{ii}^{(1)}$ 的值表示从结点 v_i 引出又回到 v_i

的长度为 1 的环路的数目。在矩阵 **A** 的 2 次幂中，$a_{ij}^{(2)} = \sum_{k=1}^{n} a_{ik}a_{kj} = a_{i1}a_{1j} + a_{i2}a_{2j} + \cdots + a_{in}a_{nj}$，当且仅当 $a_{ik}=1$ 且 $a_{kj}=1$ 时才有 $a_{ik}a_{kj}=1$，故 $a_{ik}a_{kj}=1$ 表示有一条从结点 v_i 出发经 v_k 而终止于 v_j 的长度为 2 的路径，所以 $a_{ij}^{(2)}$ 表示从结点 v_i 到 v_j 的长度为 2 的路径数目，而 $a_{ii}^{(2)}$ 表示从结点 v_i 引出又回到 v_i 的长度为 2 的环路的数目。矩阵的三次幂 $\mathbf{A}^3=(a_{ij}^{(3)})$ 中 $a_{ii}^{(3)}$ 表示从结点 v_i 引出又回到 v_i 的长度为 3 的环路的数目，以此类推矩阵的 m 次幂 $\mathbf{A}^m=(a_{ij}^{(m)})$ 中 $a_{ii}^{(m)}$ 表示从结点 v_i 引出又回到 v_i 的长度为 m 的环路的数目。而在 n 阶有向图中，任何基本回路的长度不大于 n，因此只要邻接矩阵 **A** 的 1 到 n 次幂中，矩阵元素 $a_{ii}^{(m)}$ 的值都为 0，则有向图 D 中不存在环路。

算法 6.1　DGcycle-Detect（有向图环路检测算法）

```
输入：有向图 D = (V,E)的邻接矩阵 A = (a_ij)(A 为一个 n 阶方阵)；
输出：有向图 D 中是否存在环路；
begin
      /*检测矩阵 A 的1次幂中矩阵元素 a_ii^(1) 的值是否为0*/
      for i = 1 to n do
        if a_ii = 1 then
          return true;
      /*计算矩阵 A 的2 - n 次幂，检测矩阵元素 a_ii^(m)（m 为2,…,n）的值是否为0*/
      for m = 2 to n do
        for i = 1 to n do
          for j = 1 to n do
              a_ij^(m) = Σ_{k=1}^{n} a_ik a_kj^(m-1) = a_i1 a_1j^(m-1) + a_i2 a_2j^(m-1) + … + a_in a_nj^(m-1);
        for l = 1 to n do
          if a_ll^(m) = 1 then
            return true;
      return false;
end.
```

定理 6.2　算法 6.1 DGcycle-Detect 是正确的、可终止的，其时间复杂度为 $O(n^3)$。

证明　（正确性）根据定理 6.1 可知如果有向图的邻接矩阵 **A** 的 1 到 n 次幂中，矩阵元素 $a_{ii}^{(m)}$ 的值都为 0，则有向图 D 中不存在环路。算法 6.1 通过 for 循环语句首先计算了邻接矩阵 **A** 的 1 到 n 次幂，接着检测矩阵元素 $a_{ii}^{(m)}$ 的值是否为 0，充分的贯彻了定理 6.1，故而算法 6.1 是正确的。

（可终止性）因为有向图 D 中的结点是有限的，有向图 D 的邻接矩阵 **A** 中的元素也是有限，所以算法 6.1 中存在的 for 循环语句的循环控制变量 n 也是一个有限量，由此算法 6.1 在循环执行有限次后，会自动终止，即算法 6.1 是可终止的。

（时间复杂度分析）有向图环路检测算法由两个部分组成：①检测矩阵 $\mathbf{A}$ 的 1 次幂中矩阵元素 $a_{ii}^{(1)}$ 的值是否为 0，时间复杂度为 $O(n)$；②检测矩阵 $\mathbf{A}$ 的$2-n$次幂中矩阵元素 $a_{ii}^{(m)}(m=2,\cdots,n)$ 的值是否为 0，时间复杂度为 $O(n^3)$。因此，整个算法的时间复杂度为 $O(n^3)$。证毕。

在邻接表这种存储结构中，图中每个结点建立一个链表。第 i 个链表中的结点是与 V_i 邻接的结点，即从 V_i 引出的边的终止结点。每个结点由两个域组成：结点域用以指示结点 V_i 邻接的点的序号，链域用以指向下一条边。每个链表设一个表头结点。这些表头结点本身以向量的形式存储，以便随机访问任一结点所对应的链表。

6.3　规则执行图

令 $R=\{r_1,r_2,\cdots,r_n\}$表示一个被分析的 Starburst 规则集。规则分析在一个确定的规则集上被执行，当规则集变化时，规则分析必须被重复进行。令 P 表示 R 中规则上的用户自定义的优先级排序集。（由它们的 precedes 和 follows 从句说明。$P=\{r_i>r_j,r_k>r_l,\cdots\}$，其中 $r_i>r_j$ 表示规则 r_i 比规则 r_j 优先。）令 $T=\{t_1,t_2,\cdots,t_m\}$表示数据库模式中的表，$C=\{t_i.c_j,t_k.c_l,\cdots\}$表示 T 中表的列。最后令 O 表示数据库修改操作集：$O=\{<I,t>|t\in T\}\cup\{<D,T>|t\in T\}\cup\{<U,t.c>|t.c\in C\}$，其中$<I,t>$表示对表 T 的插入，$<D,t>$表示从表 t 中删除元组，$<U,t.c>$表示对表 t 的列 c 的更新。为了便于后面的讨论，引入如下一些记号：

(1) Triggered-By(r) 为触发规则 r 的 O 中的操作的集合。

(2) Performs(r) 为由规则 r 中的动作执行的 O 中的数据库修改操作。

(3) Triggers(r) 为所有能被规则 r 的动作触发的规则 r'（可能包括规则 r 本身）。

(4) Triggers(r)$=\{r'\in R|$Performs$(r)\cap$Triggered-By$(r'\neq\varnothing)\}$。

(5) Uses(r)为所有在规则 r 的条件被判定或动作中的数据修改操作执行时可能引用到的 C 中所有的列。

(6) Can-Untrigger(O') 为所有由于 $O'(O'\in O)$中的操作导致的虚触发的规则的集合，一个规则被虚触发，指的是如果它在规则处理过程的某一点被触发，但是当时未被选择执行，后来因为其他规则的执行使得它的触发条件为假，不再被选择执行。Can-Untrigger(O')$=\{r\in R|<D,t>\in O',<I,t>$或$<U,t.c>\in$ Triggered-By$(r),t\in T,c\in C\}$。

(7) Choose(R') 为规则子集 $R'(R'\subseteq R)$ 中基于优先级可选择的规则。

$\text{Choose}(R')=\{r_i \mid r_i\in R'\text{ and no } r_j(r_j\in r')>r_i\in P\}$。

(8) Rollback(r) 表明执行 r 的动作是否取消事务，如果组成 r 的动作的一个操作为回退操作(Rollback)，则 Rollback(r)为真。

定义 6.2 数据库模式是一个数据库的基于特定数据模型的结构定义，称为数据库 D 某一时刻数据库中永久对象的取值称为数据库当前状态。

定义 6.3 一个规则被虚触发指的是，如果它在规则处理过程的某一点被触发，但是当时未被选择执行，后来因为其他规则的执行使得它的触发条件为假，不再被选择执行。

一个规则执行图 EG 可定义为：EG=$<S,TR>$。执行图中的状态结点 S 由两个部分组成：

(1)一个数据库状态 D；

(2)一个包括被触发的规则和它们相关的转换表的集合 TR。

我们将这个状态表示为 $S=(D,TR)$。初始状态 I 由一个用户的数据库操作序列生成的初始变换产生，因此，$I=(D_I,TR_I)$，其中 D_I 是一个数据库状态，$TR_I=\{r\in R\mid O'\cap \text{Triggered-By}(r)\neq\varnothing, O'\subseteq O\}$，$O'$是产生初始转换的操作集，$TR_I$ 包括了由这些操作触发的规则。一个终止状态 F 是$(D_F,\varnothing)$，一个终止状态 F 可能对应一个正常的终止，或对应一个由于 Rollback 语句导致的终止，在后面一种情况下，$F=(D_T,\varnothing)$，D_T 是事务开始时的数据库状态。

在执行图的每一个有向边上标上一个规则 r 表示在规则处理过程中规则 r 被触发。根据 6.2.1 中的定义，下列引理陈述了规则执行图的一些属性，因为这个引理是由规则处理的语义直接推导出的，所以不需证明。

引理 6.1 (执行图的属性)如果在执行图上从状态结点(D_1,TR_1)到(D_2,TR_2)有一条标有规则 r 的边，则

$r\in \text{Choose}(TR_1)$或者

(1) Rollback(r)，$D_2=D_T$，和 $TR_2=\varnothing$或者

(2) 存在一些操作集 $O'\subseteq \text{Performs}(r)$($O'$可能为空)使得 TR_2 中的被触发的规则可用如下方法从 TR_1 中被触发的规则中获得：

① 去掉规则 r；

② 去掉在 Can-Untrigger(O')中的一些规则的子集；

③ 加上所有规则 $r'\in(R\text{-}TR_1)$，其中 $O'\cap\text{Triggered-By}(r')\neq\varnothing$。

引理 6.1 中的情况(1)对应规则 r 的条件为真，它的动作包括 Rollback 这种情况，情况(2)对应规则 r 的条件为假或规则 r 的条件为真，它的动作中不包括 Rollback 这种情况。在情况(2)中，O'中的操作是那些由规则 r 动作执行的操作。其中，如果规则 r 的条件为假，则 O'为空；如果规则 r 的条件为真，则 O'可能为 Performs(r)的子集，因为根据 SQL 的语义，对大多数操作来说，存在一些数据库

状态,在其上这些操作没有效果。最后要注意的是,虽然规则 r 在步骤①中被去掉,但如果 $O' \cap \text{Triggered-By}(r) \neq \varnothing$,则规则 r 可能在步骤③中被再次加入。

一个有向的执行图有一个唯一的初始状态,代表规则处理的开始,并且有0个或多个终态,代表规则处理的终止。图中的路径,代表在规则处理过程中所有可能的执行序列;当有多个不同的规则,符合执行条件而被考虑时图中出现分支。因此,任一个完全有序的规则集的执行图不存在分支。执行图中可能存在无限长的路径;这些路径的存在表明规则处理是不可终止的。

对规则集 R 中的两条无序规则 r_i 和 r_j,很有可能存在这样的一个执行图,该执行图存在至少有两条外向边的一个数据库状态,其中,一条边用 r_i 标识,一条边用 r_j 标识。

在图6.2中,我们可以看到,$S \xrightarrow{r_i} S_i \xrightarrow{*} S' \xrightarrow{*} S$ 是一条无限路径,说明规则的处理将无限进行下去($*$:省略规则),这种规则的循环触发将导致规则处理不可终止。初始状态 I 由一个初始事务创建,该事务是一系列用户产生的数据库操作的结果。因此,$I=(D_I, R_I)$,这里 D_I 是数据库状态;并且存在一些数据库操作集 $O' \subseteq O$ 使:$R_I=\{r \in R \mid O' \cap \text{Triggered-By}(r) \neq \varnothing\}$。$O'$ 是初始事务产生的操作的集合,并且 R_I 包含由这些操作触发的规则。一个终态 F 是一些$(D_F, \varnothing)$,当规则处理终止时没有规则被触发。注意:终态 F 可能由于事务回退而非正常终止;此时 $F=(D_T, \varnothing)$,这里 D_T 是事务开始时数据库的状态。

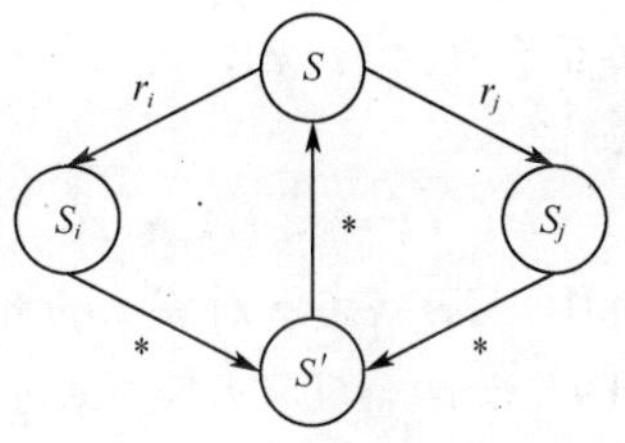

图6.2　规则执行图

6.4　基于触发图和活化图的终止性分析

要想确定是否在 R 中的规则集保证是终止的,也就是说,想确定主动数据库系统从任何状态开始,规则的执行过程在经过有限步以后是否可以终止?这里做一个设定,即单个的规则动作可终止。因此,如果规则集 R 的执行图中的所有路径为有限的,则 R 中的规则保证可终止。终止性通过构建一个规则集 R 的有向触发图来分析,表示为TG。在TG中结点表示规则集的规则,边表示规则的触发关系,如果规则集规则 $r_j \in \text{Triggers}(r_i)$,则在TG中有一条边从表示 r_i 的结点指向 r_j。

定义6.4　令 R 为任意规则集,规则触发图TG是由$\langle R, TE\rangle$构成的有向图,其中 $r \in R$ 表示规则结点,有向边$(r_i, r_j) \in TE$ 表示规则 r_i 的执行可能产生某事件,该事件触发规则 r_j。特别地,若$(r_i, r_i) \in TE$,则称 r_i 为自触发规则。触发边

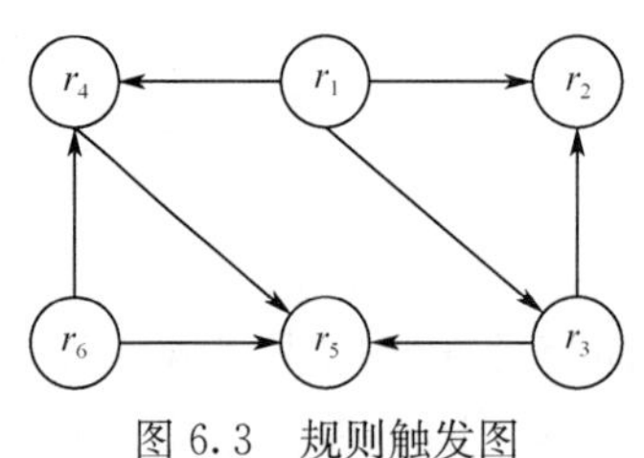

图 6.3　规则触发图

在图中用带有箭头的实线表示。

考虑规则集合 $R=\{r_1,r_2,r_3,r_4,r_5,r_6\}$，表达规则之间触发关系的触发边的集合 $TE=\{(r_1,r_2),(r_1,r_3),(r_1,r_4),(r_3,r_2),(r_3,\mathrm{r}_5),(r_4,r_5),(r_6,r_4),(r_6,r_5)\}$，则触发图 $\mathrm{TG}=(R,TE)$如图 6.3 所示。

6.4.1 TG 的建立方法

下面我们给出一个主动规则集的触发图的建立方法。一个主动规则集的触发图 $\mathrm{TG}=(R,TE)$的建立只需对一对规则$<r_j,r_k>$执行简单的语法分析即可，现将其语法分析简述如下：

$R=\{r_1,\cdots,r_n\}$表示一个主动规则集；$T=\{t_1,\cdots,t_m\}$表示数据库模式中一组关系表；$C=\{t_l.c_j,\ t_k.c_l,\cdots\}$表示 T 中关系表的数据列；O 表示一组数据库更新操作：

$$O=\{<I,t>|t\in T\}\cup\{<D,t>|t\in T\}\cup\{<U,\ t.c>|t.c\in C\}$$

其中$<I,t>$表示对表 t 的插入操作(Insertion)，$<D,t>$表示对表 t 的删除操作(Deletion)，$<U,\ t.\ c>$表示对表 t 的数据列 c 的更新操作(Update)。

以下操作定义可通过直接对 R 中规则进行简单分析就可计算出来。

(1) Triggered-By。Triggered-By(r)输入参数为规则 r，输出触发 r 的数据库更新操作集合 O。Triggered-By(r)可根据规则的语法分析简单地计算出来。

(2) Performs。Performs(r)输入参数为 r，输出可被 r 的动作执行的数据库更新操作集合 O。Performs(r)可根据规则的语法分析简单地计算出来。

(3) Triggers。Triggers(r)输入参数为 r，输出因 r 的动作执行而被触发的所有规则 r'。Triggers(r)$=\{\ r'\in\ R|$ Performs(r)$\cap$ Triggered-By(r')$\neq\varnothing\}$。

(4) Rollback。Rollback(r) 输入参数为 r，其输出结果表示 r 动作的执行是否会导致事务的中止。若组成 r 的动作中含有操作 Rollback，Rollback(r) 的输出值为真(true)。

TG 是一个有向图，图中所有结点表示规则集 R 中所有 Rollback(r)为 false 的规则 r。图的边表示规则之间的触发关系，若有 $r_j\in$ Triggers(r_i)则 TG 中存在自 r_i 到 r_j 的一条边。如果一个规则 r 具有 Rollback(r)=true，则 TG 中不应包含 r。这是因为当操作 Rollback 被执行时，r 的动作所做的任何数据修改都将被恢复到修改发生前的状态；即若 r 的动作中含有操作 Rollback，则它不会触发任何其他的规则。

例 6.1　在一个数据库模式中包含如下三个表：

$emp(id,rank,salary)$

bonus(*emp-id*,*amount*)

sales(*emp-id*,*month*,*number*)

表 *emp* 记录了每一个职员的职位等级和薪水；表 *bonus* 记录了每一个职员的奖金；表 *sales* 记录了每一个职员的每月的销售数量。下面定义一个 Starburst 规则集，规则的定义语法见第 1.2.1 节中 Starburst：

(1) 第一个规则 *bonus-rank* 表示当一个职员的奖金增加量超过 100 时，这个职员的职位等级加 1。

```
create rule bonus-rank on bonus
when updated(amount)
then update emp
set rank=rank+1
where id in(select emp-id from new-updated,old-updated
            where new-updated.emp-id=old-updated.emp-id
            and new-updated.amount-old-updated.amount>100)
```

(2) 第二个规则 *rank-bonus* 表示当一个职员的职位等级增加时，这个职员的奖金增加，增加的数额为：10*(新职位等级)。

```
create rule rank-bonus on emp
when updated(rank)
then update bonus
set amount=amount+10*(select unique rank from new-updated where
new-updated.id=bonus.emp-id) where emp-id in(select id from new-updated)
```

规则集 R=(*bonus-rank*,*rank-bonus*)的触发图 TG 如图 6.4 所示，在 TG 中有两个结点，一个代表规则 *bonus-rank*(简称结点 *br*)，另一个代表规则 *rank-bonus*(简称结点 *rb*)，因为 *rank-bonus* ∈Triggers(*bonus-rank*)，所以在 TG 中存在一条边从结点 *br* 到结点 *rb*，类似地在 TG 中有一条边从结点 *rb* 到结点 *br*。

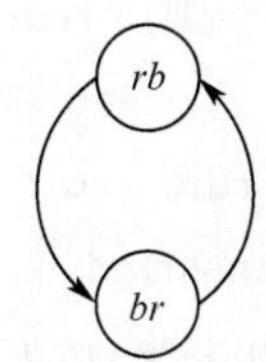

图 6.4　与例 6.1 相关的触发图

6.4.2　触发图的终止性分析定理

定理 6.3　如果在 TG 中没有环，则 R 中的规则保证终止。

证明　我们必须证明在 R 的执行图中的每一条路径都为有限的。反证法：假设在 R 的执行图中存在一条无限的路径 p，因为只有有限多个规则，所以一些规则 r 肯定出现在路径 p 的无限个边上。根据引理 6.1 中的执行图的属性，r 肯定无限次地加到被触发规则的 TR 集合中。因此，一定存在一些操作 O∈ Triggered-By(r)被无限多次的执行。因为 O 在 Performs(r_1)中，规则 r_1 只有有限个数目，所以肯定存在一些规则 r_1 使得 $O \in$ Performs(r_1)和 r_1 出现在路径 p 的无穷多个边上，根据定义，$r \in$ Triggers(r_1)，所以在触发图 TG 上存在一条边从 r_1 到 r。因为 r_1 出现在无穷多个边上，r_1 必须被无限多次加到集合 TR 中。根据上面的推理，存在一些规则 r_2 使得 $r_1 \in$ Triggers(r_2)（所以在 TG 中存在一条边从 r_2 到 r_1），并且 r_2 出现在路径 p 的无穷多个边上。同理，产生规则 r_3，r_4 等。因为根据条件，在触发图 TG 中没有环，这样推理会产生无穷多个规则，和规则集的规则有限这个条件相矛盾。所以 R 的执行图中的每一条路径都为有限的。规则 R 中的规则保证终止。

因此，为了确定 R 中的规则保证终止，触发图 TG 被构建并且监测环。监测环的方法可采用 6.2.2 中的有向图环路监测方法。

在例 6.1 中，因为 *rank-bonus* ∈ Triggers(*bonus-rank*)，所以在 TG 中存在一条边从结点 *br* 到结点 *rb*，类似在 TG 中有一条边从结点 *rb* 到结点 *br*。因此在 TG 中存在一个环，根据定理 6.3，这个规则集可能不终止。

例 6.2 应用例 6.1 中的数据库模式：

第一个规则 *good-sales* 是当一个职员的月销售量大于 50 时，他的薪水加 10。

```
create rule good-sales on sales
when inserted
    then update emp
        set salary=salary+10
        where id in(select emp-id from inserted where number>50)
```

第二个规则 *great-sales* 是当一个职员的月销售数量大于 100 时，职员的职位等级加 1。

```
create rule great-sales on sales
when inserted
then update emp
    set rank=rank+1
    where id in(select emp-id from inserted where number>100)
```

第三个规则 *rank-raise* 是当一个职员的职位等级达到 15 时(我们这里假定职员的等级不降低)，职员的薪水增加百分之十。

```
create rule rank-raise on emp
when updated(rank)
then update emp
    set salary=1.1×salary
    where id in(select id from new-updated where rank=15)
```

规则集 R=(*good-sales*,*great-sales*,*rank-raise*)的触发图 TG 如图 6.5 所示，在 TG 中有三个结点，一个代表规则 *good-sales*(简称结点 *gos*)，一个代表规则 *great-sales*(简称结点 *grs*)，另一个代表规则 *rank-raise*(简称结点 *rr*)。因为 *rank-raise*∈Triggers(*great-sales*)，所以在 TG 中存在一条边从结点 *grs* 到结点 *rr*。因为 TG 中没有环，根据定理 6.3，规则集 R 保证可终止。

从上面的例子，我们可以看出利用触发图的方法来判断规则集的终止性的方法存在一些局限性，因为这种方法只考虑到了引理 6.1 中的执行图的已知属性。然而只根据这些属性，当在触发图中存在一个环时，我们的方法不能排除存在这样的可能性，即它可能终止。事实上，存在着这样的一些例子，其中在触发图中存在着一个环，但其他的属性(不在引理 6.1 中)保证了终止。

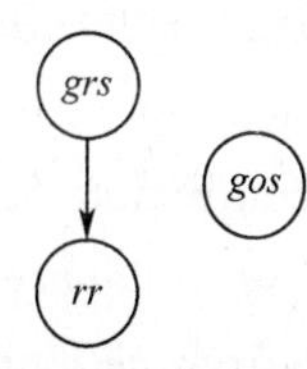

图 6.5　规则集 R 的 TG

一些在环中的规则的动作只从表 t 中删除数据，在环上没有其他规则插入数据到表 t 中。最终表 t 变空，规则 r 的动作没有效果，因此触发环断开。

例 6.3　存在一个数据库模式包含两个表：t_1 和 t_2，t_1 和 t_2 中的记录为有限条。规则 r_1 为当表 t_2 中增加一条记录时，从表 t_1 中删除一条记录。规则 r_2 为当表 t_1 中删除一条记录时，从表 t_2 中增加一条记录。规则集 $R=(r_1,r_2)$的触发图 TG 如图 6.6 所示，在 TG 中有两个结点，一个代表规 r_1，另一个代表规则 r_2。因为 $r_1\in$Triggers(r_2)，所以在 TG 中存在一条边从结点 r_2 到结点 r_1，类似在 TG 中有一条边从结点 r_1 到结点 r_2。因此在 TG 中存在一个环，根据定理 6.3，这个规则集可能不终止。实际上在环中的规则只从表 t_1 中删除记录，环中没有规则向表 t_1 中增加记录，因为表 t_1 中的记录为有限条，因此当执行到一定时候时，表 t_1 中的记录数为 0，规则 r_1 的动作没有效果，因此触发环断开，规则集 R 可终止。

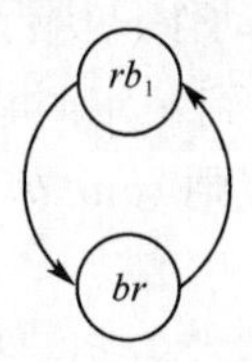

图 6.6　规则集 R 的 TG

一些在环中的规则的动作只执行单调更新(如增加值)，使得在环上的一些规则 r'的条件最终为假(如 r'的条件为值小于 10)。

例 6.4　应用例 6.1 中的数据库模式：

第一个规则 *bonus-rank* 是当一个职员的奖金增加量超过 100 时，这个职员的职位等级加 1。

```
create rule bonus-rank on bonus
when updated(amount)
        then update emp
        set rank=rank+1
```

```
        where id in(select emp-id from new-updated,old-updated
                where new-updated.emp-id=old-updated.emp-id
                and new-updated.amount-old-updated.amount>100)
```

第二个规则 *rank-bonus*1 是当一个职员的职位等级增加并且职位等级小于 30 时，这个职员的奖金增加，增加的数额为：10*（新职位等级）。

```
create rule rank-bonus on emp
when updated(rank)
then update bonus
   set amount=amount+10* (select unique rank
   from new-updated
   where new-updated.id=bonus.emp-id)
   where emp-id in(select id from new-updated) and emp-rank<30
```

规则集 R=(*bonus-rank*，$rank\text{-}bonus_1$)的触发图 TG 如图 6.7 所示，在 TG 中有两个结点，一个代表规则 *bonus-rank*（简称结点 *br*），另一个代表规则 $rank\text{-}bonus_1$（简称结点 rb_1），因为 $rank\text{-}bonus_1 \in$ Triggers(*bonus-rank*)，所以在 TG 中存在一条边从结点 *br* 到结点 rb_1，类似在 TG 中有一条边从结点 rb_1 到结点 *br*。因此在 TG 中存在一个环，根据定理 6.3，这个规则集可能不终止。实际上环中的规则 *bonus-rank* 的动作只执行单调更新，对职员的等级只增加，因此当执行到一定时候时，环中的规则 $rank\text{-}bonus_1$ 的职位等级小于 30 的条件就不被满足，规则 $rank\text{-}bonus_1$ 不被执行，因此触发环断开，规则集 R 可终止。

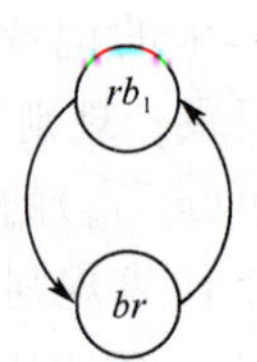

图 6.7　规则集 R 的 TG

6.4.3　基于活化图的终止性分析

由于被触发规则条件为假时动作不能执行，完全基于 TG 的分析结果是保守的。6.2.3 节基于 Starburst 产生式规则系统分析了规则的终止性问题，但它是面向 C-A(条件-动作)规则的，不含事件成分，但也未考虑条件成分。活化图 AG 是另一种规则终止分析工具，与触发图不同，活化图中的有向边表示规则间的活化情况。

定义 6.5　令 R 为任意规则集，规则活化图 AG 是由 $\langle R,AE\rangle$ 构成的有向图，其中 $r\in R$ 表示规则结点，有向边 $(r_i,r_j)\in AE$ 表示规则 r_i 的执行可能使规则 r_j 的条件为真。特别地，若 $(r_i,r_i)\in AE$，则称 r_i 为自惰化规则。活化边在图中用带有箭头的虚线表示。

下面用例 6.5 来说明如何表示一个规则集的 TG 和 AG。

规则活化图 AG 的建立方法与触发图的建立方法相类似，不再赘述。

例 6.5　下面是一个简单的控制系统中的控制规则集合。

规则 r_1 表示为

event：update(*sensor*. *T*)，*sentMessage*(‘*valve* Opened’)

condition：*sensor*. $T<T_1$，*valve*. *state*=‘open’

action：*valve*. *state*：=‘closed’，*valve*. *direction*：=‘up’

规则 r_2 表示为

event：update(*sensor*. *T*)，*sentMessage*(‘*valve* Opened’)

condition：*sensor*. $T>T_2$，*valve*. *direction*：=‘up’

action：*valve*. *direction*：=‘down’，*sentMessage*(‘Warning’)

规则 r_3 表示为

event：update(*sensor*. *T*)，*sentMessage*(‘Warning’)

condition：*sensor*. $T>T_3$，*valve*. *state*：=‘closed’

action：*valve*. *state*=‘open’，*sentMessage*(‘*valve* Opened’)

上述规则都是自惰化规则，因为它们的动作的执行导致自身的条件变为假。相应于上述规则集的 TG 和 AG，如图 6.8 所示，其中实线表示 TG 弧，虚线表示 AG 弧。

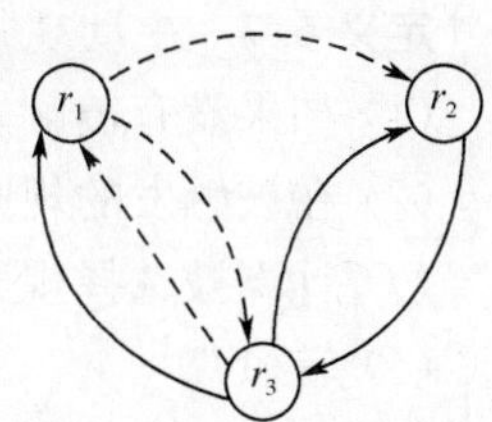

图 6.8　与例 6.5 相关的触发图和活化图

同触发图的监测方法类似，通过监测活化图中是否存在环可以判断规则集的终止特性。如果活化图中不存在环，说明规则集中不存在任何规则子集能够相互活化而使规则循环执行，则该规则集是可终止的。一些不能由触发图监测出的可终止规则集可以利用活化图监测出来。下面是用类 SQL 语言定义的一个规则：

create rule r_1 on *teacher*

when update(*sal*)

if title=‘proferssor’and *sal*<800

then update set *sal*=800

规则 r_1 定义了在更新教师工资时，若教师的职称为教授且工资小于 800 元，则将该教师的工资更新为 800。由触发图的定义知规则 r_1 动作的执行会重新触发 r_1，r_1 对应的触发图是一个自触发环，若用触发图监测规则 r_1 可能是非终止的。但实际上，规则 r_1 的执行更新了工资额，当更新事件再次触发 r_1 时其条件的值已变为假，规则 r_1 对应的活化图中没有自触发环，因此规则 r_1 是可终止的。

6.5　基于触发图和活化图的规则基本归约算法

触发图和活化图从不同角度分析规则，若将这两种图结合起来可以监测出更多的可终止规则集，改善规则的可终止性分析。为此，我们下面给出一种基本归约算法。

定义 6.6　与一个主动规则特定的一次执行相关联的过渡值，为此规则所监测的操作插入、删除或更新的瞬时值。

由于本书将数据库模式选取为关系模式(pure relational model)，故将所监测的一个 E-C-A 规则具体地描述为以下形式：

(1) 事件集合是一组被监测的数据操纵操作。

(2) 条件是一个在当前数据库状态和规则的过渡值上表示的谓词语句。

(3) 动作是一组数据操纵操作。

定义 6.7　主动规则处理过程由以下几个循环步骤确定：

(1) 如果没有被触发的规则，则退出。

(2) 在被触发的规则集合中选出具有最高优先级别的规则。

(3) 计算被选择规则的条件，如果条件为真，则执行该规则的动作。

(4) 转(1)。

主动规则首先因用户事务导致的数据库状态变化而触发，被触发的规则在其处理过程中可能修改数据库，并因而触发其他规则。

触发图 TG、活化图 AG、自惰化规则的定义分别见定义 6.4、定义 6.5。

在规则集的不可终止执行过程中，可能无限次出现的规则集称之为不可归约规则集(它的形式化定义见后文)。以下引理为构造不可归约规则集算法的理论基础。

引理 6.2　R 表示任意一个主动规则集。在规则处理阶段，任意一个规则 $r \in R$ 且 r 能被多次执行，仅当 r 在 TG 和 AG 中至少都有一条入边。

证明　根据采取的规则处理过程，一个规则 r 要具备可以执行的资格，必须满足以下两个条件：

(1) 一定至少有一个可触发此规则的事件发生。

(2) 此规则的条件一定评价为真。

当规则 r 被触发后首次执行完毕，r 被规则处理过程从已触发规则集中消除掉，即 r 又变成被触发状态。若要 r 重新被触发，则必有一个规则 $r' \in \mathrm{R}$(r'有可能是 r 本身)生成了可触发 r 的事件。因此，为了满足条件(1)，必须存在一个触发弧 $<r', r> \in \mathrm{TG}$。

当规则 r 被触发后首次执行完毕，若 r 不能自惰化自己或存在另一个规则 r''

∈R 其动作执行可使 r 的条件再次为真，则 r 的条件可能为真。在这两种使 r 的条件为真的情况下，在 AG 中必存在一条弧：在第一种情况下有活化弧 $<r,r>\in$ AG；在第二种情况下有活化弧 $<r'',r>\in$ AG。因此，为了满足 r 可被执行的条件(2)，在 AG 中节点 r 必存在一条入边。由以上证明可知，结论成立。证毕。

对任意的规则 $r_k\in R$，如果 $\sim\exists(r_i,r_k)\in$ TG 或者 $\sim\exists(r_i,r_k)\in$ AG，则 r_k 不会执行多次，连同其相关边均可从关联图中去掉，从而得到一个归约关联图。

基本的归约算法思想为：构造规则集的触发图和活化图，分别监测图中每个节点是否有进入的触发边或活化边，如果没有则除去该节点的相应输出弧，循环检测每个节点，直到没有可以除去的弧为止。如果所有的边都可以除去，则算法返回为空，表示规则集是可以终止的。否则，返回归约后的规则集。

下面给出的归约算法称为基本归约算法。R 表示一个任意的主动规则集，并给定与之相关的触发图 TG 和活化图 AG；Out$T(r_i)$ 和 Out$A(r_i)$分别表示在 TG 和 AG 中所有属于以规则 r_i 为始点的有向边的终点；$r_i.T$ 和 $r_i.A$ 分别表示在 TG 和 AG 中以 r_i 为终点的有向边个数；L 表示一个存储规则的表结构。

算法 6.2　Basic-Reducing Algorithm　{基本归约算法}

```
输入：主动规则集 R 和相关的触发图 TG 和活化图 AG；
输出：不可归约规则集 R；
begin
L = ∅；
for 每一个 rule ri ∈ R do
  if(ri.T = 0) or(ri. A = 0) then
    将 ri 加入到 L 中；
      while  L≠∅ do
        ri = pop(L); R = R - ri；
          for 每一个 rule rj ∈ OutT(ri) do
            rj.T = rj.T - 1;
              if rj.T  = 0 and rj ∈ R and rj ∉ L then
              将 rj 加入到 L 中；
              for 每一个 rule rj ∈ OutA(ri) do
                rj. A = rj. A - 1;
                if rj. A  = 0 and rj ∈ R and rj ∉ L then
                将 rj 加入到 L 中；
    return(R);
end.
```

定理 6.4　算法 6.2 是正确的、可终止的，其时间复杂度为 $O(m)$，其中，m 表示 TG 和 AG 中弧的个数；其时间复杂度也可以表示为 $O(n^2)$，其中，n 表示规则集 R 中规则的个数。

证明　(正确性)在算法 6.2 的 while 循环中,执行每一次循环就去掉一个在 TG 或 AG 中没有任何一条入边的规则,同时从 TG 和 AG 中移去由此规则发出的弧。直到规则集 R 中所有的规则被移出或直到剩下的规则在 TG 和 AG 中均具有至少一条入边,while 循环才会停止,即算法结束。由引理 6.2 可知算法处理的正确性,故算法 6.2 显然是正确的。

(可终止性)由于规则集 R 中规则的个数是有限的,故算法 6.2 可自动终止。

(时间复杂度分析)算法的时间复杂度由 while 循环来决定。用 m 表示 TG 和 AG 中弧的个数,对于每一条弧来说,两个 for 语句中的操作指令至多只针对这条弧上的节点被算法执行一次,而这些操作指令都是基本操作。故整个算法的时间复杂度可表示为 $O(m)$。

用 n 表示规则集 R 中规则的个数,则 while 循环至多可执行 n 次;每次 while 循环中,for 循环可至多重复 n 次,故整个算法的时间复杂度可表示为 $O(n^2)$。证毕。

图 6.9 为规则集 R 对应的触发图和活化图,图中实线表示触发弧,虚线表示活化弧。触发图中包含了 r_1,r_2 和 r_1,r_2,r_3 两个环路,活化图中包含了 r_4,r_5 一个环路。如果仅监测触发图或活化图,不能确定规则集 R 的可终止性。但用算法 6.2 监测:$r_2.A$ 和 $r_5.T$ 的初值为 0,可将 r_2 和 r_5 先归约掉,依次归约规则 r_1,r_3 和 r_4,结果返回为空,规则集 R 是可终止的。

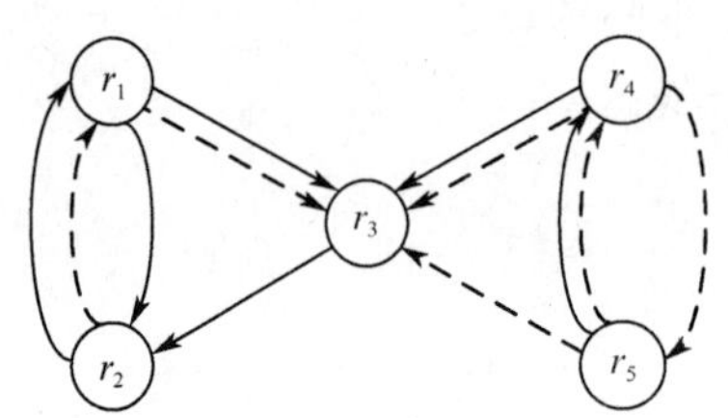

图 6.9　规则集 R 的触发图和活化图

定义 6.8　一个不可归约规则集 I 为规则集 R 经过基本归约算法处理后得到的一个子集。

定义 6.9　I 表示一个不可归约规则集,若 I 中任意一个子集 S 经过归约算法处理后无任何规则被消除,则 S 为一个非终止规则集。

6.6　基于关联图 G 的终止性分析

为提高分析的准确性,6.4.3 节中引入了活化图,如果规则 r_i 的执行可能使规则 r_j 的条件为真,则存在一条由 r_i 到 r_j 的活化边。仅当活化发生在触发之前,被触发规则的动作才被真正执行。在规则不含优先级的情况下,证明了触发环和活化环是主动规则集呈现非终止性的充分必要条件,从而给出了无优先级规则集终止性判定的理想结果。然而,在考虑优先级别的情况下,已给出的结果存在着较为明显的问题。实际上,已有的分析建立在可达(reachable)和可达集(reaching set)上,可达是指触发边与活化边双边可达。双边可达可能依赖于多个触发环和活化环。

考虑规则 r_i 的执行可能使规则 r_k 的条件为真，规则 r_j 的执行可能使规则 r_k 的条件为假。在适当条件下，触发环和活化环未必能导致非终止。在图 6.10 所示的例子中，实线代表触发边，虚线代表活化边。

按算法 6.2，该图不可归约，判定为非终止。若规则 r_3 的执行使得规则 r_1 的条件为假，非终止情况实际上不会发生。为应用这一分析条件，引入惰化图(deactivation graph，DG)，若规则 r_j 的执行一定使规则 r_k 的条件为假，则存在一条由 r_j 到 r_k 的惰化边，并用双实线表示。对于图 6.10 所示的例子，加入惰化边(r_3，r_1)后得到图 6.11，并可判定为终止。

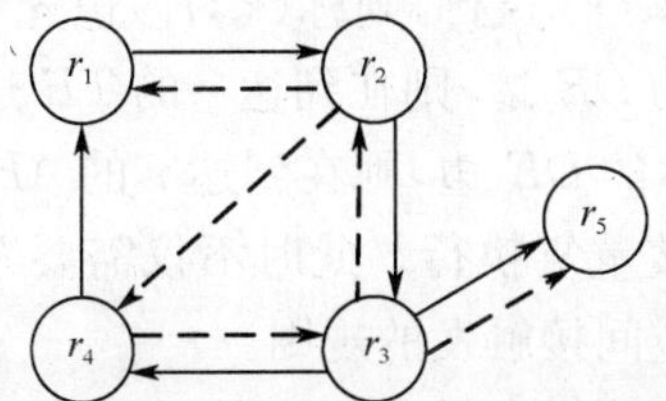

图 6.10　基于 TG 和 AG 的非终止情形

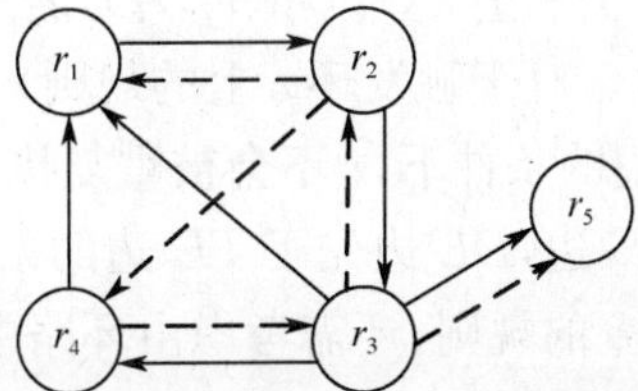

图 6.11　基于 TG、AG 和 DG 的终止情形

在下面的终止性讨论中，我们要涉及触发可达集的整体执行顺序问题，因此，这里引入集合优先级的概念，并为后面的讨论打下基础。

定义 6.10　令 R 为所有规则构成的集合，对于任意 $r \in R$，pri(r)为一个整数，代表 r 的优先级。若对任意 $r_i, r_j \in R, i \neq j$，$\mathrm{pri}(r_i) \neq \mathrm{pri}(r_j)$，则称 R 为全排序的。

规则可能具有立即或延迟耦合方式，采用立即耦合方式的规则在其被触发时处理，采用延迟耦合方式的规则在事务提交时处理。本节不考虑分离耦合方式。

定义 6.11　知识库由二元组 $\langle D, R \rangle$ 表示，其中 D 为数据库，R 为主动规则集合。

知识库呈非终止行为，当且仅当存在一个事务，该事务导致规则处理过程不终止。

定义 6.12　令 R 为任意规则集，规则惰化图 DG 是由 $\langle R, DE \rangle$ 构成的有向图，其中 $r \in R$ 表示规则结点，有向边$(r_i, r_j) \in DE$，表示规则 r_i 的执行一定使规则 r_j 的条件为假。特别地，若$(r_i, r_i) \in DE$，则称 r_i 为自惰化规则。惰化边在图中用带有箭头的双实线表示。

从实际意义上来说，大多数规则是呈自惰化的。当然也有例外，不包含条件成分的规则是非自惰化的。为简单起见，自惰化边在图形表示中可以省略。活化边与惰化边不会同时存在，即若$(r_i, r_j) \in AE$，则$(r_i, r_j) \notin DE$，反之亦然。对任意规则 $r \in R$，r 或为自活化的，或为自惰化的，即$(r, r) \in AE$，$(r, r) \in DE$ 之一成立。

定义 6.13 令 TG=⟨R,TE⟩为一触发图,若有规则 $r_1,r_2,\cdots,r_k\in R$,$(r_1,r_2)\in TE$,$(r_2,r_3)\in TE$,…,$(r_k,r_1)\in TE$,则称 $\rho=(r_1,r_2,\cdots,r_k)$为一触发环。触发环 ρ 上的规则集合记作 C_ρ。

定义 6.14 令 R 为任意规则集,TG=⟨R,TE⟩为触发图,AG=⟨R,AE⟩为活化图,DG=⟨R,DE⟩为惰化图,称 G=⟨R,E⟩为关联图(relationship graph),其中 $E=TE\cup AE\cup DE$。

定义 6.15 对规则集使用基本归约算法后得到的规则集称为不可归约集。

显然,不可归约集中的每一个规则至少有一条到达的触发边和一条到达的活化边。

考虑边(r_i,r_k)和(r_j,r_k),若规则 r_i 先于规则 r_j 执行,则称(r_i,r_k)边先于(r_j,r_k)边。对于触发环 ρ 上的规则 r,若 r 无到达的 DE 边,则在到达 r 的 TE 边先于 AE 边的条件下,r 不会被重复执行;若 r 有到达的 DE 边,则在到达 r 的 AE 边先于 DE 边,DE 边先于 TE 边的条件下,r 不会被重复执行。此时不仅需要考虑触发环上的规则,还需考虑由环路中的规则直接或间接触发的规则。

注意,触发边和活化边中的一个规则表示可能触发另一个规则,而惰化边表示构成惰化边的一个规则必定使另一规则的条件为假。即若$(r_1,r_2)\in TE$,$(r_3,r_4)\in AE$,$(r_5,r_6)\in DE$,则 r_1 的执行可能触发 r_2,r_3 的执行可能使 r_4 的条件为真,r_5 的执行必定使 r_6 的条件为假。如此触发环内及由触发环可达的 TE 边和 AE 边均需考虑,而来自触发环以外的惰化边不会加强终止性分析的条件。例如,在图 6.12 所示的例子中,惰化边(r_5,r_1)条件应忽略,因为不能保证 r_5,r_6 的执行。这样仅需考虑来自触发环内的惰化边,并与触发环内的触发边以及来自环内和环外的活化边比较先后次序。例如,在如图 6.11 中,惰化边(r_3,r_1)在活化边(r_2,r_1)之前,因而 r_1 可能被多次执行,呈现非终止行为。

在如图 6.13 所示的例子中,规则 r_1 有一条到达的活化边(r_6,r_1)和一条到达的惰化边(r_3,r_1)。如果 r_3 先于 r_6 执行,r_1 再次执行时条件为真,则判定不终止;如果 r_6 先于 r_3 执行,r_1 再次执行时条件为假,则可判定终止。规则 r_1 执行后,r_3 与 r_6 的执行次序取决于 r_3,r_5,r_6 的优先级,若 $\text{pri}(r_3)>\text{pri}(r_5)$或 $\text{pri}(r_3)>\text{pri}(r_6)$,则 r_3 先于 r_6 执行;若 $\text{pri}(r_3)<\text{pri}(r_5)$且 $\text{pri}(r_3)<\text{pri}(r_6)$,则 r_6 先于 r_3 执行。

定义 6.16 由规则 r_i 到规则 r_j 的触发可达集 trgreach(r_i,r_j)是规则集 R 的一个子集 R',其中包含 r_j,但不包含 r_i。它满足如下特性:

(1) 使用规则集 R',由 r_i 触发可达 r_j。

(2) R'是最小的,即删除 R'中的任一规则,性质(1)不再成立。

由规则 r_i 到 r_j 的触发可达集可能有多个,这些可达集的集合记作Strgreach(r_i,r_j)。

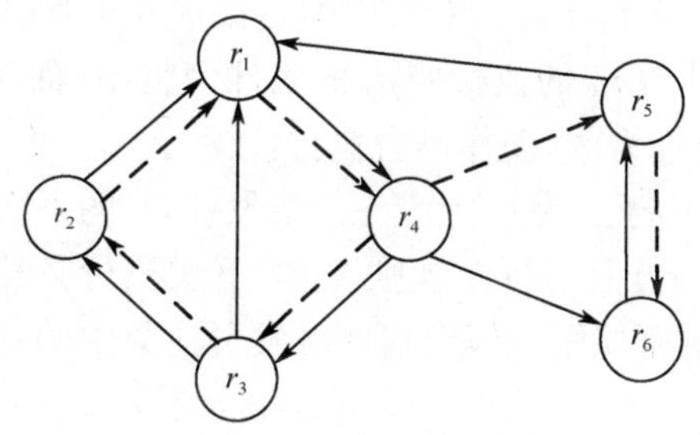

图 6.12　惰化边与终止性

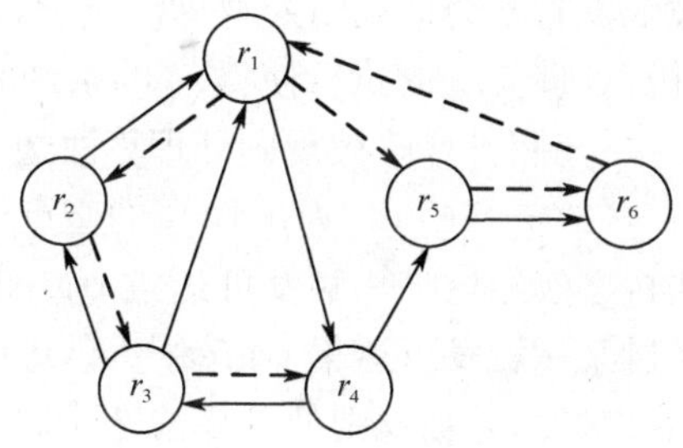

图 6.13　优先级与终止性

定义 6.17　触发可达集 trgreach(r_i,r_j)的制约优先级是指 trgreach(r_i,r_j)规则集中的最小优先级。触发可达集集合 Strgreach(r_i,r_j)中制约优先级的最小者和最大者分别记为 $p_{i-j}^{\min}$ 和 $p_{i-j}^{\max}$。

定义 6.18　令 ρ 为一个触发环，$r\notin C_\rho$ 为 ρ 外的一个规则，r 由 C 触发可达，ρ 上使 trgreach$(r_c,r)\cap C_\rho=r_c$ 的规则，称为 ρ 与 r 交点规则。

触发环 ρ 与规则 r 的交点规则 r_c 是触发环 ρ 上的规则，由 r_c 出发不经过 ρ 上其他规则触发可达 r。

定义 6.19　考虑不可归约规则集 R，令 ρ 为 R 上的一个触发环，$r_o\in C_\rho$ 为一个自惰化规则，$r_t\in C_\rho$ 为环上触发(但不活化)r_o 的规则，即 $r_t\in C_\rho$，$(r_t,r_o)\in TE$，$(r_t,r_o)\notin AE$。对 $\forall r_a\in R$，$(r_a,r_o)\in$ AG 且 r_a 由 r_o 触发可达，若以下(1)～(3)条件之一成立，则称 r_o 为被禁止的规则、ρ 为被禁止的触发环。

(1) $r_a\in C_\rho$，且 $\exists r_d\in C_\rho$，ρ 呈$(r_o,\cdots,r_a,\cdots,r_d,\cdots,r_t)$形式。

(2) $r_a\notin C_\rho$，令 r_c 为 ρ 与 r_a 的交点规则，$\exists\ r_d\in C_\rho$，ρ 呈$(r_o,\cdots,r_a,\cdots,r_d,\cdots,r_t)$形式，且 $p_{c-d}^{\max}<p_{c-a}^{\min}$。

(3) $r_a\notin C_\rho$，令 r_c 为 ρ 与 r_a 的交点规则，$p_{c-a}^{\max}<p_{c-t}^{\min}$，且 $p_{c-a}^{\max}<\mathrm{pri}(r_o)$。

定理 6.5　考虑不可归约规则集 R，令 ρ 为 R 上唯一的触发环，如果由于 ρ 的拓扑结构和优先级别的设置使得 ρ 被禁止，则由 R 确定的规则集不会呈现非终止行为。

证明　(反证法)假设 R 呈非终止行为，r_o 作为唯一触发环 ρ 上的规则必将无限次执行，设 r_o 执行一次，由于 r_o 为自惰化规则，其动作的执行使其条件为假。下面分三种情形分别加以讨论：

(1) 显然，r_o 一次执行后再次选中时条件为假，不会执行，矛盾。

(2) $r_a\notin C_\rho$，且 $\exists r_d\in C_\rho$，ρ 呈$(r_o,\cdots,r_a,\cdots,r_d,\cdots,r_t)$形式，$r_a$ 的下次执行必然经过由触发可达集 trgreach(r_c,r_a)所确定的规则集，r_d 的下次执行必然经过由触发可达集 trgreach(r_c,r_d)所确定的规则集合。根据 $p_{c-d}^{\max}<p_{c-a}^{\min}$，trgreach$(r_c,r_d)$中包含一个规则 r_h，其优先级别小于 trgreach(r_c,r_a)中所有规则的优先级，因而当 r_h

被触发时不会被规则处理算法选中，而 trgreach(r_c，r_a)中的规则会被优先选择并进行处理。r_a 的执行使得 r_o 的条件为真，其后 r_d 的执行使 r_o 的条件为假，因而当 r_t 执行触发 r_o，r_o 被规则处理算法选中时条件为假，动作不会执行，矛盾。

(3) $r_a \notin C\rho$，r_c 为 ρ 与 r_a 的交点规则。由于 ρ 为 R 上唯一的触发环，r_t 的下次执行必然经过唯一触发可达集 trgreach(r_c，r_t)上的所有规则，r_a 的下次执行必然经过某一触发可达集 trgreach(r_c，r_a)上的所有规则。假定这些触发可达集中的规则被触发，并被规则处理算法选中时条件均为真，否则 r_a(r_t)不会再次执行，故 r_o 不会再次执行。根据 $p_{c-a}^{\max} < p_{c-t}^{\min}$，trgreach($r_c$，$r_a$)中包含一个规则 r_h，其优先级小于 trgreach(r_c，r_t)中所有规则的优先级，因而当 r_h 被触发时不会被规则处理算法选中，而会优先选择并处理 trgreach(r_c，r_t)中的规则。r_t 被选中并执行后 r_o 被再次触发，根据 $p_{c-a}^{\max} < \mathrm{pri}(r_o)$，有 $\mathrm{pri}(r_h) < \mathrm{pri}(r_o)$，因而 r_o 将先于 r_h 被选中处理，此时 r_o 的条件为假，动作不会执行，与假设矛盾。证毕。

上述单一触发环的终止性判定结果可以拓展到多个触发环的情形中。

定理 6.6 考虑不可归约规则集 R，如果由于拓扑结构及优先级别的设置，使得 R 上所有触发环被禁止，则仅由 R 确定的规则集不会呈现非终止行为。

证明 (反证法)假设 R 呈非终止行为，考虑 R 上任意一个触发环 ρ_i 上的规则无限执行，且令 $r_i \in C_{\rho_i}$ 为 ρ_i 上代表制约优先级的规则。由于 R 上任意单个触发环均是被禁止的，ρ_i 上规则的无限执行实际上依赖于另外一个(或多个)呈现非终止行为，且具有较低(相对于 ρ_i 上的 r_i)制约优先级规则的触发环。令 ρ_j 为这样一个触发环，$r_j \in C_{\rho_j}$ 为 ρ_j 上代表制约优先级别的规则，有 $\mathrm{pri}(r_j) < \mathrm{pri}(r_i)$。用同样的方法考虑 ρ_j。ρ_j 上规则的无限执行依赖于另外一个(或多个)呈现非终止行为且具有较低(相对于 ρ_j 上的 r_j)制约优先级规则的触发环，令 ρ_k 为这样一个触发环，$r_k \in C_{\rho_k}$ 为 ρ_k 上代表制约优先级别的规则，有 $\mathrm{pri}(r_k) < \mathrm{pri}(r_j)$。依此下去。因为 R 为有限集合，R 中的触发环个数有限，根据上述触发环上制约优先级规则之间的单向依赖关系，必然在有限步之后找到某一触发环 ρ_l，ρ_l 没有可以依赖的其他触发环，与假设矛盾。证毕。

例 6.6 如图 6.14 所示，不可归约集 R 中包含 3 个触发环：$\rho_1 = (r_3, r_1, r_5, r_{13}, r_9, r_4)$，$\rho_2 = (r_{16}, r_{12}, r_{17}, r_6, r_{11}, r_8)$，$\rho_3 = (r_{21}, r_{17}, r_6, r_{19})$。假定 $\mathrm{pri}(r_i) = i$。对于 ρ_1，$r_o = r_3$，$r_a = r_2$，$r_t = r_4$，$r_c = r_{13}$，触发可达集 Strgreach(r_{13}，r_2)$=\{\{r_{18}, r_2\}, \{r_{15}, r_2\}\}$，Strgreach($r_{13}$，$r_4$)$=\{\{r_9, r_4\}\}$，制约优先级 $p_{13-2}^{\max} = 2$，$p_{13-4}^{\min} = 4$，$p_{13-2}^{\max} < p_{13-4}^{\min}$ 且 $p_{13-2}^{\max} < \mathrm{pri}(r_3)$，$r_3$ 是被禁止的规则，ρ_1 为被禁止的触发环。对于 ρ_2，$r_o = r_{16}$，$r_a = r_7$，$r_t = r_8$，关于交点规则 $r_c = r_{12}$ 的触发可达集 Strgreach(r_{12}，r_{11})$=\{\{r_{17}, r_6, r_{11}\}\}$，Strgreach($r_{12}$，$r_7$)$=\{\{r_7\}\}$，制约优先级 $p_{12-11}^{\max} = 6$，$p_{12-7}^{\min} = 7$，$p_{12-11}^{\max} < p_{12-7}^{\min}$。关于交点规则 $r_c = r_{17}$ 的触发可达集 Strgreach(r_{17}，r_{11})$=\{\{r_6, r_{11}\}\}$，Strgreach(r_{17}，r_7)$=\{\{r_{14}, r_7\}\}$，制约优先级 $p_{17-11}^{\max} = 6$，$p_{17-7}^{\min} = 7$，$p_{17-11}^{\max} < p_{17-7}^{\min}$。因而

r_{16}是被禁止的规则，ρ_2 为被禁止的触发环。对于 $\rho_3, r_o=r_{21}, r_a=r_{17}, r_t=r_{19}, r_d=r_6, r_a$ 在 ρ_3 上且 $\exists r_d=r_6 \in C_{\rho3}$，$\rho_3$ 呈$(r_o,\cdots,r_a,\cdots,r_d,\cdots,r_t)$形式，故 ρ_3 为被禁止的触发环。根据定理 6.5，R 不会呈现非终止行为。

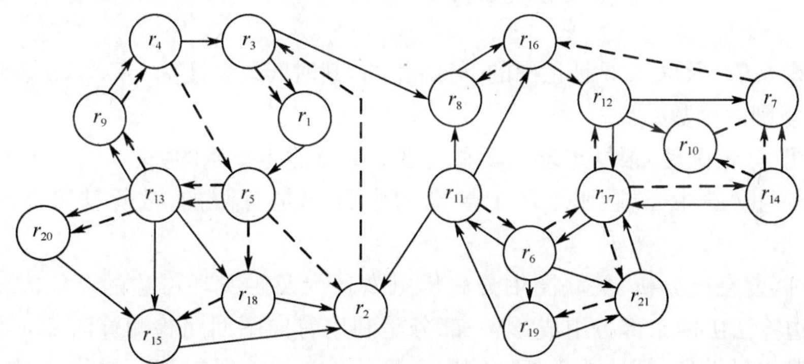

图 6.14　包含 TG 边，AG 边和 DG 边的关联图

基于 TG、AG 和 DG 的终止性分析算法如下：

算法 6.3　Procedure Termi-Analysis($G=\langle R,E\rangle$) {基于关联图 G 的终止性分析}

输入：关联图 $G=<R,E>$；
输出：触发环内及触发环可达的 TE 边、AE 边和 DE 边；
begin
　call Basic-Reducing Algorithm(G);
　if　$G=\varnothing$　then
　　return;
　else
　　ρ 为 TG 环 $\in$ G;
　　给所有非被禁止触发环 ρ 作标记；
　　for 每一个 ρ do
　　　$R_o=\{ r_o \mid r_o$ has incoming DE from $r_d \in C\rho$ or r_o has no incoming
　　　　AE from rules in $C\rho\}$;
　　　while(ρ 是非被禁止触发环)and($R_o \neq \varnothing$)　do
　　　　任取一个 $r_o \in R_o$；
　　　　$R_a=\{r_a \mid r_a$ 由 r_o 触发可达 and$(r_a, r_o) \in AE\}$;
　　　　if $\forall\ r_a \in R_a,\ \exists\ r_d \in C\rho, (r_d, r_o) \in DE$　then
　　　　　ρ 取形式$(r_o,\cdots,r_a,\cdots,r_d,\cdots,r_t)$ or
　　　　　　$(r_o,\cdots,r_c,\cdots,r_d,\cdots,r_t)$ and $p_{c-d}^{\max} < p_{c-a}^{\min}$;
　　　　　标记 ρ 是禁止触发环；
　　　　if $\forall\ r_a \in R_a, r_a \notin C\rho$ then

```
                ρ取形式(r_o,…,r_c,…,r_t) and p^max_{c-a} < p^min_{c-t}, p^max_{c-a} < pri(r_o);
                标记ρ是被禁止触发环;
        for 所有没有标记ρ是被禁止触发环 do
            return  ρ是触发环;
    end.
```

定理 6.7 算法 6.3 是正确的、可终止的，其时间复杂度为 $O(n^3)$，n 表示规则集 R 中规则的个数。

证明 （正确性）根据定理 6.5 和定理 6.6 显然是正确的。

（可终止性）由于规则集 R 中规则的个数 n 是有限的，故算法 6.3 可自动终止。

（时间复杂度分析）关联图中分离出触发环内及触发环可达的 TE 边、AE 边和 DE 边算法由两个部分组成，第一部分是利用有向图回路检测算法 6.1 从关系图中检测出触发环，算法 6.1 的时间复杂度为 $O(n^3)$。所以第一部分的时间复杂度为$O(n^3)$。第二部分是检测出触发环内及触发环可达的 TE 边、AE 边和 DE 边，我们用邻接矩阵作为图的存储结构，查找每个顶点的邻接点所需时间为 $O(n^2)$，所以第二部分的时间复杂度为 $O(n^2+n)$，算法的时间复杂度为(n^3+n^2+n)，因此算法 6.3 的时间复杂度为 $O(n^3)$。

小　　结

本章首先介绍了基于触发图 TG 和活化图 AG 的规则终止性分析方法。TG 的构造较简单，只通过简单的语法分析就可完成。但 AG 构造涉及规则之间的语义分析，相对较复杂。介绍了一种用代数方法分析规则之间的活化关系，能够精确地构造规则集的 AG。在此基础上介绍了基于触发图和活化图的规则归约算法，最后引入了惰化图，结合触发图和活化图定义了关联图，并针对立即延迟耦合方式，在规则全排序的前提下给出了规则终止性的静态分析方法。某些基于 TG 和 AG 判定非终止的情形，在引入 DG 后可判定为终止，避免了虚假警报，进一步提高了分析的准确性。同时，本章基于触发可达而非触发和活化双边可达修正了基于 TG 和 AG 的分析结果。

第 7 章　基于事务的规则终止性分析

第 6 章介绍了静态方法中的图方法，这些方法在分析规则的终止性时，只考虑主动规则特性的一部分。例如，6.4.2 节中的方法仅考虑到触发关系，而 6.4.3 节中的方法没有考虑到惰化关系。其他方法像 Abstract Interpretation 和基于 Petri 网的规则分析方法虽然考虑到了规则所有的特性，但并没有给出有效的算法，使用了大量复杂的表，还使用了大的 Petri 网。本章给出一种静态分析方法，此方法分析主动规则的所有特性，并给出一个新的结构来分析规则的终止性。该方法监测规则之间的三种关系：触发关系、活化关系和惰化关系。主要研究用户事务的信息和结构如何影响规则的终止性。这种方法简单易懂并可灵活地应用在目前各种主动数据库语言中。原因是这几种规则之间的关系是独立于规则语言的。本章进行规则的终止性分析基于事件保留规则执行语义。

给定一套主动规则的事务 T 和程序 P，该方法由两个语句构成，如图 7.1 所示。第一个语句使用一般的判定终止性方法（只考虑 P）来监测 P 中是否存在递归。如果这种监测不能保证是否可终止，则执行第二个语句。第二个语句考虑新的顺序在 P 中加入事务 T 来进行进一步的分析。引入主动程序的例子，使用 Oracle DDL 规则（触发器）语法。

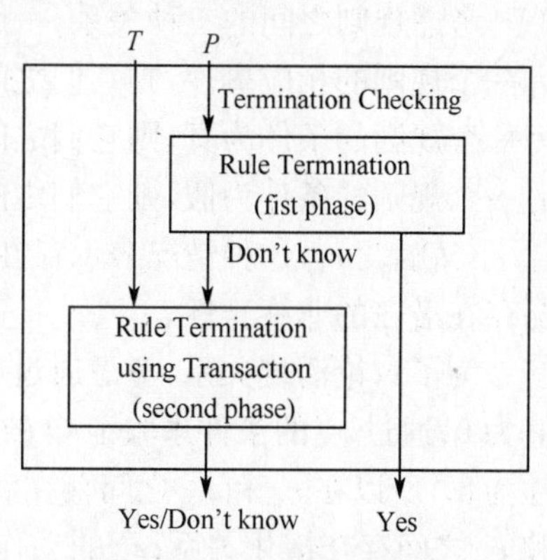

图 7.1　主动规则分析语句

为了简化例子，只给数据库表格的属性分配两个数值 0 和 1，且只考虑等值关系。为了定义一套规则的部分顺序，对于每个 i，假定 r_i 在 r_{i+1} 之前执行。给定一个简单的数据库模式包含 3 个表：$R(A, B, C, D)$，$S(E, F, G)$ 和 $Q(H, I, L, M, N)$。规则定义如下：

```
create trigger r1
after update of E on S
  when(S.F = 1)
  begin
    update table Q
    set H = 0, L = 0;
    update table R set D = 1;
```

```
create trigger r2
  after update of D on R
    when(Q.H = 1)
    begin
    update table R
  set A = 1, C = 0;
    end;
```

```
end;
create trigger r3
after update of A on R
  when(R.B =0)
begin
  update table S
  set E =1,G =0;
end;
create trigger r5
after update of G on S
  when(Q.L =0)
  begin
  update table R set C =1;
  update table Q set H =1;
end.
```

```
create trigger r4
after update of M on Q
  when(Q.I =1)
begin
  update table Q set N =1;
  update table R
  set D =1,B =1;
end.
```

考虑规则之间的三种关系,一般对于两个规则来说,如果一个规则的动作包含另一个规则的相应事件,则它们之间存在触发关系;如果一个规则的动作执行,使另一个规则的条件为真,则它们之间存在活化关系;如果一个规则的动作执行,使另一个规则的条件为假,则它们之间存在惰化关系。注意,如果 r_1 触发 r_2,r_2 触发 r_3,r_3 又触发 r_1,这种情况表示存在一个触发环。触发导致规则的执行,则这种情况存在潜在的非终止性。

为了讨论活化关系,考虑通过 r_1 的动作来更新表 Q。这个操作使 Q 的 L 属性值为 0;通过 r_5 的条件来验证 Q 的 L 属性值是否为 0。因为 r_1 的执行,使 r_5 的条件为真,所以在 r_1 和 r_5 之间存在活化关系;同理,r_5 活化 r_2,则在 r_1 和 r_2 之间,r_4 和 r_3 之间存在惰化关系;r_1 的动作执行,使表 Q 的 H 列为 0,r_2 的条件监测表 Q 的 H 属性值是否为 1。如果执行 r_1,则 r_2 的条件变为假。这就是说,规则的执行既依赖于触发关系又依赖于规则条件。为了监测条件必须知道储存于数据库中的属性值,这可能只能在实际规则的运行中才能得到,因此静态的条件分析要监测惰化和活化关系。

例如,上述触发环中的主动规则 r_1,r_2 和 r_3,如果一个规则的执行惰化了包含于环中的一个规则(且其他规则的执行没有活化该惰化的规则),则称规则执行是可终止的。再看主动规则 r_1,r_2 和 r_3 的例子,不能判定终止性,是因为没有充分的信息可以得到;r_1 的执行,惰化了 r_2,但 r_5 的执行活化了 r_2。仅仅使用上述信息无法得到结果,这时必须使用事务提交给数据库的其他信息。例如,事务 T 由两个更新组成:T=update Q set M=0; update R set C=1,T 的第一个更新触发了 r_4,

而第二个更新没有触发任何一个规则,利用新信息可以进行进一步分析。观察 T 的更新,发现执行开始于规则 r_4,且 r_4 的执行惰化了 r_3 而没有其他规则活化 r_3,因此 r_1,r_2 和 r_3 的执行是可终止的。

我们可以通过一个新图即进化图 EG(evolution graph)来表示规则之间的惰化与触发和活化关系。模拟规则的执行,EG 以抽象状态来存储模拟执行的信息。抽象状态可以模拟终止性分析的实际情况,以此来观察规则是被触发、活化、惰化还是既触发又活化,或者既没触发也没活化。类似地,称为精确进化图 REG(refined evolution graph)的结构被定义,进行分析时也要考虑事务。

7.1　基于进化图 EG 的规则终止性分析

7.1.1　主动规则与程序和事务执行语义

定义 7.1　一个主动规则形式如下:

$$r_i: \text{E-C} \rightarrow A_1, \cdots, A_m$$

其中,r_i 是唯一标识一个规则的列表,用于表示规则优先级,若 $i<j$,则 r_i 优先级高于 r_j;E 是事件,表示被监测的数据库操作;C 是条件,表示当前的数据库状态;$A_1, \cdots, A_m$ 是动作序列,表示对数据库的操作。

定义 7.2　主动程序 P 是一套主动规则,主动数据库用二元组(S,P)来表示,S 是数据库实例,P 是主动程序。

执行语义描述主动程序的行为,一个规则被触发时(若几个规则同时被触发,必须规定执行顺序,通常基于优先级),系统评估条件。若条件满足,规则从触发规则集中消去此规则,且执行相应的动作;若条件不满足,将有不同处理方法:系统可保留或消去此规则。前者采取 event-presenting(事件保留)执行模型,后者采取 event-consuming(事件消耗)执行模型。本章采取事件保留执行模型,并很容易扩展到事件消耗执行模型中。

最后,事务 $T=U_1, \cdots, U_n$ 是一个原子操作序列,即为插入、删除、更新操作序列,这些操作要么执行要么不执行。

事务操作的执行可触发一个或多个规则的事件部分。当规则被事务更新触发时,通常评估规则条件并且执行触发规则的事务内部的动作。然而,在一些应用中条件评估和动作执行会被延迟,并且产生包含它们的新事务,可能有多种耦合方式。

在立即执行语义中,当包含动作的规则的事件被触发,并且条件被评估之后立即执行,这与事务是相同的。

在延迟执行语义中,触发规则的事件由更新的执行所产生,但条件评估被延迟到执行规则动作时的原始事务结束之后。本章采取立即执行模式,但可扩展到其他模式。

7.1.2 抽象状态

我们定义规则抽象状态的概念来描述规则特征，即规则是否被触发、活化、惰化或这些关系的结合。只要确定在一个特定执行点上描述规则的方法，使用这种方法可建立有关终止性的相应抽象计算状态。

定义 7.3 用 AS 函数表示每条规则的抽象状态。每条规则 r_i 可有以下四种状态：①$\mathrm{AS}(r_i)=S_i$ 表示 r_i 被触发且被活化；②$\mathrm{AS}(r_i)=S_i^t$ 表示 r_i 被触发且被惰化；③$\mathrm{AS}(r_i)=S_i^a$ 表示 r_i 被活化但没被触发；④$\mathrm{AS}(r_i)=S_i^n$ 表示 r_i 被惰化且没被触发。

抽象状态可被更新的执行所修改（如规则动作或用户更新操作）。

例 7.1 设 $P=\{r_1,r_2,r_3,r_4\}$是一个主动程序，假设 r_1 触发 r_2，r_2 触发 r_3，r_3 触发 r_4，r_4 触发 r_2，r_2 活化 r_3，r_3 惰化 r_2，其 TG、AG、DG 如图 7.2 所示，其中$\{r_2,r_3,r_4\}$形成 P 的环。

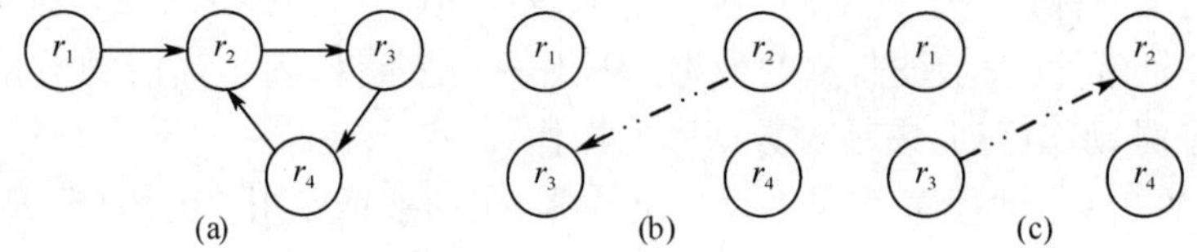

图 7.2 TG(a)，AG(b)，DG(c)

例 7.2 在例 7.1 的主动程序中，假设 r_3 被触发和活化，则其抽象状态是 S_3 且可被执行。假设 r_4 的状态是 S_4^n 且 r_2 的状态是 S_2^a，则 r_3 的执行触发了 r_4 因此其抽象状态变为 $S_4{}^t$，还惰化了 r_2，因此其抽象状态变为 S_2^n。假设 r_2 可执行，则其状态变为 S_2，且活化了 r_3 和 r_4，则其抽象状态为 S_3^a 和 S_4^a。由此 r_2 的执行可得到状态 S_3，而 r_4 的状态不改变 S_4^a。

将规则抽象状态的概念引入到主动程序，这就允许在静态分析时描述程序规则的状态。P 的抽象状态是 P 中规则的抽象状态集，表示为 $\mathrm{AS}(P)=\bigcup r_i \in \mathrm{pas}(r_i)$。主动程序抽象状态的概念可提供主动程序的状态在编译时间的快照。

7.1.3 进化图 EG 和创建算法

进化图 EG 进行终止性分析的方法如下：首先建立主动程序 P 的 TG，若 TG 中无环，则可按第 6.4.2 节中的方法来确定终止性；若 TG 中有环，则建立 AG、DG，给出包含在主动规则中的其他信息。假设$\{C_1,\cdots,C_n\}$是主动程序 P 中的触发环。应用第 6.4.4 节中的方法来判定终止性，若不能判定终止性，可利用提交给系统的事务提供的新信息来进行判定。利用事务进行终止性分析将更明确、简单，因为此时只分析事务的执行所触发的规则。我们模拟规则的执行，构建精确进化图(REG)来存储执行过程中的抽象状态信息。如果 REG 是无环的，则主动程序 P 是可终止的；否则我们无法判定程序的终止性。

为了介绍 EG 我们先定义如下的两个主动规则集的子集。

定义 7.4　(活化规则) 设 P 是主动程序，C_i 是 P 的环。设 $AR_i \subseteq (P \backslash C_i)$ 是 P 的规则子集而不是 C_i 一部分，但包含在 C_i 中规则执行的产生集中，定义 AR_i 中规则是 $P \backslash C_i$ 的规则，即没有一个规则的动作 A 的执行会惰化 C_i 中一个规则。

定义 7.5　(惰化规则) 设 P 是主动程序，C_i 是 P 的环。设 $DR_i \subseteq (P \backslash C_i)$ 是 P 的规则子集而不是 C_i 一部分，但包含在 C_i 中规则执行的产生集中，定义 DR_i 中规则是 $P \backslash C_i$ 的规则，即规则的动作 A 的执行至少会惰化 C_i 中一个规则。

简言之，DG 中 AR_i 中任意规则和 C_i 中任意规则之间无边，而 DG 中 DR_i 中每条规则与 C_i 中规则至少有一条边。

例 7.3　在例 7.1 中，环 $C_1 = \{r_2, r_3, r_4\}$，C_1 中规则执行过程中不包含其他规则，因此 $DR_1 = \varnothing$，$AR_1 = \varnothing$。

例 7.4　设主动程序 $P = \{r_1, r_2, r_3, r_4, r_5\}$，如图 7.3 所示。环 $C_1 = \{r_1, r_5\}$，执行过程中除自身规则外，还有 r_2, r_3, r_4。其中，r_4 惰化 r_5，r_5 是 C_1 中规则。因此，将 r_4 插入 DR_1 中。相反，将 r_2, r_3 插入 AR_1，因为它们包含在 C_1 中但不能惰化环中任意规则。故 $DR_1 = \{r_4\}$，$AR_1 = \{r_2, r_3\}$。

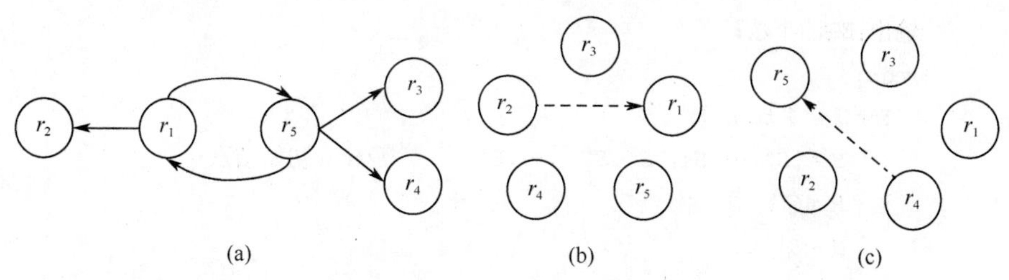

图 7.3　TG(a)，AG(b)，DG(c)

下面的定义给出构成 REG 的结点 N 的两个部分 S 和 R。

定义 7.6　(S) 设 P 是主动程序，C_i 是 P 中的环，S 是抽象状态集，$S \subseteq \mathrm{AS}(C_i \cup AR_i \cup DR_i)$，用来描述模拟执行中的每条规则的抽象状态。

定义 7.7　(R) 设 P 是主动程序，C_i 是 P 中的环，$R \subseteq P$，当一个以上的规则符合执行条件时，R 中规则被延迟执行；当一次仅有一个规则满足执行条件时，R 为空。

定义 7.8　(EG)设 P 是主动程序，C_i 是 P 中的环。EG 是一个列表图 $< N, D, \varphi >$，其中，N 是结点集，D 是边集，φ 是列表函数。每个结点 $N_i \in N$ 是一个二元组 $N_i = < S, R >$，其中 S, R 如上述定义。从结点 N_i 到结点 N_{i+1} 的边，表示由

触发或活化结点 N_i 的规则的执行所导致的抽象状态的改变。

下面的算法 Creation 是用于产生主动程序环的 EG。此算法为从 TG，AG 和 DG 开始的每一个规则产生一个 EG，这是因为我们不知道规则的执行是从环中的哪一个规则开始的，因此模拟所有可能的情况。算法 Build 被算法 Creation 调用，它有两个输入：D 表示属于($C_k \cup AR_k \cup DR_k$)的规则和被延迟执行的规则的抽象状态，j 表示算法模拟执行的规则的索引。每次函数调用产生一个新的结点，这个新结点是由前一个规则更新该规则的抽象状态而产生的。为了按照 r_j 来更新 S_1，考虑由 r_j 的执行引发的包含在 S_1 的所有规则 r_i，我们来计算 r_i 对应的新构造集，AS(r_i)按以下方式来计算：①若 r_j 惰化 r_i 且 AS(r_i)$=S_i^a$ 则用 S_i^n 代替 S_i^a；②若 r_j 触发 r_i 且 AS(r_i)$=S_i^a$ 则用 S_i 代替 S_i^a；③若 r_j 活化 r_i 且 AS(r_i)$=S_i^n$ 则用 S_i^a 代替 S_i^n；④若 r_j 活化 r_i 且 AS(r_i)$=S_i^n$ 则用 S_i^a 代替 S_i^n；⑤若 r_j 活化或触发了 $r_i \in AR_k$ 且 $S(r_i) \notin S_1$，则假设 AS(r_i)$=S_i^a$。

AS(r_i)由上边的描述更新并插入到 S_1；若 r_j 活化或触发了 $r_i \in DR_k$ 且 $S(r_i) \notin S_1$，则假设在 $S(r_i)$插入到 S_1 之前 $S(r_i)=S_i^a$。AS(r_i)由上边的描述更新并插入到 S；而且由带有 r_i 的触发规则被触发，因为我们必须考虑到最坏的情况，所以假定所有的规则都被执行。

算法 7.1 Creation(C)(产生主动程序环的 EG)

```
输入：C_i = {r_1,…,r_n},TG,AG,DG;
输出：EG的个数;
begin
  for i =1 to n do
     S = {S_1^a,…,S_{j-1}^a,S_j^a,S_{j+1}^a,…,S_n^a};      /*建立初始结点*/
     R = ∅;
     M = S∪R;
     N = {M};
     call Build(M,j);
  Return false;
end.
子算法 Build
输入：M,j;
输出：一个 EG 结点;
begin
  M_1 = M;
  按 r_j 的执行更新 S_1;
  if(u_i ∉ T)and(((∃M_2 = M_1且 M_2∈N)and(M≠M_1))or((∃S_2 = S_1)and(R_1中重复
地插入了相同的规则序列)))  then
```

```
        arc(M,M₂) = r_j;  /*为 M₂到已存在结点的新边作标记*/
        skip;        /*过程调用终止*/
        arc(M,M₁) = r_j;/*为 M 到 M₁的新边作标记*/
        N = N∪{M₁};
        if  S₁中存在描述触发和活化规则 r_j 的结构 then
            while  (R≠∅)且(S₁中不存在 S_i 这样的结构)  then
            MODIFY S₁;
        if  S₁中存在 S_i 这样的结构 then
            S₁ = REFINE(S₁);
    end.
```

定理 7.1　算法 7.1 是正确的、可终止的，其时间复杂度为 $O(n^3)$，n 表示规则集 R 中规则的个数。

证明　（正确性）如果新结点中包含触发和活化的规则，则 EG 创建未结束，可以继续创建新的结点。再次调用算法 Build 函数之前，必须插入新边（若加入这条边可形成环，则函数终止）。并检查是否有一个以上的主动规则被触发或活化，这是用函数 REFINE 来实现的。当 S_1 中不再有触发和活化的规则时，要检查 R 中是否还有被延迟的规则。此时，从 R_1 中按照 LIFO 策略删除第一个规则 r_k，且在 S_1 中修改 r_k 的状态。如果 AS(r_k)=S_k^a 则用 S_k 替换 S_k^a，若修改后 S_1 中没有被触发和活化的规则，于是不能创建新结点，且函数执行终止。

（可终止性）由于规则集 R 中规则的个数 n 是有限的，且只有一个 for 循环，调用的子算法虽有条件循环语句，但其条件显然是可判定其终止的。故算法 7.1 可自动终止。

（时间复杂度分析）该算法分析比较简单，请读者自行分析。

为了使用 REFINE 函数来按照规则执行策略的两种不同方式调整 S_1，下面按照事件保留和事件消耗两种不同的策略分别加以讨论。

（1）事件保留策略。

在事件保留执行方式中，函数 REFINE 保留 S_1 中的触发和活化规则，为了模拟下一步的执行将其插入到 R 中且活化和触发的其他规则延迟执行。这些规则状态变为 S_i^a。当没有规则满足条件时，S_1 中的规则取出执行。

（2）事件消耗策略。

在事件消耗执行方式中，函数 REFINE 特别关注仅被触发的规则，它监测结点中规则的抽象状态。仅被触发的规则从主动程序的抽象状态中删除，因为在事件消耗模型中，系统将触发集中不满足条件的规则消除了。如果下一步执行的规则又包含在执行集中，则它们的抽象状态变为 S_i^a，此时函数按照事件保留模型中的语义来进行，使用这种策略在 EG 结点中我们不会看到抽象状态 S_i^t。

由定义可知，EG 结点由抽象状态 S 和延迟执行集 R 两部分组成。S 的作用，如定义 7.6 的形式定义;R 的作用是当一条规则同时触发了多条规则,我们根据优先级选择一条优先级最高的规则执行,同时其他规则的状态变成活化未触发状态并把相对应的规则放入 R 中。当 S 中不存在同时被触发和活化状态的规则时,从 R 中选择一条规则放入 S 中并把其对应的状态变为活化且触发状态进行执行。注意这里采用后进先出的策略。

对于触发图中任意一个环 C 有 n_i 个规则,考虑在最坏情况下,环中每一规则都已被活化(条件为满足)。这样,在任一个规则被触发就会立即执行的情况下,需要创建 n_i 个 EG 模拟规则的执行,来分析规则的终止性问题。由于我们仅仅考察规则执行部分的最终效果,所以任一规则不能同时被活化和惰化。下面举例来说明 EG 的创建过程。

例 7.5　分析例 7.1 中的 AG,DG 和 TG,我们可得到规则之间关系的所有信息。设 TG 中存在环 $C=\{r_2,r_3,r_4\}$,由于需要考虑所有的情况,我们创建三个 EG。这里我们假定 r_2 同时被触发和活化,则 EG 的初始结点如图 7.4 所示,同样其他两个 EG 的初始结点为 $S_2^aS_3S_4^a$,$S_2^aS_3^aS_4$。

S_2　S_3^a　S_4^a	

图 7.4　例 7.5 中环 C 的 EG 的初始结点

例 7.6　从图 7.4 中的结点出发,依据触发、活化和惰化关系,我们可以依次创建其他的结点和弧。当模拟规则 r_2 的执行时,规则 r_3 被触发,状态由 S_3^a 变成 S_3;这样就可以创建如图 7.5 中的结点(1),弧被标记为 r_2 表明 r_2 是规则执行部分,它的执行引发产生新的结点。当模拟规则 r_3 执行时,规则 r_2 被惰化,规则 r_4 被触发,这样就可以创建如图 7.5 中的结点(2)。最后,模拟执行 r_4,创建如图 7.5 中的结点(3),该结点是最后一个结点,因为没有其他的规则被触发和活化。

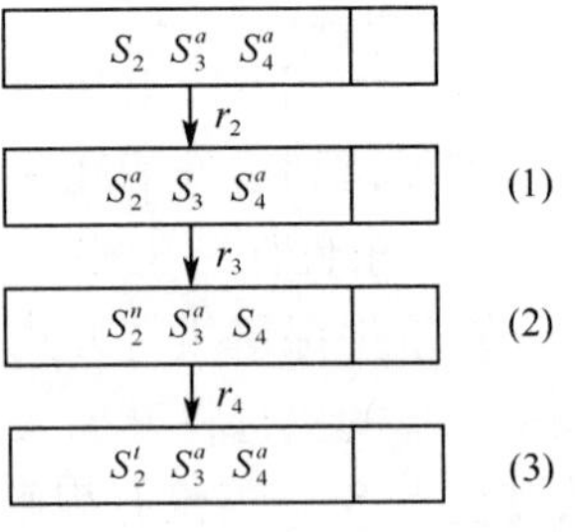

图 7.5　例 7.6 中主动程序环 C 的 EG

如果模拟执行的规则不在 S 中,则将他们以更新后的结构插入到 S 中,更新 AR_i 中所有活化结构的规则。相反,对于存在于 DR_i 中的规则,定义非活化也不触发的结构。

如果 S 中有一条以上的规则被触发和活化,则第一条规则(按照定义的优先级)将被修改,而其他规则仅仅被活化并加入到 R 中(以递减顺序)。

将规则加入到 R 中,是为了延迟规则的执行。使用立即执行模型,则可能通过改变算法来得到延迟执行模型中终止性分析的算法。下一个例子给出模拟执行的程序中有些规则被延迟执行。

例 7.7　给定程序 $P=\{r_1,r_2,r_3,r_4,r_5\}$,其 TG 如图 7.6 所示没有活化和惰化的关系。仅存在一个环 $C=\{r_1,r_3,r_4\}$,假设执行从 r_1 开始,其执行触发了 r_2,r_3 和 r_5。

首先模拟 r_2 的执行，然后再模拟其他规则，实际上我们假定了一个规则集中规则执行的简单顺序，一般是从左到右，这个顺序同样适用于规则列表(从小到大递增)，抽象状态的改变按以下方式：规则 r_1 模拟执行前，结点如图 7.7(a)所示；规则 r_1 模拟执行后，结点如图 7.7(b)所示；下一步的执行信息如图 7.7(c)所示。

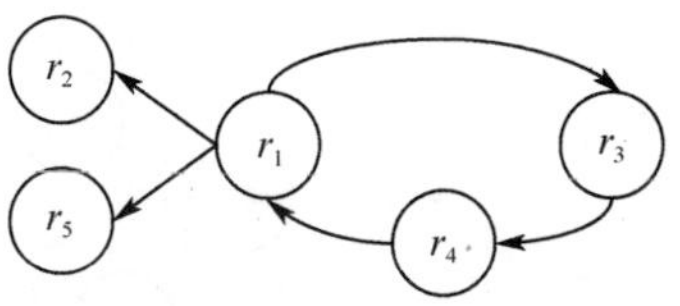

图 7.6　例 7.5 中 P 的 TG

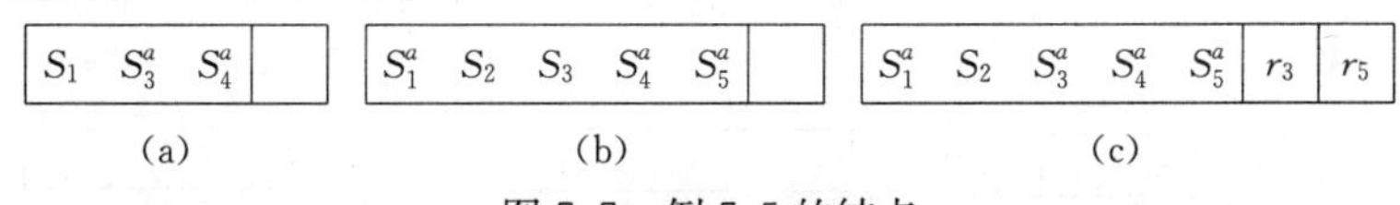

图 7.7　例 7.5 的结点

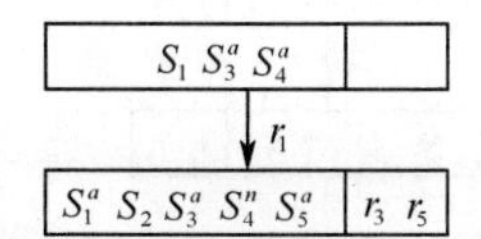

图 7.8　例 7.5 中模拟 r_1 的执行后产生的 EG

实际上，图 7.7(b)中的结点不出现在 EG 中，因为所有的改变都是立即完成的。运用 7.3.2 中描述的条件和修改，因此规则 r_1 模拟执行后，如图 7.8 所示。

例 7.8　再看例 7.7 中的程序，建立图 7.9(a)和(b)所示的 EG，除了图 7.5 中已经存在的 EG 之外。

如果一个主动程序包含一个以上的环，则将我们的方法单独运用于每一个环，因此对每一条规则来说，我们的分析是并行的。

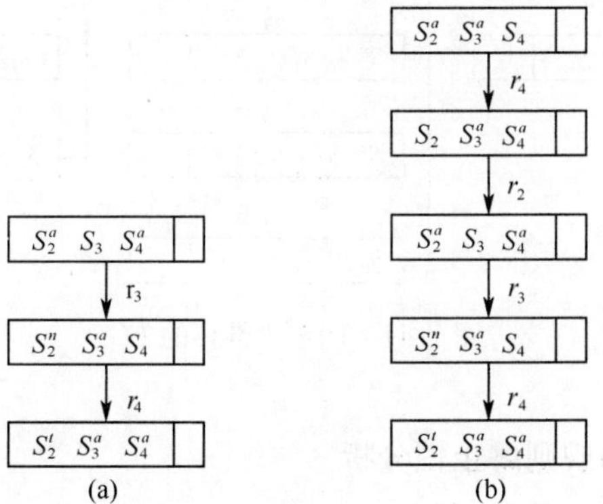

图 7.9　例 7.5 中主动程序分别从 r_3(a) 和 r_4(b)开始执行的 EG

下个例子将比较事件保留策略和事件消耗策略中算法的行为。

例 7.9　在例 7.6 中 TG 如图 7.6 所示，活化和惰化图如图 7.10 所示。

EG 是使用事件保留执行语义通过图 7.11 中的环得到的。

而 EG 的延伸是使用事件消耗执行语义通过图 7.12 中没有任何环来进行的。必须强调的是，我们仅仅引用了两个不同的内容且下一条要执行的指令再次出现，所以相同的动作重复执行，因此这是一个非终止的程序。

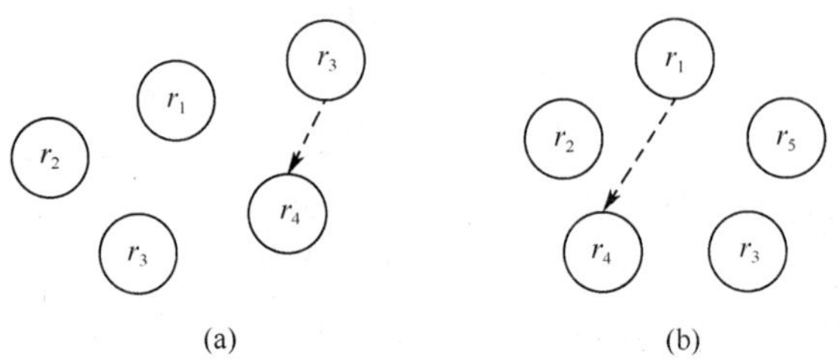

图 7.10　例 7.6 的 AG(a)和 DG(b)

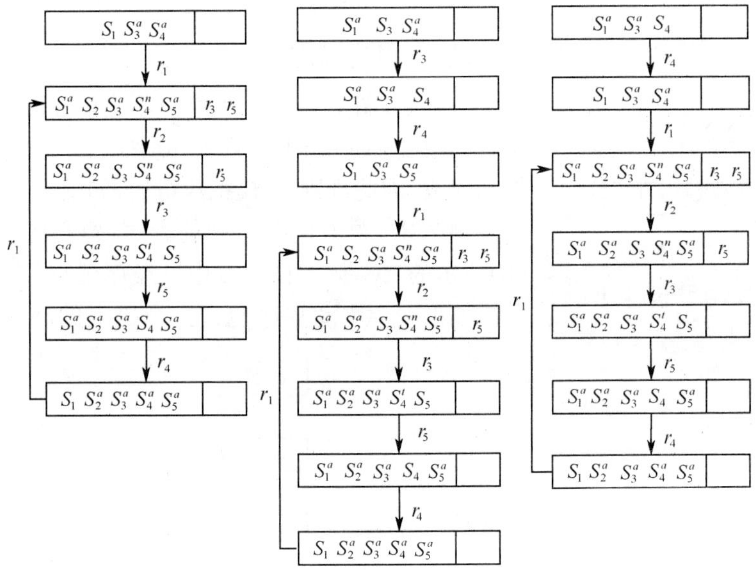

图 7.11　例 7.7 带环的 EG

7.1.4　进化图 EG 的规则终止性分析

规则执行中的情况可参考上述情况。如果一个抽象状态在计算过程中再次出现,则不能保证终止性。使用 EG 来判定终止性必须要监测是否存在环,如果图是无环的,则可以判定终止性;否则不能判定。

注意 EG 中的每一个抽象状态都可能是$\{C_i \cup AR_i \cup DR_i\}$,并且为了延迟规则的执行将它们存储在 R 中,如果 R 中的延迟规则以相同的顺序出现一次以上,并且 S 也总是相同的,则 EG 存在环,因为总是执行相同的操作。下面给出判定规则终止性的条件。

定理 7.2　设 P 主动程序,C 是 P 的环。若 C 的所有 EG 都无环,则 C 中规则的执行是可终止的。

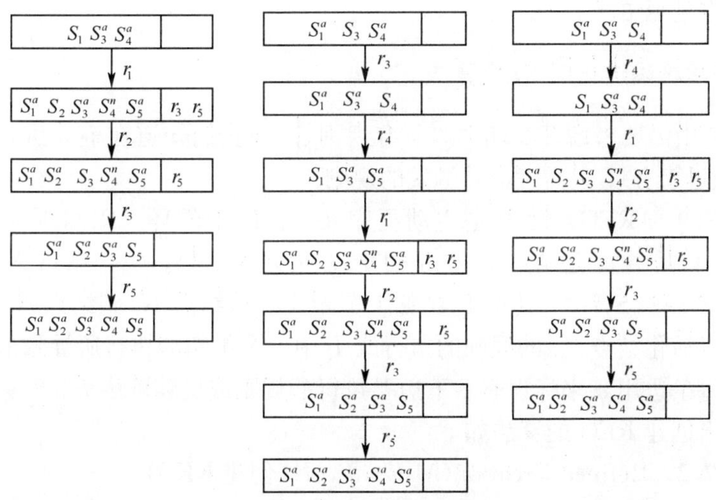

图 7.12　例 7.7 无环的 EG

证明　EG 中的所有路径都是有限的，每条路径对应一个执行，因此所有的执行是可终止的。

每个 EG 都是从 C 中不同规则的模拟执行环，就是说，从哪一条规则开始执行是不确定的，所以要保证每个环不存在潜在的非终止情况，所建立的 EG 必须都是无环的。证毕。

例 7.10　考虑例 7.5 的主动程序，我们为例 7.6(图 7.5)中基于 TG 的环 C_1 和例 7.8(图 7.9)建立三个 EG，所有的 EG 都是无环的，所以执行是可终止的。

7.2　利用事务进行规则终止性分析

本节利用事务来进行终止性分析，主要是借助事务提供的信息来进行的。基于事务的终止性分析方法更简单，因为不要考虑可能执行的所有情况，而仅考虑事务执行触发的情况。因此，就像我们后边将要得到的，分析将比上节讨论的仅考虑规则分析更加简洁，因为能更好地处理紧急情况。使用规则分析方法后可能出现两种情况：

(1) P 的终止性分析不会产生紧急情况。

(2) P 的终止性分析会产生至少一个紧急情况。

第一种情况，不需要进一步的分析。第二种情况，我们可以借助事务模式来进行精确的分析并建立精确进化图 REG。如果 REG 是无环的，则基于 T 的 P 的执行是可终止的；否则，不能判定程序是否可终止。下面再次考虑事件保留策略，这种策略下我们处理事务采取立即规则处理的方式。在事件消耗策略下，为了简洁，这里不考虑延迟语义。

7.2.1 创建精确进化图 REG 算法

在 EG 中需要考虑 TG 环中的所有规则，因为我们知道在事务执行中包含哪条规则，通过事务 T 只需考虑其触发的规则。

定义 7.9 （REG）设 P 是主动程序，C_i 是 P 中的环。REG 是一个列表图 $<N,D,\varphi>$，其中 N 是结点集；D 是边集；φ 是列表函数。每个结点 $N_i \in N$ 是一个二元组 $N_i = <S,R>$，其中 S,R 如上节定义。从结点 N_i 到结点 N_{i+1} 的边，表示由触发或活化结点 N_i 的规则的执行或 T 中一个更新的执行所导致的抽象状态的改变。每条边用 φ 来标识表示下边要执行的规则或更新的事务。

现给出创建 REG 的算法如下：

算法 7.2 Refined Creation(M,U_i,T,N)（创建 REG）

```
输入：P，T = U1，…，Un，TG，AG，DG；
输出：true 或 false；
begin
    S = ∅；      /*建立初始结点*/
    R = ∅；
    M = S∪R；
    N = {M}；
    for i  = 1 to n do
    call   Refined Build；
      if Refined Build(M，Ui，T，N) = false   then
        return false；
    return true；
end.
子算法 Refined Build
输入：M，ui，T，N；
输出：一个 REG 结点或 false；
begin
  按 ui 执行更新 S1；
  if(ui ∉ T)and(((∃ M2 = M1 且 M2 ∈ N)and(M≠M1))or((∃ S2 = S1)and(R1 中重复
      地插入了相同的规则序列)))then
      arc(M，M2) = ui；/*为 M2 到已存在结点的新边作标记过程调用终止*/
      return false；
      arc(M，M1) = ui；/*为 M 到 M1 的新边作标记*/
      N = N∪{M1}；
      while((R1≠∅)and(S1 中不存在状态 Si))
```

```
        MODIFY S1;
    if(S1中存在描述触发和活化规则 rj 的结构)then
        S1 = REFINE(S1);
        if Refined Build(M1, uj, T, N) = false   then
          return false;
end.
```

定理 7.3　算法 7.2 是正确的、可终止的，其时间复杂度为 $O(n^3)$，n 表示规则集 R 中规则的个数。

证明　(正确性)算法 7.2 用来建立 REG，检查某段时间内事务的更新操作并检测规则集是否受其影响，也就是某些规则是否因事务更新操作的执行而被触发、活化和惰化。使用立即执行模式，因此当某些规则因更新操作的执行而触发时，便立即评估规则条件。若为真，动作将被执行，当没有规则被触发时，则算法进行下一个事务的更新操作。当 REG 图中有环或当事务执行完成时，此算法结束。

算法中的调用子算法 Refined Build 有 4 个输入：M 定义 P 中规则的抽象状态，u_i 指出事务的更新或算法执行的规则的修改，T 表示事务及其修改，N 是构造集。每次 Refined Build 子算法调用产生一个新结点，新结点是由修改前一个规则的抽象状态创建的。为了更新与 u_i 对应的 S_1，我们需要分析包含在 u_i 的执行集中的每条规则 $r_j \in S_1$，来计算 r_j 对应的新构造集。AS(r_j)按以下方式来计算：①若u_i 惰化 r_j 且 AS(r_j)$=S_j^a$ 则用 S_j^n 代替 S_j^a；②若 u_i 触发 r_j 且 AS(r_j)$=S_j^a$ 则用 S_j 代替 S_j^a；③若 u_i 活化 r_j 且 AS(r_j)$=S_j^n$ 则用 S_j^a 代替 S_j^n；④若 u_i 惰化、活化或触发了 $r_j \in P$ 且 $S(r_j) \notin S_1$，则假设 AS(r_j)$=S_j^a$。AS(r_j)由上边的描述更新并插入到 S_1。

如果新结点中包含触发和活化的规则，则 REG 创建未结束，我们可继续创建新的结点。再次调用 Refined Build 子算法之前，必须插入新边(若加入这条边可形成环，则活化终止)并检查是否有一个以上的主动规则被触发或活化，这是用 Refined Build 子算法来实现的。当 S_1 中不再有触发和活化的规则时，我们要检查 R_1 中是否还有被延迟的规则。此时我们从 R_1 中按照 LIFO 策略删除第一个规则 r_j，且在 S_1 中修改 r_j 的状态如下：如果 AS(r_j)$=S_j^a$ 则用 S_j 替换 S_j^a，若修改后 S_1 中无被触发和活化的规则，我们不能创建新结点且 Refined Build 子算法执行终止。

Refined Build 子算法在事件保留执行中保留 S_1 中第一条被触发和活化的规则，为了模拟下一步执行和插入 R_1 中其他规则，用触发、活化规则来延迟它们的执行，这些规则在 S_1 中的状态修改成 S_i^a。当没有规则满足执行条件时，这些规则状态将返回 S_1 中继续执行。若 Refined Build 子算法出现环则返回假。其结果传递到算法的输出。

(可终止性)由于规则集 R 中规则的个数 n 是有限的,且只有一个 for 循环,调用的子算法虽有条件循环语句,但其条件显然是可判定其终止的。故算法 7.2 可自动终止。

(时间复杂度分析)该算法分析比较简单,请读者自行分析。证毕。

例 7.11 分析例 7.1 中的 AG、DG 和 TG,我们可得到规则之间关系的所有信息。REG 的初始点为空,因为还没有任何修改。如果事务的更新发生在 P 中规则的事件中,则下一个结点中就填上这些被触发规则的抽象状态。给定事务 $T=U_1$,且 U_1 触发 r_2,则从空结点开始,按照例 7.1 中的 TG、AG 和 DG,可以得到 REG 的其他结点和边。我们假定所有规则的抽象状态在它们包含在结点中以前就被活化。

U_1 的模拟执行使 r_2 被触发,所以其抽象状态变成 S_2,REG 的第二个结点如图 7.13 所示。从空结点到新结点的边标上 U_1(事务 T 的更新)。r_2 被触发和活化因此是满足执行条件的,r_2 的模拟执行触发 r_3(因此抽象状态由 S_3^a 变成 S_3),同时 r_3 被活化(不改变其抽象状态)。因此我们可以建立第三个结点如图 7.14 所示(新边标上 U_2,模拟执行的规则 r_2 的更新)。

图 7.13　　图 7.14

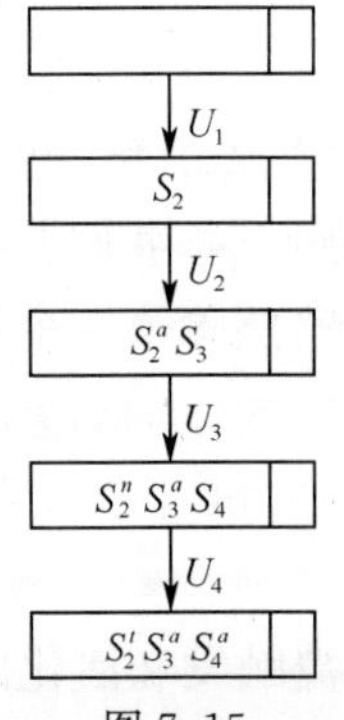

图 7.15

此时 r_3 满足执行条件,我们来模拟 r_3 的执行。此规则的执行惰化了 r_2 且触发了 r_4(此时满足执行条件)。最后模拟 r_4 的执行产生最后的结点,到此为止不再有触发和活化的规则,最后得到的 REG 如图 7.15 所示。

如果 S 中一个以上规则被触发或活化,则第一个规则(按照定义顺序)不被修改,而其他的规则仅被活化并添加到 R 中(降序)。把规则添加到 R 中是为了延迟它们的执行。如果我们继续模拟执行将得到更多被触发、活化规则的情况,接下来我们应当将延迟的规则加入到 R 中,采用 LIFO 方法,因此 R 具有堆栈结构。

7.2.2 检验终止性

众所周知,在程序执行过程中若相同的运算状态(主存内容和下条执行指令)

再次出现时，相同的动作将被重复执行。因此，将会出现非终止程序，同样的情况会发生在规则执行中。若在运算中，抽象状态集再次出现，则我们无法断定终止性。利用 REG 可监测环的存在来实现终止性判定。如果图中无环，则可终止；否则，不能断定。

注意，REG 中每个结点都是($C_i \cup AR_i \cup DR_i$)规则的一个可能抽象状态，并且我们将延迟执行的规则存入 R。当 R 中存放的延迟执行的相同规则序列多于一次且 S 也总是相同时，就说 REG 中有一个环。

定理 7.4 （REG 图终止性监测）设 P 主动程序，C 为 P 的环。若 C 的所有 REG 都无环，则 C 中规则的执行可终止。

证明 REG 中的路径都是有限的，每条路径对应一个执行，因此所有的执行是可终止的。证毕。

7.2.3 两种分析方法之间的关系

本节中，借助前面给出的例子程序 $P=\{r_1,r_2,r_3,r_4,r_5\}$，其 TG，AG 和 DG 如图 7.16 所示。

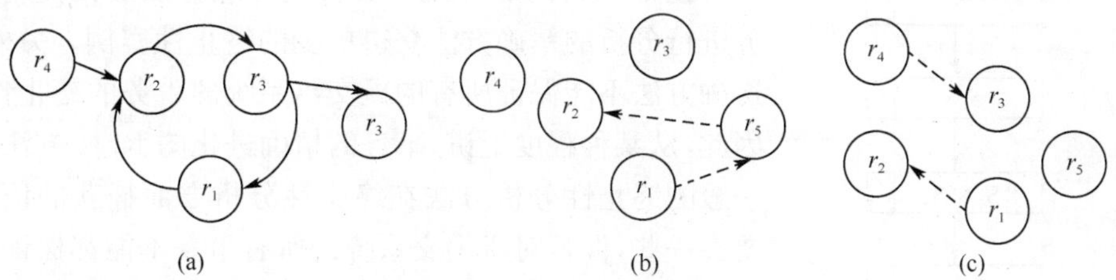

图 7.16　TG(a)，AG(b)和 DG(c)

P 有唯一一个环 $C=\{r_1,r_2,r_3\}$，根据精确演化图 REG 给出其 EG 如图 7.17 所示。

由图可知，仅有一个 EG 中无环，因此规则执行是不可终止的。首先考虑本章引言中的事务 T=update Q set $M=0$；update R set $C=1$。第一个更新触发了 r_4，而第二个更新没有触发 P 中的任何规则，使用这一新信息进一步进行终止性分析。我们仅需要一个精确演化图 REG，从 r_4 开始如图 7.18 所示。

显然，在 REG 中无环，因此事务 T 的执行是可终止的。

基于 EG 结构的终止性分析方法考虑了 TG 的所有触发环。引入事务后我们可以确切地知道从哪一条规则开始执行且哪一条规则不会执行。这个重要的信息在不失监测分析能力的同时具有更高的执行效率。而且，我们为每一个提交给系统事务，建立一个对应的精确演化图 REG，而不给 P 建立很多的 EG。另一个考虑就是事务中的更新可以操纵包含在规则中的数据来检查是否满足条件部分，这

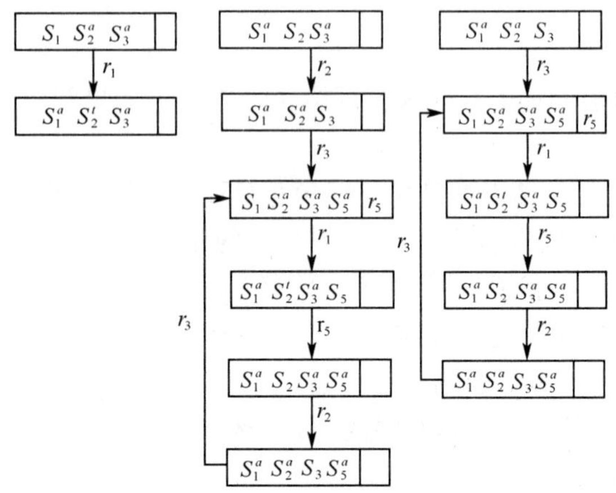

图 7.17　图 7.16 中规则的 EG

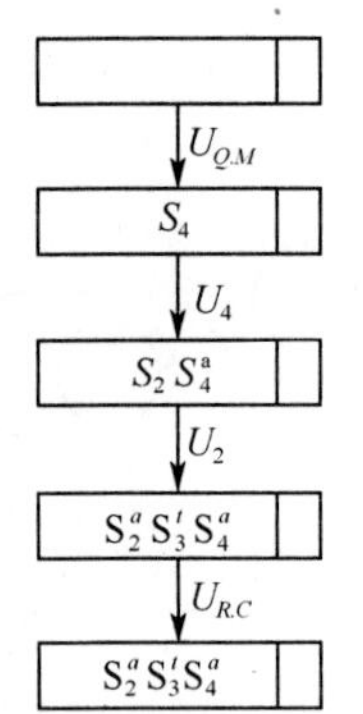

图 7.18　图 7.17 中规则的 REG

意味着对于 EG 方法很紧急的情况在当事务提交给系统时也是可以终止的，因为事务更新可以修改数据。

正如预料的那样规则分析的一般方法要比使用事务进行分析的精确方法获得更少的终止性实例。另外，这种方法不能保证所有的提交给系统的事务的终止性。因此，从某种程度上讲，事务的精确进化图 REG 方法比一般的终止性分析方法在终止性分析方面捕获的信息要多一些，但是对于提交系统的所有事务不能都保证其终止性，故在某些情况下，可能要比一般分析方法弱一些。

例 7.12　先用 1.2.1 节中 starburst 技术来分析图 7.19 所示的实例，此方法分析触发图，若 TG 中无环则可终止。本例中，TG 有两个环，因此不可终止。

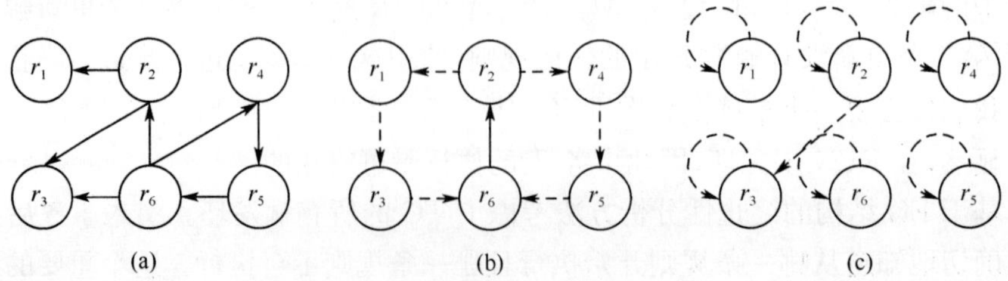

图 7.19　TG(a)，AG(b)，DG(c)

再应用 1.2.2 节中 Chimera 方法进行分析，此方法分两步：

(1) 如果可用基本归约算法将一个知识库的主动规则集归约为空集,则此规则集不能执行非终止性行为。运用基本归约算法必须重叠触发图和活化图,然后一个个消去既不存在于 TG 进入边,也不存在于 AG 进入边的结点,图 7.20 给出两个重叠图。TG 边用实线表示,AG 边用虚线表示。由该图我们可以看到,不能消去任何规则,实际上每个结点都有在 TG 和 AG 中的进入边,因此,我们得到一个不可归约的主动规则集,不能确定规则集的终止性。

(2) 从规则定义中考虑优先级,我们得到 $P(r_3)<P(r_4)<P(r_1)<P(r_2)<P(r_5)<P(r_6)$。必须考虑 TG 中两环 $C_1=\{r_2,r_3,r_6\}$,$C_2=\{r_4,r_5,r_6\}$。先确定 C_1 是否包含受约束的规则,即因为有其他优先级更高的规则执行,而使其不能执行。对 C_1 来说,r_3 是受约束的,事实上,对于 r_t 和 r_a 存在关系 $r_t \neq r_a$,即在 TG 中存在从 r_t 到 r_3 的边,但在 AG 中无边。而且,若在 AG 中有从 r_t 到 r_3 的边,但 TG 中无边;正如图 7.19 中,我们看到的 $r_t=r_2$ 且 $r_a=r_1$,现在定义从 r_3 到 r_1 和从 r_3 到 r_2 的可达集:$S_{\text{reach}}(r_3,r_1)=\{\{r_6,r_2,r_1\}\}$,$S_{\text{reach}}(r_3,r_2)=\{\{r_6,r_2\}\}$。现在可以计算优先级 $P(\text{reach}(r_3,r_1))$ 和 $P(\text{reach}(r_3,r_2))$,即在可达集中具有最低优先级的规则:$P(\text{reach}(r_3,r_1))=P(r_1)$ 且 $P(\text{reach}(r_3,r_2))=P(r_2)$。设 P_t 为 $P(\text{reach}(r_3,r_2))$ 中最低优先级,P_a 为 $P(\text{reach}(r_3,r_1))$ 中最高优先级:$P_t=P(r_2)$ 且 $P_a=P(r_1)$。若 $P_a<P_t$ 且 $P_a<P(r_3)$,则 r_3 是受约束的:第一个条件 $P(r_1)<P(r_2)$ 为真但第二个条件 $P(r_1)<P(r_3)$ 为假。在 C_2 中运用同样分析方法,可得到此环中没有受约束的规则,因此 C_1 和 C_2 都不受约束。因此我们不能判定给定规则集的终止性。

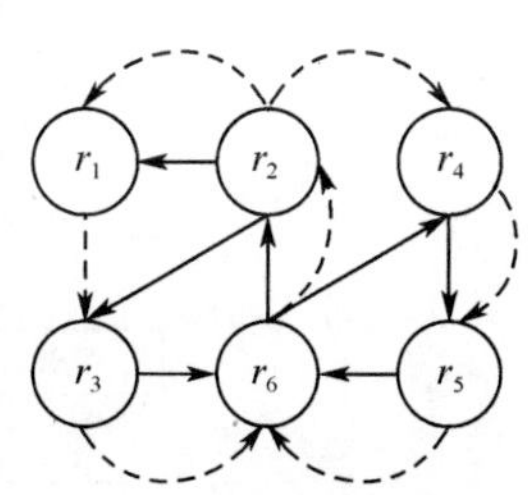

图 7.20　图 7.19 中规则的 TG 和 AG 的重叠图

现在用我们提出的方法对图 7.19 中定义的主动程序进行终止性监测,使用事件保留执行语义。我们用 EG 中的规则触发和活化关系来表示惰化关系。

创建 EG 和 REG 的主要区别是在 REG 中引用了事务信息。因此对于 TG 中的每个环,我们建立若干个 EG,EG 的数目与环中规则数目相同。如果所有的 EG 都是无环的,则规则的执行是可终止的。现给定程序 P,图 7.19 中 EG 中 C_1 如图 7.21 所示。其中所有 EG 都是无环的。

类似地,C_2 的执行也是可终止的。前边我们也给出了 Chimera 和 Starburst 方法是如何判定终止性的,但这两种方法都不能确定程序 P 的可终止性,而我们的方法判定了可终止性。

小　　结

本章给出一种静态分析方法，此方法分析主动规则的所有特性，我们定义规

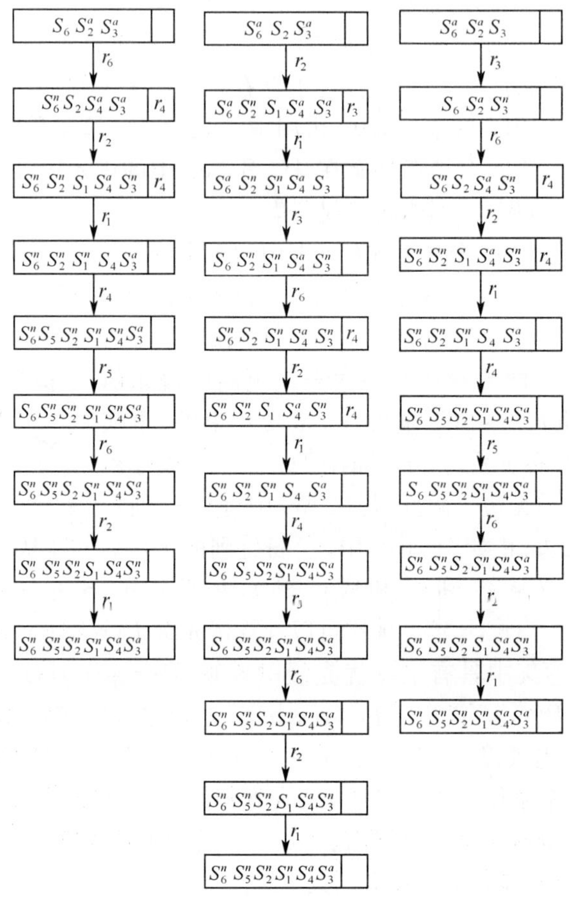

图 7.21　图 7.19 中 EG 中 C_1

则抽象状态的概念来描述规则特征，即规则是否被触发、活化、惰化或这些关系的结合。只要确定在一个特定执行点上描述规则的方法，使用这种方法可建立有关终止性的相应抽象计算状态。这种方法使用了抽象状态和演化图来模拟规则之间触发、活化、惰化关系的执行。并给出一个新的结构来分析规则的终止性。该方法监测规则之间的三种关系：触发关系、活化关系和惰化关系。主要研究用户事务的信息和结构如何影响规则终止性。这种方法简单易懂并可灵活地应用在目前各种主动数据库语言中。原因是这几种规则之间的关系是独立于规则语言的。本章进行终止性分析基于事件保留规则执行语义。因为使用了惰化关系和事务，所以规则终止性分析的范围扩大了很多。还给出了使用事务来判定规则终止性的算法及其证明。

第 8 章　带有规则优先级的终止性分析

第 2 章已经介绍了一些主动数据库原型系统。因为每个系统都有其不同句法和语义特征，具有相似的主动规则的不同主动数据库可体现不同行为。使用主动规则的一个问题是，实际上即使是一个特定的主动数据库系统要描述规则的行为也是很难的。规则终止性是指给定一个初始主动数据库状态，规则的执行不会无限继续下去。实际应用中，主动规则的终止性即给定一个初始数据库状态，最终的结果数据库状态是唯一的。一般来说，这个特性是不可确定的，找到充分的条件是很困难的，且这两个特性的分析必须基于描述主动规则行为的良好理论。本章目标就是给出保证这两个特性的充分条件。

既然一套主动规则集的计算依赖于特定系统的特征，那么终止性分析必须考虑主动规则的语义。我们依照执行模型，用事件库扩展了数据库，且提出一种基于逻辑语法的规则。我们对使用这种语法系统的规则编码（称为核心形式）给出充分条件。

至于演绎数据库语言 Datalog 与它的扩充一起有丰富理论基础。我们将核心主动规则翻译成 Datalog 语句，并尽量将其转换成知道终止性结果的主动过程。这个过程并不简单，因为主动规则的所有可能的语义维度使其难于表达主动规则语义。我们通过按照逻辑术语来表达语义维度用以实现目标且提出算法。

E-C-A 的行为因特定系统不同而不同，E-C-A 规则的执行过程也不能用一个统一算法描述。下面我们就将给出描述规则执行的语义与事务处理的相互作用算法，并用此算法分析 E-C-A 规则执行的终止性。

8.1　数据模型和核心规则

8.1.1　主动数据库的语义维度

第 2 章已经给出主动数据库管理系统的一些可能的语义维度，这里我们只考虑与终止性和汇流性有关的几个语义维度。

规则活化粒度：若规则对单个数据项的操作响应，称规则是面向实例粒度的规则；若规则对数据项集合进行响应，称规则是面向集合粒度的规则。一些系统可能会同时出现两种情形，同时存有面向实例的和面向集合的规则活化粒度。

历史事件查询：在大多数规则系统中，可能对每条规则的历史事件进行查询，或在规则最后评价之后发生，或在事务开始时发生。

E-C 耦合模式：立即模式就是在条件评价之后且条件满足时，立即执行规则的动作。延迟模式就是在条件评价之后且条件满足时不立即执行，而是要等到某个特定时刻后才开始，如事务提交之前。

规则执行的原子性：当在执行一个规则的动作部分时，可能会产生新的事件，而这个事件又可能触发新的规则或者再次触发规则本身。对新的规则的处理有两种处理方式：一种方式是，触发事件的规则动作执行被中断，系统转去处理新触发的规则，我们称规则的动作执行是可中断的。另一种方式是，触发事件的规则动作执行继续执行，直到该规则被处理完毕，系统才开始处理新触发的规则，我们称规则的动作执行是不可中断的，是原子的。

事件消耗模式：不消耗就是规则的条件评价或动作的执行对触发规则的事件没有影响，事件仍然可以触发规则。局部消耗就是触发规则的事件对已经处理的规则来说不再能触发的，即不能再触发已经处理的规则，但仍然可以触发没有进行条件评价的规则，我们称这些事件是被已经处理的规则局部消耗的事件。全局消耗就是事件既不能再触发已经处理的规则，也不能再触发已经触发而又未被执行条件评价的规则。我们称这些事件是被那些已经处理的规则和不能被该事件触发的那些规则全局消耗的事件。

冲突解决策略（CRS）：串行执行，每次选择一个规则进行处理。并行执行，所有被触发的规则并行地执行（或进行条件评价），由系统来调度各个规则的处理。

例 8.1 给定下列数据库和 Oracle 触发器集合，用来管理一个律师协会的成员。它记录了成员数据，富有经验者和每个城市俱乐部的总管的数据，已辞职成员和所有律师数据以及当年成员的数据（*year-book*）。

member（*cardNr*，*name*，*city*，*address*，*tel_no*，*subcriptiondate*）

resignation（*cardNr*，*name*，*resignationdate*）

year-book（*cardNr*，*name*，*city*）

president（*cardNr*，*cityclub*）

lawyer（*name*，*city*，*address*，*tel_no*，*activitydate*）

veteran（*cardNr*，*date*）

communication（*name*，*city*，*address*，*motivation*，*date*）

today（*date*）

在 Oracle 中，规则活化粒度可以是面向实例的，也可是面向集合的，历史事件是可以查询的，E-C 耦合模型是立即的，规则执行是可中断的，事件消耗是局部的且发生在条件评估时间，最后，CRS 是串行执行的。本例中，我们使用面向实例粒度，其他维度在 Oracle 中是很难编码的。

规则 1：

```
create trigger unsubscribe
        after insert on resignation
for eachrow   /* 面向实例粒度 */
begin delete from member;
        where   (member. cardNr =: new. cardNr)
end.
```

规则 2：

```
create trigger insert_year_book
        after insert on resignation
for eachrow   /* 面向实例粒度 */
begin insert into year_book
select (cardNr, name, city)
     from   member
where   (year_book. cardNr =: new. cardNr)
end.
```

规则 3：

```
create trigger delete president
        after delete on member
for eachrow   /* 面向实例粒度 */
begin delete from president
        where (president. cardNr =: old. cardNr);
end.
```

规则 1（*unsubscribe*）和规则 2（insert-*year-book*）是在关系 *resignation* 中插入一个元组而触发的，如果一个人辞职了，他/她的数据从 *member* 关系中删除而插入到关系 *year-book* 中。

规则 3（*delete-president*）是由删除关系 *member* 中的一个元组而触发的。

8.1.2　数据模型和核心规则

主动数据库由一套规则和一个二元组(DB,EB)组成,DB 是传统的数据库,EB 是事件库,EB 包含下列关系：

(1) Event(*eid*,*type*,*elem*,*ts*),*eid* 是事件标识;*type* 是事件类型(如插入(*emp*)表示 *emp* 插入操作);*elem* 是由事件激起的数据元(如 *OID*);*ts* 是时间戳。这个关系中的时间都不删除,所以有些系统需要查询历史数据。

(2) Active(*eid*,*rule*)表示规则 *rule* 由事件 *eid* 触发。通常,*eid* 中包含一条以上规则,因此对应一个以上元组,当规则的事件消耗发生时,元组被删除。

例 8.2 假设一个成员从例 8.1 的协会中辞职了：一个元组记录到关系 *resignation* 中，且插入事件存储在 event 中，这个事件触发规则 insert_*year*_*book* 和 *unsubscribe*，因此，相应元组插入到 active 中，例如在关系 *resignation* 中插入元组(101,25/5/97)后，事件库为

event

eid	*type*	*elem*	*ts**
e_1	"insert(resignation)"	(101,25/5/97)	4

active

eid	*rule*
e_1	insert_*year*_*book*
e_1	*unsubscribe*

现假设规则 insert_*year*_*book* 可能执行：若关系采取 event-consuming 语义，元组(e_1,insert_*year*_*book*)将从关系 active 中被删除，而关系 event 中无修改，为保留事件的历史记录：

event

eid	*type*	*elem*	*ts*
e_1	"insert(*resignation*)"	(101,25/5/97)	4

active

eid	*rule*
e_1	*unsubscribe*

核心规则的形式如下：

$$\mathrm{ebq}(\vec{y}_1);\mathrm{db/ebq}(\vec{x}_2,\vec{y}_2),\mathrm{ebu}(\vec{x}_2) \rightarrow T(\vec{x}_3,\vec{y}_3)$$

其中 $\vec{x}_j$ 是输入变量的矢量，$\vec{y}_i$ 是输出变量的矢量。

事件部分 ebq($\vec{y}_1$)(事件库查询)，$|\vec{y}_1|\geqslant 0$，是基于事件库的逻辑公式，表达触发语义。如果公式满足，则规则被触发且自由变量 $\vec{y}_1$ (若存在)就是用于规则其他部分的触发事件的标识。

条件部分 db/ebq($\vec{x}_2,\vec{y}_2$)(DB/事件库查询)是原始主动规则条件部分的翻译。其中 $\vec{x}_2\subseteq\vec{y}_1$ 是输入变量属于事件部分而用于条件部分，$\vec{y}_2$ 是输出变量(若存在)其步长由条件计算且传给动作部分。ebu($\vec{x}_2$)是事件库修改序列，用于条件

评估时间的模型消耗；用事件标识 $\vec{x}_2$ 作为输入，对于其他类型的事件消耗，ebu 是空。

动作部分 $T(\vec{x}_3, \vec{y}_3)$ 是非中断的更新块序列 $TU_1(\vec{x}_{3_1}, \vec{y}_{3_1}), \cdots, TU_n(\vec{x}_{3_n}, \vec{y}_{3_n})$（或事务单元）。$\vec{x}_{3_i} \subseteq \vec{y}_1 \cup \vec{y}_2$ 是输入变量，是被消耗事件的标识且由条件恢复（必须在动作中起作用）；$\vec{y}_3$ 是由系统按动作产生的事件标识。

一套规则可被半自动地译成核心规则集，假定由系统所做的所有语义选择都是明确的。我们将本章涉及的语义维度进行转换如下。

(1) 规则活化粒度：核心规则的事件部分必须查询 event 关系来监测事件的发生，而关系 active 来监测事件是否由规则活化。如果规则是面向集合的，如果至少有一个相应类型的事件发生，则该规则被触发。因此用于事件部分的变量 *eid* 以量化表示。

(∃*eid*, *TS*　active(*eid*, "*rule*") ∧ event(*eid*, "*type*", *elem*, *TS*)；

db/ebq($\vec{x}_2, \vec{y}_2$), ebu($\vec{x}_2$)→T($\vec{x}_3, \vec{y}_3$)。

在面向实例中，每个规则实例的每个事件必须被触发。因此，*eid* 是自由变量，一定对应关系 active 中相同事件类型的每个实例。

(2) 历史事件查询：事件发生在由查询关系 event 和 active 采取事件库中最后一条规则之后。为了恢复整个历史事物中所有的发生事件，查询仅作为关系 event的目标，这种查询包含在规则的条件部分。

(3) E-C 耦合模型：若 E-C 耦合模型是延迟型，规则的事件部分必须要监测"commit"事件的发生。

(∃eid_1, TS_1 event(eid_1, "commit", "null", TS_1))

它出现且被记录在事务的末尾，在立即型中不需要额外事件查询。

(4) 规则执行的原子性：若规则动作执行是原子的，在每条原子规则动作部分的开始，插入一个事件"BeginAction"，在动作结束时移去，当主动数据库中有非中断规则时，在所有核心规则的事件部分中，当前"BeginAction"事件被监测，以表示有些原子规则仍在运行。这时，仅当"BeginAction"事件不在事件库中时，规则被触发。

(∃*eid*, *TS* active(*eid*, "rule") ∧ event(*eid*, "*type*", *elem*, *TS*)) ∧

∀ eid_1, X_1, TS_1 event(eid_1, "BeginAction", X_1, TS_1)；

db/ebq($\vec{x}_2, \vec{y}_2$), ebu($\vec{x}_2$)→

insert(event(eid_2, "BeginAction", null, TS_2))…/＊ 动作操作 ＊/

delete(event(eid_2, "BeginAction", null, TS_2)).

若规则是中断的，则在动作部分不包含插入和删除事件"BeginAction"。

(5) 事件消耗模式：对于事件消耗发生在执行中的模型，关系 active 中元组在规则动作部分的开始时被删除。

ebq($\vec{y}_1$);db/ebq($\vec{x}_2$,$\vec{y}_2$)→delete(active(*eid*,"*rule*")) … /* 额外的动作操作 */

如果条件为真,动作被执行,因此事件仅在特定规则中发生(局部消耗),若系统语义事件消耗发生在条件评估阶段,则事件在核心条件中的 ebu 部分被消耗。

ebq($\vec{y}_1$);db/ebq($\vec{x}_2$,$\vec{y}_2$)→delete(active(*eid*,"*rule*")) /* 动作操作 */

在这两种情况下,如果规则集{R_1,…,R_n}的事件消耗是全局的,则附加一套事件库修改 delete(active(*eid*,R_i)),$i=1,\cdots,n$。

(6)冲突解决策略:它不编码成核心规则,但是它作为规则执行算法的一个参数。

例 8.3 前面例子中的 Oracle 触发器的规则活化粒度是面向实例的,因此相应核心规则中的事件变量 *eid* 是自由变量;E-C 耦合模式是立即型的,因此在相应核心规则中不存在"commit"事件的查询;执行模型是非中断的,因此不用引入"BeginAction"事件;事件消耗是局部的,在条件评估阶段,事件消耗发生在规则的 ebu 部分。得到下面的核心规则。

规则 1:

active(*eid*,"*unsubscribe*") ∧ ∃ *TS*, *cardNr*, *resignation-date* /* 事件部分 */

event(*eid*,"insert(*resignation*)",(*cardNr*,*resignation-date*),*TS*);

active(eid_1,"*unsubscribe*") ∧ ∃ TS_1 event(*eid*1,/*条件部分*/

"insert(*resignation*)",($cardNr_1$,$resignation\text{-}date_1$),$TS_1$) ∧

member($cardNr_1$,*name*,*city*,*address*,*tel_no*,*resignation-date*),

delete(active(eid_1,"*unsubscribe*"))

→

delete (*member* ($cardNr_1$, *name*, *city*, *address*, *tel_ no*, *subcription-date*)),/*动作部分*/

insert (event(eid_1,"delete(*member*)",($cardNr_1$,*name*,*city*,*address*, *tel_no*,*subcription-date*),TS_2),

insert(active(eid_2,"delete_*president*")) /*事件生成*/

规则 2:

active (*eid*,"insert_ *year_ book*") ∧ ∃ *TS*, *cardNr*, *resignation-date* event (*eid*,

"insert(*resignation*)",(*cardNr*,*resignation-date*),*TS*); /*事件部分*/

active (eid_1,"insert_ *year_ book*") ∧ ∃ TS_1 event (eid_1, "insert (*resignation*)",

($cardNr_1$, $resignation\text{-}date_1$), TS_1) ∧ *member* ($cardNr_1$, *name*, *city*, *address*, *tel*_*no*, *subcription-date*), /* 条件部分 */

delete(active(eid_1, "insert_*year*_*book*"))

→ insert(*year*_*book*($cardNr_1$, *name*, *city*)), /* 动作部分 */

insert(event(eid_2, "insert(*year*_*book*)", ($cardNr_1$, *name*, *city*), TS_2)

规则 3：

active(*eid*, "delete_ *president*") ∧ ∃ *TS*, *cardNr*, *name*, *city*, *address*, *tel*_*no*, *subcription-date*　/* 事件部分 */

event(*eid*, "delete(*member*)", (*cardNr*, *name*, *city*, *address*, *tel*_*no*, *subcription-date*), *TS*);

active(eid_1, "delete_ *president*") ∧ ∃ TS_1 event(*eid*, "delete(*member*)", ($cardNr_1$, $name_1$, *city*1, $address_1$, *tel*_ *no*1, *subcription-date*$_1$), TS_1) ∧ *president*($cardNr_1$, *cityclub*)

delete(active(eid_1, "delete_ *president*")) /* 条件部分 */

→ delete(*president*($cardNr_1$, *cityclub*)), /* 动作部分 */

insert(event(eid_2, "delete(*president*)", ($cardNr_1$, *cityclub*), TS_2)

8.1.3　规则的执行语义

主动规则在用户事务 *T* 中执行，由事务单元序列 TU_1, …, TU_n 组成，每个事务单元包含一个基本修改序列(如数据库命令，像插入、删除或事务命令如提交、回滚和开始事务，它只影响事件库)。*TU* 被自动执行，立即规则在触发它们的 *TU* 结束后立即执行而延迟规则在整个事物 *T* 结束后才执行。

用户事务和主动规则的执行语义可以用算法表达如下所示：

算法 8.1　Execute_rules(S_{orig}, S_{start}, *R*, CRS): state (用户事务和主动规则的执行语义)

```
输入：S_orig , S_start , R , CRS
输出：S;
begin
   S = S_start ;      /* 触发阶段 */
     repeat
   r = ∅; τ = ∅; Δ = ∅;
   if rollback∈ S.EB then    /* 若发生回滚事件，将状态重新设置为 S_orig */
   S = S_orig ;
   else
       for each r∈ R do        /* 若规则 r 被触发，将其插入冲突规则集 τ */
           θ1 = evaluate(S, r.ebq( y⃗1 ));
```

```
      τ = τ ∪{<r>}×θ1;
      if τ≠∅ then      /* 条件评价阶段*/
      repeat
    {<r,θ1>} = choose(r,CRS);  /*根据 CRS 从 τ 中选择一个或多个规则*/
      τ = τ-{<r,θ1>};
      {<r,θ2>} = evaluate(S,{<r.db/ebq,(x2,y2)>});
        S = execute(S,{<r.db/ebq,(x2)>,θ1}); /* 在条件评价时执行事件
                                                 消耗语义*/
      {<r,θ3>} = comp_bindings({<r,θ1>},{<r,θ2>});
      Δ = compute_effect(S,{<r.T(x3),θ3>});
      until r = ∅ or Δ≠∅;
    if Δ≠∅ then  /*执行动作部分 */
      if CRS = serial then
        S = execute_SER(S_orig,S,R,{<r,θ3>},CRS);
      else S = execute_PAR(S_orig,S,R,{<r,θ3>});
    until Δ = ∅ or S = null;
  return S;
  execute_SER(S_orig,S_start,R,{<r,Σ>},CRS):state  /* 事务的串行执行 */
  S = S_start;
  for i = 1 to m do  /* 执行{<r,Σ>} 中唯一规则的第 i 个事务单元 */
    S_new: = execute(S,<r.TU_i(x3),Σ>);
    if S_new = null then     /*失败则返回空值 */
    return null;
    S = execute_rules(S_orig,S_new,R,CRS);   /* 规则的执行*/
    if S = null then
    return null;
  return S;
    execute_PAR(S_orig,S_start,R,{<r,Σ>}):state  /* 事务的并行执行*/
    S = execute(S_start,<r.T(x3),Σ>);  /*并行执行所有规则的动作*/
    if S = null then   /*失败则返回空值 */
  return null;
  return S;
end.
```

用户事务及主动规则的执行语义可由如下步骤来表示：

(1) 用户事务的执行定义为过程 execute-SER，它接收事务执行开始时的输入状态 S_{orig}，当前状态 S_{start}，核心主动规则集 R；

(2) 变量的替代集 Σ 传递给过程和冲突解决策略 CRS；

(3) 当第一个事务单元 TU_1 执行后，出现 S_{new} 状态，此时再次活化过程 exe-

cute_ rules 定义的核心规则的处理可以开始；

(4) 当到达没有其他规则符合条件的状态时，下一个 TU 被初始化，如此继续下去，直到最后的 TU 和最后一条规则处理部分被实现或直到出现错误(S=null)为止。

基本步骤是三个语句 triggering，consideration 和 execution 的序列执行。过程 execute-SER 和 execute-PAR 按 CRS 在动作语句中被调用。

三个语句形成了基本执行步骤(EPS)。在规则评估期间，过程 choose 用于实现系统的 CRS，若是面向集合(并行执行)，choose 选择所有规则的 R 集，其事件被修改，相应替换集 θ_1 一起被修改，如果采取串行执行，choose 选择一条规则执行($|R|=1$)，也带相应替换集被执行。

给定一个具有规则集 R_A 的主动数据库，和一个与主动数据库状态关联的二元关系 EPS_{R_A}。一组主动数据库状态(可能为空)，代表活化一规则和执行一个 EPS 过程产生的所有的可能状态，并且可能所有的规则被他递归地触发。

一套规则的执行语义由规则处理关系来定义。

定义 8.1　给定一个主动数据库，规则处理关系 Γ^{Att} 定义如下：

$$((S_i,R_A),S_f)\in\Gamma^{Att}\Leftrightarrow(<S_i,S_f>\in\overline{EPS_{R_A}}\wedge S_f\text{ 是 }EPS_{R_A}\text{ 的固定点})$$

其中，S_i，S_f 是主动数据库的初始状态和结束状态，R_A 是主动规则集，而 $\overline{EPS_{R_A}}$ 是 EPS_{R_A} 的传递闭包。

Γ^{Att} 包含形如$((S_i,R_A),S_f)$的元组，其中 S_f 是由 S_i 开始计算的定点。注意一条规则的执行路径只对应 Γ^{Att} 中的一个序对，因为此过程一般来说是非终止的。

定义 8.2　设 S_i 是规则起点，且 R_A 是核心规则集。如果满足$|\sigma_{1=S_i}\overline{EPS_{R_A}}|<\infty$，其中 $\sigma_{1=s_i}\overline{EPS_{R_A}}$ 是 EPS_{R_A} 第一个元素 S_i 的传递闭包的序对集合。则从状态 S_i 开始的规则处理可终止。

因此，若以初始状态 S_i 开始的 $\overline{EPS_{R_A}}$ 中没有无限链路时，则从 S_i 开始的规则处理是可终止的。

8.2　主动/演绎的基本转换

8.2.1　Datalog 及其扩展

Datalog 程序由规则和事实两部分组成。规则的一般形式为 L_0：L_1，…，L_n，其中 $L_i(i=0,\cdots,n)$的形式为$(\neg)p_i(t_1,\cdots,t_k)$，$p_i$ 是谓词符号且每个 $t_j(j=1,\cdots,k)$是一个项(通常是一个变量或常量)。L_1，…，L_n 表示规则体，L_0 表示规则头。若 $n=0$，就是事实，基本事实仅有常量参数。Datalog 程序的 Herbrand 库是基本事实的集合，可由程序中的谓词和常量形成。Herbrand 说明就是 Herbrand 库的子集。

在纯 Datalog 中，语句的 $L_0,\cdots,L_n$ 序列都是原子的，即不包括否定。在 Datalog 中仅在体部分有否定表示成 Datalog¬，仅在头部定义否定 Datalog* 和在头和体都定义否定 Datalog¬*，我们的分析基于这些结果。

Datalog 的规则 r 的形式为 $L_0:L_1,\cdots,L_n$，一个基本事实序列 $F_1,\cdots,F_n$。若替换 θ 存在，对于 $1\leqslant i\leqslant n$，$L_i\theta=F$，由规则 r 和 $F_1,\cdots,F_n$ 我们可一步推出事实 $L_0\theta$，这是一般的推导规则。它从给定规则和事实中产生新的事实，将推导规则应用到整个规则集合 R 作为基本产生原理 $EPP(F_1,\cdots,F_n,R)$。从初始事实集，EPP 用于确定一个新事实集，直到不可能推导出新事实为止，即直到达到一个固定值为止。

下面我们假定 Datalog¬* 程序的语义；给定规则集 Datalog¬* 和 Herbrand 解释 I，T 是立即序列映像：$T(I)=\{A\in$ Herbrand 库 $|A$ 在集合 $I\cup EPP(I,R)$ 且 $\neg A$ 不在 $EPP(I,R)\}$ 中或 A 在 I 中且 A，$\neg A$ 都在 $EPP(I,R)$ 中，根据映像 T，映像 T^{α} 定义为

$$T^0(I)=I;T^n(I)=T(T^{n-1}(I)),n=1,2,\cdots;T^{\omega}(I)=\bigcup_{n=0}^{\infty}T^n(I)$$

一般来说，一套规则的执行可被描述为一个应用 Γ^D，由事实和规则形成的初始序对 (F_i,R_D) 到结果事实的终集 F^f，即

$$\Gamma^D:((F_i,R_D),F^f)$$

其中 $F^f=T^{\omega}(F_i)$。

8.2.2 核心规则到逻辑规则的转换

为了实现从核心规则到逻辑语句的转换，要考虑两种语义约束：

(1) 无函数符号的主动规则(如变量求和)；

(2) 在主动规则的动作部分我们只考虑插入和删除操作，即修改命令要转换成删除+插入，分别由否定和肯定序列表示。另一方面，为将 Datalog 规则看做主动规则，我们将肯定和否定序列 $L_1,\cdots,L_n$(规则的右部 rhs)说明为查询，L_0(规则的左部 lhs)作为插入删除操作。与 Datalog 类似，我们用 CORE⁺ 表示只带肯定语句的核心规则，用 CORE⁻ 表示在事件/条件部分有否定语句且在动作部分只有插入操作；CORE¬* 表示动作部分有删除与插入操作且条件部分有否定语句。从 Oracle 规则得到的核心规则放入 CORE¬* 库。

转换步骤为：

(1) 动作部分的所有查询移到条件部分，如果查询独立于动作操作，优先于查询本身则这是可能的。否则，规则必须重写且可能分裂成多个规则。

(2) 包含在事件-条件部分的所有动作操作必须移到规则的 rhs 中。由定义，这些动作操作仅包含在规则 ebu 中在规则评估阶段完成事件消耗。例如，核心规

则 ebq($\vec{y}_1$)；db/ebq($\vec{x}_2$,$\vec{y}_2$),ebu(x_2)→T($\vec{x}_3$,$\vec{y}_3$)转换成下列两条规则,并行执行：

ebq($\vec{y}_1$)；db/ebq($\vec{x}_2$,$\vec{y}_2$)→T($\vec{x}_3$,$\vec{y}_3$)；

ebq($\vec{y}_1$)→ebu($\vec{x}_2$)。

(3) 每条规则转换成 EB∪DB 上的 f. o. 公式,形式如下：

ebq($\vec{y}_1$)∧db/ebq($\vec{x}_2$,$\vec{y}_2$)→TU_1($\vec{x}_{3_1}$,$\vec{y}_{3_1}$),…,TU_n($\vec{x}_{3_n}$,$\vec{y}_{3_n}$)

(4) 第(3)步得到的 f. o. 公式集转换成语句,其他变量的 skolem 表达式变量集是由星号标记,例如 $\vec{y}_3^*$ 表示由系统虚拟的动作部分的输出变量,即在执行时间产生。

(5) 在其右部有许多字符的每条语句被转换成一套 Horn 语句,每条语句包括相同的 lhs 且在 rhs 中只有一个操作。因此,每条核心规则可对应几条 Datalog 规则。

8.2.3　转换图

为了将演绎过程的结果转换为主动过程,两个系统必须进行对比。对每个给定的数据库模式 S 及核心规则集 R_a,我们定义主动系统与 Datalog 间的对应形式,设 S 为主动数据库状态 S∪{event,active}的域,F 是 Herbrund 库,则 $\gamma_1:S\to 2^F$ 是一对一的函数,它将一个数据库状态 S 与一套 Datalog 事实 F 联系在一起,因此,每个主动数据库元组(DB∪EB)对应一 Datalog 事实。

设 R_A 是 S 上的核心规则集,R_D 是 S 上的 Datalog 规则集,则 $\gamma_2:2^{R_A}\to 2^{R_D}$ 将主动规则集 R_A 与 8.2.2 节定义的转换中(1)～(5)步得到的 Datalog 规则集相联系。

到此为止,我们已定义了核心与 Datalog 规则语法对应关系,我们还需要修正规则执行过程中的语义对应。我们引入如图 8.1 所示的转换图,执行过程 Γ^{Act} 用于主动数据库初始状态 S_i 和一套核心规则 R_A,产生终止状态 S_f；我们可以监测由初态(S_i,R_A)转化成 Datalog 初态(F_i,R_D)(通过 $\gamma_1\gamma_2$),由 Γ^D 处理带初始 fact 集 F_i 的 Datalog 规则 R_D,且将 Fact 终态 F_f 转换为相应 DB 状态(通过 γ_1^{-1}),得到的结果和由 Γ^{Act} 获得的结果相同。若此操作是可能的,则图是可交互的。

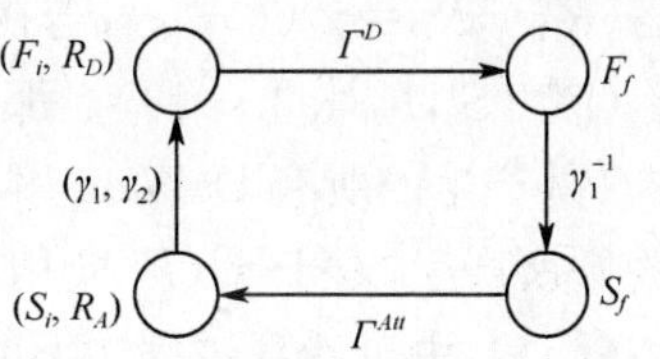

图 8.1　Datalog 与主动数据库处理间的转换图

8.3 终止性分析

8.3.1 CORE$^+$向 Datalog 的转换

由转换图可确定保证 CORE$^+$,CORE$^-$和 CORE$^{\neg *}$主动规则的交互性的充分条件。

CORE$^+$规则只能向 DB 或事件库中插入新元组和查询元组的存在,因此,没有相应的事件消耗模型可以采用。而且在串行执行中,如果规则的动作部分是由一个以上的事务单元构成的,则规则是非中断的,事件 BeginAction 的删除不能发生在动作部分。注意并行 CRS 规则执行是原子的,典型的 CORE$^+$规则是条件—动作规则。

定理 8.1 设 R_A 是 CORE$^+$规则集,S_i 是规则开始点:用于(S_i,R_A)的执行过程 Γ^{Att}是可终止的。

证明 首先证明 $\Gamma^D(F_i,R_D)=\gamma_1(\Gamma^{Att}(S_i,R_A))$,即转换图是可交互的。

(1) 对串行 CRS。

① 假定所有 CORE 规则的动作部分由一个事务单元组成。根据主动规则数目的归纳推理容易证明定理成立。下面给出串行 CRS 情形下的证明。

归纳基础:当$|R_A|=1$,则 $\Gamma^D(F_i,R_D)=\gamma_1(\Gamma^{Att}(S_i,R_A))$,由于对($F_i$,$R_D$)应用一次 EPP,Datalog 规则体同时也对 F_i 进行评价,且确定变量的步长之后,新的事实添加到 F_i 中。对初始状态(S_i,R_A)应用 EPP 所产生的行为也相同。若主动规则产生对事件-条件部分进行检查的事实和元组,重复这个过程以同样的方式进行推理,每步的输出都是 $F=\gamma_1(S)$。

归纳步骤:假定$|R_A|=n+1$ 时,对于 r_a 有 $R_A=R_{A'}\cup\{r_a\}$。同时假定 $R_{D'}=\gamma_2(R_{A'})$,$R_D=\gamma_2(\{r_a\})$,若在 $\Gamma^D(F_i,R_{D'}\cup R_D)$中存在一些矛盾的事实但不属于 $\gamma_1(\Gamma^{Att}(S_i,R_{A'}\cup\{r_a\}))$。那么,对这些事实产生的子集$\{f\}$应用 EPP。检查排除$\{f\}$外产生的所有 Datalog 事实集合 F。通过归纳假设,事实集$\{f\}$可能仅仅由 R_D 规则所产生,对于 $\gamma_1(F)$应用 r_a 和 EPS,通过定义可知 $EPS(\gamma_1(F), r_a\cup R_A\supseteq\gamma_1(\{f\})$,由于计算过程中不能删除事实,于是可以推出 $\gamma_1(\{f\})\subset S_f$。同理,可以证明对于任何属于 S_f 的 t 而言,都不存在 $\gamma_1(t)\notin F_f$。

② 假设动作部分由多个事务单元组成。在可中断的情形下,CORE$^+$规则无法检测条件部分中 BeginAction 事件是否存在,而这种情形下 Datalog 规则可并行执行,不过主动执行是串行的。由于在动作部分不允许查询,故其他被触发规则(可以是规则本身)的执行不会影响被中断的动作部分,而且 CORE$^+$中不允许事件消耗,这样 TU_i 和 TU_{i+1}之间被活化的规则不会在整个动作完成之后再次被触发和活化。这样将以同样的(DB,EB)状态执行,所以两者的效果是相同的。

(2) 对并行 CRS:既然 Datalog 程序的执行是可终止的而且在 $CORE^+$ 与 Datalog 规则之间的转换图是可交换的,则 $CORE^+$ 规则的执行过程是可终止的。证毕。

注意:①由定理 8.1,$CORE^+$ 主动规则的执行次序不影响计算结果,这就说明规则可按任意顺序执行,因此,图的可交互性实际上保证了指定规则以任意优先级操作产生相同结果。②这种情况下规则包含多个事务单元,$CORE^+$ 规则产生相同结果。这意味着在事件部分测验否定事件"BeginAction"。而对于非中断规则来说,在规则动作部分相同事件的插入和删除不需要从初始的规则转换成 CORE 规则。作为引理,非中断核心规则也遵循 $CORE^+$ 策略,假定它们不包含其他的否定序列。③还要考虑到自触发 $CORE^+$ 规则,因为当到达一个固定点时系统是可终止的。证毕。

与一个核心规则类似,对应一个规则集我们有:

推论 8.1　设 R_S 是一个规则集,按照 $CORE^+$ 策略,将其转换为 CORE,且 S_i 是一个规则起始点,从 S_i 开始的执行过程 R_S 是可终止的。

8.3.2　CORE¬ * 向 Datalog¬ * 的转换

CORE¬ 和 CORE¬ * 规则扩展了 $CORE^+$ 规则,可以查询数据库元组存在的可能性和在动作部分完成删除操作,本部分 CORE¬ 规则是 CORE¬ * 规则的子情况。

由于存在否定预断,所以在终止研究中存在下列问题:

(1) 一个触发规则可以查询元组事实的存在(或不在),它是由另一个触发规则动作部分删除(或插入)的。

(2) 一个触发事件可能被消耗,它惰化了一条规则,其条件部分可能在其他触发规则执行后变为真。

(3) 试图插入或删除相同元组的两条或两条以上规则可被同时触发。

第一个问题在 Datalog¬ * 中无意义,因为规则是并行执行的。如果一条规则查询的元组由另一个规则在相同执行步骤中被删除,则它的执行就不会相互影响。这个问题在串行 CRS 规则处理中是典型的,这时我们将允许 CORE¬ * 规则模拟 Datalog¬ * 的方式来进行处理。

第二个问题与第一个相似,但考虑到事件库关系 active:如果事件在规则评估时间删除,则在 Datalog¬ * 中它们至多需要一步被触发且不能相互影响,在串行 CRS 的主动数据库中可按不同方式表现依赖于规则的执行顺序。

第三个问题概括了串行和并行的 CRS;在 Datalog¬ * 中一般将插入-删除作为无操作处理。现在假定这种情况不发生,事实上也是一种有问题的情况,出现在有毛病的规则设计中。

以下的讨论,我们将系统区分并行和串行 CRS,由于在现实中更常用,所以主要讨论串行。在并行 CRS 中，转换图的可交互性是很容易证明的，但通常情况下在串行是不可交互的。然而，可以给 CORE¬* 规则分配优先级来模拟Datalog¬* 的评估策略，这样可保证转换图的交互性。于是，可终止性就可以保证。因为核心规则的优先级可传递到系统的规则中，所以在串行情况下，这种方法只能应用到规则间有确定的优先级的系统中。如果该系统没有提供确定优先级的功能，则只能按一种优先顺序，这样一来终止性的条件会受限制。然而，在很多情况下优先级不确定时可重写主动规则（修改触发事件/或条件动作部分），这种方式的执行顺序由包含在规则本身的操作来确定。

优先级可按下面的有向图分配到核心主动规则中。

定义 8.3 给定一个主动核心规则集 R，其形式为 ebq($\vec{y}_1$); db/ebq($\vec{x}_2$, $\vec{y}_2$), ebu($\vec{x}_2$)→ T($\vec{x}_3$, $\vec{y}_3^*$)。其中，T($\vec{x}_3$, $\vec{y}_3^*$) = TU_1($\vec{x}_{3_1}$, $\vec{y}_{3_1}^*$), …, TU_n($\vec{x}_{3_n}$, $\vec{y}_{3_n}^*$)。CDG 是一个有向图(N,E)，N 包含规则集中每个数据库谓词对应的结点，且从规则 rhs 的每一个数据库关系到相同规则 lhs 的每一个数据库关系之间有一条边放在 E 中，实线表示从包含在条件部分的关系开始，虚线表示以事件部分命名的关系开始，如果事件类型是删除就在相应接点旁标上“¬”。这种有向图称为核心依赖图(CDG)。

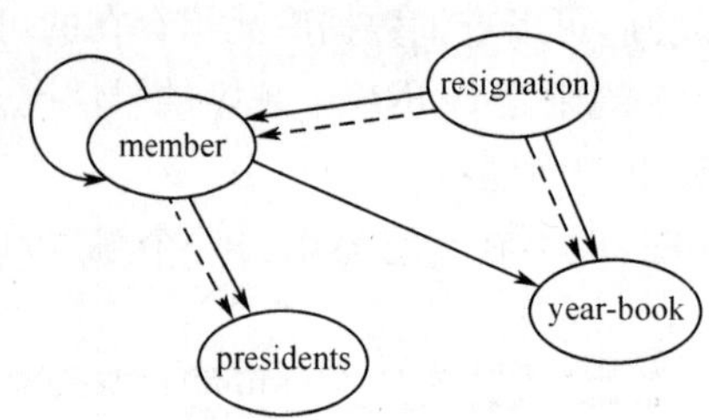

图 8.2 例 8.3 中规则集的 CDG

例 8.4 图 8.2 显示了例 8.3 中的规则集的 CDG。

CDG 中，按 Datalog¬* 规则产生的事实集可确定核心规则执行的顺序，产生确定的优先级，接下来得到转换图的可交互性。下面给出冲突的正式定义，消除本节开始提到的两种情况。

定义 8.4 给定两个规则(可能相同)：

$$r = \text{ebq}(\vec{y}_1);\text{db/ebq}(\vec{x}_2,\vec{y}_2),\text{ebu}(\vec{x}_2) \to T(\vec{x}_3,\vec{y}_3^*)$$

$$r' = \text{ebq}'(\vec{y}_1);\text{db/ebq}'(\vec{x}'_2,\vec{y}'_2),\text{ebu}'(\vec{x}'_2) \to T'(\vec{x}'_3,\vec{y}'^*_3)$$

如果谓词 p,q,t 满足下列条件(1)～(3)，则我们称在中断规则执行中有冲突。

(1) p 出现在 TU_j($\vec{x}_3$, $\vec{y}_3^*$)，$j>2$，q 在 TU_j($\vec{x}_3$, $\vec{y}_3^*$)中，$i<j$，t 是 ebq′($\vec{y}_1$′)事件类型的目标；

(2) p 出现在 db/ebq′($\vec{x}'_2$, $\vec{y}'_2$)，若事件没有消耗，则对 TU_j($\vec{x}_3$, $\vec{y}_3^*$)标以不同符号(肯定/否定)，若事件被消耗，则对 TU_j($\vec{x}_3$, $\vec{y}_3^*$)标以相同或不同的符号(肯定/否定)；

(3) 或 $q=t$ 或在 CDG 中存在从 q 到 t 的虚线路径。

例 8.5 给定如下两个规则。

规则 1：

active(eid,“veteran_member”) ∧ ∃ $TS, date$ event(eid,“insert($today$)”, ($date$), TS);

active(eid_1,“veteran_member”) ∧ ∃ TS_1 event(eid_1,“insert($today$)”, ($date_1$) TS_1)

∧ member($cardNr, name, city, address, tel\_no, subscription\text{-}date$)

∧ ($date_1$-$subscriptiondate$) = 18250, delete(active(eid_1,“veteran_member”))

→

insert(veteran($cardNr, date_1$)),

insert(event(eid_2,“insert(veteran)”,($cardNr, date_1$), TS_2),

insert(communication($name, city, address$,“veteran”, $date_1$)),

insert(event(eid_2,“insert(communication)”,($name, city, address$,“veteran,” $date_1$), TS_2)

规则 2:

active(eid,“veteran_noletter”) ∧ ∃ $TS, cardNr, date$ event(eid,“insert(veteran),”($cardNr, date$), TS);

active(eid_1,“veteran_noletter”) ∧ ∃ TS_1 event(eid_1,“insert(veteran),” ($cardNr_1, date_1$), TS_1) ∧ communication($name, city, address$,“veteran”, $date_1$) ∧ member($cardNr_1, name, city, address, tel\_no, subscriptiondate$),

delete(active(eid_1,“veteran_noletter”))

→

insert(display(“Letter sent”, $name, address, city$))

第一条规则(veteran_member)是由向关系 *today* 中插入一个元组而触发的，它检测是否存在成员 members，他们已经参加协会 50 年，将这些成员的数据插入到关系 veteran 和关系 communication 中。后一个关系用来记录已经得到信的成员。第二条规则(veteran_noletter)由向关系 veteran 中插入一个成员操作来触发，它检测是否已经将信送到 veteran 成员的手中：这种情况下发布一条信息显示出来。第一条规则的动作部分包含两个事务单元(第一个向关系 veteran 中插入元组，第二个向关系 communication 中插入元组)，第二条规则由事件“insert(veteran)”来触发，在其条件部分评估 communication(如图 8.3 所示)，两条规则在评估后被消耗。因此定义 8.4 中的条件得到满足。如果规则执行是非中断的且第一条规则满足条件，第二条规则由实现第一个规则的第一个事务单元的执行而触发且在第一条规则的第二个事务单元的执行之前满足条件，即在向关系 communication 中插入元组之前；如果规则的执行是原子的且第二条规则是在第一条规则的执行后满足条件，则在向关系 communication 中插入元组之后。因为第二条规则来评估关系 communication 中事实的存在，则原子的和非中断的执行会产生不同的结果。Datalog 的执行反映了原子的执行，但不能模拟非中断的情况。注意，如果第一条规则中动作部分的两个操作的顺序被交换，按照给定的语义，此问题就不会出现，事实上这种规则很容易避免。

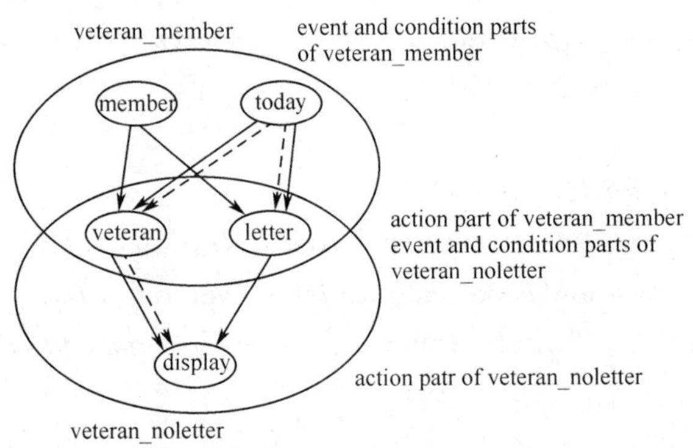

图 8.3　例 8.5 中规则集的 CDG

注意，如果事件消耗没有发生，两个规则可以以任何顺序执行，因为规则总是被触发。

定义 8.5　对于如下两条规则 r,r'，谓词 p,q,q' 满足以下条件(1)～(3)，则称存在串行执行冲突。

(1) p 出现于 db/ebq($\vec{x}_2$)和 $T'(\vec{x}'_3,\vec{y}'^*_3)$中，若事件没有被消耗，给予不同标记(肯定/否定)；若事件被消耗，给予相同或不同标记(肯定/否定)。

(2) q 是 ebq($\vec{y}_1$)事件类型的目标，q' 是 ebq($\vec{y}'_1$)的。

(3) 或者

① $q\neq p$ 或 $q=p$ 但 p 和 q 不能同时为肯定或否定(即 r 不能由 p 触发)。

② $q\neq q'$ 或 $q=q'$ 但 q 和 q' 不能同时为肯定或否定(即 r 和 r' 的触发事件不相同)。

③ $\exists\ r''=$ ebq″($\vec{y}''_1$)；db/ebq″($\vec{x}''_2$，$\vec{y}''_2$)，ebu″($\vec{x}''_2$) → T；($\vec{x}''_3$，$\vec{y}''^*_3$)，$r''\neq r'$，$q\in T''(\vec{x}''_3,\vec{y}''^*_3)$事件类型与 *ebq*($\vec{y}_1$)相同(即 r 是由一个规则触发，此规则是由不同于 r' 的另一个规则 r'' 触发的)。

定义 8.6　若 CDG 的规则间存在环，环中有相同结点的所有规则(r,r')，对于谓词 p,q 满足以下条件，则称存在循环执行冲突。

(1) p 出现于 db/ebq($\vec{x}_2$)和 $T'(\vec{x}'_3,\vec{y}'^*_3)$，若事件没有被消耗，给予不同标记(肯定/否定)；若事件被消耗，给予相同或不同标记(肯定/否定)。

(2) q 是 ebq($\vec{y}_1$)事件类型的目标。

(3) $q \neq p$ 或 $q = p$ 但 p 和 q 不能同时为肯定或否定(即 r 不能由 p 触发)。

对于这个定义来说,若在 CDG 中有两条或两条以上规则形成环且同时被触发时,每条规则插入(或删除)一个元组由环中后续规则查询(标以肯定或否定标识,取决于前面冲突中事件消耗类型),不可能按 Datalog$^{\neg *}$ 并行语义给规则排序,因为每种可能的顺序都将至少使一条规则产生不同结果。然而,循环执行冲突却在现实中很少发生,本书不做深入讨论。

定义 8.7　如果存在串行执行冲突或循环执行冲突,则我们就说存在扩展串行执行冲突。

定义 8.8　如果 CORE$^{\neg *}$ 集合的 CDG 中包含长度大于 1 的标有"$\neg$"的环或如果结点中包含长度等于 1 的标有"$\neg$"的环且此结点也属于另一个环,则我们就说存在否定环。

定理 8.2　(CORE$^{\neg *}$ 规则的终止性(并行 CRS)) 设 R_A 是 CORE$^{\neg *}$ 规则集,具有局部事件消耗,设 S_i 是规则的起点。如果 CRS 是并行的则用于(S_i, R_A)的执行过程 Γ^{Act} 是可终止的。

证明　此定理可直接证明,因为我们已经排除了将同一个元组同时插入和删除到同一个关系的情况。证毕。

定理 8.3　(CORE$^{\neg *}$ 规则的终止性(串行 CRS)) 设 R_A 是 CORE$^{\neg *}$ 规则集,具有局部事件消耗,设 S_i 是规则的起点。如果事件/条件部分不包含型如$\neg$ ACTIVE 或$\neg$ EVENT 的序列,没有两条不同的规则在动作部分包含序列 p 和谓词 $\neg p$,且没有否定环,而且 CRS 是串行的且 R_A 是按照优先级来分类的,则用于(S_i, R_A)的执行过程 Γ^{Act} 是可终止的。

证明　首先证明 $\Gamma^D(F_i, R_D) = \gamma_1(\Gamma^{Act}(S_i, R_A))$即转换图是可交互的。可通过引入规则的数学归纳法来证明,此定理证明类似于定理 8.1 的证明。

归纳基础:当$|R_A| = 1$时,定理显然成立。

归纳步骤:假设$|R_A| = n+1$,对 r_a ,$R_A = R'_A \cup \{ r_a \}$,令 $R'_D = \gamma_2(R'_A)$,$R_D = \gamma_2(\{ r_a \})$。假设 Datalog$^{\neg *}$ 产生的事实比核心主动规则少($F \subset T$),如果出现在 r_a 的条件部分的谓词没有出现在任何其他规则的动作部分,则这种情况也出现在 $\gamma_2(\{r_a\})$中。因此,r_a 的评估不可能比 $\gamma_2(\{ r_a \})$的评估产生更多的事实。因为由假设可知此结论对于 R'_A 和 R'_D 是有效的,所以对于 $R_A = R'_A \cup \{ r_a \}$和 $R'_D = \gamma_2(R'_A)$也是有效的。

如果出现在 r_a 的条件部分的谓词也出现在其他规则的动作部分,则核心规则 r_a 在下列两种情况下可产生比 Datalog$^{\neg *}$ 更多的元组:

(1)Datalog$^{\neg *}$ 中插入(删除)事实到(从)一个关系中的规则在 r_a 评估此关系中元组的不在(存在)之前执行,而在主动情况下以相反的顺序执行。这点由排除扩展串行冲突来排除。

(2)事件被消耗(由假设,是局部地消耗)且 Datalog$^{\neg *}$中插入(删除)事实到(从)一个关系中的规则在 r_a 评估此关系中元组的不在(存在)之后执行,而且将元组插入(删除)到(从)这些关系中的事件不再触发规则,而在 Datalog 中以相反的顺序执行。这点是由算法赋予的优先级来排除的。

相反的情况($T \subset F$)可按照类似的方法来证明。证毕。

推论 8.2 (系统规则执行过程的特征) 设 R_S 是一个系统规则,按照 CORE$^+$ 策略,将其转换为 CORE$^{\neg *}$,且 S_i 是一个规则起始点。由定理 8.2 和定理 8.3 的假设可知,从 S_i 开始的执行过程 R_S 是可终止的。

小　结

本章给出一种分析主动规则集的终止性的模型，在演绎数据库领域中可判定这个特性然后将其扩展传递到主动 E-C-A 规则中，因此给出了主动规则终止性判定的充分条件。主动规则与演绎规则间的映像可以监测不同语义间的等价性，此模型可用于描述基于规则的语义和与数据库之间的关系，既适用于 C-A 规则又适用于 E-C-A 规则。

条件中可以加入否定谓词：肯定和否定谓词以不同方式来处理，因为它们按照终止性的特性不同对执行过程的影响是不相同的。为保证这个特性对 E-C-A 主动规则以不同的策略分配优先级。此方法区别于其他类似方法的主要特点是考虑了主动规则系统中的重要语义维度。结果可用于不同语义的系统中，此分析方法可扩展到其他语义中且可与其他分析终止性的方法相结合。这个特点可保证其应用于实际的系统中，因此，一旦明确的语义可被半自动地译成核心规则语义，其优先级可立即直接应用于系统规则中。这项工作可扩展到基于其他的 Datalog 语义的终止性分析考虑更多的条件的情况或转换图不可交互的情况。而且，将来会考虑到复合事件和冲突解决策略的更多细节的处理。

第 9 章　基于代数法的规则终止性分析

9.1　代数传播算法

9.1.1　代数运算符

代数规则分析方法中的代数运算符除了包含基本的关系代数运算符如选择(δ)、投影(Π)、笛卡儿积(X)、自然连接(⋈)、并(∪)、非(¬)外，还包括附加的代数运算符：

(1) $\ltimes_p$:带谓词 p 的半连接；

(2) $\overline{\ltimes}_p$:带谓词 p 的反半连接；

(3) $\alpha_{A_1;A_2}$:属性更名；

(4) $\varepsilon[X=expr]$:基于表达式计算的属性扩展；

(5) $\mathrm{A}[X=\mathrm{a}(A);B]$:基于总计函数的属性扩展。

上述运算符中 X 和 A 表示属性，B、A_1 和 A_2 表示属性列表，a 表示总计函数，$expr$ 是一个表达式。

下面详细介绍这些附加的代数运算符(其中 E_1 和 E_2 表示关系表)：

(1) 谓词 p 的半连接($\ltimes_p$)：$E_1 \ltimes_p E_2 = \Pi_{\mathrm{schema}(E1)}(\delta_p(E_1 \times E_2))$；

(2) 谓词 p 的反半连接($\overline{\ltimes}_P$)：$E_1 \overline{\ltimes}_p E_2 = E_1 - (E_1 \ltimes_p E_2)$；

(3) 属性更名($\alpha_{A_1;A_2}$)：将列表 A_1 中的属性改名为列表 A_2 中的属性；

(4) 基于表达式计算的属性扩展($\varepsilon[X=expr]$)：将表达式 $expr$ 应用到关系表 E 中的每一个元组，产生的值作为这个元组新的属性 X 的值；

(5) 基于总计函数的属性扩展($\mathrm{A}[X=\mathrm{a}(A);B]$)：将总计函数 a(如 max，min，avg，sum，count)应用到关系表 E 中的每一个元组，产生的值作为这个元组新的属性 X 的值。其中 B 为总计函数的分组(group)条件。

用关系代数表示数据修改操作，主要通过这些操作产生的数据库状态来进行描述。表 9.1 表示 insert、delete 和 update 运算符的代数描述，指出了表示相应操作的代数表达式以及这些表达式应用到关系 R 上产生 R 中新数据值的方式。在表中，A_u 表示 R 中将被更新的属性，A'_u 表示这些属性的被更新后的版本。$A_r = \mathrm{schema}(R) - A_u$。

表 9.1 insert、delete 和 update 运算符的代数描述

运算符	代数表达式	新数据库状态
insert	E_{ins}	$R \cup E_{ins}$
delete	E_{del}	$R \overline{\ltimes} E_{del}$
update	E_{upd}	$(R \overline{\ltimes} E_{upd}) \cup \alpha_{A'u;\ Au}(\Pi_{Ar,\ A'u} E_{upd})$

现在对表 9.1 中的 update 操作作解释，产生的 R 的新状态由两项并联而成：

(1)第一项($R \overline{\ltimes} E_{upd}$)包含了关系 R 中未被 update 操作修改的元组；

(2)第二项 $\alpha_{A'u;\ Au}(\Pi_{Ar,\ A'u}E_{upd})$ 包含了已被修改元组中未被修改属性的初始值，以及已被修改属性的新值同时将这些属性的名称以原来的属性名称取代。

给定一个具有模式 schema(R)$\cup A'_u$ 的关系表达式 E，我们常需要一个与 R 的模式相兼容的代数表达式，使其包含被修改属性的更新值或未被更新前的旧值。为了方便起见，我们使用以下的缩写：

$\rho_{old}(E) = \Pi_{\text{schema}(R)}(E)$

$\rho_{new}(E) = \alpha_{A'u;\ Au}(\Pi_{\text{schema}(E)-Au}E)$

例 9.1 在一个数据库模式中包含如下三个表：

account(*num*, *name*, *balance*, *rate*)

customer(*name*, *address*, *city*)

low-acc(*num*, *start*, *end*)

关系 *account* 包含了一个银行的账户信息；关系 *customer* 包含了银行的客户的信息；关系 *low-acc* 包含了这样的信息，即如果一个账户的余额在某个时间段中低于一个数额时，则将这个账户的姓名和账户余额变低的日期和重新变高的日期(后者可能为空，表示账户余额一直为低)记录在关系 *low-acc* 中。斜体的属性为关系的关键字，尽管介绍的代数方法并不依赖于关键字。

(1)选择所有北京(简称 BJ)的余额大于 5000、利率小于 3%的客户的信息，这个查询用上一节的代数语言表示为

$(\delta_{balance>5000 \wedge rate<3}\ account) \ltimes (\delta_{city=\text{'BJ'}}\ customer)$

(2)将所有利率大于 1%小于 2%的账户的利率提高到 2%。这个修改用上一节的代数语言表示为

$\varepsilon[rate'=2]\delta_{rate>1 \wedge rate<2}\ account$。

9.1.2 代数传播算法

在这节中，我们将描述代数传播算法(algebraic propagation algorithm)，用来确定一个数据库查询如何被一个数据修改操作所影响。首先描述算法输出的结构，再描述算法本身、算法传播规则，最后再举几个实际例子。

1. 传播算法的输入

传播算法的输入是一个用代数语言表示的查询和修改。算法的输出是零个或多个 insert、delete 和 update 操作，它表明一个查询的结果由于修改操作的执行而发生的变化。如果算法产生一个插入操作，则在修改后查询可能包含比以前更多的数据；如果算法产生一个删除操作，则在修改后查询可能包含比以前少的数据；如果算法产生一个更新操作，则在修改后查询可能包含被更新的数据；如果没有操作被产生，则查询的结果不会由于修改而改变。传播算法的输出可能包含多个 insert、delete 和 update 操作。设传播算法应用到一个查询 Q 和一个修改 M，产生 n_i 个 insert 操作 $E_{ins}^1,\cdots,E_{ins}^{n_i}$，$n_u$ 个更新操作 $E_{upd}^1,\cdots,E_{upd}^{n_u}$ 和 n_d 个 delete 操作 $E_{del}^1,\cdots,E_{del}^{n_d}$。下面将 M 表示为负改变 E^- 和正改变 E^+ 时，考虑其执行对查询 Q 的结果的改变：

$$E^-(Q,M)=\bigcup_{i=1}^{n_d}E_{del}^{(i)}\ \cup\bigcup_{i=1}^{n_u}\rho_{old}(E_{upd}^{(i)})$$

$$E^+(Q,M)=\bigcup_{i=1}^{n_i}E_{ins}^{(i)}\ \cup\bigcup_{i=1}^{n_u}\rho_{new}(E_{upd}^{(i)})$$

实际上，每一类修改操作的个数即 n_i,n_d,n_u，常常是 0 或 1。

2. 传播算法

传播算法以一个查询 Q 和一个修改 M 为输入，其中 Q 和 M 都以扩展关系代数来表示。如果查询 Q 和被 M 修改的关系无关，则 M 不能影响 Q 的结果。否则，M 在查询 Q 的表示树上传播。树的叶子是关系，其中一个对应于被 M 修改的关系 R。为了简化传播处理，这里假设在查询 Q 中只有一个对 R 的引用。M 沿查询树从被影响的关系向上被传播，在传播的过程中可能转变为一个或多个不同的修改操作。为了描述传播算法，给出详细说明任意的修改如何在树的任意结点上被传播的形式化的传播规则。在每一次传播后，获得的修改被检测一致性(所谓修改的一致性见后文解释)。非一致性的修改被丢弃，一致性的修改被进一步的传播。传播过程继续直至到达查询树的根(root)或所有的修改由于非一致性被丢弃。在树中和一个结点 N 相联系的修改，表示由于执行初始修改 M 导致可能发生在 N 的子树的修改。因此传播到树的根部的一致性修改，表示查询 Q 受修改 M 影响后所得结果。

当表示修改的代数表达式不包含矛盾时(即其是可满足的)，由传播过程产生的修改就是一致的。图 9.1 图解了一个在关系 R_3 上的插入操作(表示为 E_{ins})如何在一个代表查询 $Q=(\delta_{p_1}R_1)\bowtie(\delta_{p_2}R_2\ltimes_{p_3}R_3)$ 的查询树上传播。

粗线代表 E_{ins} 的传播路径：首先 E_{ins} 因为被其影响的关系 R_3 被替换，接着，从

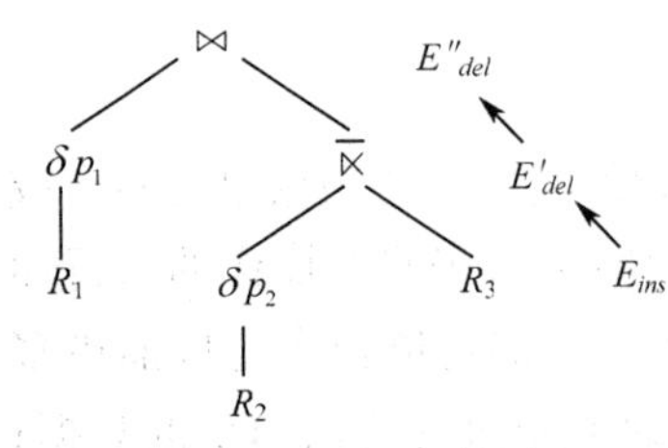

图 9.1 修改操作的传播

结点⋉处开始，对每个带有一个被 E_{ins} 影响的操作参数的结点，相应的传播表达式被计算。在传播过程的最后，在根部取得一个删除操作 E''_{del}。因此，一个在关系 R_3 上的插入操作将会仅仅导致满足 Q 的数据被删除。

传播算法的执行时间取决于展开传播规则的时间和检测传播修改的一致性的时间，最坏时间复杂度（当出现聚集函数 aggregate 时）随查询树的深度呈指数级增长。由于传播算法只用于编译阶段的分析而非系统运行阶段，同时由于其应用在一般为相当小的规模的关系表达式上，故尽管其时间复杂度可能是指数级的，但实际应用时的执行性能仍然是可以接受的。

算法 9.1 Propagation-Algorithm（传播算法）

```
输入:以扩展关系代数表示的查询 Q 和修改操作 M;
输出:修改操作 M 对查询 Q 的影响;
begin
  (1) 对查询 Q 构建查询树 T,树的叶子是关系,其中一个叶子对应于被 M 修改的关系 R;
  (2) M 沿查询树由下向上从被影响的关系被传播,传播过程利用传播算法的规则,每次传播后,检测修改的一致性,设关系 R 结点在树中的深度为 n,查询树的根所在的深度为0;
      i = n-1; E_in = M;
      while i>0 do
        E_in 沿查询树 T 从被影响的结点向上传播,对每个带有受 E_in 影响的操作参数的结点,相应的传播表达式被计算;
        if 所得修改类型为 insert then
          对修改和相应的结点应用表9.2中的传播规则进行传播;
        if 所得修改类型为 delete then
          对修改和相应的结点应用表9.3中的传播规则进行传播;
        if 所得修改类型为 update then
          对修改和相应的结点应用表9.4中的传播规则进行传播;
        if 传播过程生成的修改都为不一致的 then
          return null;
      i = i-1;
      return 传播至树的根部所得修改;
end.
```

定理 9.1 算法 9.1 传播算法是正确的、可终止的，时间复杂度为 $O(2^n)$。

证明 （正确性）该算法中，步骤（1）是对查询 Q 构建查询树 T，树的叶子是关系，其中一个对应于被 M 修改的关系 R，步骤(2)是修改 M 在查询树 T 上从被影响的关系 R 传播，在传播的过程中可能转变为一个或多个不同的修改操作。在每一次传播后，获得的修改被检测一致性。非一致性的修改被丢弃，一致性的修改被进一步的传播。传播过程继续直至到达查询树的根部或所有的修改由于非一致性被丢弃。因此，达到树的根部的一致性修改表示最初的修改 M 如何影响查询 Q。所以算法 9.1 是正确的。

(可终止性)该算法中，步骤(1)是对查询 Q 构建查询树 T，查询 Q 的扩展关系代数中为有限个元素。所以执行步骤(1)可以在有限步内终止。步骤(2)是在查询树上对修改 M 进行传播，并检测传播后修改的一致性，因为查询树的深度为有限的，所以执行步骤(2)可在有限步内终止。算法可终止。

(时间复杂度分析)设查询树的深度为 n，传播算法最差时间复杂度(当查询树中结点存在总计函数时)随着查询树的深度的增长以指数级增长。所以算法 9.1 的时间复杂度为 $O(2^n)$。证毕。

9.2　传播算法的传播规则

传播算法的规则在表 9.2～表 9.4 中给出，其中表 9.2 基于 insert 修改，表 9.3 基于 delete 修改，表 9.4 基于 update 修改。在表中的每一行中包含了传播中生成的修改 E^{out}，作为输入的修改 E^{in} 和查询树中关系操作的作用结果。列“应用条件”说明在不同的情况下，什么规则被应用。在表中 A_1，A_2 和 B 是属性列表，$A_{jn}=\text{schema}(E_1)\cap\text{schema}(E_2)$，$AE_2=\text{schema}(E_2)$，$A_u$ 是表示将被更新的属性，A'_u 表示这些将被更新属性被更新后的版本，A_p 和 A_e 分别是包括在谓词 p 和表达式 $expr$ 中的属性。$p'=\alpha A_u$；$A'_u p$ 和 $expr'=\alpha A_u$；$A'_u expr$，$p(B)$表示列表 B 中所有属性，$p'(A_uB)$表示在 A'_uB 中具有相对应的 B 中属性的所有属性。

表 9.2　Insert 操作的传播

被传播的修改：$E^{in}_{ins}\rightarrow E^{out}_{modification}$		
结点	应用条件	结果表达式
$\delta_p E$		$E^{out}_{ins}=\delta_p E^{in}_{ins}$
$\Pi_{A_1} E$		$E^{out}_{ins}=\Pi_{A_1} E^{in}_{ins}$
$E_1 \bowtie E_2$		$E^{out}_{ins}=E^{in}_{ins}\bowtie E_2$
$E_1\times E_2$		$E^{out}_{ins}=E^{in}_{ins}\times E_2$
$E_1\cup E_2$		$E^{out}_{ins}=E^{in}_{ins}\overline{\ltimes} E_2$
$E_1\ltimes_p E_2$	insert into E_1	$E^{out}_{ins}=E^{in}_{ins}\ltimes_p E_2$
	insert into E_2	$E^{out}_{ins}=E_1\ltimes_p E^{in}_{ins}$

续表

被传播的修改：$E^{in}_{ins} \to E^{out}_{modification}$		
结点	应用条件	结果表达式
$E_1 \overline{\ltimes}_p E_2$	insert into E_1	$E^{out}_{ins} = E^{in}_{del} \overline{\ltimes}_p E_2$
	insert into E_2	$E^{out}_{del} = E_1 \ltimes_p E^{in}_{ins}$
$\alpha_{A_1;A_2} E$		$E^{out}_{ins} = \alpha_{A_1;A_2} E^{in}_{ins}$
$\varepsilon[X = expr]E$		$E^{out}_{ins} = \varepsilon[X = expr]E^{in}_{ins}$
$A[X = \mathrm{a}(A);B]E$	$B = \varnothing$	$E^{out}_{ins} = E^{in}_{ins} \bowtie A[X = \mathrm{a}(A)](E \cup E^{in}_{ins})$
		$E^{out}_{upd} = (A[X' = \mathrm{a}(A)](E \cup E^{in}_{ins}))$
		$\bowtie (A[X = \mathrm{a}(A)]E)$
		$E^{out}_{ins} = E^{in}_{ins} \bowtie A[X = \mathrm{a}(A);B](E \cup E^{in}_{ins})$
	$B \neq \varnothing$	$E^{out}_{upd} = ((A[X' = \mathrm{a}(A);B](E \cup E^{in}_{ins})) \bowtie$
		$(A[X = \mathrm{a}(A);B)) \ltimes_{p(B)} E^{in}_{ins}$

表 9.3　Delete 操作的传播

被传播的修改：$E^{in}_{del} \to E^{out}_{modification}$		
结点	应用条件	结果表达式
$\delta_p E$		$E^{out}_{del} = \delta_p E^{in}_{del}$
$\Pi_{A_1} E$		$E^{out}_{del} = \Pi_{A_1} E^{in}_{del}$
$E_1 \bowtie E_2$		$E^{out}_{del} = E^{in}_{del} \bowtie E_2$
$E_1 \times E_2$		$E^{out}_{del} = E^{in}_{del} \times E_2$
$E_1 \cup E_2$		$E^{out}_{del} = E^{in}_{del} \overline{\ltimes} E_2$
$E_1 \ltimes_p E_2$	delete from E_1	$E^{out}_{del} = E^{in}_{del} \ltimes_p E_2$
	delete from E_2	$E^{out}_{del} = E_1 \ltimes_p E^{in}_{del}$
$E_1 \overline{\ltimes}_p E_2$	delete from E_1	$E^{out}_{del} = E^{in}_{del} \overline{\ltimes}_p E_2$
	delete from E_2	$E^{out}_{del} = E_1 \ltimes_p E^{in}_{del}$
$\alpha_{A_1;A_2} E$		$E^{out}_{del} = \alpha_{A_1;A_2} E^{in}_{del}$
$\varepsilon[X = expr]E$		$E^{out}_{del} = \varepsilon[X = expr]E^{in}_{del}$
$A[X = \mathrm{a}(A);B]E$	$B = \varnothing$	$E^{out}_{del} = E^{in}_{del} \bowtie (A[X = \mathrm{a}(A)]E)$
		$E^{out}_{upd} = (A[X' = \mathrm{a}(A)](E \overline{\bowtie}_p E^{in}_{del}))$
		$\bowtie (A[X = \mathrm{a}(A)]E)$
	$B \neq \varnothing$	$E^{out}_{del} = E^{in}_{del} \bowtie A[X = \mathrm{a}(A);B]E$
		$E^{out}_{upd} = ((A[X' = \mathrm{a}(A);B](E \overline{\bowtie}_p E^{in}_{del}))$
		$\bowtie (A[X = \mathrm{a}(A);B])) \ltimes_{p(B)} E^{in}_{del}$

在表 9.4 中的公式没有考虑选择谓词和更新表达式的内部结构。就简单的谓词(比如一个属性和一个常量的比较)和简单的数学更新表达式(比如从一个属性中加或减去一个常量)而言，经常可以消除一些传播修改。例如，考虑查询 $Q=\delta_{A=k}E$。假定 E 中属性 A 被一个任意的数学表达式所更新。根据表 9.4，输入的更新 E_{upd}^{in} 经由结点 $\delta_{A=k}$ 的传播将产生三个修改 E_{ins}^{out} 、E_{del}^{out} 和 E_{upd}^{out} 。然而更新 E_{upd}^{in} 只能导致插入(insert)元组到 Q 中(更新前不满足选择谓词的元组)和从 Q 中删除更新后不满足选择谓词的元组(但更新前满足选择谓词)。先前就满足谓词并且现在也满足谓词的元组不能改变属性 A 的值，所以更新操作(update)经选择结点 $\delta_{A=k}$ 传播后不能产生一个更新修改。

表 9.4　Update 操作的传播

被传播的修改：$E_{upd}^{in}\rightarrow E_{\mathrm{modification}}^{out}$		
结点	应用条件	结果表达式
$\delta_p E$	$A_u\cap A_p=\varnothing$	$E_{upd}^{out}=\delta_p E_{upd}^{in}$
	$A_u\cap A_p\neq\varnothing$	$E_{ins}^{out}=p_{new}((\delta_{p'}E_{upd}^{in})\overline{\ltimes}(\delta_p E_{upd}^{in}))$
		$E_{del}^{out}=p_{old}((\delta_p E_{upd}^{in})\overline{\ltimes}(\delta_{p'}E_{upd}^{in}))$
		$E_{upd}^{out}=(\delta_{p'}E_{upd}^{in})\bowtie(\delta_p E_{upd}^{in})$
$\Pi_{A_1}E$	$A_u\cap A_1=\varnothing$	$\varnothing$
	$A_u\cap A_1=A_{u1}$	$E_{upd}^{out}=\Pi_{A_1,A'_{u1}}E_{upd}^{in}$
$E_1\bowtie E_2$	$A_u\cap A_{jn}=\varnothing$	$E_{upd}^{out}=E_{upd}^{in}\bowtie E_2$
	$A_u\cap A_{jn}=A_{ujn}$	$E_{ins}^{out}=p_{new}((E_{upd}^{in}\ltimes(\alpha_{A_{ujn};A'_{ujn}}E_2))\overline{\ltimes}(E_{upd}^{in}\bowtie E_2))$
		$E_{del}^{out}=p_{old}((E_{upd}^{in}\bowtie E_2)\overline{\ltimes}(E_{upd}^{in}\ltimes(\alpha_{Aujn;A'_{ujn}}E_2)))$
		$E_{upd}^{out}=((E_{upd}^{in}\ltimes(\alpha_{A_{E_2};A'_{E_2}}E_2))\bowtie(E_{upd}^{in}\bowtie E_2))$
$E_1\times E_2$		$E_{upd}^{out}=E_{upd}^{in}\times E_2$
$E_1\cup E_2$		$E_{ins}^{out}=p_{new}((E_{upd}^{in}\ltimes E_2)\overline{\ltimes}(\alpha_{A_u;A'_u}E_2))$
		$E_{del}^{out}=p_{old}((E_{upd}^{in}\overline{\ltimes}E_2)\ltimes(\alpha_{A_u;A'_u}E_2))$
		$E_{upd}^{out}=(E_{upd}^{in}\overline{\ltimes}E_2)\overline{\ltimes}(\alpha_{A_u;A'_u}E_2)$
$E_1\ltimes_p E_2$	update E_1，$A_u\cap A_p=\varnothing$	$E_{upd}^{out}=E_{upd}^{in}\ltimes_p E_2$
	update E_1，$A_u\cap A_p\neq\varnothing$	$E_{ins}^{out}=p_{new}((E_{upd}^{in}\overline{\ltimes}_{p'}E_2)\overline{\ltimes}(E_{upd}^{in}\overline{\ltimes}_p E_2))$
		$E_{del}^{out}=p_{old}((E_{upd}^{in}\ltimes_p E_2)\overline{\ltimes}(E_{upd}^{in}\ltimes_{p'}E_2))$
		$E_{upd}^{out}=(E_{upd}^{in}\ltimes_{p'}E_2)\bowtie(E_{upd}^{in}\ltimes_p E_2)$
	update E_2，$A_u\cap A_p=\varnothing$	$\varnothing$
	update E_2，$A_u\cap A_p\neq\varnothing$	$E_{ins}^{out}=(E_1\ltimes_{p'}E_{upd}^{in}\cup\overline{\ltimes}(E_1\ltimes_{p'}E_{upd}^{in})$
		$E_{del}^{out}=(E_1\ltimes_p E_{upd}^{in})\overline{\ltimes}(E_1\ltimes_{p'}E_{upd}^{in})$
$E_1\overline{\ltimes}_p E_2$	update E_1，$A_u\cap A_p=\varnothing$	$E_{upd}^{out}=E_{upd}^{in}\overline{\ltimes}_p E_2$

续表

被传播的修改：$E_{upd}^{in} \rightarrow E_{\mathrm{modification}}^{out}$		
结点	应用条件	结果表达式
	update $E_1, A_u \cap A_p \neq \varnothing$	$E_{ins}^{out} = p_{new}((E_{upd}^{in} \overline{\ltimes}_{p'} E_2) \overline{\ltimes} (E_{upd}^{in} \overline{\ltimes}_p E_2))$
		$E_{del}^{out} = p_{old}((E_{upd}^{in} \overline{\ltimes}_p E_2) \overline{\ltimes} (E_{upd}^{in} \overline{\ltimes}_{p'} E_2))$
		$E_{upd}^{out} = (E_{upd}^{in} \overline{\ltimes}_{p'} E_2) \bowtie (E_{upd}^{in} \overline{\ltimes}_p E_2)$
	update $E_2, A_u \cap A_p = \varnothing$	$\varnothing$
	update $E_2, A_u \cap A_p \neq \varnothing$	$E_{ins}^{out} = (E_1 \overline{\ltimes}_{p'} E_{upd}^{in}) \overline{\ltimes} (E_1 \overline{\ltimes}_p E_{upd}^{in})$
		$E_{del}^{out} = (E_1 \overline{\ltimes}_p E_{upd}^{in}) \overline{\ltimes} (E_1 \overline{\ltimes}_{p'} E_{upd}^{in})$
$\alpha_{A_1;A_2} E$	$A_1 \cap A_u = \varnothing$	$E_{upd}^{out} = \alpha_{A_1;A_2} E_{upd}^{in}$
	$A_1 \cap A_u = A_{u1}$	$E_{upd}^{out} = \alpha_{A_1;A_2} \alpha_{A'u_1;A'u_2} E_{upd}^{in}$
$\varepsilon[X=expr]E$	$A_u \cap A_e = \varnothing$	$E_{upd}^{out} = \varepsilon[X=expr]E_{upd}^{in}$
	$A_u \cap A_e = \varnothing$	$E_{upd}^{out} = \varepsilon[X=expr]\varepsilon[X'=expr']E_{upd}^{in}$
$A[X=\mathrm{a}(A);B]E$	$A_u \cap A = \varnothing, A_u \cap B = \varnothing$	$E_{upd}^{out} = E_{upd}^{in} \bowtie (A[X=\mathrm{a}(A);B]E)$
	$B = \varnothing, A_u \supseteq A$	$E_{upd1}^{out} = (E_{upd}^{in} \bowtie (A[X=\mathrm{a}(A)]E))$
		$\bowtie \alpha_{A_u;A'u}(A[X'=\mathrm{a}(A)](p_{new}(E_{upd}^{in})$
		$\cup (E \overline{\ltimes} p_{old}(E_{upd}^{in})))))$
		$E_{upd2}^{upt} = ((A[X=\mathrm{a}(A)]E) \bowtie (A[X'=\mathrm{a}(A)]$
		$(p_{new}(E_{upd}^{in}) \cup (E \overline{\ltimes} p_{old}(E_{upd}^{in})))))$
	$B \neq \varnothing, A_u \supseteq A,$	$E_{upd1}^{out} = (E_{upd}^{in} \bowtie (A[X=\mathrm{a}(A);B]E))$
	$A_u \cap B = \varnothing$	$\bowtie \alpha_{A_u;A'_u}(A[X'=\mathrm{a}(A);B](p_{new}(E_{upd}^{in})$
		$\cup (E \overline{\ltimes} p_{old}(E_{upd}^{in})))))$
		$E_{upd2}^{out} = ((A[X=\mathrm{a}(A);B]E) \bowtie (A[X'=\mathrm{a}(A);B]$
		$(p_{new}(E_{upd}^{in}) \cup (E \overline{\ltimes} E_{upd}^{in})))) \ltimes_{p(B)} E_{upd}^{in}$
	$B \neq \varnothing,$	$E_{upd1}^{out} = (E_{upd}^{in} \bowtie (A[X=\mathrm{a}(A);B]E)) \bowtie$
	$A_u \cap B = A_{uB}$	$\alpha_{A_u;A'_u}(A[X'=\mathrm{a}(A);B](p_{new}(E_{upd}^{in})$
		$\cup (p_{new}(E_{upd}^{in}) \cup (E \overline{\ltimes} p_{old}(E_{upd}^{in})))))$
		$E_{upd2}^{out} = ((A[X=\mathrm{a}(A);B]E) \bowtie (A[X'=\mathrm{a}(A);B]$
		$(p_{new}(E_{upd}^{in}) \cup (E \overline{\ltimes} E_{upd}^{in}))))$
		$\ltimes_{p(B) \wedge p'(A_{uB})} E_{upd}^{in}$

表 9.5 显示了在不同情况下能够被消除的修改。在表中“*other*”表示一个任意的数学表达式。

表 9.5　可消除的修改

算术更新表达式				
		$A_u=A_u+c$	$A_u=A_u-c$	other
在结点 p 中的选择谓词 p	$A_u=k$	E_{upd}	E_{upd}	E_{upd}
	$A_u>k, A_u\geqslant k$	E_{del}	E_{ins}	—
	$A_u<k, A_u\leqslant k$	E_{ins}	E_{del}	—

下面的例子用来描述传播过程和可满足性检验。

例 9.2　数据库模式见例 9.1，查询 Q 选择 $balance<500$ 和 $rate>0\%$ 的账户的 $balance$ 和 $rate$，更新操作 M 将所有在北京并且 $balance>5000$、$rate<3\%$ 的客户的利率增加 1%。算法的输入是

$$Q=\Pi_{balance,rate}(\delta_{balance<500\wedge rate>0}account)$$

$$M=E_{upd}=\varepsilon[rate'=rate+1](\delta_{balance>500\wedge rate<3}(account\ltimes(\delta_{city='BJ'}customer)))$$

根据表 9.4，E_{upd} 经由 Q 中的选择操作产生插入和更新操作(删除操作根据表 9.5 被消除)。有

$$E'_{ins}=\rho_{new}((\delta_{balance<500\wedge rate'>0}E_{upd})\overline{\ltimes}(\delta_{balance<500\wedge rate>0}E_{upd}))$$

$$E'_{upd}=(\delta_{balance<500\wedge rate'>0}E_{upd})\ltimes(\delta_{balance<500\wedge rate>0}E_{upd}))$$

在两种情况下，谓词 $balance<500$ 和 E_{upd} 中 $balance>5000$ 相矛盾，因此两个表达式 E'_{ins} 和 E'_{upd} 都是非一致的。故更新 M 不能影响查询 Q。

例 9.3　数据库模式见例 9.1，查询 Q 选择 $balance<500$ 和 $rate>0\%$ 的账户，更新操作 M 将所有 $rate$ 在 1% 和 2% 之间的客户的利率设为 2%。算法的输入是

$$Q=\Pi_{balance,rate}(\delta_{balance<500\wedge rate>0}account)$$

$$M=E_{upd}=\varepsilon[rate'=2](\delta_{rate>1\wedge rate<2}account)$$

根据表 9.4，E_{upd} 经由 Q 中的选择操作产生插入、更新操作和删除操作，有

$$E'_{ins}=\rho_{new}((\delta_{balance<500\wedge rate'>0}E_{upd})\overline{\ltimes}(\delta_{balance<500\wedge rate>0}E_{upd}))$$

$$E'_{upd}=((\delta_{balance<500\wedge rate'>0}E_{upd})\bowtie(\delta_{balance<500\wedge rate>0}E_{upd}))$$

$$E'_{del}=\rho_{new}((\delta_{balance<500\wedge rate>0}E_{upd})\overline{\ltimes}(\delta_{balance<500\wedge rate'>0}E_{upd}))$$

这些表达式不包含矛盾的谓词，所以它们是一致的，传播继续。E'_{ins}、E'_{upd} 和 E'_{del} 经由 Q 的投影的传播得到

$$E''_{ins}=\Pi_{balance,rate}E'_{ins}$$

$$E''_{del}=\Pi_{balance,rate}E'_{del}$$

$$E''_{upd}=\Pi_{balance,rate,rate'}E'_{upd}$$

这三个表达式是一致的，因此更新改操作 M 能影响查询 Q 的结果。进而 E''_{ins}、E''_{del} 和 E''_{upd} 描述了 M 的执行结果能对 Q 产生的更新。

9.3 E-C-A 规则和 C-A 规则的代数语言

9.3.1 E-C-A 规则的代数语言

一个 E-C-A 规则使用代数语言定义为$\{T\}:C\rightarrow A$，其中$\{T\}$表示触发事件的集合，C 为用扩展关系代数表示的条件表达式，A 为规则的动作，即用 E_{ins}、E_{del} 或 E_{upd} 表示的数据修改操作。可能的触发事件对应于数据修改：*ins* R（插入元组到 R 中）、*del* R（从 R 中删除元组）和 *upd* $R.A$（更新 R 的属性 A）。规则当它的触发事件发生时被触发，在规则条件被评价时，规则的条件为真当且仅当 $C\neq\varnothing$。

当一个规则被触发时，触发的产生与数据库的状态转变相关，即与自从某个数据库状态起始直到当前数据库状态以来数据库中已发生的变化相关。

定义 9.1 所谓一个规则的转换是指：若此规则在规则处理过程中已被选中过，则表示自从这个规则最近一次被选中以来数据库中已发生的变化；若此规则在规则处理过程中一直没有被选中，则表示自从用户最初的修改发生以来数据库中已发生的变化。

定义 9.2 令 C^{old} 和 C 分别表示在规则转换前和转换后对规则条件评价的结果（如果规则在规则处理中第一次被评价，则 $C^{old}=\varnothing$）。条件的转换 ΔC 表示为

$$\Delta C=C-C^{old}$$

定义 9.3 一个规则的 delta 关系（也称做转换表）包括了在规则转换期间发生的变化。对在触发事件中涉及的每一个关系 R，可有如下 delta 关系：inserted(R)，deleted(R)，*old*-updated(R)或 *new*-updated(R)。

存储在一个 delta 关系中的改变反映了在规则转换期间一序列实际改变对数据库造成的最终影响。例如，插入一个元组和随后对这个元组进行更新被认为是插入一个被更新后的元组。

例 9.4 一个用代数语言表达 E-C-A 规则的例子，数据库模式见例 9.1。

r_1：规则 *bad-account* 描述了一个账户如果余额小于 500，并且利率大于 0%，则这个账户的利率降到 0%。这个规则用代数语言表示为$\{T\}:C\rightarrow E_{upd}$，其中：

$T=ins\ account, upd\ account.balance,\ upd\ account.rate$

$C=\Pi_{balance,rate}(\delta_{balance<500\wedge rate>0}\Delta(account))$

$E_{upd}=\varepsilon[\ rate'=0]E_c$

$E_c=\delta_{balance<500\wedge rate>0}\ account$

$\Delta(account)=\text{inserted}(account)\cup new\text{-updated}(account)$

r_2：规则 *raise-rate* 描述了一个账户如果利率大于 1%但小于 2%，则这个账户的利率升到 2%。这个规则用代数语言表示为$\{T\}:C\rightarrow E_{upd}$，其中：

$T=ins\ account, upd\ account.rate$

$C=\Pi_{rate}(\delta_{rate>1 \wedge rate<2}\Delta(\text{account}))$

$E_{\text{upd}}=\varepsilon[\ rate'=2]E_c$

$E_c=\delta_{rate>1 \wedge rate<2}\ account$

$\Delta(\text{account})=inserted(\text{account})\cup \text{new-}updated(\text{account})$

r_3：规则 *BJ-bonus* 描述了当住在北京的客户数目超过 1000 时，则所有账户余额大于 5000，利率小于 3%的所有北京账户的利率增加 1%。这个规则用代数语言表示为$\{T\}:C\rightarrow E_{upd}$，其中：

$T=ins\ customer, upd\ customer.city$

$C=\Pi_{city,\text{c}}(\delta_{\text{c}>1000}(\text{A}[C=\text{count}(name)](\delta_{city=\text{'BJ'}}\ customer)))$

$E_{upd}=\varepsilon[\ rate'=rate+1]E_c$

$E_c=(\delta_{balance>5000 \wedge rate<3}\ account)\ltimes(\delta_{city=\text{'BJ'}}\ customer)$

r_4：规则 *start-bad* 描述了如果一个账户的余额小于 500，并且在 *low-acc* 关系中未被记录一个空的结束日期，则这个账户被插入关系 *low-acc* 中，使用当前日期作为开始日期，结束日期为空。这个规则用代数语言表示为$\{T\}:C\rightarrow E_{ins}$，其中：

$T=ins\ account, upd\ account.balance$

$C=\Pi_{\text{num},balance}((\delta_{balance<500}(\Delta(\text{account}))\overline{\ltimes}(\delta_{end=\text{null}}low-acc))$

$E_{ins}=\varepsilon[start=\text{today}()]\varepsilon[end=\text{null}]\Pi_{num}((\delta_{balance<500}\ account)\overline{\ltimes}(\delta_{end=\text{null}}low-acc))$

$\Delta(account)=\text{inserted}(account)\cup new\text{-updated}(account)$

today()是一个系统定义函数，返回当前日期。

r_5：规则 *end-bad* 描述了如果一个在关系 *low-acc* 中有空的结束日期的账户在关系 *account* 中余额小于 500，则将它的结束日期设为当前日期。这个规则用代数语言表示为$\{T\}:C\rightarrow E_{ins}$，其中：

$T=upd\ account.balance$

$C=\Pi_{\text{num}}((\delta_{end=\text{null}}low\text{-}acc)\ltimes(\delta_{balance>=500}\Delta(account)))$

$E_{upd}=\varepsilon[end'=\text{today}()]((\delta_{end=\text{null}}low-acc)\ltimes(\delta_{balance>=500}\ account)$

$\Delta(account))=new\text{-updated}(account)$

r_6：规则 decrease-*bad* 描述了如果一个账户的余额低的日期总数大于 50(记录在关系 *low-acc* 中)并且账户余额在 500 和 1000 之间，则它的利率在关系 *account* 中被设为 1%。这个规则用代数语言表示为$\{T\}:C\rightarrow E_{upd}$，其中：

$T=ins\ account.balance, upd\ account.balance, upd\ account.rate, inslow\text{-}acc, upd\ low\text{-}acc.start, updlow\text{-}acc.end$

$C=\Pi_{\text{num}}((\delta_{rate>1 \wedge balance>=500 \wedge balance<=1000}\ account)\ltimes(\delta_{D>50}\text{A}[D=\text{sum}(end\text{-}start);\text{num}]low\text{-}acc)))$

$E_{upd}=\varepsilon[rate'=1]((\delta_{rate>1 \wedge balance>=500 \wedge balance<=1000}\ account)\ltimes(\delta_{D>50}\text{A}[D=$

sum(*end-start*);num] *low-acc*))

9.3.2 C-A 规则的代数语言

在 C-A 规则中,触发事件被忽略。一个 C-A 规则当数据任何时候被更新至满足这个规则的条件时被触发。一个 contion-action 规则用代数语言定义为 $C \rightarrow A$,其中 C 为用扩展关系代数表示的条件表达式,A 为规则的动作,即用 E_{ins}、E_{del} 或 E_{upd} 表示的数据更新操作。

当规则 $C \rightarrow A$ 被评价时,条件 C 为真当且仅当条件变换 ΔC 非空。即当查询产生新的元组时条件为真。这个对 C-A 规则条件的解释是 C-A 规则和 E-C-A 规则的最大区别。动作 A 是在当前数据库状态上执行的数据更新操作,等价于 E-C-A 规则中的动作。

例 9.5 一个用代数语言表达 C-A 规则的例子,规则描述见例 9.4。

r_1:规则 *bad-account* 表示为 $C \rightarrow E_{upd}$,其中:

$C = \Pi_{balance, rate}(\delta_{balance<500 \wedge rate>0}\ account)$

$E_{upd} = \varepsilon[\ rate' = 0]E_c$

$E_c = \delta_{balance<500 \wedge rate>0}\ account$

r_2:规则 *raise-rate* 表示为 $C \rightarrow E_{upd}$,其中:

$C = \Pi_{rate}(\delta_{rate>1 \wedge rate<2}\ account)$

$E_{upd} = \varepsilon[\ rate' = 2]E_c$

$E_c = \delta_{rate>1 \wedge rate<2}\ account$

r_3:规则 BJ-*bonus* 表示为 $C \rightarrow E_{upd}$,其中:

$C = \Pi_{city, c}(\delta_{c>1000}(\mathrm{A}[C = \mathrm{count}(name)](\delta_{city=\text{'BJ'}}\ customer)))$

$E_{upd} = \varepsilon[\ rate' = rate + 1]E_c$

$E_c = (\delta_{balance>5000 \wedge rate<3}\ account) \ltimes (\delta_{city=\text{'BJ'}}\ customer)$

9.4 C-A 规则的活化关系分析

规则 r_i 的动作如果产生新的数据满足 r_j 的条件,则说规则 r_i 能活化规则 r_j。

定义 9.4 考虑两个 C-A 规则 $r_i: C_i \rightarrow A_i$ 和 $r_j: C_j \rightarrow A_j$。如果动作 A_i 的执行能改变数据库的状态从 $\Delta C_j = \varnothing$ 到 $\Delta C_j \neq \varnothing$,则 r_i 能活化 r_j。

我们使用传播算法来确定一条边 $r_i \rightarrow r_j$ 是否在活化图中。因为规则能活化它们自身,所以可能存在边 $r_i \rightarrow r_i$ 在活化图中。为了确定规则 r_i 是否能活化 r_j,我们对 r_j 的条件 C 和规则 r_i 的动作 A 运用传播算法。如果传播算法产生 insert 或 update 操作,则 r_i 的执行可能产生新的数据满足 r_j 的条件。因此,r_i 能活化 r_j,边 $r_i \rightarrow r_j$ 在活化图中。如果传播算法仅仅产生 delete 操作或无任何操作产生,则 r_i

的执行不能产生新的数据满足 r_j 的条件，边 $r_i \rightarrow r_j$ 不在活化图中。

例 9.6　考虑规则 *bad-account*(r_1)和 *raise-rate*(r_2)，规则的代数语言定义见例 9.5。这两个规则的条件都引用了属性 *rate*，并且规则的动作都更新了 *rate*。因此，直观上来看，这两个规则可能彼此活化。在例 9.5 中我们显示了 r_2 的动作可能提供数据满足 r_1 的条件(因为 insert 和 update 操作被传播算法产生)，因此边 $r_2 \rightarrow r_1$ 在活化图中。现在我们使用传播算法 9.1 确定 r_1 是否能活化 r_2。算法的输入为

$$C = \Pi_{rate}(\delta_{rate>1 \wedge rate<2}\ account)$$

$$A = E_{upd} = \varepsilon[rate' = 0](\delta_{balance<500 \wedge rate>0}\ account)$$

(注：C 对应于算法 9.1 输入中的查询 Q，A 对应于算法 9.1 输入中的修改 M)

E_{upd} 的更新类型为 update 更新，所以应用表 9.4 中的传播规则进行传播。经由 C 中的选择操作传播有

$$E'_{ins} = p_{new}((\delta_{rate'>1 \wedge rate'<2} E_{upd}) \overline{\ltimes} (\delta_{rate>1 \wedge rate<2} E_{upd}))$$

$$E'_{upd} = (\delta_{rate'>1 \wedge rate'<2} E_{upd}) \ltimes (\delta_{rate>1 \wedge rate<2} E_{upd}))$$

$$E'_{del} = p_{old}((\delta_{rate>1 \wedge rate<2} E_{upd}) \overline{\ltimes} (\delta_{rate'>1 \wedge rate'<2} E_{upd}))$$

因为 $rate'>1$ 和 $rate'=0$ 相矛盾，因此表达式 E'_{ins} 和 E'_{upd} 是非一致的被去除。E'_{del} 经由 C 中的投影操作传播产生：

$$E''_{del} = \Pi_{rate} E'_{del}$$

这个操作是可满足的，因此 r_1 的动作能从 r_2 的条件中删除元组。算法 9.1 的输出为 $\Pi_{rate} E'_{del}$，因为 insert 和 update 操作都没有被产生，所以 r_1 不能活化 r_2，边 $r_1 \rightarrow r_2$ 不在活化图中，即我们的分析可准确地判定出 r_1 和 r_2 不能彼此活化。

当一个 E-C-A 规则集中一个自惰化规则都不存在时，活化图不能为基于触发图的规则集可终止性分析提供有用的信息。自惰化规则等同于 quasi-C-A 规则，判定一个 E-C-A 规则是否真正为 quasi-C-A 规则对于规则集行为分析具有重要的意义。

由本章第 9.3.1 节中可知：C-A 规则当条件为真时被活化，但规则的条件为真是作为在规则转换期间发生的更新的结果。一个 E-C-A 规则被活化的条件为：

(1) 它被一个在规则转换期间产生的事件触发；

(2) 它的条件在当前数据库状态下为真。

为了将上节中对 C-A 规则进行活化分析的方法应用到 E-C-A 规则中，E-C-A 规则必须在规则活化方面跟 C-A 规则一样。我们识别出一类称为 quasi-C-A 的规则，这类规则尽管有 E-C-A 规则的执行语义，但在被活化方面等价于 C-A 规则，即自惰化规则。

定义 9.5　对于一个 E-C-A 规则 r，如果下列条件对所有可能的规则转换和相关的数据库状态为真，则 r 是 quasi-C-A 规则。

(1) 如果 $\Delta C\neq\varnothing$,则 r 被规则转换触发。也就是说,当一个与 r 相应的 C-A 规则能被活化时,r 总被触发。

(2)如果规则 r 被规则转换触发并且 $C\neq\varnothing$,则 $\Delta C\neq\varnothing$。也就是说,如果规则 r 被触发,并且它的条件 C 在当前数据库状态下为真,则一个与之相应的 C-A 规则的条件能够在此转换中为真。

为了从 E-C-A 规则中识别出 quasi-C-A 规则,我们区分两类 E-C-A 规则并分别进行讨论:①引用了 delta 关系;②没有引用 delta 关系。

为使 quasi-C-A 规则定义中的条件(1)成立,r 的触发事件集必须包含所有可使条件 C 变为真的更新。也就是,这些更新可使 ΔC 为非空集合。我们将这些事件称之为条件 C 的相关事件 $e(C)$。已知条件 C,可以由 C 推导出集合 $e(C)$。

为使 quasi-C-A 规则定义中的条件(2)成立,若在规则处理过程中 C 相对于它上一次评价产生了新的元组,则 C 必须为非空集合。由本章第 9.3.1 节中可知,C 只在当前数据库状态下评价,与以前的(规则转换之前)的状态无关。这样,不能保证当 r 被触发时有 $\Delta C\neq\varnothing$。为了使定义中条件(2)成立,必须保证被条件 C 选择的所有数据被此次规则转换所更新或删除。这样才会保证若 $C\neq\varnothing$时,C 被新数据所满足,即有 $\Delta C\neq\varnothing$。在此次规则转换过程中,唯一被执行的规则为 r。故若 r 的动作 A 更新或删除为 C 所选中的所有数据时,条件(2)成立。

为了检验是否 A 更新或删除了被 C 所选中的所有数据,对 C 和 A 运用传播算法,若传播算法产生的负更新 E^{-} 包含 C,则可保证 C 的查询结果中所有数据被 A 删除或更新。

下面定理 9.2 可用来判定没有引用 delta 关系的 E-C-A 规则是 quasi-C-A 规则。

定理 9.2 假设一个没有引用 delta 关系的 E-C-A 规则 r:{T}:$C\rightarrow A$。$e(C)$ 表示 C 的相关事件,对 C 和 A 应用传播算法产生负修改 E^{-}。如果满足:(1)$e(C)\subseteq T$;(2) $C\subseteq \mathrm{E}^{-}$。则规则 r 是 quasi-C-A 规则。

证明 要证明定理结论成立,必须证明当定理前提条件(1)和(2)满足时,定义 9.5 中识别 quasi-C-A 规则(即自惰化规则)的条件(1)和(2)必须同时满足。考虑任意一对数据库状态和这两个状态之间的规则转换,当有 $\Delta C\neq\varnothing$时,根据 $e(C)$的含义可知此时 $e(C)$中一定有一个事件发生。因为满足定理条件(1)即满足 $e(C)\subseteq T$,故此时规则 r 总是能够被触发。即满足定义 9.5 中条件(1)。

下面证明能否满足定义 9.5 中条件(2)。若规则 r 一直未被规则处理过程执行,则 $Cold=\varnothing$。因此,此时若 r 被触发且$C\neq\varnothing$,则有 $\Delta C\neq\varnothing$。若规则 r 一直已被规则处理过程执行,将规则 r 的转换表示为 $d\xrightarrow{t_1}d'\xrightarrow{t_2}d''$,$d$ 和 d'表示紧接着 r 的上一次执行前后的数据库状态,d''表示 r 此次被评价时的当前数据库状态。t_1

表示因为 r 的动作 A 的执行产生的转换，t_2 则包括了状态 d'转变为 d''时所发生的所有数据库变化。由定理条件(2)可知，r 的条件 C 读取的所有数据将在转换 t_1 中被 r 的动作 A 删除或更新。用 C'表示 r 的条件 C 在状态 d'时被评价的结果，则可能产生以下几种情形：

① $Cold$ 中所有数据已被删除即 $C'=\varnothing$；或

②已被更新的数据不再满足 r 的条件，故 $C'=\varnothing$；或

③已被更新的数据仍然满足 r 的条件即 $C'\neq\varnothing$，因为 $Cold$ 中的数据已更新，故 $\Delta C=C'-Cold\neq\varnothing$。

在①和②这两种情形下，若 r 被触发且 $C\neq\varnothing$，则由 t_2 产生的数据库元组满足 r 的条件 C 且有 $\Delta C\neq\varnothing$。在情形③时，由上述已有的证明可知此时满足定义 9.5 中条件(1)，即此时 r 总是能够被触发。故定义 9.5 中条件(2)也满足。

由于定理前提条件(1)和(2)满足时，定义 9.5 中识别 quasi-C-A 规则（即自惰化规则）的条件(1)和(2)也同时满足，即可判定满足定理前提条件(1)和(2)的规则即为 quasi-C-A 规则。故定理结论成立。证毕。

下面讨论什么条件下引用了 delta 关系的 E-C-A 规则是 quasi-C-A 规则。

若条件 C 引用了 delta 关系，并且下列条件为真，则称它是递增的：(1)如果 C 包含了联接(union)操作符，则 unions 的所有操作数都为 delta 关系。(2)如果 C 中包含了反半联接(antisemijoin)操作符，则第一个操作数是 delta 关系。这些限制可保证在 C 被评价后，因为它的 delta 关系变为空而导致 $C=\varnothing$。条件 C 的相关 delta 事件集合 $e\Delta(C)$表示相应于"正面"出现在 C 中的 delta 关系的所有事件。所谓"正面"出现在 C 中的 delta 关系指这些关系不会出现在一个反半联接操作的第二个操作数中。若 C 是递增的，仅当 C 中某个正面的 delta 关系为非空集合才有 $C\neq\varnothing$。因此，为保证 quasi-C-A 规则定义中的条件(1)成立，r 的触发事件集必须包含 $e\Delta(C)$。如果条件 C 是递增的，则 C 被评价后有 $C=\varnothing$；而且只有 C 被评价之后发生的改变才会导致再次出现 $C\neq\varnothing$。这样，quasi-C-A 规则定义中的条件(2)成立。

定理 9.3　假设一个在其条件 C 中引用了 delta 关系的 E-C-A 规则 $r:\{T\}:C\rightarrow A$。$e\Delta(C)$表示 C 的相关 delta 事件。如果满足：

(1) C 是递增的；

(2) $e\Delta(C)\subseteq T$。

则规则 r 是 quasi-C-A 规则。

证明　要证明定理结论成立，必须证明当定理前提条件(1)和(2)满足时，定义 9.5 中识别 quasi-C-A 规则（即自惰化规则）的条件(1)和(2)必须同时满足。因为 r 的条件 C 是递增的，当 C 被评价后，由条件递增的含义可知，被 C 引用的所有 delta 关系全部有效地变为空。因为 C 是递增的，故 $\Delta C\neq\varnothing$仅当 C 中某个正面的

delta 关系产生了新的元组，即其为非空集合。由定理条件(2)可知 $e\Delta(C)\subseteq T$，因此 r 总是能够被触发。即保证了满足定义 9.5 中条件(1)。因为 C 是递增的，故规则转换开始时 $Cold=\varnothing$，当 $C\neq\varnothing$ 时一定满足 $\Delta C\neq\varnothing$。即满足了定义 9.5 中条件(2)。

由上述证明可知当定理前提条件(1)和(2)满足时，定义 9.5 中条件(1)和(2)也同时满足。故结论成立。证毕。

下面给出一个判定 Quasi-C-A 规则的例子。

例 9.7　确定例 9.4 中的 E-C-A 规则是否是 quasi-C-A 规则。

r_1：规则 *bad-account* 是 quasi-C-A 规则，因为 C 是递增的并且 $T=e\Delta(C)$。

r_2：规则 *raise-rate* 是 quasi-C-A 规则，因为 C 是递增的并且 $T=e\Delta(C)$。

r_3：规则 BJ-*bonus* 不是 quasi-C-A 规则，虽然 $T=e(C)$，动作 E_{upd} 仅仅修改在关系 *account* 中的数据，这些数据在 C 中不被引用。(因此对 C 和 E_{upd} 运用传播算法所得结果明显为空)。

r_4：规则 *start-bad* 是 quasi-C-A 规则，因为 C 是递增的并且 $T=e\Delta(C)$。

r_5：规则 *end-bad* 是 quasi-C-A 规则，因为 C 是递增的并且 $T=e\Delta(C)$。

r_6：规则 decrease-*bad* 是 quasi-C-A 规则，因为 C 没有引用 delta 关系，$T=e(C)$；E_{upd} 通过 C 传播后产生一个包含 C 的动作 E'_{del}。

小　　结

这一章详细介绍了一种代数分析方法，可用来较精确地描述规则之间的活化关系。

较为深入讨论和描述了代数传播算法(algebraic propagation algorithm)，用来确定一个数据库查询如何被一个数据修改操作所影响。首先描述算法输出的结构，再描述算法本身、算法传播规则。

第 10 章　基于活化路径的分析方法

10.1　分析的基础

虽然目前在静态分析方法研究上已有相当的研究成果，但经过详细的分析，发现现有的分析方法在本书采用的规则执行模式下仍然存在着不足，即有一些规则集被现有方法判定为可能具有不可终止性而实际上他们是可终止的。为此，我们首先进行了主动规则集的特征分析，提出了更精确地描述主动规则集特性的几个概念：触发可达、活化可达、活化路径和活化路径集。其次，由于 TG 环中任一规则的活化路径可能由不在同一个 TG 环中或不为同一 TG 环触发可达的规则组成，因此必须分析活化路径同步执行对 TG 环执行的影响。除此之外，本章还分析了基于条件公式的分析方法的不足，并在此基础上给出基于活化路径建立条件公式的思路和相应的分析方法。

10.1.1　可达概念的分析

下面简单地介绍用来描述主动规则集特征的两个主要概念：不可归约规则集和可达。

定义 10.1　若在一个规则集 R 中存在两个规则 r' 和 r''(可能相同)且有 $<r', r_j> \in$ AG 和 $<r'', r_j> \in$ TG，则称规则 r_j 可由规则集 R 直接可达；若规则 r_j 可由规则集 R 直接可达或存在可由 R 直接可达的两个规则 r_a 和 r_t(可能相同)使得 $<r_a, r_j> \in$ AG 和 $<r_t, r_j> \in$ TG，则称规则 r_j 由 R 可达。

定理 10.1　任何一个非终止规则集在触发图 TG 和活化图 AG 中都至少应包含一个环。一个非终止规则集中任意一个规则可由属于触发图 TG 的环或活化图 AG 的环或同时存在于 TG 和 AG 的环内某个规则 r 可达。

从下面的例子中我们能明显地看出基于“可达”概念的定理 10.1 的不足。

例 10.1　图 10.1 表示一个规则集的触发图和活化图，实线表示触发弧而虚线表示活化弧。

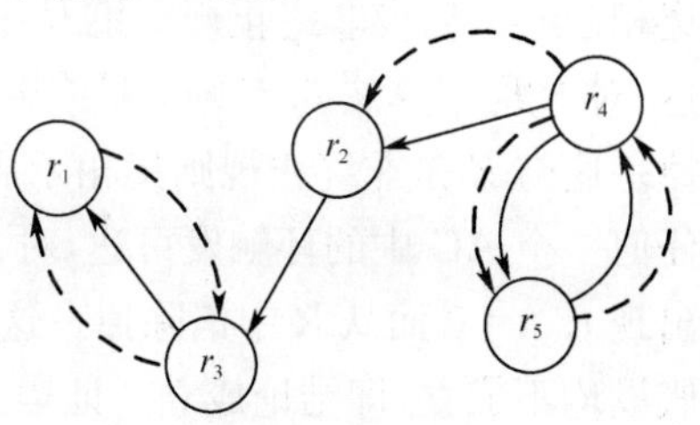

图 10.1　与例 10.1 相关的触发图和活化图

由于图 10.1 中每个规则都处于一个触发环中并且每次自惰化后均可以再次被活化，此规则集经过算法 6.2 处理是一个不可归约规则集,由定义 10.3 可知它是非终止规则集。$\{r_4, r_5\}$是一个在 TG 和 AG 中均为环的规则集而$\{r_1, r_3\}$是能形成活化环的规则集。根据定理 10.1 可推断属于非终止规则集的 r_3 应能由$\{r_4, r_5\}$或$\{r_1, r_3\}$可达。但直接根据定义 10.4 的"可达"概念并不能得出此结论,因为规则集$\{r_4, r_5\}$和$\{r_1, r_3\}$中不存在可由它们可达的两个规则 r_a 和 r_t,使得$< r_a, r_3 > \in$ AG 和$< r_t, r_3 > \in$ TG。为了克服这种描述非终止规则集特性的不足,故本书给出一种触发可达和活化可达的概念。

定义 10.2 若规则集 R 中存在一个规则 r_i 且有$< r_i, r_j > \in$ TG,则称规则 r_j 可由规则集 R 直接触发可达;若规则 r_j 可由规则集 R 直接触发可达或存在可由 R 直接触发可达的一个规则 r_t 使得$< r_t, r_j > \in$ TG,则称规则 r_j 由 R 触发可达。

例 10.1 在图 10.1 中,r_2 可由$\{r_4, r_5\}$直接触发可达,r_3 可由$\{r_4, r_5\}$触发可达。

定义 10.3 若规则集 R 中存在一个规则 r_i 且有$< r_i, r_j > \in$ AG,则称规则 r_j 可由规则集 R 直接活化可达;若规则 r_j 可由规则集 R 直接活化可达或存在可由 R 直接活化可达的一个规则 r_a 使得$< r_a, r_j > \in$ AG,则称规则 r_j 由 R 活化可达。

例 10.2 在图 10.1 中,r_2 可由$\{r_4, r_5\}$直接活化可达,也称之为可由$\{r_4, r_5\}$活化可达。

从定义 10.1 可知"可达"概念同时具有"触发可达"和"活化可达"的含义,由例 10.1 可知用它来描述非可终止规则集的特性存在不准确性。我们提出下面的定理修正定理 10.1 的不足。

定理 10.2 任何一个非终止规则集在触发图 TG 和活化图 AG 中都至少应包含一个环。一个非终止规则集中任意一个规则可由属于触发图 TG 的环触发可达,同时可由属于 AG 中的环活化可达。

证明 (反证法)假设一个非终止规则集 R 并不包含任何一个 TG 中的环。根据定义 10.3,对 R 应用算法 6.2,则 R 中必有一个规则 r 最终因为被算法 6.2 处理出现 $r.T=0$ 而从 R 中消除掉。这与 R 是非终止规则集相矛盾。假设 R 不包含任何一个 AG 中的环,根据定义 10.3,对 R 应用算法 6.2,则 R 中必有一个规则 r 最终因为被算法 6.2 处理出现 $r.A=0$ 而从 R 中消除掉。这与 R 是非终止规则集相矛盾。假设非终止规则集 R 中有一个规则 r 不被任何一个 TG 中的环触发可达,对 R 应用算法 6.2,则 r 最终因为被算法 6.2 处理出现 $r.T=0$ 而从 R 中消除掉。这与 R 是非终止规则集相矛盾。假设非终止规则集 R 中有一个规则 r 不被任何一个 AG 中的环触发可达,对 R 应用算法 6.2,则 r 最终因为被算法 6.2 处理出现 $r.A=0$ 而从 R 中消除掉。这与 R 是非终止规则集相矛盾。由上述证明可知假设均不成立,即结论成立。证毕。

触发可达和活化可达的概念成为我们下面进行规则行为分析的基础,在它们的基础上将定义其他的定义和讨论与研究相关的性质、定理。

10.1.2　活化路径和活化路径集

若一个规则可活化另一个规则，这种活化关系可以无限次地或有限次地被维持。仅仅知道一个规则能被另一个规则活化是不够的，为了表达规则之间的可无限次维持的活化关系，本节将给出活化路径和活化路径集等概念。

定义 10.4　若存在 $<r_i, r_j> \in$ TG，则称规则 r_i 是 r_j 的触发规则；若存在 $<r_i, r_j> \in$ AG，则称规则 r_i 是 r_j 的活化规则。

例 10.3　在图 10.1 中，r_4 既是 r_2 的触发规则，也是 r_2 的活化规则。

定义 10.5　在活化图 AG 中，形如 $(r_0, \cdots, r_n, r_0)$ 的路径称之为 AG 环。

与 AG 环相应的 TG 环的定义可见第 6 章中定义 6.15。

例 10.4　在图 10.1 中，$<r_1, r_2, r_3, r_1>$ 是一个 TG 环，$<r_1, r_3, r_1>$ 是一个 AG 环。

定理 10.3　在 AG 中，若规则 r 不在任何一个 AG 环中且不被任一个 AG 环活化可达，则 r 必有限次执行。

证明　通过算法 6.2 处理，满足定理的前提条件的规则 r 必有 $r.A=0$，即规则 r 在 AG 中没有一条入边，根据引理 6.2，r 必有限次执行。证毕。

由引理 6.2 和定理 10.3 可知，只看一个规则能否受到活化规则的活化作用是不够的，因为这种活化作用可能是有限次的，即活化规则不能表示活化作用的存在周期。为了表示一个规则可能受到的"无限次"活化作用，本书采用由活化环、活化规则定义规则的活化路径和活化路径集。

定义 10.6　若 r_a 是 r 的一个活化规则，与活化边 $<r_a, r> \in$ AG 相关的活化路径 P_a 定义如下：

(1) 若 r_a 包含在一个活化环 R_a 中，则 P_a 表示为 R_a。

(2) 若 r_a 可由一个活化环 R_a 活化可达且 $r_a \notin R_a$，则 P_a 表示为 $R_a \cup p'$，p' 为具有下述特性的一条路径：

① r_a 可沿 p' 由 R_a 活化可达，但 p' 不含 R_a 中任一规则；

② p' 是极小化的，即消除 p' 上任一规则，则不再具有特性①。

例 10.5　在图 10.2 中，r_1, r_2, r_3, r_4 和 r_5 的活化路径均表示为 AG 环 $R_1'\{r_1, r_2, r_4, r_3\}$，而 r_6 的活化路径为 (R_1', r_5)。

定义 10.7　一个规则 r 的活化路径集由它的所有活化路径组成，记作 $\text{PathSet}_{act}(r)$。

定理 10.4　在活化图 AG 中能无限次地活化 r 的所有路径必包含在 r 的活化路径集中。

证明　根据定理 10.3、定义 10.6、定义 10.7 可知定理成立。

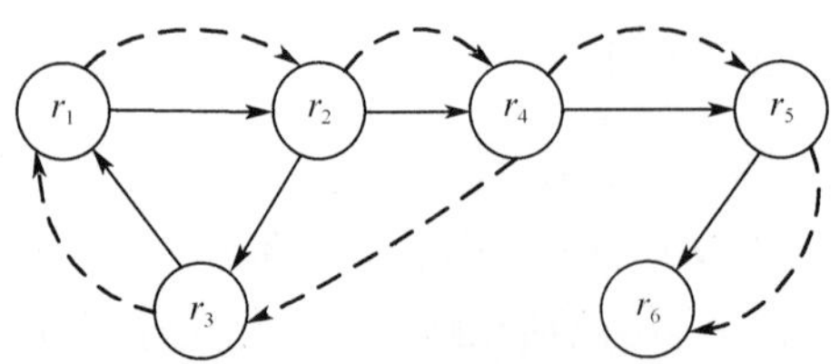

图 10.2　与例 10.5 相关的触发图和活化图

10.2　基于活化路径和同步关系的分析方法

10.2.1　活化路径同步执行对 TG 环执行的影响

活化路径同步执行对 TG 环执行的影响有时是很大的。下面举一个实例进行说明。

例 10.6　图 10.3 中含有两个 TG 环 $R_1\{r_1, r_2, r_3\}$、$R_2\{r_4, r_5, r_6\}$和一个 AG 环 $R_1'\{r_1, r_2, r_4, r_3\}$。触发边用实线表示，活化边用虚线表示，图中表示的规则都是自惰化规则。在本书前面所述的规则执行语义下，R_1 和 R_2 不能同时同步执行。运用归约算法 6.2，不能消除任何一条边，即由定义 10.2、定义 10.3 判定此规则集具有不可终止性。当 R_1 中任一规则被系统触发时，r_4 不能同时被触发。由于不能得到来自 r_4 的活化作用，r_3 的条件在自惰化后变为假，R_1 因为 r_3 的可终止执行而终止。此时，由于不存在任一个不可终止 TG 环，此规则集表现出可终止行为。同样地，若 R_2 中任一规则被系统触发，也可以得出此规则集是可终止的。因此，此规则集总表现出可终止性。其他判定方法由于没有考虑活化关系，故不能对该规则集作可终止性判定。下面所给出的方法将直接对此规则集的可终止性作出准确的判定。

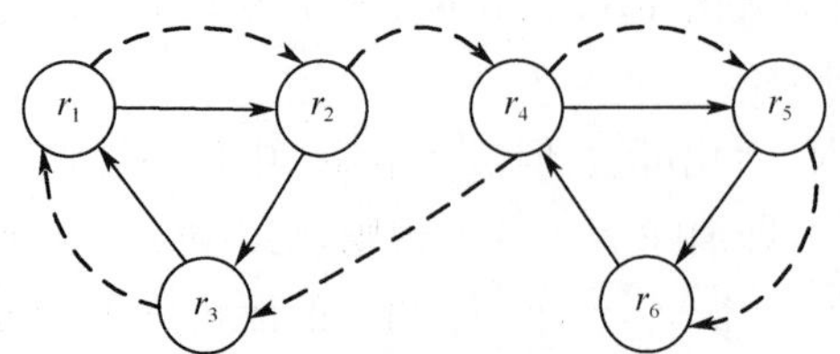

图 10.3　与例 10.6 相关的触发图和活化图

引理 10.1　R 表示任意一个规则集，$S\subseteq R$ 且 S 是 R 中只含有有限次执行规则的子集。若 r 是 R 中被 S 包含的任意一个规则，并且满足如下条件之一：

(1) 在触发图 TG 中具有只来自于 S 中规则的入边；

(2) 在活化图 AG 中具有只来自于 S 中规则的入边。

则 r 只能有限次被执行。

证明　考虑最坏的一种情况：在 TG 中 r 具有只来自于 S 中所有规则的入边。n 表示 S 中所有规则可执行的总次数，因为 S 中含有的规则只有限次被执行，故 n 是有限的。r 只有当它的一个触发事件生成时才能被执行，并且若它的触发事件是因为一次事务处理所产生，则至多发生一次；若它的触发事件是因为 S 中规则的执行而产生，则至多发生 n 次。因此，r 只能有限次被执行。若 r 在 TG 中具有只来自于 S 中规则的入边，可以得到同样的结论：r 只有当它的条件为真时才能被执行，而它的条件只能使有限次被执行变为真。由上述证明可知结论成立。证毕。

定理 10.5　在任何用户定义的事务中，规则集 R 中不属于它的不可归约规则集 I 的规则一定只能有限次被执行。

证明　归约算法即算法 6.2 只能执行有限次 while 循环，循环次数最多等于 R 中规则个数。证明本定理结论可以通过对归约算法执行的循环次数进行归纳证明来完成。

(1) 归纳基础：外部的 for 循环将在 TG 中没有任何入边或在 AG 中没有任何入边的所有规则保存到 L 中。由引理 6.2 可知，所有这些规则可保证是有限次被执行(实际上，当一个用户事务既触发又活化这些规则，则它们至多只执行一次)。

(2) 归纳：假设归约算法执行到第 i 次循环时，得到一个规则集 $R^{(i)}$，并且可保证有限次执行的规则已从此规则集中移出。

当执行归约算法的第$(i+1)$次循环从 R 中移去一个可以保证有限次被执行的规则。在归约算法的第$(i+1)$次循环中，从 L 中选择一个准备移出的规则，也就是选择一个在 $TG^{(i)}$ 中没有任何入边或在 $AG^{(i)}$ 中没有任何入边的规则。因此，选中的规则只能被归约算法在第$(i+1)$次循环之前已消除的规则所触发且活化，由归纳假设可知这些已被消除的规则只能有限次被执行。因此，由引理 10.1 可知在第$(i+1)$次循环中从 L 中选中的规则只能有限次被执行。即归约算法的第$(i+1)$次循环从 R 中移去一个可保证有限次被执行的规则。归纳结束，故结论成立。证毕。

定理 10.6　在不可归约规则集 I 中的所有规则可能无限次被执行。

证明　为了证明的方便，在 I 的规则上定义一个任意的处理顺序：$r_1,\cdots,r_n$。同时，引入两个集合：集合 TR 包含所有已触发的规则，集合 AR 包含所有已活化的规则。TR 和 AR 在规则处理过程中发生动态变化。考虑以下用户定义的事务，此事务触发了所有规则并且使所有规则的条件为真。此事务显然表示了一种最坏的情况，因此，当规则处理过程刚开始时 $TR=I$ 且 $AR=I$。因为不支持指定规则优先级，规则处理过程能以任意的顺序选择规则，特殊地可选取顺序 r_1，$r_2,\cdots,r_n$。根据采取的规则处理过程和将规则设置为自惰化规则的设定，当每个规则 $r_i\in I$ 被执行后，r_i 从 TR 和 AR 中移出，同时所有具有来自 r_i 的入边(触发边或活化边)的规则被填加到 TR 或 AR 中。对 I 中所有的 n 个规则重复上述处理。当所有的规则被执行后,由 I 的定义可知,在 TG 中一定存在弧$<r', r_1>$,在 AG 中一定存在弧$<r'', r_1>$且$r', r''\in I$。因此,r_1 可以再次被执行。我们可以对 I 中任意一个规则 r_i 运用上述对 r_1 的处理过程,规则处理过程以 $r_i,\cdots,r_n,r_1,\cdots,r_{i-1}$的顺序处理,由 I 的定义可知在 TG 中一定存在弧$<r', r_i>$,在 AG 中一定存在弧$<r'', r_i>$且$r', r''\in I$。因此,r_i 被 TR 和 AR 同时包含,即 r_i 可以再次被执行。因此,I 内任何规则都可以无限次地循环执行。证毕。

由定理 10.5、定理 10.6 可知 R 中从其不可归约规则集中移出的规则必有限次执行。在后面的讨论中如果不做特别说明,定理中所指的规则、TG 环和 AG 环均包含在一个不可归约规则集中。

定理 10.7 不可归约规则集 R 中一个规则 r 若可以无限次执行,则其必被 R 中一个不可终止触发环 R_{T} 包含或触发可达。

证明 (反证法)假设 R 中任何一个不可终止触发环既不能包含又不能触发可达 r,则存在以下两种情况:

(1) R 中任何一个触发环既不能包含又不能触发可达 r,显然,r 必有限次被执行。由定理 10.2 知经过算法 6.2 处理有 $r.T=0$,也就是 r 可通过算法 6.2 从 R 中归约掉,即 r 必然只有有限次执行。

(2) 若一个触发环 R_1T 可以包含或触发可达 r,则 R_1T 必是可终止触发环。因为 R_1T 是可终止的,故当 R_1T 被触发执行时,r 必有有限次被触发,即 r 必有有限次执行。除此外,再无其他的情况,由(1)和(2)可知 r 是有限次执行的,这与 r 可无限次执行的前提相矛盾。即定理成立。证毕。

由定理 10.7 可知,为了分析规则集中一个规则能否被归约,应分析触发环的可终止性。同时,由定理 10.2 可知,若规则 r 无限次执行,其必然被一个活化环包含或活化可达,即 r 必然存在一条活化路径。但一个触发环和一个活化环并未有紧密联系,对于一个 TG 环 R_T 中的规则 r,包含在 r 的活化路径中的规则可能被 R_T 包含或不在 R_T 中,但可由 R_T 触发可达或既不被 R_T 包含也不能由 R_T 触发可达。这些情形将决定活化路径能否与 R_T 同步执行,进一步影响 r 能否受到活化作用,从而可决定 R_T 的可终止性。本章下面将作以下分析。

定理 10.8 令 r_0 为不可归约规则集 R 中一个触发环 R_T 的任意一个规则,若总可以找到相应于它的一个活化规则 r_a 的一个活化路径 P_a,且 P_a 被 R_T 包含,则 R_T 将具有非终止性。

证明 对于 r_0,触发环 R_T 中存在规则 r_t 且有$<r_t,r_0>\in R_T$。假设在 R_T 的第一次循环执行中,R_T 中所有自惰化规则的条件均为当前的数据库状态满足。假设的根据是,为了检测 R_T 的可终止性,先假设 R_T 是不可终止的且至少能循环执行一次,若能得到与假设矛盾的结论,则 R_T 是可终止的。否则,按最坏的假设 R_T

可能不可终止。因为 $P_a \in R_T$ 且 r_a 是 P_a 的终点，在 R_T 的执行序列中存在两种情况：

图 10.4　r_a在 r_t 之后执行　　　图 10.5　r_a在 r_t之前执行

(1) r_a在 r_t之后执行，如图 10.4 所示。则在 R_T 的第二次循环执行中，当 r_0 被 r_t 触发时，因为其已被活化规则 r_a 在 R_T 的第一次循环执行过程中所活化，故 r_0 可立即执行。

(2) r_a在 r_t之前执行，如图 10.5 所示。则在 R_T 的第二次循环执行中，当 r_0 被 r_t 触发时，因为其已被活化规则 r_a 在 R_T 的本次循环执行过程中所活化，故 r_0 可立即执行。

由(1)和(2)可知 r_0 将无限执行下去。因为 r_0 是 R_T 中的任意规则，故 R_T 可具有非终止性。证毕。

定理 10.9　令 r_0 为不可归约规则集 R 中一个触发环 R_T 的任意一个规则，若总可以找到相应于它的一个活化规则 r_a 的一个活化路径 P_a 且有如下条件之一成立，则 R_T 将具有非终止性。

(1) P_a 被 R_T 包含。

(2) 除了含有 R_T 中的规则外，P_a 中其他规则可由 R_T 触发可达，且这些规则不被任何触发环包含或只是包含在另一个可终止的触发环中。

证明　若条件(1)成立，由定理 10.8 可知 r_0 可以无限次执行。若条件(2)成立，因为 r_a 是 P_a 的终点，故其不仅可由 R_T 触发可达而且可由 R_T 活化可达。由定理 10.1 可知 r_a 能和 R_T 同步执行。对于 r_0，触发环 R_T 中存在规则 r_t 且有 $<r_t, r_0> \in R_T$，则一定存在如图 10.6 所示的两种情形：在图 10.6(a)中，r_a 被另一个可终止的触发环 R' 包含。假设在本文设定执行模式下 r'' 具有比 r_t 更高的优先级，则 r_a 总在 r_t 之前执行。很明显，这是一个最坏假设。在 R_T 的一个执行序列

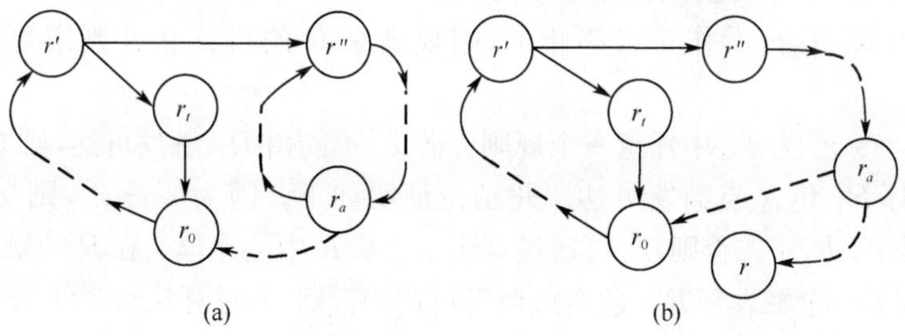

图 10.6　定理 10.7 中与 R_T 相关的触发图 TG 和活化图 AG

的任何一次循环执行过程中，当 r_0 被 r_t 触发时必已被 r_a 活化，故可无限次执行。因为 r_0 是 R_T 中的任意规则，故 R_T 可具有非终止性。证毕。

定理 10.10　令 r_0 为不可归约规则集 R 中一个触发环 R_T 的任意一个规则，若总可以找到相应于它的一个活化规则 r_a 的一个活化路径 P_a 且有如下条件之一成立，则 R_T 将具有非终止性。

(1) P_a 被 R_T 包含。

(2) 除了含有 R_T 中的规则外，P_a 中其他规则可由 R_T 触发可达且它们包含在另一个不可终止的触发环中。

证明　若条件(1)成立，由定理 10.8 可知 r_0 可以无限执行。若条件(2)成立，由定理 10.9 相关证明可知 r_a 能和 R_T 同步执行。对于 r_0，触发环 R_T 中存在规则 r_t 且有 $<r_t, r_0> \in R_T$，存在图 10.7 所示的情形：r_a 包含在另一个不可终止触发环 R' 中。若不考虑优先级，则 R_T 的执行序列可存在如下情形：

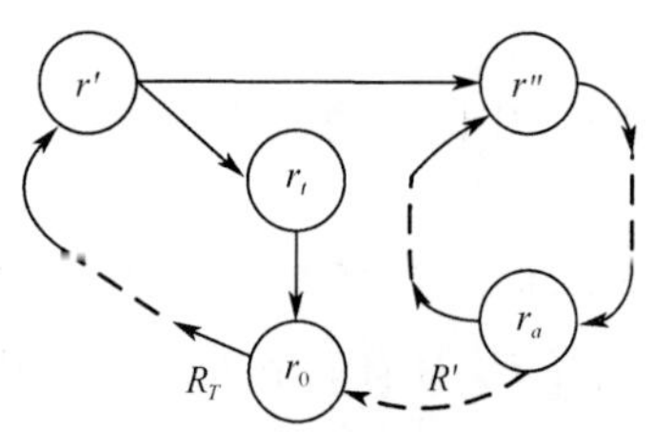

图 10.7　定理 10.8 中与 R_T 相关的触发图 TG 和活化图 AG

(1) r'' 在 r_t 之后执行。

(2) r'' 在 r_t 之前执行。

假设 r'' 具有比 r_t 高的优先级，则 r_a 总在 r_t 之前执行。因为 R' 具有不可终止性，故 R_1 的执行序列具有不可终止性。因为 r_0 是 R_T 中的任意规则，故 R_T 可具有非终止性。证毕。

定理 10.11　r 表示不可归约规则集 R 中 TG 环 R_T 包含的一个规则，P_a 表示 r 的任意一个活化路径且具有以下属性，除了含有被 R_T 包含或不被 R_T 包含，但可由 R_T 触发可达的规则外，P_a 中余下规则不能由 R_T 触发可达。则有如下结论：

(1) P_a 中包含的不能由 R_T 触发可达的规则必被 R 中另一触发环 R'_T 包含或触发可达。

(2) r' 表示 R'_T 中任意一个规则，r' 不能由 R_T 触发可达。

(3) 若 R'_T 可终止，则 R_T 必可终止。

(4) 若 R_T 不可终止，则 R'_T 必不可终止。

(5) 若 R_T 总被看作是可终止的，则规则集 R 的可终止性判定更为准确、有效。

证明　令 r' 为 P_a 中任意一个规则。若 r' 不能由 R_T 触发可达，则它必被另一个触发环 R'_T 包含或触发可达。此结论证明如下。因为 $r' \in P_a$，则 $r' \in R$ 故 $r'.A \neq 0$ 且 $r'.T \neq 0$。否则，r' 可通过算法 6.2 从 R 中消除掉。在 R 的触发图 TG 中，r' 必被另一个触发环 R'_T 包含或触发可达。否则，通过算法 6.2 处理一定存在 $r'.T = 0$，即 r' 可被消除掉。这与 $r' \in R$ 且 R 是不可归约规则集相矛盾。结论

(1)成立。

利用反证法证明结论(2)。令 r' 为 R'_T 中任意一个规则并假设其可由 R_T 触发可达,由触发可达的定义可知此时 P_a 中任意规则都可由 R_T 触发可达。这与 P_a 含有不可由 R_T 触发可达的规则的前提条件相矛盾,结论(2)成立。

结论(3)证明如下。①在图 10.8(1)和图 10.8(2)中,因为 R_T 和 R'_T 不能同步执行,故 r 不能既由 r_t 触发可达又由 r_a 活化可达。即 r 必有限次执行,故 R_T 必具有可终止性。②按最坏考虑,在图 10.8(3)和图 10.8(4)中,r_a 可触发 r。因为 R'_T 具有可终止性,故 r_a 只能有限次执行。因此 r 只能被 r_a 有限次活化,即 r 只能有限次执行。故 R_T 必然具有可终止性。由①和②可知即使在最坏情况下结论(3)成立。

利用反证法证明结论(4)。在最坏情况下如图 10.8(3)和图 10.8(4)所示,R_T 可能不可终止。假设 R_T 不可终止时 R'_T 是可终止的,显然和结论(3)矛盾。结论(3)表明若 R'_T 可终止则 R_T 必可终止,故结论(4)成立。

结论(5)证明如下。若已知 R'_T 是可终止的,由结论(3)可知 R_T 必然可终止。但若已知 R_T 是可终止的,要判定规则集 R 的可终止性还须检查 R'_T 是否可终止。因此在检验 R 的可终止性时应首先考虑 R'_T 的可终止性,而 R_T 的可终止性不加考虑,即 R_T 总可看作是可终止的。此时若 R'_T 是可终止的,R_T 必然可终止;若 R'_T 是不可终止的,可直接判定 R 是不可终止的。而且在设计规则集时,保证 R'_T 的可终止性就可同时保证 R_T 的可终止性。证毕。

定理 10.11 的前提条件,存在如图 10.8 所示的情形。

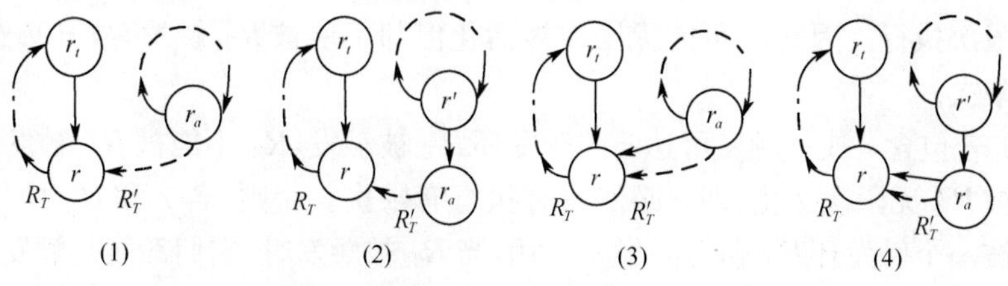

图 10.8　定理 10.9 中与 R_T 相关的触发图 TG 和活化图 AG

根据定理 10.11 的结论(5),本书将满足定理 10.11 条件的 TG 环 R_T 看作是可终止的。从而得到如下推论。

推论 10.1　r 为一个触发环 R_T 中任意一个规则,若 r 总存在一条活化路径 P_a 且 P_a 中的任一规则可由 R_T 触发可达,则 R_T 将具有非终止性。否则,R_T 必可终止。

10.2.2 有效活化路径

定义 10.8 一个可终止的 AG 环称之为禁止 AG 环。

为了判定一个禁止 AG 环给出了下述定理 10.12。

定理 10.12 R_A 表示不可归约规则集 R 中任意一个 AG 环。若 R_A 中任一规则可由一个 TG 环 R_T 触发可达，则 R_A 将具有非终止性。否则，R_A 必可终止。

证明 令 r 为 R_A 中任意一个规则。若 r 不被任何触发环包含且不能由任何触发环触发可达，采用归约算法 6.2 后 r 因为 $r.T=0$ 被消除掉，即 R_A 必是可终止的。若 R_A 中所有规则不能被同一个触发环包含或触发可达，则 R 中任一触发环被调度执行时，R_A 中至少有一个规则不能被触发而呈可终止性执行，即 R_A 必是可终止的。否则，由定理 10.2 可知 R_A 将具有非终止性。证毕。

例 10.7 图 10.3 中，R_1' 是一个禁止 AG 环。

定义 10.9 一个只可有限次执行的活化规则称之为禁止活化规则。

为了判定一个禁止活化规则给出下述定理 10.13。

定理 10.13 r 为不在任何一个 AG 环中的任意一个规则。若 r 可由一个 AG 环 R_A 活化可达并且 r 和 R_A 中任一规则均可由一个 TG 环 R_T 触发可达，则 r 可能无限次执行。否则，r 必有有限次执行。

证明 R_A 为可活化可达 r 的活化环，并且它的任意一个规则都被一个触发环 R_T 包含或触发可达，但 r 却不能这样。也就是说，r 和 R_A 不能被同一个触发环同步触发。在 R 的一个执行序列中可存在如下情形：

(1) 若包含 R_A 或可触发可达 R_A 的触发环 R_T 被触发，由定理 10.12 可知 R_A 可能无限次执行。因此，r 可能无限次被活化但却不能被 R_T 触发，故 r 必然只有执行有限次。

(2) 若包含 r 或可触发可达 r 的触发环 R_T 被触发，R_A 不能被 R_T 触发。故 r 不可能被 R_A 无限次活化，即 r 必然只有执行有限次。否则，若 r 和 R_A 中任一规则均可被一个触发环 R_T 包含或触发可达，当 R_T 被触发时，它们都能被触发。即 r 既可被一个触发环触发可达，又可以被一个活化环活化可达，由定理 10.2 知 r 可无限次执行。证毕。

例 10.8 在图 10.3 所示的例 10.6 中，r_5 只可由 R_1' 活化可达且 R_1' 是一个禁止 AG 环，可推断 r_5 是一个禁止活化规则。

定义 10.10 一个不含任何禁止 AG 环和任何禁止活化规则的活化路径称为有效活化路径。

定理 10.14 r 表示一个 TG 环 R_T 中的任意一个规则。若 r 总存在一个有效活化路径 P_a 且 P_a 中任一规则可由 R_T 触发可达，则 R_T 将具有非终止性。否则，R_T 必可终止。

证明　(1)若 r 总存在一个有效活化路径 P_a，由定理 10.12、定义 10.8、定理 10.13、定义 10.9 可知 P_a 中 AG 环和活化规则均可由一个 TG 环触发可达。若此 TG 环即为 R_T，则由推论 10.1 可知 R_T 具有非终止性；若此 TG 环不为 R_T，则由推论 10.1 可知 R_T 具有可终止性。

(2) 若 r 不存在任何一个有效活化路径，由定理 10.12、定义 10.8、定理 10.13、定义 10.9 可知 r 中的任一活化路径 P 中必存在一个禁止 AG 环或一个禁止活化规则。若存在一个禁止 AG 环，由定理 10.12、定义 10.8 可知 P 中必有一个规则(即 P 中所含禁止 AG 环中一个规则)不为任何 TG 环触发可达，即不为 R_T 触发可达；若存在一个禁止活化规则，由定理 10.13、定义 10.9 可知 P 中必有一个规则不与任何 AG 环被同一个 TG 环触发可达，即不为 R_T 触发可达。由推论 10.1 可知在(1)和(2)情况下 R_T 均具有可终止性。由(1)和(2)可知，结论成立。证毕。

10.2.3　算法描述及分析

R 表示一个任意的不可归约规则集，同时定义两个集合：$S_T=\{R_T \mid R_T$是R 中的一个 TG 环$\}$，$S_A=\{R_A \mid R_A$是 R 中的一个 AG 环$\}$。基于定理 10.12～定理 10.14，本书给出了一个主动规则集可终止性判定算法。TG 环 R_T 中所有规则形成集合记作 *Rules-Set*(R_T)，算法中 *Rules-Set* 对其他变量的意义依此类推。

算法 10.1　Refined Termi-test(利用有效活化路径的可终止性判定)

```
输入：TG环集 S_T 和 AG环集 S_A；
输出：若 R 是可终止的，则输出 true；否则，输出 false；
begin
    (1) for 每一个 AG环 R_A ∈ S_A do
            flag = true;  /*先假定 R_A 是禁止的*/
            if( ∃ R_T ∈ S_T 满足 ∀ r ∈ Rules-Set(R_A), r 可由 R_T 触发可达) then
                flag = false;  /*根据定理4.13*/
            if flag then
                R_A 标记为禁止 AG环；
    (2) for 每一个不被任何 AG环包含的规则 r ∈ R do
            flag = true;  /*先假定 r 是禁止的*/
            if( ∃ R_A ∈ S_A 满足 R_A 不是禁止的且 r 可由 R_A 活化可达) then
            if( ∃ R_T ∈ S_T 满足 ∀ r′ ∈ Rules-Set(R_A), r′ 和 r 可由 R_T 触发可
达) then
                flag = false;  /*根据定理10.13*/
            if flag then
                r 标记为禁止活化规则；
```

```
(3) for 每一个 TG 环 R_T ∈ S_T do
        sign = false;  /*先假定 R_T 不是可终止的*/
        for 每一个规则 r ∈ Rules-Set(R_T) do
          flag = true;  /*先假定 r 是可终止的*/
          if ( ∃ P_a ∈ Path-Set_act (r)满足 P_a 是有效活化路径且 ∀ r′ ∈
             Rules-Set(P_a), r′ 可由 R_T 触发可达) then
          flag = false;  /*根据定理10.14 */
          if flag then
        sign = true; break;
        if NOT(sign) then
           return(false); /* R_T 导致R 是不可终止的*/
(4) return true;  /*无任何 TG 环是不可终止的*/
end.
```

算法中计算一个 TG 环触发可达的规则集时,可选取此触发环上任一规则为起始顶点,按已知的有向图搜索算法遍历 TG,所能访问到的所有规则形成的集合即为所求。类似地可计算一个 AG 环活化可达的规则集。为突现本书的算法思想和描述算法的简便,未考虑此步的具体算法实现。判断一个规则能否由一个 TG 环(或 AG 环)触发可达(或活化可达),可通过一个元素能否为集合包含的逻辑判断实现,故本书将此操作看作基本操作。另外,规则 r 的活化路径集的求法可通过选取 r 为起始顶点,在有向图 AG 中采取逆向深度优先搜索方法,每搜索至活化环上某一点,表明得到了一个活化路径。同样,本书未考虑此步的具体算法实现。

定理 10.15 算法 10.1 是正确的、可终止的,其时间复杂度为 O(mnp),m 表示 TG 环的个数,n 表示规则个数,p 表示 R 中规则的活化路径的最大个数。

证明 (正确性)由定理 10.12 知步骤(1)是正确的;由定理 10.13 知步骤(2)是正确的;由定理 10.14 知步骤(3)是正确的。即算法 10.1 是正确的。

(可终止性)因为不可归约规则集 R 中 TG 环个数、AG 环个数、主动规则的个数、规则的活化路径个数都是有限的,故算法 10.1 可自动终止。

(时间复杂度分析)显然算法的时间复杂度由步骤(3)决定。最坏情况下,每个规则都可由任一触发环触发可达,并且每个规则都不存在一条有效路径 P_a,使得 P_a 中任一规则可由某一触发环包含或触发可达。此时,步骤(3)中的语句执行的最多次数为(mnp)。故算法的时间复杂度可表示为 $O(mnp)$。证毕。

例 10.9 下面利用算法 10.1 分析例 10.6。

(1) R_1' 中规则 r_1,r_2,r_3 只能由 R_1 触发可达,而 r_4 只能由 R_2 触发可达,故算法 10.1 步骤(1)判定 R_1' 是禁止 AG 环。

(2) 因为 R_1' 是规则集中唯一的 AG 环且是禁止的,r_5 和 r_6 只能由 R_1' 活化可达,故算法 10.1 步骤(2)判定它们都是禁止活化规则。

(3) 对 TG 环 R_1 来说,它包含的所有规则都只有一个活化路径 R_1'。因为 R_1' 是禁止的,所以无任何规则具有有效活化路径,故算法 10.1 步骤(3)判定 R_1 是可终止的。因为 R_1' 是禁止活化环且 r_5 和 r_6 是禁止活化规则,故 R_2 无任何规则具有有效活化路径,即算法 10.1 步骤(3)判定 R_2 是可终止的。R_1 和 R_2 是规则集中唯一的两个 TG 环,故算法 10.1 步骤(3)推断此规则集一定是可终止的。

10.3 相关条件公式的建立

10.3.1 TG 环的执行序列建立条件公式

为了提高基于 TG 分析主动规则集可终止性的精确性的效率,从而发现更多的可终止性情形,下面将讨论和给出一种为 TG 中一个依次触发的执行序列建立条件公式的方法,并且给出了为条件公式选择谓词的过程 PSP(predicate selection procedure),它包括两个谓词选择过程:非更新谓词选择过程和有限更新谓词选择过程。

1. 非更新谓词选择过程

非更新谓词选择过程,只选取那些不能被任一主动规则的动作执行所更新的谓词。非更新谓词有如下两类:

(1) 可评价函数,比如:$Bal<10$;

(2) 不能被任一主动规则的动作直接或间接修改的谓词或属性。

例 10.10　给定一个银行数据库,其包含以下关系:

(1) acc(*ACC*#,*Owner*,*Bal*)。

(2) bankcard(*card*#,*ACC*#)。

银行卡 *card*# 与账户 *ACC*# 相关联。每一账户可有多个银行卡,而每一银行卡只能与一个账户相关。

此数据库中指定了如下两个触发器规则:

/* 若一个银行卡丢失,则挂失并将 10 元的服务费记入持有者账户的借方 */

r_1: replace-lost-card(*card*#) if bankcard(*card*#,*ACC*#) do debit(*ACC*#,10)

/* 若借出过程中账户上的储金不够,则对储户提出警告,但允许超支 */

r_2: debit(*ACC*#,*Amt*) if acc(*ACC*#,*Owner*,*Bal*) ∧ (*Bal*<*Amt*) do alert(*Owner*,*ACC*#,'*Overdraft*')

触发事件以如下方式更新数据库:

(1) 事件 replace-lost-card 将给丢失银行卡的持卡者发一张新卡,此事件不会给关系 acc 和 bankcard 作任何更新。

(2) 事件 debit 将修改关系 acc 中 *Owner* 的账户上的余额。

(3) 事件 alert 不会对数据库更新。

以上的信息很容易从 SQL 的执行情况中抽取出来。现考虑以下公式：

bankcard(*card*♯,*ACC*♯)∧acc(*ACC*♯,*Owner*,*Bal*)∧(*Bal*<10)

谓词(*Bal*<10)因其是一个可评价函数,故其是一个非更新谓词。谓词 bankcard(*card*♯,*ACC*♯)因为没有任何规则的动作更新关系 bankcard,所以它是一个非更新谓词。谓词 acc(*ACC*♯,*Owner*,*Bal*)则由于它被规则 r_1 的动作 debit 更新而成为可更新谓词,因此利用非更新谓词选择过程,上述公式最后修改为:bankcard(*card*♯,*ACC*♯)。

2. 有限更新谓词选择过程

只选用非更新谓词的不足是使得条件公式用到的谓词较少,为使条件公式中包含更多的谓词,可利用有限更新谓词选择过程。所谓有限更新谓词(finitely-updatable predicate)指不会被任意规则动作无限次更新的谓词。为了准确地判定有限更新谓词,我们用以下算法来描述如何在可终止性判定方法中利用有限更新谓词。

算法 10.2 Finitely-Updatable Predicate(利用有限更新谓词选择过程的可终止性判定)

```
输入:规则集 R 和相关的 TG;
输出:有限更新谓词集 S,若规则集可终止,同时输出“可终止”;否则,输出“无判定结果”;
begin
    S0 ={谓词 P | P 为R 的规则中出现的谓词且不为任意规则动作更新};
    S1 = S0;
    repeat
      S0 = S1;
      for∀谓词 P∈S do
        P 标识为非更新谓词;
      运用已有的可终止性判定算法分析规则集合;
      if  ∀触发环 RT∈TG 被判定是可终止的 then
          return(S1,可终止)
      else
          RS ={规则 r∈R |∃触发环 RT∈TG 且 RT 未被判定为是可终止的,r
          ∈RT 或r 可为RT 触发可达};
          T ={谓词 P |谓词 P 为R 的规则中出现的谓词且为RS 中规则的动作
              更新};
```

```
            S1 = S1∪{谓词 P |谓词 P 为 R 的规则中出现的谓词且 P∉S1, P∉
   T }
        until S1 = S0;
    return(S1',无判定结果);
  end.
```

将算法 6.2 应用到算法 10.2 中作为主动规则集 R 的可终止性判定算法，若算法 6.2 所求得的 R 的不可归约规则集 $I=\varnothing$，则表示 R 中所有规则都是有限次被执行，即 R 是可终止的。若一个触发环 $R_T \in I$，则 R_T 未被算法标识为可终止；否则，R_T 是可终止的触发环。

定理 10.16　算法 10.2 是正确的、可终止的，其时间复杂度为 $O(mn^2)$，m 表示规则集 R 中谓词的个数，n 表示规则集 R 中规则个数。

证明　（正确性）由定理 10.5、定理 10.6 可知，当 $R_T \in I$，即 R_T 未被算法 6.2 标识为可终止，则 R_T 中规则及其触发可达的规则均可被无限次被执行。故受其动作更新的谓词必不是有限次更新谓词，这样的谓词形成算法 10.2 中的集合 T。而 S_1 中每次填加的谓词不含 T 中的谓词，即此谓词最多受不属于 I 的规则的动作更新，由定理 10.5 可知这些规则只能有限次被执行，故添加到 S_1 的谓词必然为有限次更新谓词。即算法 10.2 是正确的。

（可终止性）在最坏情况下，算法 10.2 的每次 repeat 循环只向 S_1 中添加一个谓词，且最后 R 中所有谓词都添加到 S_1 中，则 repeat 循环最多执行 m 次。由定理 10.1 可知算法 10.2 是可终止的，故算法 10.2 是可自动终止的。

（时间复杂度分析）因为在最坏情况下，算法 10.2 的每次 repeat 循环只向 S_1 中添加一个谓词，且最后 R 中所有谓词都添加到 S_1 中，则 repeat 循环最多执行 m 次。由定理 10.1 可知算法 10.1 的时间复杂度为 $O(n^2)$，故整个算法的时间复杂度为 $O(mn^2)$。证毕。

3. TG 环的执行序列及其条件公式的建立

本节研究与 TG 环定义相应的执行序列，并且为 TG 环的执行序列建立条件公式是我们的研究工作中基于活化路径建立条件公式的基础。

定义 10.11　在触发图 TG 中，形如$(r_0, \cdots, r_n, r_0)$的路径称为 TG 环。

定义 10.12　TG 环 R_T 的一个规则执行序列(RES)记作$\ll r_1, \cdots, r_n, r_1 \gg$，其中每个元素 $r_i(i=1,\cdots,n)$是互不相同的，它表示当一个用户定义的事务触发 R_T 中至少一个规则时，从 r_1 到 r_n 的循环执行。

TG 环是基于 TG 的图形概念，而 RES 则是 TG 环和规则执行语义相结合的概念描述。

例 10.11　图 10.9 中存在一个 TG 环 $R_1\{r_1, r_2, r_3\}$。按我们设定的执行模式，

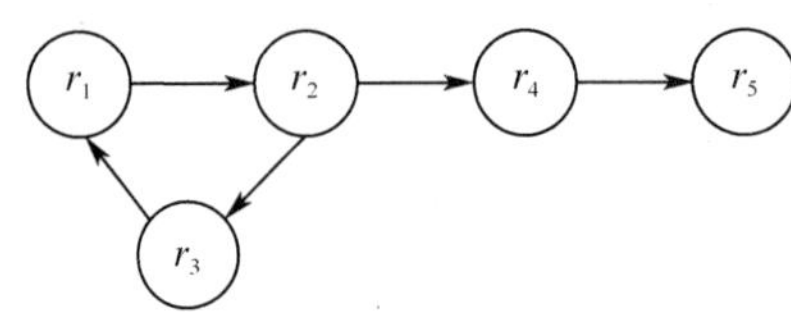

图 10.9　与例 10.11 相关的触发图

当 R_1 中任一规则被事务触发时，r_2 可触发 r_3 和 r_4。R_1 具有两个 RES：$RES_1 = \ll r_1, r_2, r_3, r_1 \gg$ 和 $RES_2 = \ll r_1, r_2, r_4, r_5, r_3, r_1 \gg$。$RES_1$ 中的规则具有依次触发的先后执行顺序，它等同于基于 TG 的执行序列的概念。RES_2 中的规则触发也具有先后顺序，但并不总是具有依次触发顺序，比如 r_5 虽先于 r_3 被触发但它并不触发 r_3。r_3 其实被 r_2 触发。R_1 的执行序列 RES_2 是基于规则系统的执行模式的选择。

根据上述分析，我们给出算法 10.4 来实现支持 TG 环的执行序列所具有的新特征。

算法 10.3　Buld_TG_C($\ll r_1, \cdots, r_n \gg$)（为 TG 环的执行序列建立条件公式的算法）

```
输入：TG 环的一个执行序列≪r1,…,rn≫和谓词选择过程 PSP；
输出：条件公式 Fact(≪r1,…,rn≫)；
begin
        (1) if n = 1 then
                C = r1.COND; /*计算一个中间的临时条件公式 C,即执行序列只有一
                                    个元素 r1*/
            else
            C′ = Fact(≪r2,…,rn≫)且 C′按 PSP 选择谓词；
            r 表示≪r1,…,rn≫中与 r2最近的触发 r2的规则；
                σ 表示 r2的事件与 r 触发 r2的动作之间的一致替换符；
                for ∀局部变量 q∈C′ do
                if q∈r then
                  重新命名 C′中的 q；   /*消除命名冲突*/
                C = r.COND ∧ C′σ;
        (2) for ∀ 谓词 p∈C do
                if p 不满足谓词选择过程 PSP then
                  p 从 C 中移出；
                  return C;
end.
```

引理 10.2　给定一个执行序列$\ll r_1, \cdots, r_n \gg$，由算法 10.3 计算的条件公式 $F_{act}(\ll r_1, \cdots, r_n \gg)$是 r_1 被执行后，能够通过 $r_2, \cdots, r_{n-1}$ 依次执行，最终使 r_n 能被执行的必要条件。

证明　由于算法 10.3 是基于 TG 环执行序列中规则 $r_1, \cdots, r_n$ 的递归计算过

程，故可采用基于递归计算的层次 n 进行数学归纳证明。

(1) 归纳基础：当 $n=1$ 时，算法 10.3 计算 $F_{act}(\ll r_n \gg) = r_n.COND$。要想 r_n 被执行，必须要求 r_n 的条件为真，即当前数据库状态满足 $r_n.COND$。

(2) 归纳：假设当 $n=k$ 时，计算的条件公式 $F_{act}(\ll r_{n-k+1}, \cdots, r_n \gg)$ 满足条件，即执行序列中通过 $r_{n-k+1}, \cdots, r_{n-1}$ 的执行，是使 r_n 可执行需要满足的必要条件。

我们要证明当 $n=k+1$ 时，计算的条件公式 $F_{act}(\ll r_{n-k}, r_{n-k+1}, \cdots, r_n \gg)$ 满足条件。由于递归计算过程中当 $n=k$ 时，计算的条件公式 $F_{act}(\ll r_{n-k+1}, \cdots, r_n \gg)$ 已经满足条件。设在执行序列 $\ll r_1, \cdots, r_n \gg$ 中最近触发 r_{n-k+1} 的规则为 r(一般为 r_{n-k})且 r 触发 r_{n-k+1} 的动作与 r_{n-k+1} 的触发事件的一致替换符为 σ。故按算法 10.3 可知 $F_{act}(\ll r_{n-k}, r_{n-k+1}, \cdots, r_n \gg) = r.COND \wedge F_{act}(\ll r_{n-k+1}, \cdots, r_n \gg)\sigma$，即执行序列中通过 $r_{n-k}, r_{n-k+1}, \cdots, r_{n-1}$ 的执行，使 r_n 可执行需要满足的必要条件。因为已经得知 r_{n-k+1} 执行后 r_n 可执行所需满足的必要条件成立，故要使 r_{n-k} 执行后能使 r_n 可执行的必要条件成立，则需要：触发 r_{n-k+1} 的最近的规则 r 的条件 $r.COND$ 与 $F_{act}(\ll r_{n-k+1}, \cdots, r_n \gg)\sigma$ 组成的合取公式，在只保留有限次更新谓词或非更新谓词之后不存在矛盾。若存在矛盾，则表明 r 执行后，当 $r_{n-k+1}, \cdots, r_n$ 中某一规则 r' 被执行时，其条件不被当时的数据库状态满足，即 r' 不能被执行。故执行序列不能通过 $r_{n-k}, r_{n-k+1}, \cdots, r_{n-1}$ 的执行使得 r_n 可执行。即消除了不符合谓词选择过程 PSP 的谓词后，公式 $r.COND \wedge F_{act}(\ll r_{n-k+1}, \cdots, r_n \gg)\sigma$ 成为 r_{n-k} 执行后，通过 $r_{n-k+1}, \cdots, r_{n-1}$ 的执行是使 r_n 能被执行的必要条件，故结论成立。证毕。

定理 10.17　算法 10.3 是可终止的、正确的，其时间复杂度为 $O(mn)$，m 表示条件公式中所含局部变量的个数，n 表示执行序列中规则的个数。

证明　(正确性)由引理 10.2 可知算法 10.3 正确地求出了使执行序列 $\ll r_1, \cdots, r_n \gg$ 能够被执行的条件公式。即算法 10.3 是正确的。

(可终止性)因为在算法 10.3 中执行序列的规则 $r_1, \cdots, r_n$ 的个数 n 是有限的，而算法 10.3 中递归计算的深度即是执行序列的规则个数，故它也是有限的。另外临时条件公式 C 中的局部变量个数是有限的，故每一层递归计算都可执行有限次操作而返回到上一层。最后所得的谓词公式中谓词个数是有限的，故根据谓词选择过程从条件公式 C 中移去不必要的谓词，此操作亦有限次被执行。因此算法 10.3 是可终止的。

(时间复杂度分析)设 m 表示条件公式中所含局部变量的个数，n 表示执行序列中规则的个数，则每一次递归计算中对条件公式 C' 中局部变量的换名操作最多执行 m 次。因为执行序列中规则的个数为 n，故递归计算的深度为 n。因此整个递归计算结束时，换名操作最多执行 nm 次。由于算法 10.3 的时间复杂度由步骤

(2)中的换名操作决定,故其时间复杂度为 $O(mn)$。证毕。

例 10.12　考虑以下规则集:

r_1: $e_1(X,Y)$ if$(X>1)$ do $\{e_2(X,2),e_3(1,Y)\}$;

r_2: $e_2(X,Y)$ if true do $e_1(Y,X)$;

r_3: $e_3(X,Y)$ if$(X<0)$ do $Z=Z+1$。

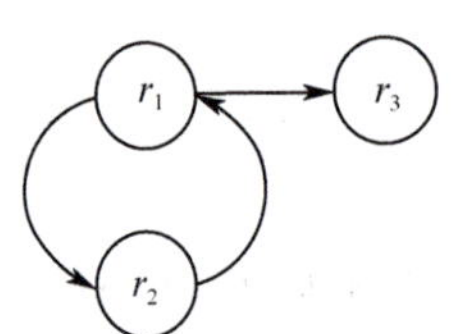

图 10.10　与例 10.12 相关的触发图

图 10.10 中的环 $R_1\{r_1,r_2\}$ 具有两个 RES: $RES_1=\ll r_1,r_2,r_1\gg$ 和 $RES_2=\ll r_1,r_3,r_2,r_1\gg$。由算法 10.3 计算 $F_{act}(\ll r_1,r_2,r_1\gg)$ 如下所示:

(1) 首先计算 $F_{act}(\ll r_2,r_1\gg)$,需要先计算 $F_{act}(\ll r_1\gg)$。

(2) 删除任意可更新谓词,$F_{act}(\ll r_1\gg)=(X>1)$。

(3) 为计算 $F_{act}(\ll r_2,r_1\gg)$,可观察到触发 r_1 的最近的规则为 r_2,且 r_1 的事件 $e_1(X,Y)$ 和相匹配的 r_2 的动作 $e_1(Y,X)$ 之间的一致置换符 $\sigma=\{X/Y,Y/X\}$。运用算法 10.3 得到 true $\wedge((X>1)\{X/Y,Y/X\})$,消除任何可更新谓词并化简公式得到 $F_{act}(\ll r_2,r_1\gg)=(Y>1)$。

(4) 为计算 $F_{act}(\ll r_1,r_2,r_1\gg)$,可观察到触发 r_2 的最近的规则为 r_1,且 r_2 的事件 $e_2(X,Y)$ 和相匹配的 r_1 的动作 $e_2(X,2)$ 之间的一致置换符 $\sigma=\{X/X,Y/2\}$。运用算法 10.3 得到 $C=(X>1)\wedge((Y>1)\{X/X,Y/2\})$,消除任何可更新谓词并化简公式得到 $F_{act}(\ll r_1,r_2,r_1\gg)=(X>1)$。同理可得

$$F_{act}(\ll r_1,r_3,r_2,r_1\gg)=(X>1)\wedge((X<0)\{X/1,Y/Y\}\wedge((Y>1)\{X/X,Y/2\})$$
$$=(X>1)\wedge(1<0)\wedge(Z>1)=\text{false}。$$

10.3.2　基于活化路径的条件公式

下面将给出一种为活化路径建立条件公式的方法,通过这种方法,由推论 10.1 判定具有可非终止性的 TG 环将具有可终止性。

下面举出一个直观的例子,说明给出为活化路径建立条件公式的方法研究的目的。

例 10.13　图 10.11 定义了六个 Oracle 触发器,相应的触发图和活化图如图 10.2 所示。图 10.2 中存在一个 TG 环 $R_1\{r_1,r_2,r_3\}$ 和一个 AG 环 $R_1'\{r_1,r_2,r_4,r_3\}$。由于每个规则都处于 TG 环 R_1 中或可由 R_1 可达,并且每次自惰化后均可再次被活化,算法 6.2 和算法 10.1 判定此规则集将具有不可终止性。T.M 是唯一的非更新属性,并且没有有限更新变量由算法 10.2 发现。路径 $\ll r_2,r_4\gg$ 是无效的,因为由算法 10.3 沿该路径建立的联合公式(T.M=1) AND(T.M=0) 是不可满足的。只有一条路径 $\ll r_2,r_4\gg$ 可从 TG 中移去,即 r_4 不能被执行而被移去,但 TG 环 R_1 仍存在于 TG 中,故根据归约 TG 的方法判定此规则集将具有不可终

止性。由于路径≪r_2,r_4≫是无效的,可判定 AG 环 R_1' 不是一个可真正运行的 AG 环。因此,实际上每个规则无法实现每次自惰化后可再次真正地被活化,故此规则集总是可终止的。没有一个现有的方法或它们的组合可以发现这样的可终止情形,因为它们没有同时考虑为 TG 和 AG 中的路径建立条件公式。

create trigger r_1
after update of A on R
when $R.B$=1
begin
update table S
set H=0,L=1;
update table R
set B=0;
end
	create trigger r_2
	after update of H on S
	when ($S.H$=0) and ($T.M$=1)
	begin
	update table R set C =1;
	update table S set H =1;
	update table T
	set E=1,G=0;
	end
		create trigger r_3
		after update of C on R
		when $R.D$=1
		begin
		update table R
		set A=0,B=1,D=0;
		end

create trigger r_4
after update of G on T
when ($T.E$=1) and ($T.M$=0)
begin
update table Q set I =0;
update table T set E =0;
update table R set D =1;
end
	create trigger r_5
	after update of I on Q
	when $Q.I$=0
	begin
	update table Q
	set I=1,F=1;
	end
		create trigger r_6
		after update of F on Q
		when $Q.F$=1
		begin
		update table Q
		set F=0;
		end

图 10.11　例 10.13 中的 Oracle 触发器定义

例 10.14　在四个表 $R(A,B,C,D)$,$S(H,L)$,$Q(I,F)$和 $T(E,G)$上定义了六个 Oracle 触发器,见图 10.12 所示。相应的触发图和活化图如图 10.3 所示。图 10.3 中含有两个 TG 环 $R_1\{r_1,r_2,r_3\}$,$R_2\{r_4,r_5,r_6\}$和一个 AG 环 $R_1'\{r_1,r_2,r_4,r_3\}$。在所述的规则执行语义下,R_1和 R_2 不能同步执行。当 R_1 中任一规则被系统

create trigger r_1
after update of A on R
when $R.B$=1
begin
update table S
set H=0,L=1;
update table R
set B=0;
end
	create trigger r_2
	after update of H on S
	when $S.H$=0
	begin
	update table R set C =1;
	update table S set H =1;
	update table T set E =1;
	end
		create trigger r_3
		after update of C on R
		when $R.D$=1
		begin
		update table R
		set A=0,B=1,D=0;
		end

create trigger r_4
after update of G on T
when $T.E$=1
begin
update table Q set I =0;
update table T set E =0;
update table R set D =1;
end
	create trigger r_5
	after update of I on Q
	when $Q.I$=0
	begin
	update table Q
	set I=1,F=1;
	end
		create trigger r_6
		after update of F on Q
		when $Q.F$=1
		begin
		update table Q set F =0;
		update table T set G =0;
		end

图 10.12　例 10.14 中的 Oracle 触发器定义

触发时，r_4 不能同时被触发。由于不能得到来自 r_4 的活化作用，r_3 的条件在自惰化后变为假。R_1 因为 r_3 的可终止执行而终止。此时由于不存在任一个不可终止TG环，此规则集表现出可终止行为。同样地，若 R_2 中任一规则被系统触发，也可得出此规则集是可终止的。因此，此规则集总表现出可终止性。在这个规则集内规则条件中的所有属性都是可更新的，并且算法 10.2 不能发现任何一个有限更新变量；同时任一规则均可处于一个 TG 环中，且每次自惰化后都能再次被活化，即算法 6.2 不能从 TG 中移去任意一条边。故现有的基于条件公式和归约算法的判定方法不能判定这样的可终止情形。

R_T 的执行序列(*RES*)的定义见定义 10.13，属于 R_T 的所有 *RES* 形成一个集合，记作 *RES-Set* (R_T)。

定义 10.13 r 为 TG 环 R_T 中一个规则且 P_a 为 r 的一条活化路径。P_a 中所有规则形成集合记作 *Rules-Set*(P_a)，δ 为 *RES-Set* (R_T)中一条 *RES* 且 δ 包含的规则形成集合记作 *Rules-Set*(δ)。若有 *Rules-Set* (δ) $\supseteq$ *Rules-Set*(P_a)，则称 δ 包含 P_a。

从推论 10.1 可推断：若一个规则包含在一个可非终止运行的 TG 环 R_T 中，则它必定具有一条可被 R_T 的一个 *RES* 包含的活化路径。可以为 R_T 的一条 *RES* 建立条件公式(formula)。

定义 10.14 对于 TG 环 R_T 的一个 *RES* 中含有的路径 P，若 Formula(P)= true，则称 P 为可满足路径(其意义与可活化路径(activable path)相同)。否则，称之为不可满足路径。

δ 为 TG 环 R_T 的一条 *RES*，若 δ 包含一条活化路径 P_a 并且 Formula(δ)$\neq$ false，当 δ 被系统调度执行时，R_T 和 P_a 都可无限次执行。若 Formula(δ)=false，则 δ 中必含有一个不可满足路径 ρ，但 ρ 并不能确定一定能使得 *Rules-Set*(R_T) $\cup$ *Rules-Set*(P_a)中的某一规则可终止执行。因此，下面给出的定义可以便确保 ρ 能使得 R_T 或 P_a 中某一规则可终止执行。若能如此，则当 δ 被系统调度执行时，R_T 或 P_a 必可终止执行。

定义 10.15 P 为 TG 环 R_T 的一个 *RES* 中含有的路径，若 P 为不可满足路径且 P 的终点属于规则集 R，则称其为关于 R 的一个关键性不可满足路径。

定理 10.18 r 为 TG 环 R_T 中一个规则且 P_a 为 r 的一条活化路径。若 $\exists \rho \in$ *RES-Set*(R_T) 使得 ρ 包含 P_a 且有 Formula(ρ)$\neq$false，则 P_a 可与 ρ 一起无限次执行。否则，若 δ 为 *RES-Set* (R_T)中任一包含 P_a 的 *RES*，且 δ 中必含有一个关于 *Rules-Set*(R_T) $\cup$ *Rules-Set*(P_a)的关键性不可满足路径，则对 R_T 的任一个 *RES* 被系统调度执行，P_a 必然被有限次执行。

证明 (1)若 ρ 为 R_T 的任意一个 *RES* 且 ρ 包含 P_a，由定义 14 和定义 15 可知 P_a 中任一规则必然可由 R_T 触发可达。因为 Formula(ρ)$\neq$false，则 ρ 不含有任何

不可满足路径，故 ρ 可具有非终止性。则 P_a 中任一规则亦可具有非终止性，即 P_a 可与 ρ 一起无限次执行。

(2) 若 δ 为 *RES-Set* (R_T)中任意一个包含 P_a 的 *RES*，且 δ 中必含有一个关于 *Rules-Set*(R_T) ∪ *Rules-Set*(P_a)的关键性不可满足路径 P，即此时有 Formula (δ)＝false。

① 若 P 的终点落入 *Rules-Set*(R_T)，则必导致 R_T 中一个规则(即 P 的终点)因 P 的不可满足导致该规则的条件为假而不能被执行，从而导致 R_T 可终止。亦即 R_T 的规则执行序列 δ 可终止，故 δ 包含的 P_a 可终止。

② 若 P 的终点落入 *Rules-Set*(P_a)，则必导致 P_a 中一个规则(即 P 的终点)因 P 的不可满足导致该规则的条件为假而不能被执行，从而导致 P_a 可终止。

③ 若 δ 不包含 P_a，由定义 10.12 和定义 10.13 可知当系统调度 δ 执行时，P_a 中必有一个规则不能被执行，则 P_a 必可终止。

由①，②，③可知，在情形(2)时当 R_T 的任一个 *RES* 被系统调度执行，P_a 必有限次执行。由情形(1)和情形(2)可知，结论成立。证毕。

例 10.15　在图 10.12 所示的例 10.13 中，TG 环 R_1 具有两个 *RES*：$RES_1 = \ll r_1, r_2, r_3, r_1 \gg$，$RES_2 = \ll r_1, r_2, r_4, r_5, r_6, r_3, r_1 \gg$，$RES\text{-}Set(R_1) = \{RES_1, RES_2\}$。$r_6$ 具有唯一的一条活化路径 P_a，即为(R_1', r_5)，$Rules\text{-}Set(P_a) = \{r_1, r_2, r_4, r_3, r_5\}$。因为 $Rules\text{-}Set(RES_2) \supseteq Rules\text{-}Set(P_a)$，故 RES_2 包含 P_a 而 RES_1 未包含 P_a。因为 Formula(*RES2*)＝(T. M＝1) AND(T. M＝0)＝false 且 $\ll r_2, r_4 \gg$是关于 *Rules-Set* (R_1) ∪ *Rules-Set* (P_a)的关键性不可满足路径，由定理 10.18 可知 P_a 必有限次执行，即 r_6 必有限次被活化。若假定$\ll r_5, r_6 \gg$是 RES_2 中唯一的不可满足路径，但不是关于 *Rules-Set* (R_1) ∪ *Rules-Set* (P_a)的关键性不可满足路径，此时亦有 Formula(RES_2)＝false。只有$\ll r_5, r_6 \gg$从 TG 中移去，R_1 和 P_a 中所有规则均保留在 TG 中，即它们具有可非终止性。

10.4　基于活化路径和条件公式的分析方法

10.4.1　禁止活化规则的判定定理

定义 10.8 提出了“禁止 AG 环”的概念，基于定义 10.14、定义 10.15 给出了下面判定禁止 AG 环的新的判定定理。

定理 10.19　R_A 表示不可归约规则集 R 中任意一个 AG 环。若 R_A 中任一规则可由一个 TG 环 R_T 触发可达并且 R_T 具有以下性质：$\exists\ \rho \in RES\text{-}Set(R_T)$且 ρ 满足 $Rules\text{-}Set(\rho) \supseteq Rules\text{-}Set(R_A)$，同时 ρ 中不存在任何一个关于 *Rules-Set*(R_T) ∪ *Rules-Set*(R_A) 的关键性不可满足路径，则 R_A 将具有非终止性。否则，R_A 必可终止。

证明 由定理 10.18(即将 R_A 代替定理中的 P_a)和定理 10.12 可知此结论成立。

例 10.16 在图 10.12 中,例 10.15 表明 TG 环 R_1 的两条 RES 中只有 RES_2 包含 AG 环 R_1',且$\ll r_2,r_4\gg$是关于 $Rules\text{-}Set(R_1)\cup Rules\text{-}Set(R_1')$的关键性不可满足路径,故由定理 10.19 可知 R_1' 必可终止,即 R_1' 是一个禁止 AG 环。

定义 10.16 提出了"禁止活化规则"的概念,基于定义 10.14、定义 10.15 给出了下面判定禁止活化规则的新的判定定理。

定理 10.20 r 为不在任何一个 AG 环中的任意一个规则。若 r 可由一个 AG 环 R_A 活化可达并且 r 和 R_A 中任一规则均可由一个 TG 环 R_T 触发可达同时 R_T 具有以下属性:$\exists\ \rho \in Rules\text{-}Set\ (R_T)$ 且 ρ 满足 $Rules\text{-}Set\ (\rho) \supseteq \{r\} \cup Rules\text{-}Set(R)$,同时,$\rho$ 中不存在任何一个关于 $Rules\text{-}Set(R_T) \cup Rules\text{-}Set(R_A) \cup \{r\}$的关键性不可满足路径,则 r 可能无限次执行。否则,r 必定有限次执行。

证明 由定理 10.18(即将 $R_A \cup \{r\}$代替定理中的 P_a)和定理 10.13 可知此结论成立。

例 10.17 在图 10.12 中所示的例 10.13 中,r_5 只可由 R_1' 活化可达并且只被 R_1 的 RES_2 包含,由例 10.16 的分析可推断 r_5 是一个禁止活化规则。

在定理 10.19、定理 10.20 的判定下,定义 10.10 提出的"有效活化路径"具有比基于定理 10.12 和定理 10.13 的原有含义更高的准确性。为此,基于活化路径的新含义,本书给出判定 TG 环 R_T 的可终止性的下述定理。

定理 10.21 r 表示一个 TG 环 R_T 中的任意一个规则。若 r 总存在一个有效活化路径 P_a 且 P_a 中任一规则可由 R_T 触发,可达同时 R_T 满足如下性质:$\exists\ \rho \in RES\text{-}Set(R_T)$且 ρ 满足 $Rules\text{-}Set(\rho) \supseteq Rules\text{-}Set(P_a)$,同时,$\rho$ 中不存在任何一个关于 $Rules\text{-}Set(R_T)\cup Rules\text{-}Set(P_a)$的关键性不可满足路径,则 R_T 将具有非终止性。否则,R_T 必可终止。

证明 由推论 10.1 可知:若总可以找到 r 的一个活化路径 P_a 且 P_a 中的任一规则可被 R_T 触发可达,则 R_T 将具有非终止性。否则,R_T 必可终止。若总可以找到 r 的一个有效活化路径 P_a 且 P_a 中的任一规则可被 R_T 触发可达,$\exists\ \rho \in RES\text{-}Set(R_T)$可继续做如下三点分析。

(1) 若 ρ 中不存在任何一个关于 $Rules\text{-}Set(R_T)\cup Rules\text{-}Set(P_a)$的关键性不可满足路径,则即使 Formula($\rho$) = false 导致 ρ 中必有一个不可满足路径从 TG 中移去,但由于移去的不可满足路径的终点不为 $Rules\text{-}Set(R_T) \cup Rules\text{-}Set\ (P_a)$中的规则,则 $Rules\text{-}Set(R_T)\cup Rules\text{-}Set(P_a)$中所有规则必保留在 TG 中。当 ρ 被系统调度执行时 $Rules\text{-}Set(R_T)\cup Rules\text{-}Set(P_a)$中的规则未从 TG 中消除,也就是触发环 R_T 和活化路径 P_a 所包含的规则仍能被触发执行,即它们仍具有非终止性。由于 r 是 R_T 中任意规则,当 ρ 被系统调度执行时 R_T 中任一规则可无限次执

行，即 R_T 将具有非终止性。很明显若 Formula(ρ)≠false，则 ρ 中必不含有任何不可满足路径。即 ρ 可非终止执行，则 R_T 将具有非终止性。

(2) 若 ρ 中存在一个关于 *Rules-Set*(R_T) ∪ *Rules-Set*(P_a)的关键性不可满足路径 P，可作如下讨论：①若 P 的终点落入 *Rules-Set*(R_T)，则必导致 R_T 中一个规则(即 P 的终点)因 P 的不可满足导致该规则的条件为假而不能被执行，从而导致 R_T 可终止。即 ρ 必可终止，则 ρ 包含的 P_a 亦相应可终止。②若 P 的终点落入 *Rules-Set*(P_a)，则必导致 P_a 中一个规则(即 P 的终点)因 P 的不可满足导致该规则的条件为假而不能被执行，从而导致 P_a 可终止。通过(1)和(2)可知当 ρ 被系统调度执行时，R_T 中规则 r 不能被无限次活化，故 r 不能被无限次执行导致 R_T 可终止。

(3) 若 ρ 不包含 P_a 即不满足 *Rules-Set*(ρ) ⊇ *Rules-Set*(P_a)，由定义 10.12 和定义 10.13 可知当系统调度 ρ 执行时，P_a 中必有一个规则不能被执行，则 P_a 必可终止。即 R_T 中规则 r 不能被无限次活化，故 r 不能被无限次执行导致 R_T 可终止。由以上证明可知此结论成立。证毕。

10.4.2　终止性判定算法描述及分析

R 表示一个任意的不可归约规则集，同时定义两个集合：$S_T=\{R_T \mid R_T$ 是 R 中的一个 TG 环$\}$，$S_A=\{R_A \mid R_A$ 是 R 中的一个 AG 环$\}$。基于定理 10.19～定理 10.21，本书给出了一个主动规则集可终止性判定算法。

算法 10.4　Improved Termi-test(主动规则集可终止性判定算法)

```
输入：TG环集 S_T 和 AG环集 S_A；
输出：若 R 是可终止的，则输出 true；否则，输出 false；
begin
(1) for 每一个 AG 环 R_A ∈ S_A   do
        flag = true;   /*先假定 R_A 是禁止的*/
        if(∃R_T ∈ S_T 满足 ∀r ∈ Rules-Set(R_A)，r 可由 R_T 触发可达) then
            if(∃ρ ∈ RES-Set(R_T)满足 Rules-Set(ρ) ⊇ Rules-Set(R_T)且 ρ 中不
            存在任何一个关于 Rules-Set(R_T) ∪ Rules-Set(R_A) 的关键性不可满
            足路径) then
            flag = false;   /*根据定理10.19*/
            if flag then
                R_A 标记为禁止 AG 环；
(2) for 每一个不被任何 AG 环包含的规则 r ∈ R do
        flag = true;   /*先假定 r 是禁止的*/ Rules-Set(ρ) ⊇ Rules-Set(R_T)
        if(∃R_A ∈ S_A 满足 R_A 不是禁止的且 r 可由 R_A 活化可达) then
            if(∃R_T ∈ S_T 满足 ∀r′ ∈ Rules-Set(R_A)，r′ 和 r 可由 R_T 触发可达)
            then
```

```
            if(∃ ρ∈RES-Set(R_T)满足 Rules-Set(ρ)⊇{r}∪Rules-Set(R_A)
              并且ρ中不存在任何一个关于Rules-Set(R_T)∪Rules-Set(R_A)
              ∪{r}的关键性不可满足路径) then
            flag = false;   /*根据定理10.20*/
            if flag then
                r标记为禁止活化规则;
(3) for 每一个 TG 环 R_T∈S_T do
        sign = false;   /*先假定 R_T 不是可终止的*/
        for 每一个规则 r∈Rules-Set(R_T) do
          flag = true;   /*先假定 r 是可终止的*/
            if(∃ P_a∈Path-Set_act(r)满足 P_a 是有效活化路径 ∀ r′∈Rules-Set
            (P_a),r′可由 R_T 触发可达) then
            if(∃ ρ∈RES-Set(R_T)满足 Rules-Set(ρ)⊇Rules-Set(P_a)且ρ中不
            存在任何一个关于Rules-Set (R_T) ∪ Rules-Set(P_a)的关键性不可满
            足路径) then
              flag = false;   /*根据定理10.21,r 可无限次执行*/
              if flag then
              sign = true; break; /* R_T 是可终止的缘于r是可终止的,并中止对
              R_T 的进一步分析*/
              if NOT(sign) then
                return false;   /* R_T 是不可终止的,导致 R 是不可终止的*/
        return true;   /*无任何 TG 环是不可终止的,故 R 是可终止的*/
end.
```

定理 10.22 算法 10.4 是正确的、可终止的。利用算法 10.4 判定规则集 R 是否可终止是一个 NP 完全问题,即算法的时间复杂度是指数级的。

证明 (正确性)由定理 10.19 知步骤(1)是正确的;由定理 10.20 知步骤(2)是正确的;由定理 10.21 知步骤(3)是正确的。即算法 10.4 是正确的。

(可终止性)因为不可归约规则集 R 中 TG 环个数、一个 TG 环的 RES 个数、AG 环个数、主动规则的个数、规则的活化路径个数都是有限的,故算法 10.4 可自动终止。

(时间复杂度分析)由已有的知识可知:即使规则条件只用简单的命题逻辑表示,检测触发图 TG 中两个规则之间是否存在一条可满足路径也是一个 NP 完全问题。由此可知算法 10.4 中检测是否存在关键性不可满足路径是一个 NP 完全问题。这表明算法只能是指数级时间复杂度算法,即不存在多项式级时间复杂度。证毕。

需要说明的是:虽然算法 10.4 的时间复杂度达到指数级,但由于实际应用中一般规则集中所含规则的个数规模不大,使得相关的 TG 并不复杂,所以实际应用

当中采用算法10.4进行规则集可终止性分析时，仍能取得较为满意的执行性能。

例10.18　下面利用算法10.4分析例10.13。

(1) 在图10.12中，R_1 具有例10.15所示的两条 RES。因为只有 $Rules\text{-}Set(RES_2) \supseteq Rules\text{-}Set(R_1')$，故 RES_2 包含 R_1' 而 RES_1 未包含。RES_2 中 $\ll r_2, r_4 \gg$ 是一条关于 $Rules\text{-}Set(R_1) \cup Rules\text{-}Set(R_1')$ 的关键性不可满足路径，故 R_1' 是一个禁止AG环。

(2) 因为 R_1' 是规则集中唯一的AG环且是禁止的，r_5 和 r_6 只能由 R_1' 活化可达，故它们都是禁止活化规则。

(3) 对TG环 R_1 来说，它包含的所有规则都只有一个活化路径 R_1'。因为 R_1' 是禁止的，所以无任何规则具有有效活化路径，故 R_1 是可终止的。R_1 是规则集中唯一的TG环，即此规则集一定是可终止的。

同样，利用算法10.4可推断例10.14中的规则集是可终止的。

小　结

本章主要讨论了在编译阶段的主动规则集可终止性的最后一个静态分析方法。首先，分析了不可归约规则集中非终止规则集内规则特性上的不准确，并用“触发可达”和“活化可达”的概念来替换“可达”的概念。另外，基于规则执行模式提出了基于活化路径同步关系，结合TG和AG分析的方法，给出了相应的判定规则集可终止性的算法、分析了算法的计算复杂度、对算法的正确性给予了证明。最后，分析了现有的基于条件公式的分析方法。由于没有任何一个现有的方法同时基于TG和AG中的路径建立条件公式，故这里给出了相应的新的判定方法和算法，分析了该算法的计算复杂度、证明了算法的正确性。说明了给出的静态分析方法，有效地改善了现有方法存在的不足，从而在编译阶段可明确地判断出更多的实际运行是可终止的规则集。

同以往的静态分析方法一样，本章给出的新方法虽然在一定程度上提高了分析的准确性，但仍属于保证主动规则集是可终止的充分条件，而非必要条件。即仍存在实际运行是可终止的规则集无法在编译阶段静态分析时准确地判断出来。这就说明运行阶段的主动规则集的动态分析，具有不可替代的作用，而不可归约规则集的计算是动态分析的基础，下一章主要介绍主动规则集的不可归约规则集的计算方法。

第 11 章　计算不可归约规则集的算法

11.1　在运行阶段执行的主动规则集可终止性动态分析

2004 年由 Bailey 提出了主动规则集表达上的无结构性，导致其可终止性判定是一个不确定问题。由于现有的静态分析方法都具有一定程度的保守性，故运行阶段的动态分析对保证主动规则的有效应用起到不可替代的作用。在运行时刻进行可终止性判定，需要消耗资源并损害系统的性能，故动态分析时，在保证判定的准确性同时，其分析的效率尤其重要。目前进行动态分析的研究较少，1998 年 Baralis，Ceri 在较少的限制条件下提出了一套有效的动态分析方法，且提出了一个充要条件确保满足限制条件的主动规则集在运行时刻一定能检测出不可终止行为。这对于主动规则的实际应用起到了较关键的作用。1998 年 Baralis，Ceri 等利用监测规则集的优化和最小环所监测的执行状态化简进行动态分析，并在静态分析中利用归约算法计算不可归约规则集直接影响到监测规则集的构成。几乎现有的所有原型系统都支持立即执行模式，在立即执行模式下计算不可归约规则集仍存在上述提到的两个不足。监测规则集能否优化影响着动态分析的效率，1996 年 Harinarayan，Ullman 以及 1998 年 Baralis，Ceri1 分别指出其是个击中集问题，即只存在近似解，故监测规则集的优化问题尚待解决。如果执行状态的关联数据库的属性集中，含有最小环无法实际监测到的属性，则导致过多冗余信息的存储和比较。如何化简最小环所监测的执行状态，即如何有效表示最小环所监测的执行状态是一个需要深入研究的问题。

同其他的静态分析方法一样，本书提出的新方法虽然在一定程度上提高了分析的准确性，但仍属于提出了保证主动规则集是可终止的充分条件，而非必要条件。即仍存在实际运行是可终止的规则集无法在编译阶段静态分析时明确地判断出来。故运行阶段的主动规则集的动态分析具有不可替代的作用。而不可归约规则集的计算是动态分析的基础，本章主要介绍不可归约主动规则集的计算方法。

因为静态分析方法都具有一定的保守性，所以有必要研究主动规则集在运行阶段的主动规则集的可终止性动态分析方法。主动规则集的不可归约规则集的计算是动态分析的基础。在这里，主要介绍本书给出的有效计算不可归约规则集的算法。首先，分析了归约算法的不足。为了有效地防止这些不足，继而详细分析了 TG 环的特征，提出了两类 TG 环及其对规则集中可归约规则的影响。其次，采用先简化分析、再逐渐深入的分析方法，分析了只含独立型触发环的主动规则集的归约算法。最后，给出了更为复杂的主动规则集建立的归约算法，即含有非独立型触发环的主动规则集的归约算法。

(1) 监测规则集的计算是动态分析的一个关键技术，其计算算法的优化是个击中集问题，也就是不存在最优的方案。现有的简单的贪心算法存在的最大不足是计算效率不高，对计算过程中有价值的中间结果未加利用，造成多次重复扫描整个规则集。本书第 12 章给出了一个更优的优化算法，将较大地提高动态分析时系统在运行阶段的性能，并降低系统的资源开销。

(2) 对如何表示最小环所监测的执行状态提出了新的观点。在动态分析过程中，主要是检测一个最小环所能监测到的执行状态空间中是否有重复的执行状态出现。如果执行状态的关联数据库的属性集中含有大量的最小环无法实际监测到的属性，那么这些冗余信息的存在会使得系统对执行状态做不必要的历史记录的计算和存储。本书第 13 章给出了最小环的结构分析和监测的执行状态的化简的表示方法，能有效地防止上述问题的出现。最小环所监测的执行状态的有效表示是主动规则集不可终止性动态分析的另一个关键问题。

一个主动规则库必须具备终止性，终止性是指无论数据库处于怎样的状态及有怎样的初始执行规则集，规则库中规则的执行必终止。几乎在所有的规则处理算法中，无论是递归或迭代，顺序还是并发，都有不终止的危险。如果规则的动作执行部分能产生触发其自身或其他规则的事件，那么规则的触发将有无限进行下去的可能。有几种办法来处理终止性问题：

(1) 非终止性作为一种可能被接受，由规则的设计者保证这种情况不发生，这类似于处理程序语言中的非终止性问题。

(2) 以系统参数的形式给出一个固定的上限，规定在一次规则处理中最多可以处理的规则数目。当达到这个上限时，规则处理非正常终止。

(3) 对规则集的语法限制进行加强，确保规则的处理总是终止。最简单的方法是禁止规则之间的互相触发；一个复杂一点的办法是允许规则之间的触发，但是不允许出现环路；另一个更精密复杂的办法是允许出现环路，只要能保证每一个环路中的某个规则的条件最终会变为假。

11.2　归约算法的分析

主动规则集的不可归约规则集的计算是动态分析的基础。这里主要介绍有效计算不可归约规则集的算法。首先，分析第 6.5 节所示算法 6.2 的归约算法的不足。为了有效地防止这些不足，继而详细分析 TG 环的特征，讨论两类 TG 环及其对规则集中可归约规则的影响。其次，采用先简化分析，再逐渐深入的分析方法，分析只含独立型触发环的主动规则集的归约算法。最后，给出了更为复杂的主动规则集建立的归约算法，即含有非独立型触发环的主动规则集的归约算法。

下面针对第 6.5 节所示算法 6.2，结合例 11.1 详细分析，讨论该归约算法的不足。

例 11.1 图 11.1 中（a）和（b）分别表示两个不同的规则集，且所有的规则都是自惰化规则。图中触发边用实线表示，活化边用虚线表示。图 11.1（a）含有两个触发环 $R_1\{r_1,r_2,r_3\}$ 和 $R_2\{r_4,r_5,r_6\}$ 以及活化环 $R_1'\{r_1,r_2,r_4,r_3\}$。图 11.1（b）含有两个触发环 $R_3\{r_1,r_2,r_3\}$ 和 $R_4\{r_4,r_5\}$ 以及两个活化环 $R_2'\{r_2,r_3\}$ 和 $R_3'\{r_1,r_5,r_4\}$。

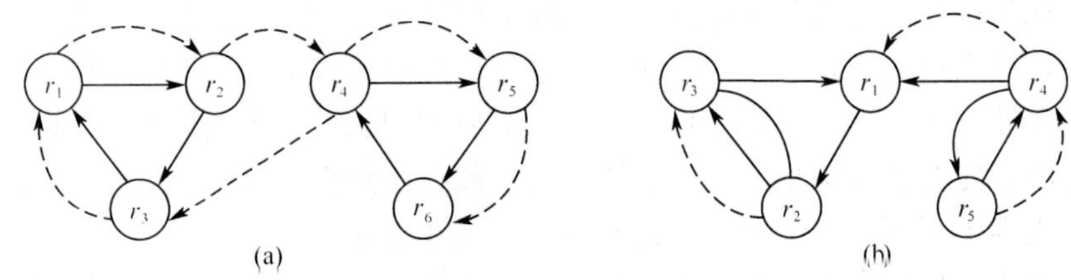

图 11.1 与例 11.1 相关的触发图和活化图

（1）若在初始的 TG 和 AG 中不存在 $r.T=0$ 或 $r.A=0$ 的规则，即 $L=\varnothing$，算法 6.2 不执行任何操作。图 11.1 中（a）和（b）即表示这种情况：图中任何规则都有来自于触发环和活化环的入边。按本书设定的执行模式，触发环 R_1 和 R_2 不能并行执行。当 R_1 被触发时，活化环 R_1' 因 r_4 没被触发而不能无限次执行，从而导致受其活化的 r_3 也只能有限次执行。由此可以判定 R_1 可终止。r_2 被有限次执行，导致 r_4 不能被无限次活化，故 r_4 只能有限执行，即 R_2 可终止。当 R_2 被触发时，类似情形将发生。R_1 和 R_2 都具有可终止性，故图 11.1（a）所示不可归约规则集应具有可终止性，即可进一步归约为 $\varnothing$。

（2）考虑能被多个触发环触发可达的规则的归约情况。在图 11.1（b）中，触发环 R_3 的执行序列必然因自惰化规则 r_1 不能被活化而终止。若直接将 R_3 从触发图中化简，导致 r_5 不能被活化，从而 R_4 也被归约掉。实际上在 R_4 的执行序列中若选取 r_4 为触发的起始规则，按最坏情况考虑，自惰化规则首次执行时，条件为真并且 r_1 的优先级高于 r_5，即下一步选取 r_1 执行。r_1 第二次被触发时，其条件已自惰化为假，不能被真正执行，R_3 终止执行。按设定的执行模式，r_5 被调度执行并且其条件已被 r_1 第一次执行时活化为真，r_5 可真正被执行导致 r_4 再次被执行。即 R_4 可非终止运行。

在第 10.3.1 节中定理 10.8 已经证明：r_0 表示不可归约规则集 R 中一个触发环 R_T 的任意一个规则，若总可以找到它的一个活化路径 P_a 且 P_a 被 R_T 包含，则

R_T将具有非终止性。

定理 11.1　r 为一个 TG 环 R_T 中任意一个规则，若 r 总存在一条活化路径 P_a 且 P_a 具有如下条件之一，则 R_T 将具有非终止性：

（1）P_a 中任一规则均被 R_T 包含。

（2）除了含有 R_T 中规则外，P_a 中余下规则不被 R_T 包含但可由 R_T 触发可达。

证明　由定理 10.9、定理 10.10 可直接得出此结论。

定理 11.2　令 r_0 为不可归约规则集 R 中触发环 R_T 的一个规则，若它的活化路径集中任意一个活化路径 P_a 满足如下条件，除了含有 R_T 包含或触发可达的规则外，还含有不可由 R_T 触发可达的规则。则有：

（1）P_a 中包含的不能由 R_T 触发可达的规则必被 R 中另一触发环 R'_T 包含或触发可达。

（2）令 r' 为 R'_T 中任意一个规则，则 r' 不能由 R_T 触发可达。

（3）若 R_T 上任意规则 r 不能为 R'_T 触发可达，则 R_T 必可终止，即 r_0 只能有限次执行。

（4）若 R_T 上存在一个规则 r 由 R'_T 触发可达，则：当 R'_T 可终止时，r_0 只能有限次执行；当 r_0 可无限次执行时，R'_T 必不可终止。

证明　结论（1），（2）已由定理 10.11 的结论（1）和（2）证明成立。

设 R'_T 中规则 r_a 为 r_0 的活化规则而 R_T 中规则 r_t 为 r_0 的触发规则。根据结论（2）和结论（3）的前提条件可知 R_T 和 R'_T 不能同步执行，故 r_0 不能既由 r_t 触发可达又由 r_a 活化可达。即 r_0 必只能有限次执行。故 R_T 必具有可终止性。结论（3）成立。

若 R_T 上存在一个规则 r 由 R'_T 触发可达，根据触发可达和触发环的定义，可知 R_T 上任意一个规则均可由 R'_T 触发可达。即 r_0 的活化路径上的规则均可由 R'_T 包含或触发可达。若 R'_T 具有可终止性，则由结论（1）可知，r_0 的活化路径上必存在一个规则只能有限次执行。故 r_0 只能被有限次活化，即 r_0 必然只能有限次执行。假设在 r_0 可无限次执行时 R'_T 是可终止的，这和上述证明矛盾，故结论（4）成立。证毕。

定理 10.8、定理 11.1 证明，若触发环能自主地保持环上各个自惰化规则受到活化作用，将具有不可终止行为。反之，若环上存在一个规则所受到的活化作用必须依赖环外规则的执行来实现，如定理 11.2 所示，此时触发环中规则的执行情况较复杂。

定义 11.1　R_T 为不可归约规则集 R 中任一触发环，若存在另一触发环 R'_T 可触发可达和活化可达 R_T 上某一规则，则 R_T 必可触发可达 R'_T，此时称 R_T 为独立型触发环。否则，称其为非独立型触发环。

例 11.2　在图 11.1（b）中，触发环 $R_4\{r_4, r_5\}$ 为独立型触发环，触发环

$R_3\{r_1, r_2, r_3\}$为非独立型触发环。

11.3　只含独立型触发环的主动规则集的归约算法

我们采取简化分析研究一种较简单的主动规则集即只含独立型触发环的主动规则集的归约算法。

定理 11.3　令 r_0为不可归约规则集 R 中触发环R_T的任意一个规则，若总可以找到它的一个活化路径 P_a且 P_a中的任一规则可被 R_T包含或触发可达，则 R_T将具有不可终止性。否则，若 R_T为独立型触发环则 R_T必可终止。

证明　由定理 10.8、定理 11.1 可知，当满足前提条件时，R_T将具有不可终止性。否则，由定理 11.2 可知，P_a中不为 R_T触发可达的某一规则，必被 R 中另一触发环 R'_T包含或触发可达，即 R'_T可以活化可达 R_T上的规则 r_0。

若 R_T为独立型触发环，则 R'_T必不能触发可达 R_T上任意一个规则，此结论可用反证法证明。

假设 R'_T可以触发可达 R_T上一个规则，根据触发可达定义以及 R_T是一个触发环，可知 R'_T可触发可达 R_T上任意一个规则，即 R'_T可触发可达和活化可达 R_T上规则 r_0。由于 R_T是独立型触发环，由定义 11.1 可知 R_T必可触发可达 R'_T，与定理 11.2 中结论（2）矛盾，假设不成立。由定理 11.2 中结论（3）可知 R_T必可终止。证毕。

令 R_0为任意一个规则集，并已知与其相关的触发图 TG 和活化图 AG。运用归约算法 6.2，将得到一个不可归约规则集 R。当 $R \neq \varnothing$ 时，下面给出的新算法将对 R 进一步归约，从而得到更准确的结果。

同时定义两个集合：$S_T = \{R_T | R_T$是 R 中的一个触发环$\}$，$S_A = \{R_A | R_A$是 R 中的一个活化环$\}$。$r.T$ 和 $r.A$ 分别表示在 TG 和 AG 中以 r 为终点的有向边个数。

算法 11.1　Refined Rule Reduction（不可归约规则集 R）

```
输入：主动规则集 R 和相关的触发环集 S_T 和活化环集 S_A；
输出：不可归约规则集 R；
begin
  (1)for 每一个活化环 R_A ∈ S_A do
        if (不存在任何一个触发环 R_T ∈ S_T 使得 R_A 中任意规则 r 可被 R_T 包含或触
          发可达)then
        R_A 标记为禁止活化环；
  (2)for 每一个不被任何活化环包含的规则 r ∈ R do
          if(不存在任何一个活化环 R_A ∈ S_A 使得 r 可由 R_A 活化可达并且 r 和
          R_A 中任意规则都可被 S_T 内一个触发环 R_T 中包含或触发可达)then
```

```
            r 标记为禁止活化规则；
    (3)for 每一个触发环 R_T∈S_T do
            for 每一个规则 r∈R_T do
                if(r 的活化路径集中不存在任何一个有效活化路径 P_a 使得 P_a 中
                的任一规则可被 R_T 包含或触发可达)then
                    r.A = 0;
      call Rule Reduction Algorithm;
    (4)return R;
  end.
```

定理 11.4　算法 11.1 是正确的、可终止的，其时间复杂度为 $O(pmn+p^2)$，p 表示规则集 R 中的规则个数，m 表示触发环的个数，n 表示活化环个数。

证明　（正确性）由定理 10.12 和定义 10.8 知步骤（1）是正确的；由定理 10.13 和定义 10.9 知步骤（2）是正确的；由定理 11.3 知步骤（3）是正确的；故算法是正确的。

（可终止性）因为在规则集 R 中的触发环个数、活化环个数、规则个数都是有限的，并且算法的执行次数只由 for 语句决定，故算法可自动终止。

（时间复杂度分析）很明显算法的时间复杂度由步骤（3）决定。在最坏情况下每个规则都能由任何活化环活化可达，p 个规则可以最多有 pn 个活化路径；在最坏情况下，假设 m 个触发环都需要被检验，步骤（3）最内层的 for 语句最多可执行 pmn 次。由定理 6.4 可知算法 6.2 的时间复杂度是 $O(p^2)$，故算法的时间复杂度为 $O(pmn+p^2)$。证毕。

例 11.3　图 11.2 表示规则集 $R=\{r_1,\cdots,r_9\}$ 相关的触发图 TG 和活化图 AG。归约算法 6.2 不能从 R 中移去任何规则，故认为 $\{r_1,\cdots,r_9\}$ 是一个不可归约规则集。在图 11.2 中有三个触发环，分别可表示为 $R_1\{r_1,r_2,r_3\}$、$R_2\{r_4,r_5,r_6\}$、$R_3\{r_8,r_9\}$；只有一个活化环，表示为 $R'_1\{r_1,r_2,r_4,r_3\}$。因为 $R'_1\{r_1,r_2,r_4,r_3\}$ 作为一个整体不能被任何一个触发环包含或被其触发可达，由定理 10.12 和定义 10.8 可知该环为一个禁止活化环。因此，由定理 10.13 和定义 10.9 可知，在活化图中活化规则 r_5，r_8，r_7 都是禁止活化规则。运用算法 11.1，所有的规则从 R 中移出，最后得到不可归约集 $R=\varnothing$。

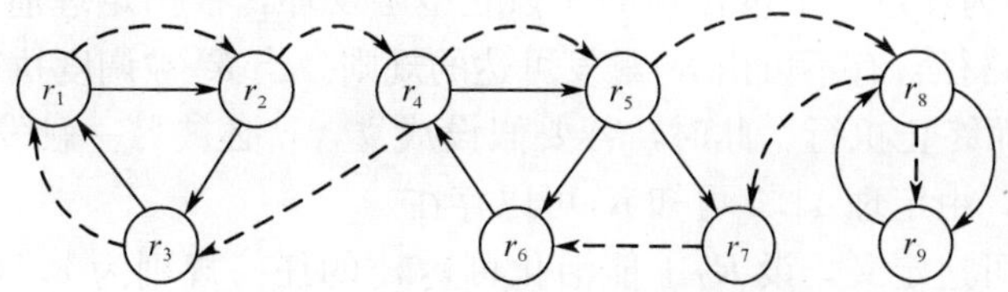

图 11.2　与例 11.3 相关的触发图和活化图

11.4 含有非独立型触发环的主动规则集的归约算法

11.4.1 算法的理论基础

非独立型触发环，不可触发可达的环外规则，可以触发可达和活化可达环上规则，故其具有如下特性：

(1) 自身可保持不可终止运行；

(2) 自身是可终止的。

此时，非独立型触发环上某一规则能否真正被无限次执行，必须考虑其不可触发可达规则的触发和活化的作用。这样的一个实例，可见图 11.1 (b) 中非独立型触发环 R_3 包含的规则 r_1，此时若轻易地删除 r_1，会导致规则分析出错。为了正确描述只能被有限次执行的规则即可归约规则，下面给出如下相关定理。

定理 11.5 若 R_T 为不可归约规则集 R 中一个非独立型触发环，则 R 中必存在一个触发环 R'_T 触发可达且活化可达 R_T 上某一规则。

证明 假设 R_T 上任一规则不被 R 中其他触发环触发可达且活化可达，R_T 应为独立型触发环，这与已知 R_T 是非独立型触发环相矛盾。假设不成立，故定理成立。证毕。

定理 11.6 令 r_0 为不可归约规则集 R 中任意一个规则，若 R 中任何一个包含或触发可达 r_0 的触发环 R_T 都不满足如下条件：r_0 的活化路径集中存在一个活化路径 P_a 且 P_a 中任一规则可被 R_T 包含或触发可达。则 r_0 必只能被有限次执行。

证明 (反证法) 若 R 中至少存在一个触发环 R_T 包含或触发可达 r_0；否则，r_0 会被算法 6.2 从 R 中归约掉。假定 r_0 可以被无限次执行。

(1) 若 R_T 为任意一个包含 r_0 的独立型触发环，当 R_T 被调度执行时，由定理前提条件和定理 11.3 可知 R_T 必可终止。此时，若要假设成立，r_0 必被另一触发环 R'_T 触发可达和活化可达，即 r_0 存在一个活化路径 P_a 且 P_a 中任一规则可被 R'_T 包含或触发可达。根据独立型触发环定义 11.1 知，则 R_T 必触发可达 R'_T。由触发环和触发可达的定义可知，P_a 中任一规则可被 R_T 包含或触发可达，这与定理的前提条件相矛盾。故假设不成立。

(2) 若 R_T 为任意一个包含 r_0 的非独立型触发环，根据定理前提条件，r_0 的任意一个活化路径含有不可由 R_T 触发可达的规则。当 R_T 被调度执行时，会因为 r_0 不能被活化而终止执行。此时，若要假设成立，r_0 必被另一触发环 R'_T 触发可达且活化可达，由定理 11.5 可知 R'_T 可以存在。

根据活化可达定义，设 R'_T 上能活化可达 r_0 的任一规则为 r。根据触发环和触发可达的定义，r 必触发可达 r_0，即 r 触发可达且活化可达 r_0。由于 R_T 为非独立型触发环，故 r 可以不被 R_T 触发可达，即 R_T 不能触发可达 R'_T，此时 R_T 可满足定理的前提条件。若存在 r 活化可达 r_0 的某一个路径上所有规则均可由 R'_T 触发可达，则活化可达 r 的任一活化路径均含有 R'_T 既不能包含又不能触发可达的规则；否则，可找到 r_0 的一个活化路径，沿此活化路径可先活化可达 r，然后活化可达 r_0 且所有的规则都可由 R'_T 触发可达，这与定理前提条件相矛盾。可分如下情况讨论。

①r 活化可达 r_0 的任一路径上含有不可由 R'_T 触发可达的规则。按最坏情况考虑，R'_T 可非终止执行，当 R'_T 被调度执行时，虽然 r_0 能被 R'_T 触发，但不能受到来自 R'_T 的活化作用，故 r_0 必须只能有限次执行。假设不成立。

②r 活化可达 r_0 的某一个路径上所有规则均可以由 R'_T 触发可达，则 r 的任一活化路径均含有 R'_T 既不能包含又不能触发可达的规则。当 R'_T 被调度执行时，必须作如下分析：

1）若 R'_T 为独立型触发环，则由上述证明（1）可知 r 必被有限次执行，则 r_0 因为有限次被活化而有限次被执行。

2）若 R'_T 为非独立型触发环，要使 r_0 可以被无限次执行，则 r 必然被 R_T、R'_T 之外的另一触发环 R''_T 触发可达且活化可达。R''_T 不能为 R_T，否则，r 可以由 R_T 触发可达，这与上述已证明结论 R_T 不能触发可达 r 即 R_T 不能触发可达 R'_T 相矛盾。设触发环 R''_T 上能活化可达 r 的任一规则为 r'。由于 R''_T 可触发可达 r，根据触发环和触发可达的定义，则 r' 必触发可达 r，即 r' 触发可达且活化可达 r。由于 R'_T 为非独立型触发环，故 r' 可以不被 R'_T 触发可达，即 R'_T 不能触发可达 R''_T，则此时 R'_T 满足定理前提条件。按上述 R'_T 的推导过程，要使 r_0 可以被无限次执行，须使 r' 被 R_T，R'_T，R''_T 之外的另一触发环 $R_T^{(3)}$ 触发可达且活化可达。如此递推下去，必然导致某一非独立型触发环上规则 $r^{(n)}$ 被另一触发环 $R_T^{(n)}$ 触发可达且活化可达。因规则集 R 中触发环的个数是有限的，但上述推导过程无法终止，导致 $R_T^{(n)}$ 不存在，产生矛盾。故假设不成立。

由（1）、（2）可知假设都不成立，故定理成立。证毕。

11.4.2　算法描述及分析

令 R 表示一个任意的不可归约规则集，同时定义两个集合：$S_T=\{R_T|R_T$ 是 R 中的一个触发环$\}$，$S_A=\{R_A|R_A$ 是 R 中的一个活化环$\}$。$r.T$ 和 $r.A$ 分别表示在 TG 和 AG 中以 r 为终点的有向边个数。

算法 11.2　Improved Rule Reduction Algorithm（不可归约规则集 R）

```
输入：主动规则集 R 和相关的触发环集 S_T 和活化环集 R_A；
输出：不可归约规则集 R；
begin
  repeat
```

```
(1)for 每一个活化环 R_A∈S_A 且 R_A 未标记为禁止活化环 do
        flag = true;
            if(∃R_T∈S_T 且R_A 中任一规则可被一个触发环 R_T 包含或可由 R_T 触发
                        可达)then
              flag = false;
              if flag then
                R_A 标记为禁止活化环;
(2)for(每一个规则 r∈R 且 r 不被 S_A 中任一活化环包含,r 未标记为禁止活化规
  则)do
        flag = true;
        if(∃R_A∈S_A 且 R_A 为非禁止活化环,r 可由 R_A 活化可达;并且∃ R_T∈S_T,r
        和 R_A 中任一规则均可由 R_T 包含或触发可达)then
          flag = false;
          if flag then
            r 标记为禁止活化规则;
  (3)for 每一个规则 r∈R do
                r.flag = true;
        for 每一个触发环 R_T∈S_T do
            for 每一个规则 r∈R_T 或 r 可由 R_T 触发可达 do
                if(∃r 的一个有效活化路径 P_a 且 P_a 中任一规则被 R_T 包含或触
                        发可达)then
                    r.flag = false;
                    LL = ∅; /* LL 保存判断为可归约的规则*/
                for 每一规则 r∈R do
                  if r.flag then
                    r.A = 0; LL = LL∪{r};
                    if LL≠∅ then do
                      LR = R;
                      call 算法 Refined Rule Reduction
                       LR = LR - R;
        for 每一触发环 R_T∈S_T do
            if(R_T - LR≠∅)then
                S_T = S_T - {R_T};
  for 每一活化环 R_A∈S_A do
        if(R_A - LR≠∅)then
            S_A = S_A - {R_A};
                  /* LR 保存实际已被算法归约的规则*/
  Until LL = ∅; /*无规则可判定为可归约*/
```

```
    (4)return R;
end.
```

定理 11.7　算法 11.2 是正确的、可终止的，它的时间复杂度为 $O(mnp^2+p^3)$，p 表示规则集 R 中的规则个数，n 表示 R 中规则的活化路径的最大个数，m 表示触发环的个数。

证明　（正确性）由定理 10.12 和定义 10.8 知步骤（1）是正确的；由定理 10.13 和定义 10.9 知步骤（2）是正确的；由定理 11.6 可知步骤（3）中关于 R 中任一规则 r 失去活化作用的判断，即 $r.A=0$ 是正确的。算法 6.2 由定理 6.4 可知是正确的。另外，由于算法 6.2 对 R 的归约，使 R 中所含的规则、触发环、活化环均有可能减少，这样又会有原来不满足定理 11.6 的规则 r 可能变得满足而可被归约。故对规则集 R 应重复上述处理过程，直到 R 不再变化为止，即步骤（3）中 $LL=\varnothing$。由上述分析可知步骤（3）是正确的。步骤（4）返回不可归约集 R。故算法是正确的。

（可终止性）算法包含一个“repeat…until”的循环语句，在最坏情况下，假定每次循环 LL 集合只含一个元素，且算法 6.2 只归约掉此一个元素，最后 R 中所有元素都被归约掉。则此循环语句最多执行 p 次，即其是可终止的。其他语句或为 for 循环语句；或为触发环、活化环、活化路径符合一定条件的存在性检验的条件语句，而在规则集 R 中的触发环个数、活化环个数、规则个数、规则具有的活化路径个数都是有限的，故这些语句的执行次数都是有限的。算法 6.2 由定理 6.4 可知是可终止的。故算法 11.2 可自动终止。

（时间复杂度分析）算法的时间复杂度由步骤（3）决定。在 repeat 的一次循环中，最坏情况下每个规则都可由任一触发环触发可达且每个规则都不存在一条有效路径 P_a 使得 P_a 中任一规则可由某一触发环包含或触发可达，此时步骤（3）执行的最多次数为（mnp）。由定理 10.1 可知算法 6.2 的时间复杂度是 $O(p^2)$。由上述算法可终止性证明可知 repeat 语句最多循环 p 次，故算法 11.2 的时间复杂度可表示为 $O(mnp^2+p^3)$。证毕。

例 11.4　现在用算法 11.2 处理例 11.1。图 11.1（a）和（b）中不存在具有 $r.A=0$ 或 $r.T=0$ 的规则，分别形成两个不可归约规则集。（1）在图 11.1（a）中，由于 R_1 不满足 R_1' 中任一规则都能为其包含或触发可达（如 r_4），同时 R_2 也不满足这一条件，故 R_1' 是禁止活化环而 r_5 和 r_6 是禁止活化规则。由于 R_1' 是图 11.1（a）中唯一的活化环，导致任一规则不存在有效活化路径，故有 $r_i.A=0(i=1,\cdots,6)$。经算法处理，规则集 $\{r_1,\cdots,r_6\}$ 最终归约为 $\varnothing$。（2）在图 11.1（b）中，r_4 和 r_5 只能由 R_4 触发可达，且活化路径均为 R_3'。R_3' 中任一规则均可由 R_4 包含或触发可达，故经算法处理不会有 $r_4.A=0$ 和 $r_5.A=0$。同理，也不会有 $r_1.A=0$。r_2 和 r_3 可由 R_4 触发可达，且活化路径均为 R_2'。R_2' 中任一规则均可由

R_4触发可达，故不会有 $r_2.A=0$ 和 $r_3.A=0$。即在算法 11.2 中有 $LL=\varnothing$，表明图 11.1（b）中规则集$\{r_1,\cdots,r_5\}$为不可归约规则集。若因为触发环 R_3的可终止性将其简单地约简掉，则导致不可归约集为$\varnothing$，这有悖于在现有执行模式下规则集的实际运行。

例 11.5　图 11.3 中规则形成规则集 $R=\{r_1,\cdots,r_{10}\}$，由于每个规则都有来自于触发环和活化环的入边，故 R 是不可归约规则集。图 11.3 中含有四个触发环：$R_1\{r_1,r_2\}$、$R_2\{r_4,r_5,r_6\}$、$R_3\{r_7,r_8\}$和 $R_4\{r_9,r_{10}\}$，另外含有四个活化环：$R_1'\{r_1,r_2\}$,$R_2'\{r_2,r_6,r_4\}$、$R_3'\{r_4,r_5\}$和 $R_4'\{r_7,r_9,r_8\}$。即 $S_T=\{R_1,R_2,R_3,R_4\}$，$S_A=\{R_1',R_2',R_3',R_4'\}$。

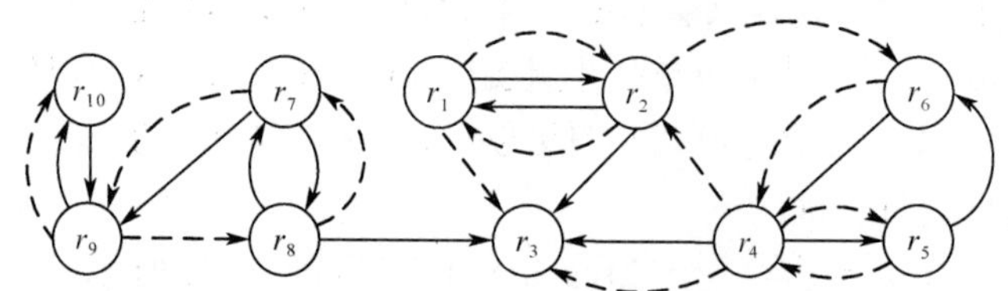

图 11.3　与例 11.5 相关的触发图和活化图

（1）在算法 11.2 的第一次循环中：活化环 $R_2'\{r_2,r_6,r_4\}$为禁止活化环。

①r_1和 r_2只能为触发环 R_1包含或触发可达且活化路径为 R_1'和 R_2'，其中有效活化路径为 R_1'。由于 R_1'中任一规则均为触发环 R_1包含，由算法 11.2 处理不会有 $r_1.A=0$ 和 $r_2.A=0$。

②r_3可为两个触发环 R_2和 R_3触发可达，且有三个活化路径 R_1'、R_2'和 R_3'，其中有效活化路径为 R_1'和 R_3'。由于 R_3'中任一规则可由 R_2包含，由算法 11.2 处理不会有 $r_3.A=0$。

③r_4和 r_5只能为 R_2包含或触发可达且活化路径为 R_2'和 R_3'，其中有效活化路径为 R_3'。由于 R_3'中任一规则可由 R_2包含，由算法 11.2 处理不会有 $r_4.A=0$ 和 $r_5.A=0$。

④ r_6只能为 R_2包含或触发可达且活化路径只有 R_2'，由于 $R_2'\{r_2,r_6,r_4\}$为禁止活化环，r_6无有效活化路径。故由算法 11.2 处理有 $r_6.A=0$。

⑤ r_7，r_8，r_9，r_{10}均可由 R_3包含或触发可达且均存在一个活化路径 R_4'。R_4'中任一规则可为 R_3包含或触发可达，故由算法 11.2 处理不会有 $r_i.A=0(i=7,\cdots,10)$。

即在算法 11.2 第一次循环中 $LL=\{r_6\}$，经算法 6.2 处理，首先归约掉 r_6，从而导致 $r_4.T=0$，故 r_4被算法 6.2 归约。同理 r_5被归约，并导致 $r_3.A=1$ 和 $r_3.T=1$。算法 11.2 得到 $LR=\{r_4,r_5,r_6\}$，可知：触发环 R_2不存在，即 $S_T=\{R_1,R_3,R_4\}$；活化环 R_2'和 R_3'不存在，即 $S_A=\{R_1',R_4'\}$。

(2) 在算法 11.2 的第二次循环中：$R=\{r_1,r_2,r_3,r_7,r_8,r_9,r_{10}\}$，规则 r_3 为禁止活化规则。①r_1 和 r_2 的分析结果同上一次循环。②r_3 只能为 R_3 触发可达，且有一个活化路径 R_1'。R_1' 中规则 r_1 和 r_2 均不能为 R_3 包含或触发可达，故由算法 11.2 处理有 $r_3.A=0$。③r_7，r_8，r_9，r_{10} 的分析结果同上一次循环。

即在算法 11.2 第二次循环中 $LL=\{r_3\}$，经算法 6.2 处理，只归约掉 r_3。$LR=\{r_3\}$，S_T 和 S_A 未改变，结果同上次循环。

在算法 11.2 的第三次循环中：$R=\{r_1,r_2,r_7,r_8,r_9,r_{10}\}$。① r_1 和 r_2 的分析结果同上一次循环。② r_7，r_8，r_9，r_{10} 的分析结果同上一次循环。

即在算法 11.2 第三次循环中 $LL=\varnothing$，算法 11.2 终止执行并返回 $R=\{r_1,r_2,r_7,r_8,r_9,r_{10}\}$。若只按算法 6.2 归约处理，则得到不可归约规则集 $R=\{r_1,\cdots,r_{10}\}$。若按单个触发环分析方法归约，因为触发环 $R_2\{r_4,r_5,r_6\}$ 和 $R_4\{r_9,r_{10}\}$ 是可终止的，得到不可归约规则集 $R=\{r_1,r_2\}$。这两个结果都有悖于在现有执行模式下规则集的实际运行情况。

小　结

由于归约算法 6.2 存在两点不足：①若规则集中每个规则都有来自于 TG 环的入边和来自 AG 环的入边，则归约算法 6.2 无法进一步归约。②若采用 TG 环为基本分析单位，在规则集中每个规则都有来自于 TG 环的入边和来自 AG 环的入边的情况下，一个规则为多个 TG 环触发可达，此时需要重新考虑这种情况下的归约算法。在第 10 章提出的活化路径的定义基础上，我们又将 TG 环划分为两类：独立型触发环和非独立型触发环，并分别研究了只含独立型触发环的主动规则集的归约算法和含有非独立型触发环的主动规则集的归约算法。前一种情况较简单而后一种情况较复杂，针对这两种情况分别给出了相应的算法，我们对算法的计算复杂性给予了分析并证明了算法的正确性。实例分析表明，我们的方法有效地克服了现有方法中的主要不足，为下一章将进行的主动规则集的动态分析提供了较好的理论基础。

第 12 章　监测规则集的优化算法

本章主要介绍主动规则集可终止性动态分析的另一个关键问题：监测规则集的计算问题。首先，介绍不可归约规则集中非终止规则子集形成的格结构，介绍相关定理用来说明通过监测重复的执行状态的方法，判断规则处理的不可终止执行。其次，给出环监测程序以及监测规则的概念。最后，对现有计算监测规则集的方法的不足进行了分析，并给出了一种新的优化算法。希望通过理论分析和实例检测表明新的计算方法较原有的方法应在执行效率上有较好的改善，同时运用新的计算方法得到的监测规则集用来构造的环监测程序应具有更好、更及时的判断功能。

12.1　监测规则集的相关知识

12.1.1　不可归约规则集中非终止规则子集的格结构

由定义 10.2 可知不可归约规则集包含了不可终止执行过程中可能涉及的所有规则；由定义 10.3 可知不可归约规则集可进一步细化为可独立地导致非终止执行的规则集。根据格的知识不难看出这些非终止规则子集形成了一个格（lattice）结构。

定理 12.1　设 I 表示一个不可归约规则集，S 表示定义在 I 上的非终止规则集形成的集合，S' 表示 S 的幂集且按集合的包含关系偏序排序。若有：

（1）空集是 S'的一个元素。

（2）集合并操作作为 meet 操作。

（3）join 操作当集合交集是一个非终止规则集合时，定义为集合交集操作。否则，定义其为空集。

则 S'是一个以空集为下限、I 为上限的格结构。

证明　很明显 S'符合格的定义要求，即结论成立。

定义 12.1　按集合包含关系偏序排序，在格结构上刚好处于空集下限上的非终止规则集称之为最小环（minimal cycles）。

现在给出一个构造非终止规则集格结构的算法 12.1。在算法中，n 表示 I 中规则个数；IL 表示一个长度为 n 的数组（array），每个元素 $IL[i]$为存储规则集的表结构（list）；每个元素 $IL[i]$至多包含 2^i 个基为 i 的规则集合。

算法 12.1　Lattice Construction Algorithm（格构造算法）

```
输入:不可归约规则集 I;
输出:I 的格结构存储在 IL 中;
begin
    i = n; IL[n] = {I};
    repeat
    j = | IL[i] | ;
    while j>0 do
        N = next(IL[i]);
        for 每一个规则 r_i∈N do
        M = Basic-reducing Algorithm(N - r_i);
        if M∉IL[ | M | ] then
            IL[ | M | ] = append(IL[ | M | ],M);
    j = j - 1;
    i = i - 1; until i = 1;
return IL;
end.
```

定理 12.2 算法 12.1 是正确的、可终止的，其时间复杂度为 $O(knm)$，其中，k 表示格中所含集合的个数，n 表示规则个数，m 表示与不可归约规则集 I 相关的 TG 中有向弧的个数。

证明 （正确性）算法首先从格的上限即不可归约规则集 I 开始分析，并将其存储到数组 IL 中标号最大的单元内即 $IL[n]$中。然后利用算法 6.2 计算当 I 内减少任意一个所含规则后所获得的不可归约规则集。由定理 10.1 和定义 10.3 可知计算出的集合都是非终止规则集，并按这些集合所含规则个数 k 将它们存储到 $IL[k]$中。设 I 中规则个数为 n，则 k 的最大值只能为（$n-1$）。

算法的第二步处理规则个数为（$n-1$）的集合，即控制变量 $i=n-1$。由于规则个数为（$n-1$）的集合全部存储在数组单元 $IL[n-1]$中，若 $j=|IL[i]|=0$，则表示没有长度为（$n-1$）的非终止规则集存在。否则，以 j 为控制变量按上述处理 I 的方法分别处理这些含有（$n-1$）个规则的集合。最后，得到最大规则个数可为（$n-2$）的非终止规则集合。

算法按上述方法处理直至 $i=1$，即处理所含规则个数为 1 的规则集。若 $j=|IL[1]|=0$，则表示只含一个规则的非终止规则集不存在，即 I 内没有既自触发又自活化的规则。否则，以 j 为控制变量按上述处理 I 的方法分别处理这些含有一个规则的非终止规则集。很明显从这些规则集中再减去一个规则它们都变成了空集，即算法对它们处理的结果都为格的下限空集。由以上对算法 12.1 的计算过程的分析可知，算法 12.1 从格的上限开始逐渐计算出格的较低层次的组成成分，直至格的下限空集。由定理 12.1 可知算法 12.1 正确地求出了不可归约

规则集 I 的格结构，即算法 12.1 是正确的。

（可终止性）最外层的 repeat 循环至多循环次数为数组 IL 的最大长度，但算法对于没有存储规则集的数组成员并不作处理，即 while 循环只处理存储有规则集的数组成员 $IL[i]$。也就是当 $|IL[i]|>0$ 时，$IL[i]$才被算法处理。故 while 循环真正被算法处理的次数为最后格中所含规则集的个数。for 循环执行次数为规则集中规则的个数。由于格所含规则集个数、规则集中所含的规则个数都是有限的，另外由定理 10.1 可知，调用的算法 6.2 是可终止的，故算法 12.1 是可终止的。

（时间复杂度分析）算法的时间复杂度由经过 repeat 循环、while 循环和 for 循环后调用算法 6.2 的操作 $M:=$Basic-Reducing Algorithm（$N-r_i$）来决定。repeat 循环、while 循环对于没有存储规则集的 IL 的数组成员并不作处理，即只有当 $|IL[i]|>0$ 时，$IL[i]$才被算法处理。故这两个外层的循环执行次数为格中集合的次数，即最多循环 k 次。由于 for 循环执行的次数由处理的规则集中规则的个数决定，而格中规则集所含规则个数最大为 n，故 for 循环最多执行 n 次。由定理 10.1 可知调用的算法 6.2 的时间复杂度为 $O(m)$，m 表示与不可归约规则集 I 相关的 TG 中有向弧的个数。故整个算法 12.1 的时间复杂度为$O(knm)$。证毕。

例 12.1　现在分析图 12.1 表示的规则集，图 12.1 给出了规则集的相关的触发图和活化图，它的不可归约规则集见图 12.2。运用算法 12.1 计算得到的格结构如图 12.3 所示。算法逐步地分析格结构中较小的元素，直到将格结构中所有元素找到。

考虑图 12.1 中的规则集，算法从图 12.2 表示的相关的不可归约规则集 $I=$

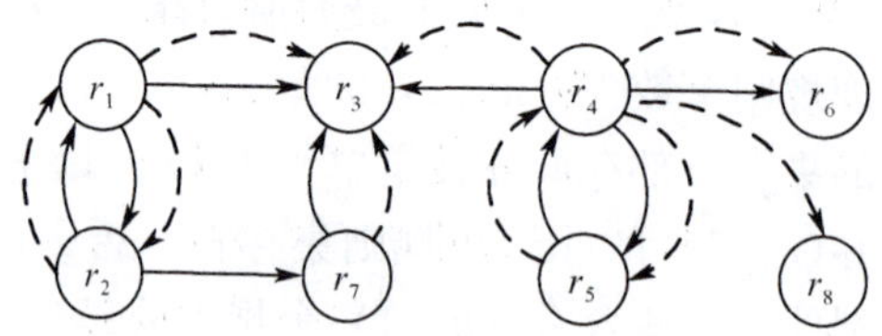

图12.1　与例12.1相关的触发图和活化图

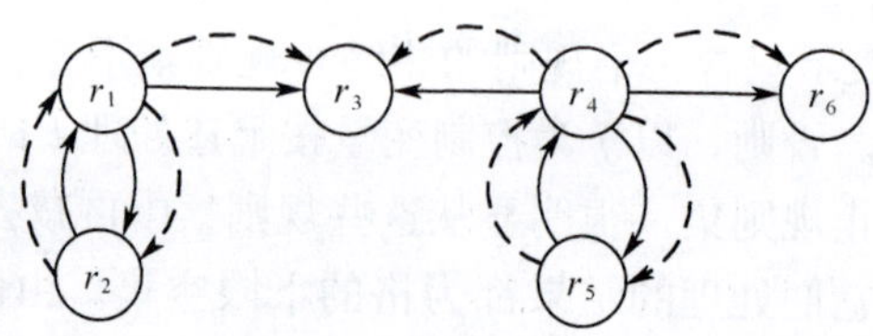

图12.2　与例12.1相关的不可归约规则集

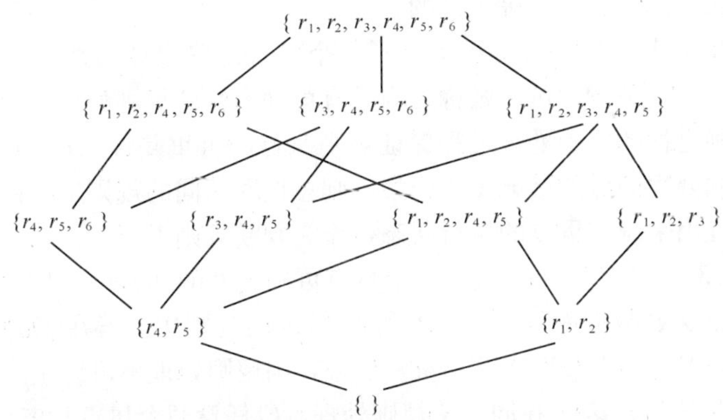

图12.3　在图12.2中表示的规则系统的格结构

$\{r_1,r_2,r_3,r_4,r_5,r_6\}$开始，移去 r_1 或 r_2，运用归约算法 6.2，得到非终止规则集$\{r_3,r_4,r_5,r_6\}$；移去 r_3，得到非终止规则集$\{r_1,r_2,r_4,r_5,r_6\}$；移去 r_4 或 r_5，得到非终止规则集$\{r_1,r_2,r_3\}$；最后移去 r_6，得到非终止规则集$\{r_1,r_2,r_3,r_4,r_5\}$。在算法基于 N 的第一次重复执行后，找到格结构的 4 个元素。接下来算法处理具有 5 个元素规则的格元素（即算法 12.1 中 $i=5$，比如$\{r_1,r_2,r_3,r_4,r_5\}$和$\{r_1,r_2,r_4,r_5,r_6\}$），如此继续，直到完成格结构。

12.1.2　运行阶段规则集不可终止的监测方法

下面描述如何在运行时刻监测规则的执行并发现规则处理是否进入了导致无限执行的循环状态。

定义 12.2　一个主动规则 r 的读集（read set）$RS(r)$定义为在被 r 的条件或动作读取的数据库 DB 或中间过渡值的所有属性 A_i 上的投影。

定义 12.3　一个主动规则 r 的写集（write set）$WS(r)$定义为在被 r 的条件或动作写入的数据库 DB 或中间过渡值的所有属性 A_i 上的投影。

定义 12.4　一个主动规则集 R 的关联数据库定义为 R 中所有规则的读集和写集的并集。

由于规则执行导致知识库的更新可用一组与已执行规则相关的执行状态来表示。

定义 12.5　令 $<DB, R>$ 表示一个知识库。一个执行状态表示为 $<RDB(R), T>$，$RDB(R)$表示主动规则集 R 的关联数据库，而 T 表示 R 中已触发的规则集。

定义 12.6　冲突解决机制是一个应用在已触发规则集上的算法，用来从集合中提取一个已触发规则。若算法总是按照一个固定的全序方式选取一个已触发规则，则称该算法是具有可确定性的。

定义 12.7 若规则处理过程运用了一个具有可确定性的冲突解决机制来选取冲突集中的规则进行评价，则称之为具有可确定性的规则处理过程。

具有可确定性的规则处理过程保证规则执行的可重复性（repeatibility）：若规则处理过程处理同样的已触发规则集，则总选取相同的规则进行评价。

以下定理用来识别重复的执行状态，作为判断规则无限次执行的充分条件。

定理 12.3 令 $<DB,R>$ 表示一个具有可确定性的知识库，$RDB(R)$ 表示主动规则集 R 的关联数据库，T 表示 R 中已触发的规则集。若在规则处理过程中同一执行状态 $S=<RDB(R),T>$ 重复出现，则规则处理不可终止。

证明 以 S_i 和 S_j 表示在同一个规则处理阶段任意两个执行状态且有 $S_i=S_j$。S_i 和 S_j 可分别表示为：$S_i=<RDB(R)^{(i)},T^{(i)}>$ 和 $S_j=<RDB(R)^{(j)},T^{(j)}>$。一个知识库具有可确定性，即此知识库运用了一个具有可确定性的规则处理过程，见定义 12.7 所述。因此，若在状态 S_i 时，规则处理过程选取了一个规则 $r\in T^{(i)}$ 来执行，则在已知 $T^{(j)}=T^{(i)}$ 的情况下，规则处理过程一定选定同一规则 r 在状态 S_j 时执行。如果已知 $RDB(R)^{(i)}=RDB(R)^{(j)}$，则规则 r 在状态 S_i 和 S_j 下执行后产生相同的结果，即新产生的数据库状态满足 $RDB(R)^{(i+1)}=RDB(R)^{(j+1)}$ 且新产生的已触发规则集 $T^{(i+1)}=T^{(j+1)}$。因此，自状态 S_i 到 S_j 的所有执行状态再一次重复出现，直至产生的新状态 $S_k=S_j$。也就是，执行状态 S_i 可无限次重复出现并且规则执行过程不可终止。证毕。

定义 12.8 一个不向数据库中引入任何新符号的主动规则称之为不含函数规则。

不含函数规则不能使用任何产生新符号的函数（比如数学表达式或对象生成原语）。若进一步地设定规则处理不会产生任何新符号，则可得如下定理，它表明规则集无限次执行的必要条件。

定理 12.4 令 $<DB,R>$ 表示一个知识库且其中 R 内所有规则均为不含函数规则，$RDB(R)$ 表示主动规则集 R 的关联数据库，T 表示 R 中已触发的规则集。若规则处理不可终止，则规则执行过程中最终会重复出现同一个执行状态 $S=<RDB(R),T>$。

证明 如果规则处理过程不可终止，只可由以下两种情况产生：①规则处理过程中可产生无穷多个执行状态；②同一执行状态的无限次重复出现。如果限定所有的规则都是不含函数规则，即在规则处理过程中，在关联数据库中不会引入任何新符号。因此，可能产生的执行状态是数量有限的。也就是说，若规则执行过程不可终止，则某个执行状态 S 必定多次重复出现。证毕。

根据定理 12.3、定理 12.4，针对具有可确定性知识库和不含函数规则，给出了监测无限次规则执行的改进的规则处理算法。

定义 12.9　一个改进的规则处理算法由以下可重复执行的步骤组成：

(1) 若没有已触发规则，则退出。

(2) 若执行状态已出现在执行状态历史记录中，则中止规则执行并提示有环产生。否则，将执行状态保存到执行状态历史记录中。

(3) 选择一个已触发规则。

(4) 评价选中规则的条件。

(5) 若选中规则的条件为真，则执行选中规则的动作。

另外，为了遵循我们前述的主动规则执行模式，对上述规则处理算法需要做一个补充：若选中规则的条件为假，则不执行选中规则的动作并将其从已触发规则集中消除掉。

12.2 环监测程序

由于知识库$<DB,R>$中规则集 R 内只有属于不可归约规则集 I 的规则才能够无限次执行，故定理 12.3、定理 12.4 可进一步扩展为以下定理 12.5、定理 12.6。

定义 12.10　令$<DB,R>$为知识库，一个简化的执行状态表示为$<RDB(I),T>$。$RDB(I)$表示主动规则集 R 的不可归约规则集 I 的关联数据库，T 表示 R 中已触发的规则集。

定理 12.5　令$<DB,R>$表示一个具有可确定性的知识库，I 为关于 R 的不可归约规则集，$RDB(I)$表示 I 的关联数据库，T 表示 R 中已触发的规则集，S_i 和 S_j 为两个简化的执行状态。若 $S_i=S_j$ 并且自 S_i 变化到 S_j 过程中所有已执行规则都属于 I，则规则处理不可终止。

证明　S_i 和 S_j 表示两个简化的执行状态，分别表示为：$S_i=<RDB(I)^{(i)},T^{(i)}>$和 $S_j=<RDB(I)^{(j)},T^{(j)}>$。由于具有可确定性的知识库运用了具有可确定性的规则处理过程，因此，若在状态 S_i 时，规则处理过程选取了一个规则 $r\in T^{(i)}$ 来执行，则在已知 $T^{(j)}=T^{(i)}$ 的情况下，规则处理过程一定选定同一规则 r 在状态 S_j 时执行。由定理假设的前提条件可知 $r\in I$，因此，规则 r 只能读取或修改 $RDB(I)$中的数据。如果已知 $RDB(I)^{(i)}=RDB(I)^{(j)}$，则规则 r 在状态 S_i 和 S_j 下执行后产生相同的结果，即新产生的关联数据库满足 $RDB(I)^{(i+1)}=RDB(I)^{(j+1)}$，并且产生新的已触发规则集 $T^{(i+1)}=T^{(j+1)}$。由定理假设的前提条件可知，从 S_i 变化到 S_j 过程中所有已执行规则都属于 I，即所有已执行规则只在 $RDB(I)$上读取或修改数据。因此，从 S_i 到 S_j 的全部执行状态再一次重复出现，直至产生一个新的状态 $S_k=S_j$。这也就表明执行状态 S_i 可无限次重复出现并且规则执行过程不可终止。证毕。

定理 12.6 令$<DB,R>$表示一个知识库，I 为关于 R 的不可归约规则集，$RDB(I)$表示 I 的关联数据库，T 表示 R 中已触发的规则集，I 中所有规则被设定为不含函数规则。若规则处理过程不可终止，则规则执行过程中最终会出现同一个简化的执行状态 $S=<RDB(I),T>$。

证明 由定理 10.5 可知：对于不可归约规则集 I 来说，属于（$R-I$）的规则必定有限次被执行。因此，这些规则只能产生数量有限的新符号。由定理 10.6 可知：在不可归约规则集 I 中所有规则均可能无限次被执行。因此，若规则处理过程不可终止，则有以下两种情况发生：①执行不可归约规则集 I 中规则产生无穷多个执行状态。②执行不可归约规则集 I 中规则导致同一执行状态的无限次重复出现。如果假设 I 中所有规则都是不含函数规则，则在规则处理过程中，I 中规则执行不会向关联数据库中引入任何新符号。又由于执行（$R-I$）中规则只能向关联数据库中引入有限数量的新符号，故第①种情况下的非终止规则处理不可能产生。因此，规则处理过程不可终止时，由第②种情况可知，在 $RDB(R)$上的某个执行状态必定多次重复出现。由于（$R-I$）中规则只能有限次被执行，故导致同一执行状态的重复出现必是 I 中规则的执行。而 I 中规则只能读写关联数据库 $RDB(I)$的数据，故必是 $RDB(I)$上的同一执行状态$<RDB(I),T>$多次重复出现。即结论成立。证毕。

若一个规则集中只含有一个非终止规则集 N，当规则执行不可终止时，N 中所有规则必无限次重复执行。因此，在执行过程中对 N 中任意一个规则的执行状态的历史记录进行检查，就可发现处于循环的规则执行。

由不可归约规则集中非终止规则集形成的格结构，可确定一个给定规则集 R 中所有的非终止规则集 R_i。要监测 R_i 中潜在的规则的循环执行，只要选取 R_i 中一个规则，并且只在此规则执行后才执行定义 12.9 中规则处理算法的步骤（2）的检测。这样，监测一个特定的循环是否发生，只在特定的时刻进行执行状态的计算。我们将这种检测称之为环监测程序（cycle monitor）。

定义 12.11 令 I 表示一个由不含函数规则组成的不可归约规则集，N 是一个与 I 相关的非终止规则集，r 为 N 中任意一个规则。为 N 建立的一个环监测程序为定义 12.9 定义的规则处理算法的一个特定版本，即算法中步骤（2）的检测只在 r 的执行后进行，并将 r 称之为监测规则（monitored rule）。

定理 12.7 令 N 表示一个非终止规则集，N 的环监测程序可发现包含 N 中所有规则的不可终止执行。

证明 由非终止规则集的定义 10.3 和定理 10.6 可知：非终止规则集 N 中的规则都可无限次被执行。由定理 12.4 可知：只要出现有不可终止规则处理过程，则必有某个执行状态 S 多次重复出现。由环监测程序定义 12.11 可知，重复出现的状态 S 必为以某个规则 $r\in N$ 为监测规则的 N 的环监测程序所发现。即结论成立。证毕。

定义 12.12　令 N_1 和 N_2 表示两个非终止规则集。若有 $N_1 \subseteq N_2$，则称 N_1 支配 N_2。

定理 12.8　令 N_1 和 N_2 表示不可归约规则集 I 中两个非终止规则集。如果 N_1 支配 N_2，则 N_1 的环监测程序同时也是 N_2 的环监测程序。

证明　令 M 表示 N_1 的环监测程序，且其监测规则为 r。故 $r \in N_1$，由定义 12.12 可知 $r \in N_2$，即 r 同时被 N_1 和 N_2 包含。这样，r 也可选作 N_2 的环监测程序的监测规则。N_1 和 N_2 与同一个不可归约规则集 I 相关，即它们的环监测程序监测的执行状态所关联的关联数据库是相同的，都为 $RDB(I)$。故根据定理 12.6 和定理 12.7 可知，以 r 为监测规则的环监测程序同时能发现重复执行的规则序列中包含 N_1 或 N_2 中所有规则的不可终止执行，即以 r 为监测规则的 N_1 的环监测程序也同时为 N_2 的环监测程序。故结论成立。证毕。

定理 12.9　令 $<DB,R>$ 表示一个知识库，若所有的最小环被环监测程序监测到，则由 R 中规则执行导致的所有不可终止执行都能被环监测程序所发现。

证明　由最小环定义 12.1 可知：最小环是 R 的不可归约规则集 I 的格结构中最小的非空集合，并且是 I 的非终止规则子集。由定义 12.12 定义的 I 中非终止规则子集之间的支配关系可知，这些最小环支配了 I 中其他的非终止规则子集。由定理 12.8 可知，这些最小环的环监测程序足以监测到 R 也即是 I 中所有的非终止规则子集。由定理 12.7 可知，这些最小环的环监测程序，可以发现因 R 中规则执行而导致的所有不可终止规则执行过程。故结论成立。证毕。

由定理 12.9 可知，若要发现所有的不可终止执行，并不需要为每个非终止规则集建立一个环监测程序，只需要对不可归约规则集中所含有的非终止规则子集形成的格结构中的最小环进行监测即可。

12.3　计算监测规则集的现有算法的分析

定义 12.13　令 $<DB,R>$ 表示一个具有可确定性的知识库，I 为关于 R 的不可归约规则集。为了监测 I 中非终止规则集建立的监测规则集，由与 I 相关的所有最小环的环监测程序的监测规则组成。

监测规则集的优化计算，即如何选取监测规则使监测规则集最小，从而使系统在运行阶段建立的环监测程序最少，是一个击中集问题的具体实例。也就是说，从一组集合中选取一些元素形成一个最小的集合 C，使得对于每一个规则集 S 至少有一个元素 $n \in C$ 同时属于 S。这个问题已知是一个 NP 问题。为此，下面给出一个简单的贪心算法（算法 12.2），对监测规则的选取进行优化，从而使监测规则集达到相对较优。

算法 12.2 Greedy Selection Algorithm（贪心选择算法）

```
输入：规则集 R 以及 R 的一组子集形成的集合 PS；
输出：规则集 S 且 S 与 PS 中任一规则集的交集为非空集合；
begin
  S = ∅；
  repeat
   rmax = ∅；nmax = 0；
   for 每个规则 r_i ∈ (R - S) do
       n = 0；
       for 每个集合 S_j ∈ PS do
           if r_i ∈ S_j then
               n = n + 1；
           if n > nmax then
               nmax = n；rmax = r_i；/*扫描整个规则集(R - S)，找到最多有
               nmax 个集合共有的规则 rmax */
       S = S ∪ rmax；
       for 每个集合 S_j ∈ PS do
           if rmax ∈ S_j then
              PS = PS - S_j；/*从 PS 中删除以 rmax 为监测规则的规则子集 S_j */
              until PS = ∅；
       return S；
end.
```

深入分析以上算法，其存在的最大不足是计算效率不高，对计算过程中有价值的中间结果未加利用，造成多次重复扫描整个规则集，使得算法的复杂度较高。

定理 12.10 算法 12.2 是正确的、可终止的，其时间复杂度为 $O(mn)$，其中 m 表示规则集 R 中规则的个数，n 为 PS 中集合个数。最坏情况下，其时间复杂度为 $O(m^3)$。

证明 （正确性）算法 12.2 的计算过程分三步：

第一步，搜索现有的未被选作监测规则的规则，即集合（$R-S$）中的规则（R 表示输入的规则集，S 表示 R 的监测规则集），统计这些规则被当前未选出监测规则的集合（即当前 PS 中的集合）所共享的次数，最后将具有最多 $nmax$ 个集合共享的规则 $rmax$ 选作监测规则。

第二步，监测规则 $rmax$ 并入监测规则集 S 中，并从 PS 中消除将 $rmax$ 选作监测规则的子集，从而使得 PS 中集合均为当前未选出监测规则的集合。

第三步，若 PS 中仍有未选出监测规则的集合，则重复上述处理步骤。

从以上计算过程来看，每次选择一个监测规则的原则都是从当前未被选作监

测规则的规则中选出，被当前未选出监测规则的集合所共享的次数最多的规则，便是本算法的贪心选择策略。直到 PS 中所有的集合都选出了监测规则，算法才结束。故算法 12.2 是正确的。

（可终止性）设 m 表示规则集 R 中规则的个数，n 为 PS 中集合个数。算法的最外层 repeat 循环次数由 PS 中集合个数决定。在 repeat 的一次循环中由于共享规则 $rmax$ 的 PS 的规则子集至少有一个，故按算法处理 PS 中集合个数至少要减少一个。假定每次 repeat 循环 PS 中只消除一个集合，则 repeat 循环至多执行次数为在初始状态时的 PS 中集合个数 n。对于次外层的 for 循环来说，其执行次数由集合（$R-S$）中规则个数决定，故其执行次数不超过 R 中规则个数 m。对于第三层的 for 循环来说，其执行次数由 PS 中集合个数决定，故其执行次数不超过在初始状态时的 PS 中集合个数 n。由于在算法中 m 和 n 是有限的，故算法 12.2 是可终止的。

（时间复杂度分析）假设算法的第 i 次 repeat 重复时 S 中具有的规则个数为 k_i，具有 S 中规则的 PS 中集合个数为 l_i。当最后 $PS=\varnothing$ 时，S 中具有规则个数为 k_0、具有 S 中规则的 PS 中集合个数为 l_0。则 repeat 循环体中最内层 for 语句执行次数为：$(mn+(m-k_1)(n-l_1)+\cdots+(m-k_0)(n-l_0))$，其中关于 m、n 的最高阶项为 mn。故算法 12.2 的时间复杂度为 $O(mn)$。

最坏情况下，PS 中各个集合互不相交，并且所有集合均为只含单个规则的集合，即 $n=m$。此时 repeat 循环体中最内层 for 语句执行次数为：$(m^2+(m-1)^2+(m-2)^2+\cdots+1)=m(m+1)(2m+1)/6$，其中关于 m 的最高阶项为 m^3。故最坏情况下，算法 12.2 的时间复杂度为 $O(m^3)$。证毕。

算法 12.2 的另一个不足之处是每次 repeat 重复中，$nmax$ 的取值并不是针对全部最小环集合而言的，因为 PS 中的集合在逐次减少，故 $rmax$ 的选取是针对部分最小环集合的最大共享规则。

12.4　计算监测规则集的优化算法

为克服上述算法 12.2 的不足，给出一种改进的贪心选择优化算法。算法只需一次扫描整个规则集 R 和集合 PS 就可取得计算监测规则集的全部所需信息。

算法 12.3　Refined Greedy Selection Algorithm（计算监测规则集）

```
输入：规则集 R 以及 R 的一组子集形成的集合 PS；
输出：规则集 S 且 S 与 PS 中任一规则集的交集为非空集合；
begin
  for 每个集合 Si ∈ PS do
      Si.nmax = 0; Si.rmax = ∅;
```

```
for 每个规则 r∈R do
    n = 0;
for 每个集合 Sj∈PS do
    if r∈Sj then
      n = n + 1; /*计算 PS 中共享规则 r 的集合个数*/
for 每个集合 Si∈PS do
    if r∈Si then
        if Si.nmax<n then
            Si.nmax = n; Si.rmax: = ri;      /* r 是否为含 r 的集合 Si 的
                                     目前最大共享规则 */
        S = ∅;
        for 每个集合 Si∈PS do
          S = S∪{Si.rmax};      /*由于集合并的计算具有自动合并
                      重复元素的功能,S 返回 PS 的监测规则集*/
return(S);
end.
```

定理 12.11　若规则集 R 中规则按同样的先后顺序处理，算法 12.2 中所选取的为 PS 中最多个数集合共有的规则 r 必为算法 12.3 选中。

证明　在算法 12.2 中，由于第一次 repeat 循环时，$S=\varnothing$并且 PS 为初始值即其中含有的集合个数最多，故第一次 S 选取的规则 r 必为 PS 中最多个数的集合所共有。

在算法 12.3 中，若规则集 R 中规则按同样的先后顺序处理，每个规则都进行与算法 12.2 中第一次 repeat 循环时同样的比较，不同的是算法 12.3 除了记录下具有最多个数集合共有的规则 r，还记录下其他规则在不含 r 的 PS 内集合中具有最大共享次数的情况。故结论成立。证毕。

定理 12.12　算法 12.2 中自第二次及以后选入 S 的规则 r'，含有 r'的 PS 中任一集合 S_i在算法 12.3 中计算出的监测规则 $S_i.rmax$ 具有不比 r'少的在 PS 中的共享集合次数。

证明　由算法 12.3 可知，对 PS 中任一集合 S_i 选取的监测规则 $S_i.rmax$，其具有的最大共享集合都相对于初始的 PS 集合。而算法 12.2 中自第二次及以后扫描的 PS 集合是逐次减少的，即用来比较 r'所属的 PS 中集合范围在逐次减少。故含有 r'的 PS 中任一集合 S_i在算法 12.3 中计算出的监测规则 $S_i.rmax$，具有不比 r'少的在 PS 中的共享集合次数，即结论成立。证毕。

由定理 12.11、定理 12.12 可得到以下推论：

推论 12.1　由算法 12.2 计算出的监测规则集形成的环监测程序所监测到的环必被由算法 12.3 计算出的监测规则集形成的环监测程序所监测到。

定理 12.13　算法 12.3 是正确的、可终止的，其时间复杂度为 $O(mn)$，其中，m 表示规则集 R 中规则的个数，n 为 PS 中集合个数。最坏情况下，其时间复杂度为 $O(m^2)$。

证明　（正确性）由于定理 12.10 已经证明了算法 12.2 为 PS 中每个集合计算出了相应的监测规则，故由推论 12.1 可知算法 12.3 也为 PS 中每个集合计算出了相应的监测规则。即算法 12.3 是正确的。

（可终止性）由于算法 12.3 中只有 for 循环语句，且循环控制变量只为集合 R 中规则个数 m 或 PS 中集合个数 n，而 m 和 n 都是有限的，故算法 12.3 是可终止的。

（时间复杂度分析）算法 12.3 最多只有二层 for 循环，最内层的 for 语句执行次数为 $m\times n$，故算法的时间复杂度为 $O(m\times n)$。

在最坏情况下，PS 中各个集合互不相交且所有集合均为只含单个规则的集合，即 $n=m$。此时算法 12.3 中最内层 for 语句的执行次数为 m^2，算法 12.3 的最坏时间复杂度为 $O(m^2)$。证毕。

由定理 12.10 和定理 12.13 的证明可知算法 12.3 较算法 12.2 在执行效率上已经有了较好的改善。

例 12.2　现在举出一个例子来表示算法 12.3 和算法 12.2 在选取监测规则时的不同。设 $R=\{r_1, r_2, r_3, r_4, r_5\}$，$PS=\{S_1, S_2, S_3, S_4, S_5, S_6\}$。我们不具体设定 PS 中集合 $S_i(i=1,\cdots,6)$，但并不影响我们的分析。r_1 为 S_1、S_2、S_3、S_4 所共有，r_2 为 S_5 所有，r_3 为 S_6 所有，r_4 为 S_1 和 S_5 所共有，r_5 为 S_3、S_4、S_6 所共有，如图 12.4 所示。

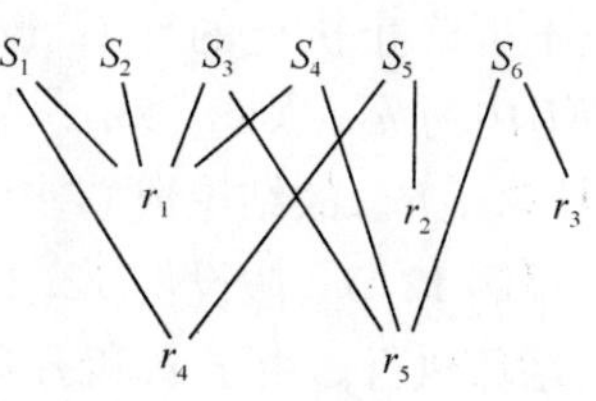

图 12.4　PS 中集合的结构

按规则处理顺序 r_1，r_2，r_3，r_4，r_5 处理，分别由算法 12.2 和算法 12.3 作如下处理。

(1) 根据算法 12.2 有：

① 第一次执行 repeat 循环，选入 S 的规则为 r_1 且 $PS=\{S_5, S_6\}$；

② 第二次执行 repeat 循环，$R-S=\{r_2, r_3, r_4, r_5\}$，选入 S 的规则为 r_2 且 $PS=\{S_6\}$；

③ 第三次执行 repeat 循环，$R-S=\{r_3, r_4, r_5\}$，选入 S 的规则为 r_3 且 $PS=\varnothing$；

故经过算法 12.2 处理得到监测规则集 $S=\{r_1, r_2, r_3\}$。

(2) 根据算法 12.3 有：

① 第一次执行处理规则 r_1，使得 PS 中 $Si(i=1,\cdots,4)$ 有：$Si.nmax=4$，$Si.rmax=r_1$；

② 第二次执行处理规则 r_2，使得 $S_5.nmax=1$，$S_5.rmax=r_2$；

③ 第三次执行处理规则 r_3，使得 $S_6.nmax=1$，$S_5.rmax=r_3$；

④ 第四次执行处理规则 r_4，使得 $S_5.nmax=2$，$S_5.rmax=r_4$；

⑤ 第五次执行处理规则 r_5，使得 $S_6.nmax=3$，$S_6.rmax=r_5$；

故经过算法 12.3 处理得到监测规则集 $S=\{r_1, r_4, r_5\}$。

即若规则集 R 中规则按同样的先后顺序处理，在 PS 中具有最多个数集合共享的规则 r_1 都为算法 12.2 和算法 12.3 选中。而对于算法 12.2 自第二次及以后选入 S 的规则 r'，含有 r' 的 PS 中任一集合 S_i，在算法 12.3 中计算出的监测规则 $S_i.rmax$ 具有不比 r' 少的在 PS 中的共享集合次数。

定理 12.14　若规则集 R 中规则出现循环，则算法 12.3 计算出的监测规则集形成的环监测程序集合 CM_1 得出的判断结果不迟于算法 12.2 计算出的监测规则集形成的环监测程序集合 CM_2。

证明　由定理 12.11、定理 12.12 可知 CM_1 中用来监测真正可无限次执行的环 C 的环监测程序的个数不少于 CM_2。由于规则集 R 中规则被系统执行的概率可看作是相同的（即成为启动规则的机会是相等的），则每个环监测程序启动工作的概率是相同的，不妨设其为 $P(P<1)$。一旦导致规则集无限次循环的可真正不可终止执行的环 C 出现，设 CM_1 中可监测 C 的环监测程序个数为 n_1，而 CM_2 中为 n_2，则 $n_1 \geqslant n_2$。故 CM_1 中启动监测环 C 的环监测程序开始监测的概率 $n_1P \geqslant n_2P$。故结论成立。证毕。

例 12.3　假设例 12.2 中规则处理过程中不可终止环 S_3 的出现导致规则集 R 的循环执行。由于 r_1 和 r_5 在规则处理过程中已被执行的概率都为 P（$P<1$），一旦 S_3 中含有的规则 r_1 或 r_5 已被执行，则由算法 12.3 计算出的监测规则集 $S=\{r_1, r_4, r_5\}$ 形成的环监测程序启动监测的概率为 $2P$，而算法 12.2 计算出的监测规则集 $S=\{r_1, r_2, r_3\}$ 形成的环监测程序启动监测的概率为 P。若只是 S_5 或 S_6 成为不可终止环从而导致 R 的循环执行，则二者开始启动监测的概率相同。故算法 12.3 计算出的监测规则集形成的环监测程序集合得出的判断结果不迟于算法 12.2 计算出的监测规则集形成的环监测程序集合。

小　结

如果监测规则集能达到最优，则它所含的规则个数应该尽可能的少，同时又能与所有的非终止规则子集取得非空交集。这样就使得用来监控主动规则集实际运行是否处于循环执行的环监测程序更少，这意味着执行状态的历史记录的存储和比较工作也更少，则系统的资源开销减少，导致系统的性能达到最佳。但这个优化问题是一个击中集的实例问题，即是一个 NP 问题，寻找较优的算法对改善系统的执行效率和性能具有实际的意义。

在这一章中，本书针对现有的简单的贪心选择算法的不足给出了一个更优的计算方法。说明：①新算法的执行效率有了较好的改善；②新算法计算得到的监测规则集形成的环监测程序在判断规则集的不可终止执行时更加有效、更加及时。

第 13 章　最小环的结构和监测的执行状态的化简

由第 12 章中，定理 12.8 可知对最小环的有效监测，是规则集的动态分析过程中建立环监测程序的关键。故本章将重点分析不可归约规则集中最小环的结构，以及被其监测的执行状态的有效表示。由于在运行阶段执行的动态分析不仅要求分析的准确性，而且要注重分析的效率，否则极易导致系统资源开销过大并导致系统性能下降。本章将分析现有方法在表示最小环所监测的执行状态上存在的不足，并讨论一种新的表示方法。希望新的表示方法能减少执行状态记录中存在的不必要的历史记录的统计和存储，从而使得系统的执行效率较高、资源开销较少、系统性能达到较优。

13.1　最小环的结构分析

在第 12 章中，由定理 12.3、定理 12.4、定理 12.5、定理 12.6 可知，将执行状态<$RDB(R),T$>转换为针对规则集的不可归约规则集 I 的简化执行状态<$RDB(I),T$>，可以减少运行阶段受监测的执行状态。

考虑 TG 和 AG 的一个联合图 G，并研究最小环与 G 中极大强连通部分（maximal strongly connected component）之间的关系。

定义 13.1　令 $G(I)$表示不可归约规则集 I 的 TG 和 AG 的联合图，则 $G(I)$的一个极大强连通成分称之为一个 G 成分（G-component）。

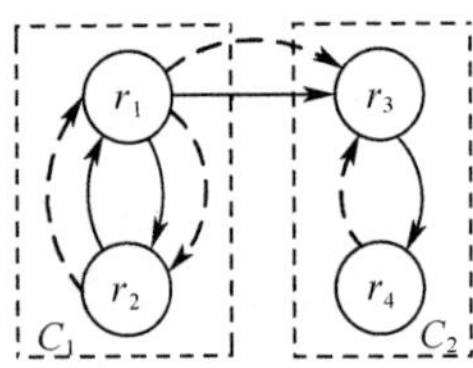

图 13.1　与例 13.1 相关的触发图和活化图

例 13.1　图 13.1 中具有两个 G 成分 C_1 和 C_2，C_1 是唯一的一个最小环。

定理 13.1　令 I 表示不可归约规则集，I 中每一个最小环必包含在 $G(I)$中某一个 G 成分内。

证明　由定理 12.4 可知：由于每个最小环都是 I 中的非终止规则集，故每个最小环都包含一个 TG 环和 AG 环。因此，一个最小环的某些结点必属于某个强连通成分。利用反证法，先假设一个最小环的所有结点不被一个单独的强连通成分包含。也就是，最小环中的规则分散在两个或两个以上不同的强连通成分中。这些不同的强连通成分按它们之间连通的方向由上向下划分层次。现在考虑位于此层次顶部的强连通成分（若在层次顶部有不止一个强连通成分，则任取一个），因为在此强连通成分中的规则属于一个非终止规则集（即所指的最小环)，故此非终止规则集中每一个规则，必具有自此强连通成分中规则发出的 TG 入边和 AG 入边。位于层次顶部的强连通成分所含规则形成了一个非终止规则集，且比最小环所含规则少。这与最小环是一个最小的非终止规则集的定义相矛盾，假设不成立。故每一个强连通成分必包含在同一个 G 成分中，也就是最小环的所有规则均被唯一的一个 G 成分包含。即结论成立。证毕。

13.2　最小环所监测的执行状态的表示方法

13.2.1　已有表示方法的分析

定义 13.2　令 C_1 和 C_2 表示 $G(I)$ 的 2 个 G 成分，若对任意 $r_i \in C_1$ 和 $r_j \in C_2$ 有 r_i 触发 r_j 或 $WS(r_i) \cap RS(r_j) \neq \varnothing$，则称 C_2 依赖于 C_1。

基于定义 13.2，下面给出关于最小环所监测的执行状态的表示方法。

定义 13.3　令 $<DB,R>$ 表示一个知识库，一个最小环 C 所监测的执行状态表示为 $<RDB(C_{dep}),T_{C_{dep}}>$。此时，$C_{dep}$ 表示包含 C 的 G 成分 G_C 以及 G_C 传递依赖的所有 G 成分的合并；$T_{C_{dep}}$ 则表示规则集 R 中属于 C_{dep} 的已触发规则集。

仔细分析上述定义，我们发现了它的不足并作如下详细叙述。

根据定义 13.2，在 $G(I)$ 中，若最小环 C 所在的 G 成分 C_1 和任一 G 成分 C_2，满足对任意 $r_i \in C_1$ 和 $r_j \in C_2$ 有 r_j 触发 r_i，则 C_1 依赖于 C_2。

经仔细分析，如图 13.2 所示的 G 成分依赖情形符合上述情况。

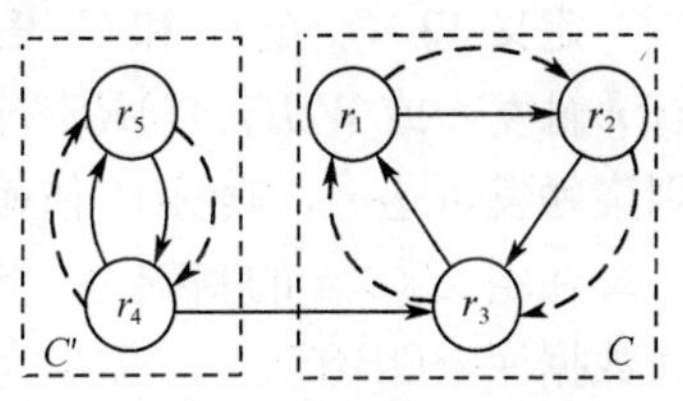

图 13.2　一种 G 成分依赖

显然图 13.2 中，因为 r_4 可触发 r_3，故最小环所在的 G 成分 C 依赖于 C'。即 C' 包含在定义 13.3 中最小环 C 的 C_{dep} 中。但按我们的规则处理过程在最小环 C 的循环执行序列 $<r_1,r_2,r_3,r_1>$ 中显然不包括 C' 中任一规则的执行。即最小环 C 的环监测程序若以最小环中任一规则（r_1、r_2 和 r_3 中任一规则）为监测规则，则在此规则被规则处理过程执行后，根据我们的规则执行模式和环监测程序的定义可知，C' 中任一规则不会被此环监测程序监测到。即 C_{dep} 中包含有 C' 时，将导致所监测的执行状态中含有只与 C' 中规则相关的读/写属性的信息，而这些信息在环监测程序监测到的执行状态中根本不作改变，并且不影响环监测程序监测到的环中规则的读/写属性。这表明定义 13.3 中关联数据库 $RDB(C_{dep})$ 中存在冗余属性，导致执行状态记录中存在一些不必要的历史记录的计算和存储。

根据定义 13.2，在 $G(I)$ 中若最小环 C 所在的 G 成分 C_1 和任一 G 成分 C_2，满足对任意 $r_i \in C_1$ 和 $r_j \in C_2$ 有 $WS(r_j) \cap RS(r_i) \neq S$，则 C_1 依赖于 C_2。

可以看出，图 13.3 所示的 G 成分依赖情形符合上述情况。

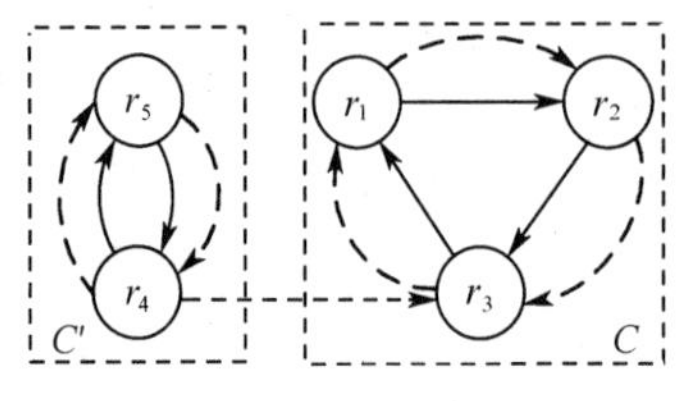

图 13.3　一种 G 成分依赖

显然，图 13.3 中因为 r_5 改写了 r_3 条件中读入的某一属性，使得自惰化规则 r_3 的条件的真值可由假变为真，故最小环所在的 G 成分 C 依赖于 C'。即 C' 包含在定义 13.3 中最小环 C 的 C_{dep} 中。但按我们的规则处理过程，在最小环 C 的循环执行序列 $<r_1,r_2,r_3,r_1>$ 中显然不包括 C' 中任一规则的执行。即最小环 C 的环监测程序若以最小环中的任一规则（r_1、r_2 和 r_3 中任一规则）为监测规则，则在此规则被规则处理过程执行后，根据我们的规则执行模式和环监测程序的定义可知，C' 中任一规则不会被此环监测程序监测到。即 C_{dep} 中包含有 C' 时，将导致所监测的执行状态中含有只与 C' 中规则相关的读/写属性的信息，而这些信息在环监测程序监测到的执行状态中根本不作改变，并且不影响环监测程序监测到的环中规则的读/写属性。这表明定义 13.3 中关联数据库 $RDB(C_{dep})$ 中存在冗余属性，导致执行状态记录中存在一些不必要的历史记录的计算和存储。

13.2.2　一种新的表示方法及其正确性证明

为了克服上述不足，本书给出了 $G(I)$ 图中 G 成分依赖关系的新的表示方法，从而可决定定义 13.3 中提出的一个最小环 C 所监测的执行状态。

定义 13.4　令 C_1 和 C_2 表示 $G(I)$ 的两个 G 成分，若对任意 $r_i \in C_1$ 和 $r_j \in C_2$ 有 r_i 触发 r_j 或 $WS(r_i) \cap RS(r_j) \neq \varnothing$，并且同时满足 C_2 所含的所有规则形成的规则集触发可达 r_i，则称 C_2 依赖于 C_1。

在定义 13.4 的基础上，定义 13.3 中表达的最小环 C 所监测的执行状态的关联数据库 $RDB(C_{dep})$，必定为相应最小环 C 的环监测程序，能监测到的所有规则形成的规则集的关联数据库。这样可避免关联数据库中出现与环监测程序无法监测到的规则相关的冗余信息，即可避免在第 7.2.3 节提到的两种不足。

在图 13.2 中，虽然 G 成分 C' 内规则 r_4 触发了最小环所在的 G 成分 C 内规则 r_3，但 r_4 不能被规则集 $\{r_1,r_2,r_3\}$ 触发可达。故由定义 13.4 可知 C 并不依赖于 C'，则 C' 不能并入到最小环 C 所监测的执行状态的关联数据库的 C_{dep} 中。即可避免第 7.2.3 节提到的不足。

在图 13.3 中，虽然对于 G 成分 C' 内规则 r_5 写集 $WS(r_5)$ 与最小环所在的 G 成分 C 内规则 r_3 的读集 $RS(r_3)$，有 $WS(r_5) \cap RS(r_3) \neq \varnothing$，但 r_5 不能被规则集 $\{r_1,r_2,r_3\}$ 触发可达。故由定义 13.4 可知 C 并不依赖于 C'，则 C' 不能并入到最小环 C 所监测的执行状态的关联数据库的 C_{dep} 中。即可避免第 7.2.3 节提到的不足。

定理 13.2　令 $<DB,R>$ 表示一个具有可确定性的知识库，C 为规则集 R 的

不可归约规则集 I 内一个最小环，S_i和 S_j表示两个最小环 C 所监测的执行状态。若 $S_i=S_j$同时满足自 S_i变化到 S_j过程中所有已执行规则都属于 I，且自 S_i变化到 S_j过程中已执行规则内至少有一个规则 $r_i\in C_{dep}$，则规则处理不可终止。

证明　由定义 13.3，S_i和 S_j可分别表示为

$S_i=<RDB(C_{dep})^{(i)},T_{C_{dep}}^{(i)}>$；

$S_j=<RDB(C_{dep})^{(j)},T_{C_{dep}}^{(j)}>$。

在定理前提中表明，至少有一个规则 $r_i\in C_{dep}$已经在从 $T_{C_{dep}}^{(i)}$ 转变到 $T_{C_{dep}}^{(j)}$ 的过程中被执行。由定义 13.4 可知 C_{dep} 中的规则不可能被（$I-C_{dep}$）中的规则所触发。

假设在从 $T_{C_{dep}}^{(i)}$ 转变到 $T_{C_{dep}}^{(j)}$ 的过程中，属于（$I-C_{dep}$）的规则 r_j处于$G(I)$中某一 G 成分 C'中，且可触发 C_{dep} 中某一 G 成分 C 内任一规则 r_i。按照规则执行模式和规则处理过程，则必有 $T_{C_{dep}}^{(i)}$ 触发可达 r_j；r_j 可触发 r_i，则 $T_{C_{dep}}^{(i)}$ 触发可达 r_i。根据规则处理过程，r_i通过相继触发一序列的规则触发至 $T_{C_{dep}}^{(j)}$ 上的规则。由于 $S_i=S_j$并且$<DB,R>$具有可确定性，故 $T_{C_{dep}}^{(i)}=T_{C_{dep}}^{(j)}$ 时，$T_{C_{dep}}^{(j)}$ 选择同样的触发路径触发可达 r_j。即 r_i 可通过相继触发一序列的规则触发至 r_j。由触发可达的定义可知：r_i所属的 G 成分 C 内规则形成的规则集可触发可达 r_j。按定义 13.4，C 依赖于 C'，故 $C'\in C_{dep}$。这与 $r_j\in C'$ 且 $r_j\in(I-C_{dep})$矛盾，即假设不成立。

因此，给定 $T_{C_{dep}}^{(i)}=T_{C_{dep}}^{(j)}$、$RDB(C_{dep})^{(i)}=RDB(C_{dep})^{(j)}$ 并且规则集具有可确定性，则从 S_i变化到 S_j过程中执行的一组规则 r_1，…，$r_n\in C_{dep}$将以同样的顺序从 S_j开始执行，并得到一个新状态 S_k。由定义 13.4 可知在从 S_j到 S_k的状态转变过程中，C_{dep}的关联数据库 $RDB(C_{dep})$只能被属于 C_{dep} 的规则的动作所修改，这是因为 C_{dep} 中的规则不可能被（$I-C_{dep}$）中的规则所触发。这样，每一个规则 r_1，…，r_n 将再次被执行并产生同样的一个执行状态。因此有 $RDB(C_{dep})^{(j)}=RDB(C_{dep})^{(k)}$，同时有 $T_{C_{dep}}^{(j)}=T_{C_{dep}}^{(k)}$。故有 $S_j=S_k$，同样的规则行为被无限次重复执行，从而使得本次规则处理过程不可终止。证毕。

定理 13.3　令$<DB,R>$表示一个知识库，I 为关于主动规则集 R 的不可归约规则集，I 中所有规则被设定为不含函数规则。若规则处理过程不可终止，则至少存在一个最小环 C，某一规则 $r\in C$ 已被执行，并且在执行过程中最小环 C 所监测的同一个执行状态 $S=<RDB(C_{dep}),T_{C_{dep}}>$最终会重复出现。

证明　以规则集 C'表示 I 内所有最小环的规则形成的集合。由定理 12.9 可知，（$I-C'$）内规则不能独立自主地产生无限次的执行。因此，要产生规则处理的不可终止执行，则至少存在一个最小环 C，满足 C 内至少有一个规则 $r\in C$ 必须被执行。由不可归约规则集的属性可知：（$R-I$）中的规则只可有限次被执行，因此它们只能产生有限数量的新符号。由定理 12.6 可知：任何一个不可终止规则处理必将导致规则执行过程中同一个简化的执行状态 $S=<RDB(I),T>$

最终会重复出现。由定理 12.7、定理 12.9 可推出：I 内至少有一个最小环 C 的环监测程序监测到了重复的执行状态。根据环监测程序的定义以及定义 13.4、定义 13.3 可知，最小环 C 的环监测程序在规则处理过程中真正能监测到的执行状态表示为 $<RDB(C_{dep}), T_{C_{dep}}>$。因此，若规则处理过程不可终止，则至少存在一个最小环 C，某一规则 $r \in C$ 已被执行，并且在执行过程中最小环 C 所监测的同一个执行状态 $S = <RDB(C_{dep}), T_{C_{dep}}>$ 最终会重复出现。证毕。

例 13.2 下面举一个阀门控制系统的实际应用实例，用来说明在运行阶段如何进行执行状态的监测，从而有效地发现主动规则集的不可终止规则处理过程。定义如下具有自惰化主动规则形式的控制规则，形成阀门控制系统的主动规则集。

若传感器的温度（*sensor. T*）发生改变或发送了阀门打开的消息，则触发规则 r_1。此时若阀门的状态是打开的（'open'）、传感器的温度值低于控制参数 T_1、锁定阀门操作的锁被启用（'on'），则执行规则 r_1 的动作：停用锁定阀门操作的锁（'off'），将阀门当前的状态置为关闭（'closed'），发送阀门关闭的消息。

规则 r_1：

event：update(*sensor. T*), *sendMessage*('*valve* opened')

condition：*valve. state*='open', *sensor. T* $<T_1$,

valve. lock:='on'

action：*valve. lock*:='off', *valve. state*:='closed', *sendMessage*('*valve* closed')；

若传感器的温度（*sensor. T*）发生改变或发送了阀门关闭的消息，则触发规则 r_2。此时若锁定阀门操作的锁被停用（'off'）、阀门的状态是关闭的、传感器的温度值超过了控制参数 T_3，则执行规则 r_2 的动作：锁定阀门操作的锁启用（'on'），将阀门当前的状态置为打开（'open'），发送阀门打开的消息。

规则 r_2：

event：update(*sensor. T*), *sendMessage*('*valve* closed')

condition：*sensor. T* $>T_3$, *valve. lock*='off', *valve. state*='closed'

action：*valve. lock*: = 'on', *valve. state* = 'open', *sendMessage* ('*valve* opened')；

若警报活化状态（*alarm. enabled*）发生改变，则触发规则 r_3。此时若警报激活状态为启用（'on'）、时钟的指示时间段（*clock. period*）为关键时刻（'critical'），则执行规则 r_3 的动作：警报激活状态置为禁用（'on'），锁定阀门操作的锁启用（'on'）。

规则 r_3：

event：update(*alarm. enabled*)

condition: *alarm. enabled*='on', *clock. period*='critical'

action: *alarm. enabled*='off', *valve. lock*:='on';

若警报活化状态（*alarm. enabled*）或时钟的指示时间（*clock. time*）发生改变，则触发规则 r_4。此时若警报活化状态为禁用（'off'）、时钟的指示时间段（*clock. period*）未标识为关键时刻（'critical'）、时钟的指示时间在上午 0：00 到 8：00 之间，则执行规则 r_4 的动作：时钟的指示时间段（*clock. period*）标识为关键时刻，警报活化状态置为启用（'on'）。

规则 r_4：

event: update(*clock. time*), update(*alarm. enabled*)

condition: *alarm. enabled*='off', *clock. period*≠'critical',

clock. time between 0:00am and 8:00am

action: *clock. period*='critical', *alarm. enabled*='on';

与规则集 $R=\{r_1, r_2, r_3, r_4\}$ 相关的触发图和活化图如图 13.4 所示。根据归约算法 6.2 很简单地看出规则集 R 即为不可归约规则集 I，并且 I 中含有如图 13.4 所示的两个 G 成分 C_1 和 C_2，它们都是 I 中的最小环。

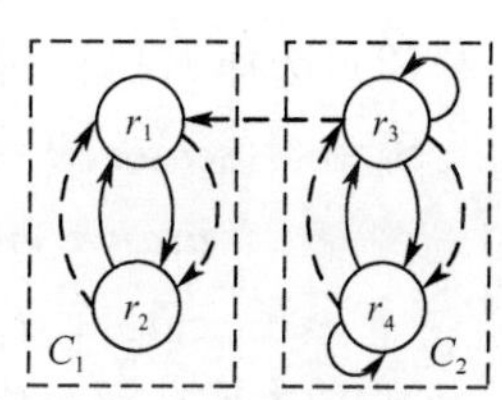

图 13.4　与例 13.2 相关的触发图和活化图

规则集中的规则触发事件 update(*sensor. T*)，update(*clock. time*)是外部事件。即一旦传感器的温度发生了变化，就产生了事件 update(*sensor. T*)；一旦时钟的指示时间发生变化，就产生了事件 update(*clock. time*)。其他的触发事件为数据库可操作的事件。

按照定义 13.2，由于 r_3 的写集 $WS(r_3)$ 与 r_1 的读集 $RS(r_1)$ 满足 $WS(r_3)\cap RS(r_1)\neq\varnothing$，即 r_3 修改了 *valve. lock* 的值被 r_1 的条件读入，故 C_2 并入到 C_1 的 C_{dep} 中。从而在 $RDB(C_{dep})$ 中除了 r_1 和 r_2 中属性 *sensor. T*、*valve. state*、*valve. lock* 的读集和写集外，还包括 r_3 和 r_4 专有的属性 *alarm. enabled*、*clock. time*、*clock. period* 的读集和写集。

但按照环监测程序的定义，最小环 C_1 的环监测程序若以 r_1 或 r_2 为监测规则，一旦 r_1 或 r_2 被执行后，按我们的规则执行模式和环监测程序的定义，则最小环 C_2 的规则 r_3 和 r_4 不会监测到被执行。此时若将 C_2 并入到 C_1 的 C_{dep} 中，即 r_3 和 r_4 专有的属性 *alarm. enabled*、*clock. time*、*clock. period* 的读集和写集需计入到 C_{dep} 的关联数据库 $RDB(C_{dep})$ 中。这表明关联数据库 $RDB(C_{dep})$ 中存在冗余属性，导致执行状态记录中存在一些不必要的历史记录的统计和存储。下面我们通过具体的实例说明上述情况。

假设阀门控制系统将 T_1、T_2 设置为：$T_1=20°$，$T_2=10°$。设传感器的温度改变为 15°，产生一个 update（*sensor. T*）事件并触发了规则 r_1 和 r_2。

设阀门控制系统的主动规则集具有可确定性，不妨设规则执行的优先级为：$Pr_4 > Pr_3 > Pr_2 > Pr_1$。同时设置系统的初始状态为：*sensor. T* = 15°，*valve. state*= 'closed'，*valve. lock*= 'off'，*alarm. enabled*= 'on'，*clock. time* is 9：00 am，*clock. period*≠ 'critical'。

根据规则执行的优先级，从已触发规则集 $\{r_1, r_2\}$ 中首先选择 r_2 来执行。r_2 作为最小环 C_1 的环监测程序的监测规则被执行后，启动 C_1 的环监测程序。

(1) r_2 被执行后，可得到一个基于定义 13.2、定义 13.3 的执行状态：

S_1=<{*sensor. T*=15°,*valve. state*='open',*valve. lock*='on', *alarm. enabled*='on',*clock. time* is 9:01 am,*clock. period*≠'critical'},$\{r_1, r_1\}$>;

基于定义 13.4、定义 13.3 可得到一个执行状态：

S_1'=<{*sensor. T*=15°,*valve. state*='open', *valve. lock*='on'},$\{r_1, r_1\}$>。

(2) 选择 r_1 执行后，可得到一个基于定义 13.2、定义 13.3 的执行状态：

S_2=<{*sensor. T*=15°,*valve. state*='closed',*valve. lock*='off', *alarm. enabled*='on',*clock. time* is 9:02 am,*clock. period*≠'critical'},$\{r_2, r_1\}$>;

基于定义 13.4、定义 13.3 可得到一个执行状态：

S_2'=<{*sensor. T*= 15°, *valve. state* = 'closed', *valve. lock* = 'off'}, $\{r_2, r_1\}$>。

环监测程序比较 S_2 与 S_1（或 S_2' 与 S_1'），未发现重复的执行状态。

(3) 选择 r_2 执行后，可得到一个基于定义 13.2、定义 13.3 的执行状态：

S_3=<{*sensor. T*=15°,*valve. state*='open', *valve. lock*='on', *alarm. enabled*='on', *clock. time* is 9:03 am,*clock. period*≠'critical'},$\{r_1, r_1\}$>;

基于定义 13.4、定义 13.3 可得到一个执行状态：

S_3'=<{*sensor. T*=15°,*valve. state*='open',*valve. lock*='on'},$\{r_1, r_1\}$>。

若环监测程序比较 S_3 与 S_1、S_2，未发现重复的执行状态；若环监测程序比较 S_3' 与 S_1'、S_2'，发现 S_3' 与 S_1' 是重复的执行状态。

假设一段时间内，传感器温度维持在 15°，则在设定的阀门控制系统的初始状态下，图 13.4 中最小环 C_1 的规则集 $\{r_1, r_2\}$ 处于非终止规则处理过程中。基于定义 13.4 和定义 13.3 的执行状态能被环监测程序有效地、及时地发现不可终止的规则处理；反之，基于定义 13.2 和定义 13.3 的执行状态则导致环监测程序反应不及时，同时导致大量的冗余信息的存储和不必要的历史记录数据的比较工作。

小　　结

在这一章中，主要针对在表示最小环所监测的执行状态上存在的不足，给出了一种新的表示方法。从理论上证明了在新的表示方法下，最小环所监测的同一执行状态若重复出现，在满足一定的限制条件下可以标识规则处理过程的不可终止。

最后，通过一个阀门控制系统的实际应用实例，比较了在两种表示方法下，判断一个不可终止规则处理过程的不同。分析的结果表明，新的表示方法不仅减少了执行状态历史记录中不必要的历史记录的统计和存储，而且在判断规则处理过程的不可终止执行时更加有效、更加及时。

第 14 章　主动规则集汇流性分析和可观察的确定性

规则集的汇流性，是指对没有优先级区别的规则的执行次序的选择是否会对最终的数据库状态产生影响。在规则处理过程中，多个规则被同时触发，在规则处理终止后，首先考虑最终的数据库依赖哪条规则。如果最终的数据库状态不取决于上述的多个规则被选择执行的顺序，那么称该规则集是可保证汇流的。主动数据库规则集的汇流性是十分复杂的问题。分析规则集的汇流性要考虑规则执行的综合效果，比如考虑触发规则的相互作用和规则的优先级等。例如，不能仅仅考虑相连接的两条规则的动作；必须考虑直接或者间接触发的所有规则的动作，以及这些规则的相对顺序。因为在规则处理过程中，规则行为非常难以捉摸，规则之间的相互触发，导致主动规则集中主动规则无限次地被执行。当规则之间按不同的顺序触发，规则集将具有不同的行为，从而产生意想不到的结果。要使主动数据库发挥其应有的作用，就需要有对主动规则的设计、原型化、实现和检测提供帮助的方法和工具。正因为如此，实际应用中对主动规则的使用显得相当小心和保守。Baralis 认为通过强加一个确定性的规则执行顺序，即通过用户或系统指定的规则之间的优先级，汇流性就很容易得到。Seung-Kyum Kim 则提出了一个如何分配优先级的方法，所以大量的研究集中在规则集的可终止性研究上。

14.1　基于执行图的汇流性分析

基于执行图的汇流性分析技巧主要利用规则的可交换性和执行图的特性分析。在此基础上提出了判定规则集是否具有汇流性的相关定理及其证明。

14.1.1　规则可交换性

定义 14.1　如果在执行图的某一状态 S，先执行规则 r_i 再执行规则 r_j 和先执行规则 r_j 再执行规则 r_i 产生相同的执行图状态 S'（如图 14.1 所示），则称这两个规则是可交换的。如果这个相等关系不总为真，则称规则 r_i 和 r_j 是不可交换的。

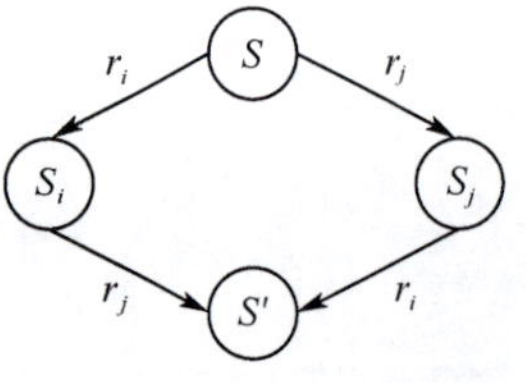

图 14.1　可交换规则

每一个规则显然和本身可交换。两个不同的规则只要它们不存在触发或虚触发的关系，并且它们对数据库的读或写操作不交叉，则可交换。根据定义 14.1，下面给出一个规则的条件集来分析不同的规则对是否可交换的引理。

引理 14.1　对于不同的规则 r_i 和 r_j，如果下述条件为真，则 r_i 和 r_j 可能不可交换，否则它们可交换。

（1）$r_j \in$ Triggers（r_i），也就是 r_i 能使 r_j 被触发。

（2）$r_j \in$ Can-Untrigger（Performs（r_i）），也就是 r_i 能虚触发 r_j。

（3）$<I,t>$，$<D,t>$ 或 $<U,t.c>$ 在 Performs(r_i)中，并且 t 或 $t.c$ 在 Uses(r_j)中（$t.c \in C$），也就是 r_i 的操作能影响 r_j 使用的值。

（4）$<I,t>$ 在 Performs(r_i)中，$<D,t>$ 或 $<U,t.c>$ 在 Performs(r_j)中（$t \in T$ 或 $t.c \in C$），也就是 r_i 的插入能影响 r_j 更新或删除的值。

（5）$<U,t.c>$ 同时在 Performs(r_i)和 Performs(r_j)中，也就是 r_i 的更新能影响 r_j 更新的值。

（6）将（1）～（5）中 r_i 和 r_j 角色交换。

算法 14.1　G-Commute（r_i，r_j）（图规则可交换性分析算法）

```
输入:规则 r_i 和 r_j;
输出:规则 r_i 和 r_j 是否可交换;
begin
    if r_j ∈ Triggers(r_i)or r_i ∈ Triggers(r_j)then
    return(false);
    if r_j ∈ Can-Untrigger(Performs(r_i))or r_i ∈ Can-Untrigger(Performs
    (r_j))then
        return(false);
    if <D,t>,或< U,t.c >在 Performs(r_i)中,并且 t 或 t.c 在 Uses(r_j)中
    (t.c ∈ C)then
        return(false);
    if <D,t>,或< U,t.c >在 Performs(r_j)中,并且 t 或 t.c 在 Uses(r_i)中
    (t.c ∈ C)then
        return(false);
    if < U,t.c >∈ Performs(r_i)and < U,t.c >∈ Performs(r_j)then
        return(false);
    return(true);
end.
```

算法分析：该算法由五个条件判断语句构成，条件判断语句的时间代价为常量，所以算法 14.1 的时间复杂度为 $O(1)$。

14.1.2　汇流性分析

要想确定是否规则集 R 的每个执行图最多只有一个最终状态。对两个执行

图状态 S_i 和 S_j，令 $S_i \xrightarrow{*} S_j$ 表示从 S_i 到 S_j 有一条长度为 0 或更长的路径。($\xrightarrow{*}$ 是 $\xrightarrow{*}$ 的自反传递闭包)。

定理 14.1 （路径汇流）对任意执行图 EG 及其任意三个状态 S，S_i，S_j，若 $S \xrightarrow{*} S_i$，$S \xrightarrow{*} S_j$，且存在第四个状态 S' 有 $S_i \xrightarrow{*} S'$，$S_j \xrightarrow{*} S'$ 则 EG 至多只有一个终态（S'）（如图 14.2（a））。

证明 （反证法）设 EG 中有两个不同的终态 F_1，F_2。设 I 为初态，则 $I \xrightarrow{*} F_1$，$I \xrightarrow{*} F_2$，根据假设有第四个状态 S，$F_1 \xrightarrow{*} S$，$F_2 \xrightarrow{*} S$，因为 F_1 和 F_2 是终态，即 $S=F_1$ 且 $S=F_2$，和 $F_1 \neq F_2$ 矛盾，证毕。

定理 14.2 （边汇流）对任意无限路径的执行图，有三个状态 S，S_i，S_j，有 $S \longrightarrow S_i$，$S \longrightarrow S_j$，且存在第四个状态 S' 有 $S_i \xrightarrow{*} S'$，$S_j \xrightarrow{*} S'$。那么对任何的三个状态 S，S_i，S_j，有 $S \xrightarrow{*} S_i$，$S \xrightarrow{*} S_j$ 且有第四个状态 S' 使得 $S_i \xrightarrow{*} S'$ 且 $S_j \xrightarrow{*} S'$（如图 14.2（b））。

证明 根据定理 14.1，$S \xrightarrow{*} S_i$ 表示路径长度大于等于 0，只要把路径长度取为 1 并标志为 r_i 即有 $S \xrightarrow{r_i} S_i$。根据假设有第四个状态 S' 且 $S_i \xrightarrow{*} S'$。同样有 $S_j \xrightarrow{*} S'$。证毕。

定理 14.1 是强条件的，定理 14.2 是弱条件的。

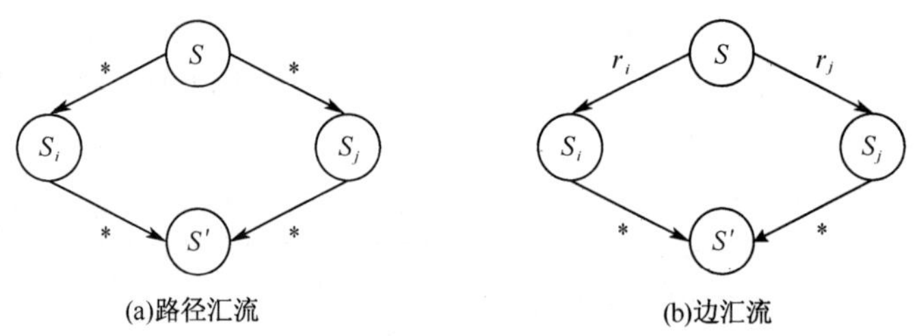

图 14.2 汇流性条件

一般使用定理 14.2 作为汇流分析技术的基础。基于定理 14.1 和 14.2，如果以下条件满足，则规则集的汇流性得到保证。

（1）在规则集的任何执行图中没有无穷的路径。（也就是在 R 中的规则保证终止）。

（2）在规则集 R 的任何执行图中，对任何三个状态 S，S_i 和 S_j，如果 $S \longrightarrow S_i$ 和 $S \longrightarrow S_j$，存在第四个状态 S'，使得 $S_i \xrightarrow{*} S'$ 和 $S_i \xrightarrow{*} S'$。

第一个条件可由规则集终止性分析方法来解决，即保证规则集是可终止的。

这里假定条件（1）已经满足，以下对（2）做专门的讨论。

考虑规则集 R 的执行图和任意的三个状态 S，S_i，S_j，有 $S \longrightarrow S_i$，$S \longrightarrow S_j$。对每个 S 至少有两条被触发且符合执行条件的无序规则被考虑。规则 r_i 标识边 $S \longrightarrow S_i$，规则 r_j 标识边 $S \longrightarrow S_j$，如图 14.2（b）所示。要证明存在第四个状态 S' 使得 $S_i \xrightarrow{*} S'$，$S_j \xrightarrow{*} S'$。图 14.1 中规则 r_i 和规则 r_j 是可以交换的，r_i 可以从 S_j 出发，r_j 可以从 S_i 出发，并仍能产生同一状态 S'。但对规则集来说，要保持规则间的这种关系是比较困难的。若 r_j 在被触发时，r_i 又触发了规则 r，$r > r_j$，那么在状态 S_i 规则 r_j 是不符合执行条件的。假定这里仅有这三个相关的规则，并且 r 不取消触发 r_j，那么由 r_i 开始的规则序列是 $<r_i, r, r_j>$。从 r_j 开始的相应规则序列是 $<r_j, r_i, r>$。如果选择其中一个序列，通过重复交换可交换规则的次序来改变该序列排列次序（因而不会改变最终的状态），最终可得到另一个序列，最后这两个序列会有相同的终态。对于序列 $<r_i, r, r_j>$ 和 $<r_j, r_i, r>$，只要 r_j 不仅和 r_i 是可交换的，而且和 r 也是可以交换的，那么这样的规则重组是可能的。但仅仅考虑了三条规则，当然 r 还可能触发另外的规则，此时情况更为复杂。

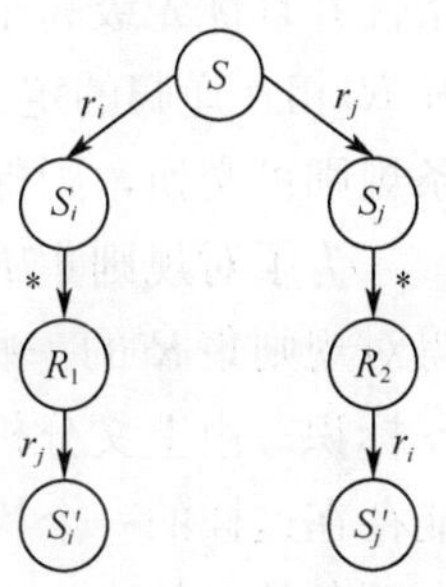

图 14.3　可交换构造图（到达 S' 前）

按以上的分析，若规则集汇流则要求存在一个从 S_i 和 S_j 都可以到达的状态 S'。我们试图从 S_i 和 S_j 开始分别构造到状态 S' 的路径 p_1 和 p_2。从状态 S_i 开始被触发的规则中，在 r_j 符合执行条件之前被优先考虑的规则集称为 R_1。同样 R_2 为 r_i 符合执行条件之前 r_j 所触发的被优先考虑的规则集。在 R_1 和 R_2 之后，r_j 在 p_1 中被考虑，r_i 在 p_2 中被考虑。路径 p_1、p_2 如图 14.3 所示。

现在假定从状态 S_i' 开始，我们通过考虑 R_2 中的规则（以同样的顺序）来继续路径 p_1，也就是假定 R_2 中的规则被相应触发并且符合执行条件。同样，我们假定从 S_i' 开始考虑 R_1 中的规则。也就是说在两条路径中相同的规则被考虑。现在，如果 $\{r_i\} \cup R_1$ 中的每条规则和 $\{r_j\} \cup R_2$ 中的每条规则可交换，那么这两条路径都可以通过交换规则的排列次序进行重组后得到另一条路径而不影响最终的状态。因此这两条路径是等价的并且能够到达同一个状态 S'。如图 14.4 所示。

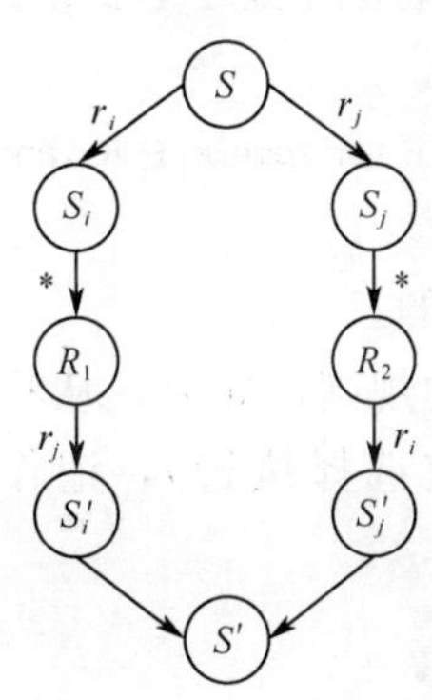

图 14.4　可交换构造图（有共同终态 S'）

然而，不能保证在状态 S_i' 规则集 R_2 中的规则是符合执行条件的；对状态 S_i' 和规则集 R_1 也有同样的情况。例如，考虑规则 $r_k \in R_2$，另一条规则 r_l 既不在 R_1 中也不在 R_2 中。假定 r_l 被 r_i 触发并假定 $r_l > r_k$。以下执行方式是可能的。

(1) r_l在状态 S_i（和规则集 R_1 中的规则一起）作为规则 r_i 执行的结果被触发。

(2) 规则 r_l在 R_1 中的规则被考虑时既不被考虑也不被取消触发；也就是，在状态 S_i和状态 S_i'之间保持被触发。

(3) 由于 r_l在状态 S_i'是被触发的，并且 $r_l > r_k$，$r_k \in R_2$，那么在状态 S_i'规则 r_k是不符合执行条件的。因此在状态 S_i'只有考虑规则 r_l后才能考虑 R_2 中的规则。

注意，如果规则 r_l在状态 S_i'取消触发规则 r_k，并且不再有规则触发 r_k，那么 r_k将不会在路径 p_1 中被考虑，很明显这两条路径将不会汇聚到唯一的终态。

由以上分析知道，必须扩展规则集 R_1 中的规则，以使其包括所有符合执行条件并且优先级高于 R_2 中任何一条规则的规则。对 R_2 的构造也一样。通过对 R_1 和 R_2 相互递归的定义我们可以看到：$\{r_i\} \cup R_1$ 中的每条规则和 $\{r_j\} \cup R_2$ 中的每条规则可交换，则保证存在终态 S'，并且最终保证了规则集的汇流。

为了对规则集 R 进行汇流性分析，必须按如上方式考虑每对规则 r_i 和 r_j 使得对规则集 R 的一些执行图可能有两条外向的边，一条边用 r_i 标识，一条边用 r_j 标识。由上文分析可知：对规则集 R 中的任意两条无序规则 r_i 和 r_j，很有可能存在这样的一个执行图，该执行图存在这样的一个数据库状态，该状态至少存在两条外向的边，一条用 r_i 标识，一条用 r_j 标识。因此，要考虑每对无序规则，下面给出规则集保证汇流性的充分非必要条件。

定义 14.2 （汇流条件）考虑在 R 中的任何不存在优先级高低关系的规则对 r_i 和 r_j。令 $R_1 \subseteq R$，$R_2 \subseteq R$，通过如下方法被创建：

$R_1 \leftarrow \{r_i\}$;

$R_2 \leftarrow \{r_j\}$;

$R_1 \leftarrow R_1 \cup \{r \in R \mid r \in \text{Triggers}(r_1) \text{ for some } r_1 \in R_1, r > r_2 \in P \text{ for some } r_2 \in R_2, \text{and } r \neq r_j\}$;

$R_2 \leftarrow R_2 \cup \{r \in R \mid r \in \text{Triggers}(r_2) \text{ for some } r_2 \in R_2, r > r_1 \in P \text{ for some } r_1 \in R_1, \text{and } r \neq r_i\}$。

对每一个规则对 $r_1 \in R_1$ 和 $r_2 \in R_2$，r_1 和 r_2 必须是可交换的。

定义 14.3 令 S 和 S' 为执行图状态，r 为规则集 R 中的规则，如果在从状态 S 到 S' 的过程中规则 r 被触发（不论其是否同时会被选择执行），记作 $S \xrightarrow[r]{} S'$。

利用定义 14.3 给出下面更加精确的关于可交换性的定义。

定义 14.4 （可交换性）两个规则 r_i 和 r_j 如果对所有执行图状态 S，当且仅当 $S \xrightarrow[r_j]{} S_j \xrightarrow[r_i]{} S'$ 时，才有 $S \xrightarrow[r_i]{} S_j \xrightarrow[r_j]{} S'$，则规则 r_i 和 r_j 可交换。

如果一个规则 r 在状态 S 时被触发并且被选择执行，则记作 $S \xrightarrow{r} S'$，为执行图中的一条边。

令一条路径为一个规则，考虑序列 $S_0 \xrightarrow[r_1]{} S_1 \xrightarrow[r_2]{} S_2 \cdots S_{n-1} \xrightarrow[r_n]{} S_n$。通常简写为$< r_1, \cdots, r_n >$。两条路径 P 和 Q 如果开始于相同的状态 S_0，结束于相同的状态 S_n，则称这两条路径为等价的，则记作 $P \equiv Q$。一条路径中的所有规则如果在被触发时都被选择执行，则这条路径是有效的。因此，一条有效路径是执行图中的一条边。给定两个规则序列 A 和 B，AB 是这样一条路径，在这条路径中，先触发在 A 中的规则，再触发在 B 中的规则。

对一条路径 P，$\overline{P}$表示路径 P 中去掉那些被触发但未被选择执行的规则。

下面给出定理来证明定义 14.2 给出的方法确实能保证规则集的汇流性要求。

引理 14.2　令 P 为一条路径，并且假定对 P 中的每一个规则，或者它在被触发时没有被选择执行，或者它被触发时被选择执行，则$\overline{P} \equiv P$，并且$\overline{P}$是条有效路径。

证明　因为$\overline{P}$表示路径 P 中去掉那些被触发但未被选择执行的规则。因此$\overline{P}$中的规则在被触发时被选择执行。所以$\overline{P}$是条有效路径。并且 P 和$\overline{P}$在路径上执行相同的规则，所以$\overline{P} \equiv P$，证毕。

引理 14.3　令 r_i，r_j 和 r 为规则集 R 中的规则，其中规则 r_i 和 r_j 间不存在优先级高低的关系，令 R_1 和 R_2 为从 r_i 和 r_j 根据定义 14.2 创建的规则集。如果 $r \in (R_1 \cup R_2) - \{r_i, r_j\}$，则 $r > r_i$ 或者 $r > r_j$。

证明　利用定义 14.2 构建 R_1 和 R_2。本定理的证明通过对定义 14.2 中规则 r 加入到 R_1 和 R_2 的步骤的循环次数的数目进行归纳给出。

归纳基础：循环次数为 0，则 $R_1 = \{r_i\}, R_2 = \{r_j\}$，结论为真。

假设循环次数为 n 时，结论为真。则在循环次数为 $n+1$ 时，规则 r 被加到集合 R_1 或 R_2 中时，根据定义 14.2 在这次循环之前存在规则 $r'(r' < r)$ 被加到集合 R_1 或 R_2 中。如果 $r' = r_i$ 或 $r' = r_j$，则 $r > r_i$ 或 $r > r_j$。另外根据归纳假设，$r' > r_i$ 或 $r' > r_j$，因此 $r > r_i$ 或 $r > r_j$。证毕。

引理 14.4　令 r_i，r_j，r，r' 为规则集 R 中的规则，其中规则 r_i 和 r_j 间不存在优先级高低的关系，令 R_1 和 R_2 为从 r_i 和 r_j 创建的规则集，如果 $r > r'$ 并且 $r' \in (R_1 \cup R_2)$，则 $r \neq r_i$，$r \neq r_j$。

证明　采用反证法进行证明：假设 $r = r_i$，因为 $r > r'$，$r' \neq r_i$（因为一个规则不可能比自身的优先级高），$r' \neq r_j$（因为 r_i 和 r_j 间不存在优先级高低的关系），所以 $r > r_i$（和规则不可能比自身的优先级高的事实相矛盾）或者 $r > r_j$（和 r_i 和 r_j 间不存在优先级高低的关系这个条件相矛盾），因此 $r \neq r_i$，类似可证明 $r \neq r_j$。证毕。

引理 14.5 （汇流引理）如果规则集 R 汇流条件为真，则在规则集 R 的任何执行图中，对任何三个状态 S，S_i 和 S_j，如果符合 $S \longrightarrow S_i$ 和 $S \longrightarrow S_j$，则存在第四个状态 S' 使得 $S_i \xrightarrow{*} S'$ 和 $S_j \xrightarrow{*} S'$。

证明 令规则 r_i 和 r_j 分别标在边 $S \longrightarrow S_i$ 和 $S \longrightarrow S_j$ 上，即 $S \xrightarrow{r_i} S_i$ 和 $S \xrightarrow{r_j} S_j$。其中规则 r_i 和 r_j 之间不存在优先级高低的关系。我们必须证明存在一个状态 S'，使得 $S_i \xrightarrow{*} S'$ 和 $S_j \xrightarrow{*} S'$。我们必须通过有效路径：$\overline{P_1} = S \xrightarrow{r_i} S_i \xrightarrow{*} S'$ 和 $\overline{P_2} = S \xrightarrow{r_j} S_j \xrightarrow{*} S'$ 来进行证明，证明分为三个步骤：

第一步，我们给出一个算法构建初始路径 P_1 和 P_2。

第二步，我们扩展路径 P_1 和 P_2，使得在路径 P_1 和 P_2 中的每个规则或者在被触发时没有被选择执行，或者被触发时被选择执行，根据引理 14.2，P_1 和 P_2 为有效路径，$P_1 \equiv \overline{P_1}$ 和 $P_2 \equiv \overline{P_2}$。

第三步，我们验证 $\overline{P_1}$ 和 $\overline{P_2}$ 有相同的最终状态，即 $\overline{P_1} \equiv \overline{P_2}$。证毕。

首先，我们构造有效路径 P_1 和 P_2。

令 R_1 和 R_2 是由 r_j 和 r_i 通过定义 14.1 构造的规则集，$R_1' = R_1 - \{r_i\}$ 且 $R_2' = R_2 - \{r_j\}$，以下算法构造了初始路径 P_1 和 P_2。

算法 14.2 P-Construction（初始路径 P_1 和 P_2 的构造）

```
输入:规则 r_i 和 r_j,由 r_i 和 r_j 构造的规则集 R_1 和 R_2;
输出:初始路径 P_1 和 P_2;
begin
      R_1' = R_1 - {r_i};
      R_2' = R_2 - {r_j};
        A = ≪≫;
        while 规则 r∈R_1'在路径≪r_i≫;A 的最后状态符合执行条件 do
          A = A;≪r≫;
          B = ≪≫;
        while 规则 r∈R_2'在路径≪r_j≫;B 的最后状态符合执行条件 do
          B = B; ≪r≫;
          P_1 = ≪r_i≫; A;≪ r_j≫;B;
          P_2 = ≪r_j≫;B;≪ r_i≫;A;
end.
```

定理 14.3 （汇流定理）如果规则集 R 汇流条件为真，并且在规则集 R 中的任何执行图中没有无穷的路径，则规则集 R 的任何执行图只有一个最终状态，也就是规则集 R 中的规则汇流。

证明 令 EG 是规则集 R 的任何执行图，根据汇流引理 14.5，对 EG 中的任

何三个状态 S，S_i和 S_j，如果符合 $S \longrightarrow S_i$和 $S \longrightarrow S_j$，则存在第四个状态 S'使得 $S_i \stackrel{*}{\longrightarrow} S'$和 $S_j \stackrel{*}{\longrightarrow} S'$。因此，根据边汇流定理 14.2，对 EG 中的任何三个状态 S，S_i和 S_j，只要 $S \stackrel{*}{\longrightarrow} S_i$和 $S \stackrel{*}{\longrightarrow} S_j$，则存在第四个状态 S'使得 $S_i \stackrel{*}{\longrightarrow} S'$和 $S_j \stackrel{*}{\longrightarrow} S'$。根据路径汇流定理 14.1，EG 最多有一个最终状态。因此 EG 正好只有一个最终状态（因为没有无穷路径）。也就是规则集 R 中的规则汇流。证毕。

14.1.3　规则集汇流性判定算法

基于上面的分析，给出判定规则集 R 是否可保证汇流的算法。若不可保证汇流该算法求出了可能导致不可汇流的无序规则对的集合。

算法 14.3　PConfluence（规则集汇流性判定算法）

```
输入:规则集 R;
输出:规则集 R 是否是保证汇流的,若不可保证汇流求出可能导致不可汇流的无序
规则对的集合 PR;
begin
      PR = ∅;
      R′ = 规则集中全部无序规则的集合;
      for R′中的每条规则 r_i do
          for R′中的每条规则 r_j, r_i≠r_j do
                R_1 = {r_i};
                R_2 = {r_j};
          repeat
                R_1 = R_1 ∪ {r∈Triggers(r_1), r_1∈R_1 且 r>r_2∈P, r_2∈R_2, r≠r_j};
                R_2 = R_2 ∪ {r∈Triggers(r_2), r_2∈R_2 且 r>r_1∈P, r_1∈R_1, r≠r_i};
          until R_1 和 R_2 不再变换为止;
          if 存在 r_1∈R_1 和 r_2∈R_2, r_1 和 r_2 是不可交换的 then
            PR = PR ∪ {(r_i, r_j)};
            if PR = ∅ then
                return(规则集 R 是可以保证汇流的);
            else
                return(规则集 R 是不可保证汇流的,求出可能导致不可汇流的无序
                规则对的集合 PR);
end.
```

定理 14.4　算法 14.3 对规则集 R 汇流性的判定是正确的。如果规则集不保证汇流，该算法正确地求出了可能导致不可汇流的无序规则对的集合。该算法保证终止，且时间复杂度为 $O(n^5)$，其中 n 为规则集中的规则数。

证明　（正确性）根据定理 14.2，定理 14.3，算法 14.1，定义 14.2 保证

了该算法的正确性。

（可终止性）算法 14.3 中在 repeat 循环中每循环一次，R_1 和 R_2 各添加一个规则集 R 中的规则，因为 R 为有限集，所以 R_1 和 R_2 只能添加有限个规则，repeat 循环经过有限步后终止，同样两个 for 循环经过有限步（规则集中全部无序规则的数目）后终止。因此该算法是可保证终止的。

（时间复杂度分析）分析 R 中的规则是否汇流，需要考虑每一对在 R 中的无序规则 r_i 和 r_j；集合 R_1 和 R_2 从 r_i 和 r_j 处根据定义 14.1 构造。集合 R_1 和 R_2 中的规则被逐对检测可交换性。整个算法的最差时间复杂度为 $O(n^2)$。其中，集合 R_1 和 R_2 分别从 r_i 和 r_j 处开始创建，每次通过其中的循环，试图把规则加到 R_1 和 R_2 中。为了把规则加到 R_1 中，扫描 R 一遍。对每一个规则 $r\in R$，扫描 R_1 找到一条规则 r_1 使得 $r\in$ Triggers（r_1），同时也要扫描 R_2 找到一条规则 r_2，使得 $r>r_2$，$r_2\in P$。因此，加一条规则到 R_1 需要的时间为 $O(n^2)$。同样，加一条规则到 R_2 需要的时间为 $O(n^2)$。因为该循环最多被执行 n 次，因而构造 R_1 和 R_2 的时间为 $O(n^3)$。检测 R_1 和 R_2 中的每一对规则的可交换性需要的时间为 $O(n^2)$。因为对 R_1 和 R_2 中每一对无序规则都必须构造和检测。构造可能发生 $O(n^2)$ 次，因此总的时间复杂度为 $O(n^5)$。证毕。

14.2 局部汇流

汇流性对一些应用来说条件太严格了，有些时候允许规则集 R 对数据库中一些非重要的表非汇流，但对其他重要的表汇流。这种情况称作局部汇流。

14.2.1 局部汇流

定义 14.5　令 $T'\subseteq T$ 是表的集合，对 T' 是重要的规则 $Sig(T')$ 由以下方法进行计算：

$Sig(T')\leftarrow\{r\in R\mid <I,t>, <D,t>, \text{or} <U,t.c>$ 在 Performs(r) 中，$t\in T'\}$，进行计算。重复以下操作：$Sig(T')\leftarrow Sig(T')\cup\{r\in R\mid$ 存在一个 $r'\in Sig(T')$ 使得 r' 和 r 不可交换$\}$ 直至 $Sig(T')$ 中的规则数量不再增加。

定义 14.6　令 S 和 S' 为执行图状态，$R'\subseteq R$，r 为规则集 R' 中的规则，如果在从状态 S 到 S' 的过程中规则 r 被触发（不论其是否同时会被选择执行），则写作 $S\xrightarrow{r}_{R'}S'$。

引理 14.6　令 $R'\subseteq R,(D_0,TR_0)\xrightarrow{r_1}\cdots\xrightarrow{r_n}(D_n,TR_n)$ 是一条对应于规则集 R 的路径，如果 $r_i\in R'$，并且在状态 (D_{i-1},TR_{i-1}) 时被选择执行（$1\leqslant i\leqslant n$），则 $(D_0, TR_0\cap R')\xrightarrow{r_1}_{R'}\cdots\xrightarrow{r_n}_{R'}(D_n, TR_n\cap R')$，即 $(D_0, TR_0\cap R')\xrightarrow{r_1}$

$\xrightarrow{}_{R'}\cdots\xrightarrow{r_n}_{R'}(D_n, TR_n\cap R')$是对应于$R'$的有效路径。

证明　令 $TR'_I = TR_i \cap R'$，规则 r_i 在状态(D_{i-1}, TR_{i-1})时被选择执行$(1\leqslant i\leqslant n)$，因为 $r_i \in R'$，并且对应于 R'在状态(D_{i-1}, TR_{i-1})时可被选择执行，所以$(D_{i-1}, TR'_{i-1})\xrightarrow{r_i}_{R'}(D_i, TR_i{}')(1\leqslant i\leqslant n)$。证毕。

下面的引理描述了在对应于 R 中的执行图中的任意路径，如何通过可交换规则转变成等价路径 RS；RN，其中 RS 只包含在 $Sig(T')$中的规则，RN 只包含在 $R-Sig(T')$中的规则，并且在 RS 中的所有规则是可被选择执行的。

定理 14.5　令 $T'\subseteq T$ 是表的集合。假定在 $Sig(T')$中的任何执行图中没有无穷路径。如果 P 为一条在对应于 R 的执行图中的路径，此路径终止于一个最终状态，则存在一条路径 P'，使得：

(1) $P'=RS$；RN，其中 $\text{Rules}(RS)\subseteq Sig(T')$，$\text{Rules}(RN)\subseteq R-Sig(T')$。

(2) $P\equiv P$。

(3) 在 P'中，在 $Sig(T')$中的每一个规则当被触发时都可被选择执行。

(4) $TR\cap Sig(T')=\varnothing$，其中 (D, TR) 是路径 RS 的最后一个状态。

证明

1) 构建路径 P'

$P'\longleftarrow P$；

while $P'\neq RS$；{Rules (RS) $\subseteq Sig$ (T')，Rules (RN) $\subseteq R-Sig$ (T')} do

$P'=RS$；RN；$\ll r_i\gg$；A；

{Rules (RS) $\subseteq Sig$ (T')，Rules (RN) $\subseteq R-Sig$ (T')，$|RN|>0$，$r_i\in Sig$ (T')}

if r_i在路径 RS 的最后一个状态时可被选择执行 then

①　$P'\leftarrow RS$；$\ll r_i\gg$；RN；A

else if r_i在路径 RS 的最后一个状态时不被触发 then

②　$P'\leftarrow RS$；RN；A

else

{规则 $r_j>r_i$，$r_j\in Sig$ (T')，并且 r_j在路径 RS 的最后一个状态时被选择执行}

③　$P'\leftarrow RS$；$\ll r_j\gg$；RN；$\ll r_i\gg$；A

while $P'=RS$；RN and $r\in Sig$ (T')，r 在路径 RS 的最后一个状态被执行 do

$P'\leftarrow RS$；$\ll r\gg$；RN

2) 必须证明 (1) ～ (4) 为真，并且构建路径 P'的算法可终止。我们首先证明在第一个 while 循环后，(1) ～ (3) 为真，并且循环可终止，接着证明第二个循环使（4）为真，并且循环可终止。

在第一个 while 循环中，如果循环的条件为真，则 $P'=RS$；RN；$\ll r_i \gg$；A。从这个循环的结束条件，可以发现在循环结束时（1）明显为真。可以通过对循环的数目进行归纳证明当循环结束时（2）和（3）为真。

归纳基础：循环次数为 0 时，因为 $P'=P$，所以（2）为真，因为 P 对应于 R 的一条有效路径，所以（3）也为真。

归纳步骤：令路径 P' 在循环 n 次后为 $P'_n=RS_n$；RN_n；$\ll r_i \gg$；A_n，假设 $P'_n \equiv P$，并且对于在 P'_n 中的每一个规则 r，如果 r 在 $Sig(T')$ 中，则当被触发时可被选择执行。在第 $n+1$ 次循环中，①，②，③三条分支其中一条被执行，下面分别讨论。

令 P'_{n+1} 为交换 r_i；RN_n 的结果（分支①），根据定义 14.5，在 $R-Sig(T')$ 中的规则与 $Sig(T')$ 中的规则可交换，因此，r_i 与在 RN_n 中的所有规则可交换。

$$
\begin{aligned}
P'_n &= RS_n;RN_n;\ll r_i \gg;A_n\\
&\equiv RS_n;\ll r_i \gg;RN_n;A_n\\
&= P'_{n+1}
\end{aligned}
$$

这证明了（2）为真，对于（3），必须证明在 $Sig(T')$ 中的每一个规则必须在 P'_{n+1} 中被触发时可被选择执行。在 RS_n 中的规则在 P'_{n+1} 和 P'_n 上都在相同的状态下被触发，所以在 RS_n 中的规则当在路径 P'_{n+1} 上被触发时可被选择执行。根据①分支的条件，在 RS_n 的最后一个状态，r_i 可被选择执行。根据定义 14.5，RN_n 中的规则不在 $Sig(T')$ 中。最后，因为 r_i 和 RN_n 中的规则可交换，在 P'_{n+1} 和 P'_n 上 A_n 的第一个状态相同，所以在路径 P'_{n+1} 和 P'_n 上 A_n 的每一个规则在相同的状态上被触发，所以既在 A_n 又在 $Sig(T')$ 中的规则可在 P'_{n+1} 上被选择执行。

令 $P'_{n+1}=RS_n$；RN_n；A_n（分支②），令 S 为 RS_n 的最后状态。根据分支②的条件，得知在 S 处规则 r_i 不被触发。因此，有

$P'_n=RS_n$；RN_n；$\ll r_i \gg$；A_n

$\equiv RS_n$；$\ll r_i \gg$；RN_n；A_n ｛因为 r_i 和 RN_n 中的所有规则可交换｝

$\equiv RS_n$；RN_n；A_n ｛因为 r_i 在状态 S 时不被触发｝

$=P'_{n+1}$

这证明了（2）为真。对于（3），必须证明在 $Sig(T')$ 中的每一个规则必须在 P'_{n+1} 中被触发时可被选择执行。在 RS_n 中的规则在 P'_{n+1} 和 P'_n 上都在相同的状态下被触发，所以在 RS_n 中的规则当在路径 P'_{n+1} 上被触发时可被选择执行。根据定义 14.5，RN_n 中的规则不在 $Sig(T')$ 中。最后，因为 r_i 和 RN_n 中的规则可交换，在 P'_{n+1} 和 P'_n 上 A_n 的第一个状态相同，所以在路径 P'_{n+1} 和 P'_n 上 A_n 的每一个规则在相同的状态上被触发，所以既在 A_n 又在 $Sig(T')$ 中的规则可在 P'_{n+1} 上被选择执行。

令 $P'_{n+1}=RS_n;\ll r_j\gg;RN_n;\ll r_i\gg;A_n$（分支③），令 S 为 RS_n 的最后状态，S' 为 RN_n 的最后状态，规则 r_j 必须存在，因为如果 r_i 在状态 S 时被触发但不被选择执行，则存在一个规则 r_j，$r_j>r_i$，$r_j\in Sig(T')$，并且 r_j 在状态 S 时可被选择执行。r_j 在状态 S' 时不被触发，否则 r_i 在 S' 时不被选择执行。r_j 与 RN_n 中的规则可交换，因为 $r_j\in Sig(T')$，$\text{Rules}(RN_n)\subseteq R-Sig(T')$，因此，有

$P'_n=RS_n$；RN_n；$\ll r_i\gg$；A_n

　$\equiv RS_n$；RN_n；$\ll r_j, r_i\gg$；A_n {因为规则 r_j 在状态 S' 时不被触发}

　$\equiv RS_n$；$\ll r_j\gg$；RN_n；$\ll r_i\gg$；A_n {因为 r_j 和 RN_n 中的所有规则可交换}

　$=P'_{n+1}$

这证明了（3）为真。对于（3），必须证明在 $Sig(T')$ 中的每一个规则必须在 P'_{n+1} 中被触发时可被选择执行。在 RS_n 中的规则在 P'_{n+1} 和 P'_n 上都在相同的状态下被触发，所以 RS_n 中的规则当在路径 P'_{n+1} 上被触发时可被选择执行。在 RS_n 的最后一个状态，r_j 可被选择执行。根据定义 14.4，RN_n 中的规则不在 $Sig(T')$ 中。最后，在 P'_{n+1} 和 P'_n 上 $\ll r_i\gg$；A_n 的第一个状态相同，所以在路径 P'_{n+1} 和 P'_n 上 $\ll r_i\gg$；A_n 的每一个规则在相同的状态上被触发，所以既在 $\ll r_i\gg$；A_n 又在 $Sig(T')$ 中的规则可在 P'_{n+1} 上被选择执行。

上面已经证明了在第一个 while 循环后（1）～（3）为真，下面我们证明第一个 while 循环总是可终止的，在循环次数为 n 时，路径 RS_n 或者延伸，或者一个不在 RS_n 中的规则从路径中删除。因此，为了证明循环时可终止的，只需证明路径 RS_n 不是无穷长的。根据（3）和 $\text{Rules}(RS_n)\subseteq Sig(T')$ 这个事实，知道在 RS_n 中的每个规则可被选择。因此根据引理 14.6，存在一条对应于 $Sig(T')$ 的有效路径 RS'_n，$|RS'_n|=|RS_n|$，因为在 $Sig(T')$ 的任何执行图上不存在无穷的路径，因此路径 RS'_n 肯定是有限的，RS_n 也是有限的，所以第一个 while 循环是可终止的。

现在考虑第二个 while 循环。在循环执行过程中，条件（1）明显为真，可以通过对循环的数目进行归纳证明当循环结束时（2）和（3）为真。

归纳基础：循环次数为 0 时，（2）和（3）明显为真。

归纳步骤：令路径 P' 在第二个 while 循环 n 次后为 $P'_n=RS$；RN，假设存在一个规则 $r\in Sig(T')$，在 RS 的最后状态处被选择执行。因为路径 P 终止于最终状态，因此没有规则在 P 的最后状态时被触发。因为 $P'_n\equiv P$，在 P'_n 最后状态没有规则被触发，所以有

$P'_n=RS$；RN

　$\equiv RS$；RN；$\ll r\gg$　{因为规则 r 在路径 RN 后不被触发}

　$\equiv RS$；$\ll r\gg$；RN {因为 r 和 RN 中的所有规则可交换}

　$=P'_{n+1}$

这证明了（2）为真。在 RS 中的所有规则在路径 P'_n 和 P'_{n+1} 上在相同的状态下被触发，根据定义 14.5，r 在 RS 的最后状态时被选择执行，并且 RN 中的规则不在 $Sig(T')$ 中，所以（3）为真。最后，注意到第二个 while 循环当（4）为真时才可终止，为了完成这个证明，必须证明第二个循环总是可终止的，这个证明可同时证明第一个 while 循环时可终止的步骤同步进行。证毕。

定理 14.6 （局部汇流）令 $T' \subseteq T$ 是表的集合。假定对 $Sig(T')$ 中的规则定义 14.1 中的汇流条件为真，并且在 $Sig(T')$ 中的任何执行图中没有无穷路径。则对 R 的任何执行图的任两个最终状态 F_1 和 F_2，在状态 F_1 和 F_2 中 T' 中的表是相等的。也就是 R 中的规则对 T' 是汇流的。

证明 令 P_1 和 P_2 分别为两条指向最终状态 F_1 和 F_2 的执行图路径，令 $P'_1 = \langle RS_1; RN_1 \rangle$ 和 $P'_2 = \langle RS_2; RN_2 \rangle$ 为根据定理 14.5 对应于 P_1 和 P_2 的路径。根据定理 14.5 中的（2），$P'_1 \equiv P_1$，$P'_2 \equiv P_2$，在 RS_1 和 RS_2 的最后状态时，在 T' 中的表是一样的。因为在 RN_1 和 RN_2 中没有规则修改在 T' 中的表，在路径 P'_1 和 P'_2 的最后状态时在 T' 中的表是一样的。所以在路径 P_1 和 P_2 的最后状态 F_1 和 F_2 时在 T' 中的表是相同的。

根据引理 14.6 和定理 14.5 的（3），一条路径 RS'_1 对应于 $Sig(T')$，能从 RS_1 中构建的有效路径。令（D_1，TR_1）为 RS_1 的最后状态，令（D_1，TR'_1）为 RS'_1 的最后状态，根据引理 14.6 和定理 14.5 的（4），$TR'_1 = TR_1 \cap Sig(T') = \varnothing$，所以 RS'_1 在最终状态（D_1，$\varnothing$）处终止。相对应的，一条路径 RS'_2 对应于 $Sig(T')$，能从 RS_2 中构建的有效路径。其中，RS_2 在最终状态（D_2，TR_2）处终止，RS'_2 在最终状态（D_2，$\varnothing$）处终止。路径 RS'_1 和 RS'_2 有相同的起始状态，并且都终止于一个最终状态，所以 RS'_1 和 RS'_2 为对应于 $Sig(T')$ 的执行图中的两条路径。因为对 $Sig(T')$ 中的规则定义 14.2 中的汇流条件为真，并且在 $Sig(T')$ 中的任何执行图中没有无穷路径，所以根据汇流定理 14.3，$Sig(T')$ 中的任何执行图只有一个最终状态，因此 $D_1 = D_2$，在 RS_1 和 RS_2 的最后状态时，在 T' 中的表是相同的。证毕。

14.2.2 局部汇流分析算法

算法 14.4 G-PConfluence(R,T')（图规则局部汇流分析算法）

输入:有限规则集 $R(r_1,\cdots,r_n)$ 和 $T' \subseteq T$;(T' 是数据库中表集合)

输出:规则集 R 是否局部汇流;

begin

(1)在规则集 R 中求出规则子集 $Sig\{T'\}$;

$Sig(\{T'\}) = \{r \in R \mid \langle I,t \rangle, \langle D,t \rangle, \text{or} \langle U,t.c \rangle \in \text{Performs}_{obs}(r), t \in \{T'\}\}$

```
        repeat
        Sig({T′}) = Sig({T′})∪{r∈R | 存在r′∈Sig({T′})和 r 不可交换}
        until Sig({T′})中的规则数量不再增加；
    (2)for 任意的 r_i∈Sig({T′})do /*将优先级关系引入规则子集 Sig({T′})*/
            Pri(r_i) = c_i；{Pri(r_i)代表 r_i 的优先级，c_i 为整数}
    (3)/*对在 Sig({T′})中的任何不存在优先级对 r_i 和 r_j 构造 R1 和 R2*/
        for 任意的在 Sig({T′})中的不存在优先级高低关系的规则对 r_i 和 r_j do
            R1 = {r_i}；
            R2 = {r_j}；
        repeat
            for r2∈R2，and r≠r_j do
                for r1∈R1，r>r2∈P do
                    R1 = R1∪{r∈Sig({T′}) | r∈Triggers(r1)；
            for r1∈R1，and r≠r_i do
                for r2∈R2，r > r1∈P do
                    R2 = R2∪{r∈Sig({T′}) | r∈Triggers(r2)；
        until R1 和 R2 集合中的规则数量不再增加；
    (4)for 任意的 r_i∈R1 and r_j∈R2 do
                    if r_i 和 r_j 的条件都不为真 then
                      loop;
                    else
                        return false;
                    return true;
    end.
```

定理 14.7 规则集 R 局部汇流分析算法 14.4 是正确的、可终止的，其时间复杂度为 $O(n^5)$。

证明 （正确性）该算法中，步骤（1）是在规则集 R 中根据定义 14.5 求出对 T' 重要的规则子集 $Sig\{T'\}$。步骤（2）是在规则子集 $Sig\{T'\}$ 中引入优先级关系，规则子集 $Sig\{T'\}$ 中的规则相互关联，存在一定的优先关系。步骤（3）是对在规则子集 $Sig\{T'\}$ 中的任何不存在优先级高低关系的规则对 r_i 和 r_j，利用图方法中的汇流条件构造 R_1 和 R_2，而图方法中的汇流条件的正确性已得到验证。步骤（4）对 R_1 和 R_2 中的规则对，应用引理 14.2 进行可交换性的判定，如果规则对对引理 14.2 中的条件都不为真，则规则对可交换。否则，认为不可交换，引理 14.2 为正确的，因此最终可判断规则集 R 是否可局部汇流。

（可终止性）该算法中，步骤（1）是在规则集 R 中根据定义 14.5 求出对 T' 重要的规则子集 $Sig\{T'\}$，因为规则集 R 为有限规则集，则规则集中规则数目确定，所以步骤（1）可在有限步内终止。步骤（1）是给规则子集 $Sig\{T'\}$ 的规则赋予优先级，因为规则子集 $Sig\{T'\}$ 为有限规则集，于是规则集中规则数目确定，所以步骤（2）可在有限步内终止。步骤（3）是对规则子集 $Sig\{T'\}$ 中的不存在优先级的规则对 r_i 和 r_j，利用图方法中的汇流条件构造 R_1 和 R_2，因为规则子集 $Sig\{T'\}$ 中的数目确定，所以不存在优先级的规则对 r_i 和 r_j 的数目也有限，所以步骤（3）会在有限步内终止。步骤（4）是对 R_1 和 R_2 中的规则对进行可交换性分析，而进行可交换性分析的方法是将规则对的条件进行验证，是可终止的，所以算法可终止。

（时间复杂度分析）在规则集 R 中求出对 T' 重要的规则子集 $Sig\{T'\}$ 的操作的时间复杂度为 $O(|R|)$，给规则子集 $Sig\{T'\}$ 的规则赋予优先级的操作的时间复杂度为 $O(n)$，分析规则子集 $Sig\{T'\}$ 中的规则是否汇流需要考虑每一对在规则子集 $Sig\{T'\}$ 中的不存在优先级的规则 r_i 和 r_j；在集合 R_1 和 R_2 中的规则被配对检测交换性，执行整个分析的最差时间复杂度是 $O(n^5)$。其中，集合 R_1 和 R_2 从 r_i 和 r_j 处创建，每一次循环，都试图将规则加到 R_1 和 R_2 中。为了把规则加到 R_1 中，扫描规则子集 $Sig\{T'\}$ 一遍。对每一个规则 $r \in Sig\{T'\}$，我们扫描 R_1 找到一个规则 r_1 使得 $r \in \text{Triggers}(r_1)$，我们也扫描 R_2 找一个规则 r_2 使得 $r > r_2 \in P$。因此，加一个规则到 R_1，其时间复杂度为 $O(n(|R_1|+|R_2|)) \in O(n^2)$。类似的加一个规则到 R_2 需要时间复杂度亦为 $O(n^2)$。因为这个循环最多被执行 $|R|$ 次，整个构建的时间复杂度是 $O(n^3)$。检测 R_1 和 R_2 中的每一对规则的可交换性其时间复杂度 $O(n^2)$。因为 R_1 和 R_2 对规则子集 $Sig\{T'\}$ 中的每一对不存在优先级的规则都必须构建和检测。构建过程的时间复杂度为 $O(n^2)$，所以算法 14.4 的时间复杂度为 $O(n^5)$。证毕。

14.3 基于代数法的汇流性分析

基于执行图的分析方法主要是对要进行分析的规则集构建规则执行图和触发图，利用图论的方法对图进行分析，在这种方法的分析过程当中并没有考虑到规则间的互使条件为真（假）的关系，即一个规则动作的执行可能影响另外一个规则的条件。因此使用图的方法不能对规则集进行精确的分析。代数分析方法则是首先将规则集中的规则用扩展关系代数表示，然后对规则使用传播算法进行分析，进而得出被分析的规则集的属性。代数方法考虑到了规则间的互使条件为真（假）的关系，能对规则集进行精确的规则分析。

一般来说，两个规则 r_i 和 r_j，如果规则 r_i 执行后，使得规则 r_j 的条件为假，即条件不被满足，则我们称规则 r_i 使规则 r_j 失效，简称为规则 r_i 失效规则 r_j。下面给出更为严格的定义。

定义 14.7 考虑两个 C-A 规则 r_i：$C_i \rightarrow A_i$ 和 r_j：$C_j \rightarrow A_j$。如果动作 A_i 的执

行能将数据库从一个 $\Delta C_j \neq \varnothing$ 的状态改变为 $\Delta C_j = \varnothing$ 的状态。则称规则 r_i 失效规则 r_j。

现在考虑两个 E-C-A 规则 r_i'：{{T_i}：$C_i \rightarrow A_i$} 和 r_j'：{{T_j}：$C_j \rightarrow A_j$}。如果动作 A_i 的执行能将数据库从一个 $C_j \neq \varnothing$ 的状态改变为 $C_j = \varnothing$ 的状态。则称 r_i' 能失效 r_j'。

下面定义什么情况下两个规则的动作可交换。

定义 14.8　令 A_i 和 A_j 是两个数据修改操作（也就是规则动作）。如果对所有数据库状态，A_i 在 A_j 后执行和 A_j 在 A_i 后执行产生相同的最终数据库状态，则 A_i 和 A_j 可交换。

在下面的引理中我们讨论规则可交换的充分条件。

定理 14.8　两个规则 r_i 和 r_j 可交换，如果：

（1）r_i 不能活化 r_j；

（2）r_i 不能失效 r_j；

（3）条件（1）和（2）中 i 和 j 交换；

（4）r_i 的动作和 r_j 的动作可交换。

证明　令 $S_1 =$（d_1，R_{e1}）是一个任意的规则执行状态，其中 r_i，$r_j \in R_{e1}$。我们必须证明，如果条件（1）～（4）都为真，则规则执行序列 $\delta = S_1 \xrightarrow{r_i} S' \xrightarrow{r_j} S_2$ 和 $\bar{\sigma} = S_1 \xrightarrow{r_j} S'' \xrightarrow{r_i} S_3$ 产生相同的最终执行状态，也就是 $S_2 = S_3$。

令 $S_2 = (d_2, R_{e2})$ 和 $S_3 = (d_3, R_{e3})$，如果 $d_2 = d_3$ 和 $R_{e2} = R_{e3}$，且下列条件为真，则 $R_{e2} = R_{e3}$。

① 在 r_j 执行后规则 r_i 的执行不失效规则 r_j（由条件（4）保证）。

② 规则 r_i 的执行不阻止规则 r_j 的执行（由条件（4）保证）。

③ 将 r_i 和 r_j 的角色交换后，和①，②中一样（由条件（3）保证）。

④ 由 r_i 和 r_j 的执行活化和失效的规则集不取决于它们的执行顺序（条件（4）通过保证规则动作可交换来保证）。

最后，$d_2 = d_3$ 由条件（4）来保证的，表明了两个规则的动作的执行顺序不影响最终的数据库状态。证毕。

引理 14.7　令 R 中的所有规则对可交换，δ_1 和 δ_2 是有相同初始状态的两个有效和完整的规则执行序列，相同的规则在 δ_1 和 δ_2 中被执行，但不必以相同的顺序。则 δ_1 和 δ_2 有相同的最终状态。

引理 14.8　令 R 中的所有规则对可交换。令 δ_1 和 δ_2 是有相同初始状态的两个有效和完整的规则执行序列。则相同的规则在 δ_1 和 δ_2 中被执行。

基于以上引理，下列定理给出了保证一个规则集汇流的充分条件。

定理 14.9　对一个规则集 R，如果其中的所有规则对可交换，则规则集 R

汇流。

证明 如果所有规则对可交换，我们考虑任意两条有相同初始状态，并且有效完整的规则执行序列 δ_1 和 δ_2。根据引理 14.8，相同的规则在 δ_1 和 δ_2 中被执行。再根据引理 14.7，δ_1 和 δ_2 有相同的最终状态。所以规则集 R 汇流。证毕。

14.3.1 C-A 规则的可交换性分析

为了保证两个规则 r_i 和 r_j 的可交换性，我们必须验证引理 14.1 中的条件 (1) ～ (4)。对 (1)，我们确定 r_i 不能活化 r_j。为了验证条件 (2)，需要 r_i 不能失效 r_j，我们必须显示 r_i 的行为 A_i 不能从 r_j 的条件 C_j 中取走数据，如果传播算法应用到 A_i 和 C_j 产生一个 delete 操作，则行为 A_i 从条件 C_j 中取走数据。因此，传播算法对验证条件 (1) 和 (2) 是充分的。

对 (4)，我们必须确定是否 r_i 的行为 A_i 能改变 r_j 的行为 A_j 的效果。我们首先将动作 A_j 转换成一个查询 C_{Aj}，使得如果查询 C_{Aj} 的结果不受 A_i 的执行的影响，则 A_i 不能改变动作 A_j 的效果。应用传播算法去分析 A_i 和 C_{Aj}：如果算法产生 $\varnothing$，则 A_i 不能改变 A_j 的效果；如果算法产生一个或多个 insert，delete 或 update 操作，则 A_i 能改变 A_j 的效果。交换 A_i 和 A_j 的角色，如果算法再产生 $\varnothing$，则 A_i 和 A_j 可交换。

例 14.1 考虑规则 *bad-account* (r_1) 和 *SF-bonus* (r_3)。我们首先分析 r_1 的动作对 r_3 的效果，因为 r_3 的条件没有引用被 r_1 更新的关系。因此，显然 r_1 的行为不能影响 r_3 的条件。我们使用传播算法来分析 r_1 的动作对应于 r_3 的动作 $\Pi_{balance,rate,name,city} E_c$ 的查询的影响。

算法的输入是：

$$C = \Pi_{balance,rate,name,city}(\delta_{balance>5000 \wedge rate<3}\ account) \ltimes (\delta_{city='BJ'}\ customer)$$

$$A = E_{upd} = \varepsilon[rate' = 0](\delta_{balance<500 \wedge rate>0}\ account)$$

E_{upd} 通过对 C 中的传播算法产生：

$$E''_{ins} = p_{new}((\delta_{balance)5000 \wedge rate'<3}\ E'_{upd}) \bowtie (\delta_{balance>5000 \wedge rate<3}\ E'_{upd}))$$

$$E''_{del} = p_{old}((\delta_{balance)5000 \wedge rate<3}\ E'_{upd}) \bowtie (\delta_{balance>5000 \wedge rate'<3}\ E'_{upd}))$$

$$E''_{upd} = (\delta_{balance)5000 \wedge rate'<3}\ E_{upd}) \bowtie (\delta_{balance>5000 \wedge rate<3}\ E'_{upd})$$

在这三个表达式中，谓词 $balance>5000$ 和 $balance<500$ 相矛盾，则表达式是非一致的。因此，传播算法没有产生动作，我们得出 r_1 的动作的执行不能改变 r_3 的动作的效果。

类似的分析表明，r_3 的动作不能影响 r_1 的动作，并且我们已经在例 14.1 中证明了 r_3 的动作不能影响 r_1 的条件。因此，我们得出规则 r_1 和 r_3 可交换。

14.3.2 E-C-A 规则的可交换性分析

和一个 C-A 规则一样，一个 quasi-C-A 规则被在规则转换期间数据库的改变所活化。因此，传播算法如能应用到 C-A 规则一样来被应用验证一个 quasi-C-A 规则的活化。对于不是 quasi-C-A 规则的 E-C-A 规则，规则的条件不受导致规则被触发的修改的影响。于是，当验证这些规则的规则活化时，我们可以假定当一个规则被触发时，它的条件为真。因此，在一般情况下，E-C-A 规则的活化只能通过触发事件和修改的类型来验证。我们称这种分析为 event-action 分析。代数分析方法比 event-action 分析精确，因为它利用了条件和动作的代数结构来精确的确定规则间的关系。

假定我们已经确定在规则集中的规则是 quasi-C-A 规则，通过考虑规则集中的每一个规则对并分析是否第一个规则能活化第二个规则。考虑任意一个潜在的边 $r_i \rightarrow r_j$：

（1）如果 r_j 是 quasi-C-A 规则，则传播算法能被用来检测活化，就如上一节一样。如果传播算法应用到 r_i 的动作和 r_j 的条件，返回一个插入或更新操作，则 r_i 活化 r_j。

（2）如果 r_j 不是 quasi-C-A 规则，r_i 执行一个在 r_j 的触发事件集中的修改类型操作，则 r_i 活化 r_j。

我们对 E-C-A 规则的可交换性分析使用混合分析技术。对 quasi-C-A 规则采用传播算法进行分析，对不是 quasi-C-A 规则的 E-C-A 规则采用较弱的 event-action分析方法进行分析。假定我们已经确定了规则集中哪些规则是 quasi-C-A 规则，对一个规则对 r_i 和 r_j 的可交换性，通过验证引理 14.1 中的条件（1）～（4）来确定。为了验证条件（1），我们确定 r_i 是否能活化 r_j，正如我们对终止性分析所做的一样。对于条件（2），要求 r_i 不能失效 r_j，我们考虑规则 r_j 的类型：①如果 r_j 是 quasi-C-A 规则，我们能应用传播算法到 r_j 的条件和 r_i 的动作，如果算法不能产生一个删除操作，则条件（2）满足。②如果 r_j 不是 quasi-C-A 规则，则保守的假定当 r_j 被触发时，它的条件为真。因此，一个简单的句法分析被用来检测 r_i 是否会删除在 r_j 的触发事件中插入或更新的关系；对条件（3），我们交换在（1）和（2）中分析的 r_i 和 r_j 的角色；对条件（4），我们必须确定是否 r_i 的行为 A_i 能改变 r_j 的行为 A_j 的效果和是否 r_j 的行为 A_j 能改变 r_i 的行为 A_i 的效果。

14.4　可观察的确定性

如果一个规则的动作是数据检索或事务回退操作，我们就称为这个规则的动作是可观察的。

定义 14.9　在规则执行时，如果多个规则被选择执行的顺序对可观察动作的结果不产生影响，我们就称规则集是可观察确定的。

定义 14.10　在规则执行时，如果有多个规则同时被触发，这多个规则被选择执行的顺序对可观察动作的结果产生影响（例如一个规则动作为数据检索操作，如果因为上面多个规则被选择执行的顺序使得检索的数据不同，我们就称这个规则的可观察的动作受到了影响）。我们就称这规则集是不可观察确定的。

为了更好地分析，我们可以向数据库增加一个表 *Obs*，该表的用途是把对所有可观察确定性动作的规则的可观察动作登记到表 *Obs*。对 $T_{obs}=T\cup\{Obs\}$，$C_{obs}=\{Obs.c\}$，Uses_{obs} 和 $\mathrm{Performs}_{obs}$ 做如下扩展：对每一个规则 $r\in R$，如果 Observable(r)，加 $Obs.c$ 到 Uses(r)，加$<I,Obs>$到 Performs(r)中，此外，对每一个 $r\in R$，如果 Observable(r)，即规则 r 的动作是可观察的，则将规则 r 的数据检索操作中所检索数据表的列 $t.c$ 加到 User(r)中。O_{obs} 是相应的被扩展的操作集。

定理 14.10（可观察的确定性） 当采用上述扩展的定义 T_{obs}，C_{obs}，O_{obs}，Uses_{obs} 和 $\mathrm{Performs}_{obs}$，使用局部汇流分析的方法确定了规则集 R 对 *Obs* 是汇流的，则在 R 中的规则是可观察确定的。

证明 根据假定 R 中的规则的动作如果和 Uses_{obs} 和 $\mathrm{Performs}_{obs}$ 一致，则对 *Obs* 汇流。考虑下列的动作，假定每一个可观察规则 r，除了它的已存在的动作，插入一个新的元组到 *Obs* 中。因为对 *Obs* 来说，只有一个唯一的最终值，写到 *Obs* 中的元组必须在所有执行路径上相等。因此，可观察动作只有一个可能的顺序，在 R 中的规则是可观察确定的。证毕。

小　结

规则集的汇流性是对没有优先级区别的规则的执行次序的选择是否会对最终的数据库状态产生影响。在规则处理过程中，如果最终的数据库状态不取决于多个规则被选择执行的顺序，称该规则集是可保证汇流的。主动数据库规则集的汇流性是十分复杂的问题。分析规则集的汇流性要考虑规则执行的综合效果，不能仅仅考虑相连接的两条规则的动作，必须考虑直接或者间接触发的所有规则的动作，以及这些规则的相对顺序。当规则之间按不同的顺序触发，规则集将具有不同的行为，从而产生意想不到的结果。要使主动数据库发挥其应有的作用，就需要有对主动规则的设计、原型化、实现和检测提供帮助的方法和工具。本章讨论了基于执行图的主动规则集汇流性分析和代数方法汇流性分析。另外，还简单介绍了可观察的确定问题。

第 15 章　主动数据库中的依赖关系

这一章主要讨论自动实现分割数据库（可能是异构数据库）的不同部分之间的依赖关系。依赖被定义为计算不变式，计算不变式作为数据库的模式原语存在。这些不变式在定义时与数据库的实现状态无关，即与数据库的分布以及数据库的物理实现方法无关。依赖关系的定义最后被转换成 PATH 结构，这种结构综合了依赖关系的语法和语义知识。有三种方法表示数据库数据成分之间的依赖关系：过程式编程语言、采用 E-C-A 规则的声明式语言、不变式方法。其中，过程式编程语言是一种命令方式，需要外界的干预来被动完成。后两种方法则是主动式的，即依赖关系的维护是通过数据库模型自动实现，但采用不变式的方法较采用 E-C-A 主动规则的实现方法更加抽象和简洁，大大减小了规则库的规模，从而避免了不必要的冲突。本章讨论了有关不变式方法的概念以及相关的实现问题。

15.1　主动数据库中的依赖关系定义及分类

分割数据库通常被分割为 n 个数据库片段，当单个数据库的事务更新了属于多个数据库中的数据元素时，就会存在数据库之间的交互依赖关系。单个数据库内的依赖关系比如逻辑约束和派生信息已经得到了深入研究，但是这些工作不适合于分割数据库主动地实现依赖关系，而且它们不能保证依赖关系的一致性维护成为数据库模型的一个部分。因此，在一般的数据库模型中，通常需要附加另外的部件进行依赖关系的一致性维护并且需要在应用程序中编写相应的代码。与数据库系统的通常处理方法不同的是，我们用高级语言使这些依赖关系模型化并将它们合并为数据库模式的一部分，即数据库模型中的操作部分不作为黑盒子嵌入到用户程序中。因此，由这些依赖所产生的事务的正确性靠数据库模型来主动地实现，而不是通过编制程序来检查。在这里，讨论的目的就是将数据库模型扩展到支持分割数据库的情形。

定义 15.1　δ_1和δ_2表示数据库中两个数据成分。δ_2主动地依赖于δ_1当且仅当对δ_1的修改引起数据库监控的与δ_2相关的数据库操作。

定义 15.2　D 表示被分割为 n 个片段 D_1，…，D_n的分割数据库。若满足以下条件，则在 D_i和 D_j之间存在一个主动数据库依赖。

（1）δ_1是属于片段 D_i的数据库成分；

（2）δ_2是属于片段 D_j的数据库成分（$i\neq j$）；

(3) δ_2主动地依赖于 δ_1。

主动数据库中依赖关系可分为以下四种值依赖。

(1) 约束：约束是涉及不同数据库成分的逻辑断言。在这种情况下 δ_1值的改变包含着对 δ_2参与的断言的重新计算。

(2) 派生：派生指的是 δ_2是通过 δ_1和其他可能的数据成分计算出来的。

(3) 条件的依赖：约束和派生是可以有条件限制的，因此在约束和派生之前增加一些条件限制，即为条件依赖。

(4) 参照依赖：如果 δ_1和 δ_2不是同一个数据组中的数据成分，那么 δ_1和 δ_2之间的匹配关系就构成了参照依赖。

利用不变式的方法实现上述依赖关系，依赖关系作为一种类似于方程式的断言的形式存在，并且在所有时间内得到数据库系统的自动维护。相对于编程命令和主动规则的实现方法，不变式是一种更高级的抽象形式。一个不变式通常可以转化为多个相应的主动规则形式或程序命令。

当用户的更新操作导致了主动数据库依赖的相容性被打破时，系统会自动根据相关的路径算法找到相关元组的相关属性项进行修改，从而使数据库系统重新进入主动数据库依赖的相容状态。

在关系数据库系统中，数据依赖是通过一个关系中属性间值的相等与否体现出来的数据间的相互关系。它是数据内在的性质，是语义的体现。

在主动数据库系统中依赖问题存在于系统的各个研究领域，依赖问题包括了规则依赖、属性依赖和事务依赖。

对于主动数据库系统中的依赖问题进行系统的研究，找到这些依赖可能产生的不良结果，并且根据一定的算法找到有可能导致系统不良特性的依赖集合，从而进行必要的处理，将会保证系统的稳定性和确定性。

在目前主动数据库系统的研究中，属性依赖方面的研究主要涉及更新传播的实现方式；规则依赖方面的研究，主要涉及彼此之间存在触发依赖和条件依赖关系的规则库中有关终止性与汇流性的静态分析；事务依赖方面的研究则涉及不同事务之间在时序上的先后关系，彼此之间的决定关系。

15.2 属性依赖

当发生数据库更新操作时，与之存在属性依赖关系的相应数据也要发生相应的改变。在传统数据库系统中，这种更新传播是由数据库管理员完成的。在主动数据库系统中，则把这项任务交给了数据库管理系统（DBMS），实现了传统DBMS功能的扩展。

属性依赖是指用户对数据库的更新操作（包括插入，删除与修改）导致了规则（或不变式导出）的互动触发，进而出现了一个数据库的更新操作序列。属性依赖根据产生的原因可分为三种：①逻辑型属性依赖；②计算型属性依赖；③存在型属性依赖。

第一种属性依赖，是用户定义的完整性约束，也就是数据库系统根据其具体的应用环境，针对某一具体数据库规定的约束条件。它反映了某一具体应用所涉及的数据必须满足的要求，如果数据库更新的结果违背了这种约束，用户更新事务将会因此而夭折。这在形式上可以表现为一种不等式断言，也可以表示为一种文字说明，为实现这种属性依赖所创建的规则或者不变式将处于最高的优先级。

第二种属性依赖，是指数据库中的同一对象或者不同对象的不同属性之间规定的数量间的恒等关系。如果用户的数据库更新操作导致了这种恒等关系被打破，数据库系统就处于一种不相容的状态。此时，系统必须对相应属性数据进行相应的符合语义的修改，从而使该恒等关系再次成立，数据库系统才能再一次处于相容状态。对于这种依赖，又存在两种实现方法：一种是规则实现，一种是不变式方法的实现。目前，普遍采用的是后一种实现方法，因为用不变式方法实现计算型属性依赖更加抽象和简洁，并且可以大大减小数据库系统中规则库的规模，避免不必要的冲突。

第三种存在型属性依赖，是指由于数据库的不同部分之间存在的本质上或者存在语义上的联系所导致的属性依赖联系，参照完整性就典型地反映了这种形式的属性依赖。

由于用户对数据库的更新操作包括了修改、插入和删除，我们将这三种操作分两种情况进行处理。当用户对数据库中的数据进行修改操作时，有可能违背了计算型属性依赖关系或者逻辑型属性依赖关系；当用户对数据库进行插入或者删除操作时，则有可能违背了存在型属性依赖关系或者逻辑型属性依赖。以下将对这三种可能出现的违背依赖的情况与恢复相容的方式与过程分别进行讨论。

在属性依赖方面，从理论上给出了利用 PATH 路径实现计算型属性依赖的方法和相应的执行算法。

在 PARDES 模型中并没有用规则的方式来实现属性依赖，而是采用了不变式的方式来实现，这种方式较之规则的方式更加抽象和简洁，大大减小了规则库的规模，从而避免了不必要的冲突。PARDES 模型是计算型属性依赖的一种具体实现方式，它本身虽然未采用规则的方式，但是同样也不可避免地存在着终止性与汇流性的问题，这都需要进一步的分析与研究。

在面向对象数据库系统实现属性依赖的方法中，使用了一种特殊形式的规则——歧义规则（ambiguity rule）。所谓歧义规则，是指在规则的动作部分采取析取的形式，以对应更新传播过程中的不确定性。

15.2.1　逻辑型属性依赖

现实世界随着时间在不断地变化，因而在不同的时刻，数据库中的数据也会随之变化。但是，许多已有事实则要求数据的所有可能性必须满足一定的完整性约束条件，这些约束或者通过对属性取值范围的限定，或者通过属性值间的相互关联反映出来。

当一个用户事务的数据库更新操作的结果违背了数据库系统的完整性约束时，数据库系统的主动机制将会导致用户事务回滚（rollback），并且取消一切已经进行的导出操作。

如果为了保持系统的相容性，一个更新操作的出现必然会导致另外一个或者几个更新操作的发生，这种现象称之为更新传播。

在更新传播的过程中，逻辑型属性依赖与计算型属性依赖以及存在型属性依赖是密不可分的。

计算型属性依赖和逻辑型属性依赖都可以写作断言的形式。前者可以写作不变式断言的形式，后者可以写作不等式断言的形式。当一个用户事务的数据库修改操作发生后，系统应当首先判断更新后的结果是否违背了逻辑型属性依赖。如果违背，用户事务回滚；当经过判断，更新后的事务并不违背逻辑型属性依赖时，系统才会判断更新后的事务是否违背了计算型属性依赖关系。如果违背，系统会执行导出操作，然后系统再对修改后的数据进行判断，判断修改后的数据是否违背了逻辑型属性依赖。如果违背，不仅此次修改夭折，用户事务也要随之回滚。

逻辑型属性依赖和存在型属性依赖的关系，主要体现在存在型更新传播的过程中不允许出现对于同一对象的相反操作（即同时出现了对于同一对象的插入和删除操作）。在存在型更新传播的过程中，如果叠加更新集合中出现了对于同一对象的相反操作，系统将会取消一切导出操作，并且回滚用户事务。

我们可以用流程图（图 15.1）来描述计算型属性依赖，存在型属性依赖和

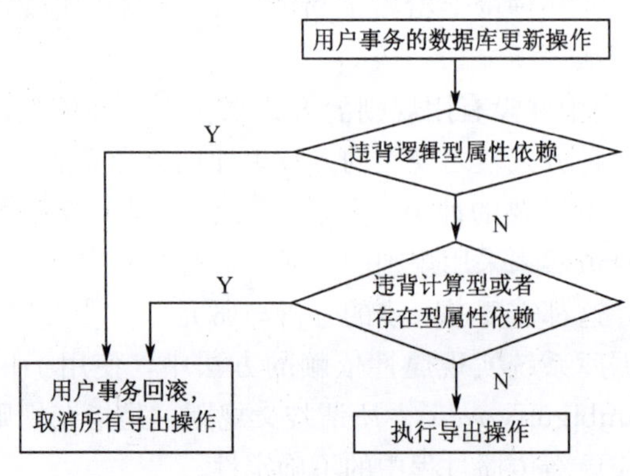

图 15.1　三种依赖之间的关系

逻辑型属性依赖之间的关系。

15.2.2 计算型属性依赖

计算型属性依赖是应用系统的设计者根据实际应用的语义需要而确定的。

函数依赖与计算型属性依赖都是建立在语义基础上的，但是它们有着本质的区别，函数依赖强调了关系模式下属性之间的决定关系，而计算型属性依赖则强调了一个具体的关系下属性值之间的关系。函数依赖体现了客观世界中不同对象之间的语义联系，而计算型属性依赖则体现了一个具体的应用系统中由用户所定义的属性值之间所必须满足的恒等关系。

设计一个数据库，不仅需要根据具体的应用语义，而且还要选择一个适合于它的数据模式，即应该构造几个关系模式，每个关系由哪些属性组成等，这是数据库中的逻辑设计问题。

结合关系数据库中的数据依赖（范式）和无损连接性来设计相关的关系数据库，并根据应用语义来建立计算型属性依赖的导出断言，从而建立起主动的关系数据库系统。当用户的更新操作导致了计算型属性依赖的相容性被打破时，系统会自动根据相关的路径算法找到相关元组的相关属性项进行修改，从而使数据库系统重新进入计算型属性依赖的相容状态。

为了更具有普遍性，将研究对象确定为几个不同的相关数据库。由于在应用程序设计过程中，各个局部应用所面向的问题不同，通常由不同的设计人员进行局部视图设计，这就导致各个分 E-R 图之间必定会存在许多不一致的地方，称之为冲突，冲突又可以分为两种：

（1）命名冲突。异名同义（一义多名），即同一意义的对象在不同的局部应用中具有不同的名字，这里可以用语义等价性来解决这个问题。

（2）结构冲突。同一对象在不同的应用中具有不同的抽象。例如职工在某一局部应用中被当作实体，而在另一局部应用中则被当作属性。结构冲突用可达关系的类型来体现，结构冲突导致了在 PATH 路径的寻找过程中的不同结果。

为了便于讨论，引入下列概念。

定义 15.3　数据群（date-group）：一个数据群对应一个实体集合（E-R）及其相关属性。在关系数据库中，具有相同关系模式的关系表及其属性组成了一个数据群；在面向对象数据库中，同一类中的实例对象及其属性构成了一个数据群，即使它们可能属于不同的数据库。

定义 15.4　信息单位集合（information unit set，IUS）：包含了所有实体及其所有属性集的集合。

定义 15.5　信息单位函数（IUfunc）：它将一个数据群映射到该实体的属性。

定义 15.6 导出信息（PDI）：即导出属性。

定义 15.7 导出信息上下文函数（PDI-context）：它将一个 PDI 映射到它所属的数据群。

定义 15.8 参与函数（participants）：它将一个 PDI 映射到所有的涉及导出不变式的从属于 IUS 的成员集合。

定义 15.9 异群参与函数（foreign-actors）：它将一个 PDI 映射到所有的涉及导出不变式的从属于 IUS 的，但却不属于该 PDI 所在数据群的 IUS 的成员集合。

定义 15.10 语义等价性（semantic equivalence）：（$i_1 \sim_{sem} i_2$）i_1，i_2都是 IUS 的成员，i_1，i_2在语义上指相同的对象，具有相同的含义。（$i_1 \sim_{sem} i_2$），i_1，i_2都是 IUS 的成员，i_1，i_2在语义上指不同的对象，具有不同的含义。

定义 15.11 可达性（accessibility）：一个数据群 α 相对于另一个数据群 β 而言是可达的，当且仅当 $\exists P_1$，P_2 : $P_1 \in \mathrm{IUfunc}(\alpha) \land P_2 \in \mathrm{IUfunc}(\beta) \land P_1 \sim_{sem} P_2$，可达性是自反的和对称的，但不是传递的。可达关系的类型包括四种：实体：实体（1：1）；实体：属性（1：n）；属性：实体（m：1）；属性：属性(m：n)。

15.2.3 匹配过程

（1）如果 $p \in \mathrm{PDI}$，$i \in \mathrm{Participants}(p)$ 且 $i \in \mathrm{IUfunc}(\text{PDI-Context}(p))$，无需匹配（表内导出）。

（2）如果 $p \in \mathrm{PDI}$ 且 $i \in \text{Foreign-Actors}(p)$，$g_1$，$g_2$ 是数据群且 $g_1 \neq g_2$，$\text{PDI-context}(p) = g_1$，$i \in \mathrm{IUfunc}(g_2)$。为了匹配 i 与 p，必须在 g_1 与 g_2之间寻找一条路径（PATH），在寻找路径的过程中，会出现三种情况：

① 找到唯一路径，当 $\exists i_1$，i_2：$i_1 \in \mathrm{IUfunc}(g_1) \land i_2 \in \mathrm{IUfunc}(g_2) \land i_1 \sim_{sem} i_2 \land \forall\ i_1', i_2' : (i_1' \in \mathrm{IUfunc}(g_1) \land i_2' \in \mathrm{IUfunc}(g_2) \land i_1' \sim_{sem} i_2' \rightarrow [i_1 = i_1' \land i_2 = i_2'])$；

② 找不到路径：$\forall i_1, i_2 : [i_1 \in \mathrm{IUfunc}(g_1) \land i_2 \in \mathrm{IUfunc}(g_2)] \rightarrow i_1 ! \sim_{sem} i_2$。

③ 找到不止一条路径：$\exists i_1, i_2$：$i_1 \in \mathrm{IUfunc}(g_1) \land i_2 \in \mathrm{IUfunc}(g_2) \land i_1 \in \mathrm{IUfunc}(g_1) \land i_2 \in \mathrm{IUfunc}(g_2) \land\ i_1 \sim_{sem} i_2 \land \exists i_1', i_2' : (i_1' \in \mathrm{IUfunc}(g_1) \land i_2' \in \mathrm{IUfunc}(g_2) \land i_1' \sim_{sem} i_2' \rightarrow [i_1 \neq i_1' \lor\ i_2 \neq i_2']$。

匹配操作=连接+选择，高度的抽象性使它可以将从属于不同对象的、并非等价语义的两列连接起来。为了保证语义的正确性，我们在设计数据库模式的时候，应当在模式分解过程中保持函数依赖和无损连接性。

针对上述三种情况，系统应该采取的措施：

假如是①，那么，匹配操作有唯一的操作；

如果是②，那么，PDI 定义被拒绝；

如果是③，那么解决方案不唯一，系统设计者会被提示作出不同的选择。在上述定义中，匹配操作取决于$<i_1, i_2>$，i_1称作锚（anchor），i_2称作连接器（connector），i叫做参照。

15.2.4　PATH 路径及匹配执行算法

PATH 的结构包括：PDI、参照、锚、连接器、关系（可达类型）。下述工作就是根据具体的数据库和计算型导出属性寻找路径。

首先介绍一条路径（PATH）具备的特性，即以下的 PATH 公理：

（1）PATH 完备性公理：$\forall P$：P 是 PDI $\wedge$ $\forall i$：$i \in$ Foreign-Actors(P)：$\exists$ 唯一的ρ：ρ 是 PATH $\wedge$ PDI（ρ）$=P$ $\wedge$ Reference（ρ）$=i$（路径的唯一性）。

（2）PATH 内涵公理：$\forall \rho$：ρ 是 PATH$\rightarrow$PDI（ρ）是 PDI $\wedge$ Reference(ρ) $\in$ Foreign-Actors（PDI（ρ））（ρ是 PATH 意味着存在一个相应的导出数据和相应的参照，且二者不在同一个数据群中）。

（3）匹配公理：$\forall \rho$：ρ 是 PATH$\rightarrow$Connector(ρ)$_{sem}$ Anchor(ρ) Anchor(ρ) $\in$ IUfunc(PDI-Context(PDI(ρ))) $\wedge$ $\exists$ d（数据群）：Reference(ρ) $\in$ IUfunc(d) $\wedge$ Connector(ρ) $\in$ IUfunc(d) $\wedge$ Reference(ρ) $\neq$ Connector(ρ)。

算法的前提是在 PATH 路径形成之前，在系统内部已经存在一个以数据群和路径实体为基本对象的属性依赖图。如图 15.2 所示。其中，属性 P 是 PDI，属性 C 是连接器，属性 A 是锚，属性 G 是参照，它们及其他的属性是以模式结点的形式存在的。图中的 M 是 PATH 实体结点，它是以三角形的形式存在的，结点 N 代表了它所连接的两个属性 U 和 V 之间存在约束，它以圆形的形式存在。有四种类型的弧：

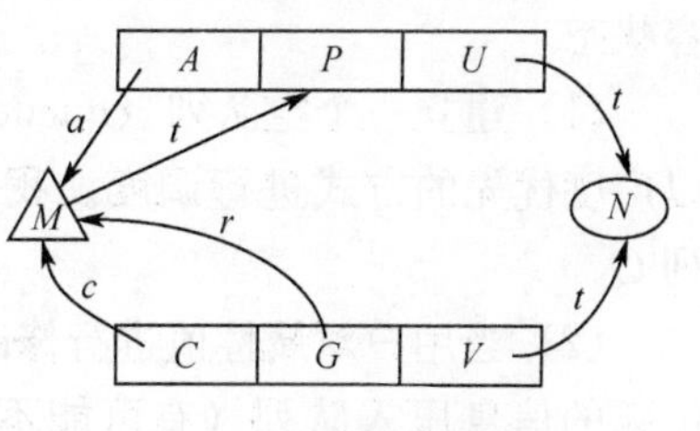

图 15.2　属性依赖图

（1）一种弧的标志为 a（anchor），它从 PDI 所在的数据群的锚 A 出发，弧头指向 PATH 实体结点 M。

（2）一种弧的标志为 c（connector），它从一个参照所在的数据群的连接器 C 出发，弧头指向一个 PATH 实体结点。

（3）一种弧的标志为 r，它从一个数据群中的参照 G 出发，弧头指向一个 PATH 实体结点。

（4）一种弧的标志为 t，它有两种解释：它可以从一个 PATH 实体结点出发，弧头指向 PDI；它也可以从一个数据群中的属性 U（或者 V）出发，弧头指向一个约束结点 N。

算法的存储结构：是以十字链表形式存在的，其中模式结点和 PATH 实体结点的结构如图 15.3（a）所示。其中：模式结点的 data 字段列举了该模式结点所代表的属性；模式结点和 PATH 实体结点的 firstin 字段指向以该结点为弧头的第一条弧结点；模式结点和 PATH 实体结点的 firstout 字段指向以该结点为弧尾的第一条弧结点；PATH 实体结点的 data 字段标注了该结点的标识，弧结点有五个字段，如图 15.3（b）。其中，tailvex 结点指向以该弧为弧尾的结点，headvex 结点指向以该弧为弧头的结点，hlink 指向与该弧有相同弧头指向的下一条弧结点，tlink 指向与该弧有相同弧尾指向的下一条弧结点，info 存储了该弧结点的类型 a，t，c，r。

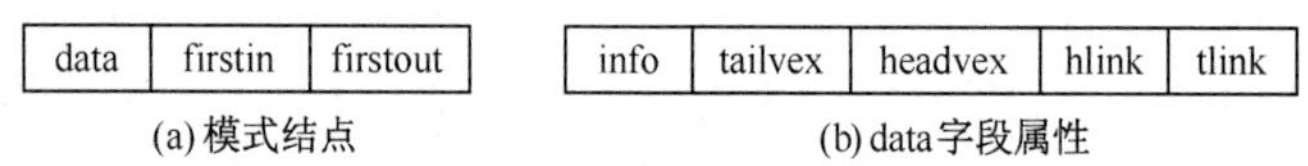

(a) 模式结点　　(b) data 字段属性

图 15.3　属性依赖图

其表示方法是用一个三维向量〈gi，p，pv〉来表示一个属性实例，其中，gi 代表了一个数据群实例的标识符，p 代表了属性名字，pv 是属性值。

算法思想：该算法的输入是一个属性依赖图和对于一个数据群实例的某一属性值的修改。输出是通过一系列的修改操作，从而使数据库系统重新达到一种相容状态。

（1）建立一个空队列（queue）。用队列的方式寻找 PATH 路径保证了系统以广度优先的方式进行调度。我们用函数 InitQueue（&Q）表示建立一个新队列 Q。

（2）当用户对属性值进行修改时，如果该属性的出度不为零，则将每一个出度弧的信息压入队列（有可能不止一个），记作：$enq(queue,(e,gi,p,pv,+))$（“+”代表实例属性值的修改，“−”代表实例属性值的删除），否则算法结束。

（3）只要队列不空，弧结点就依次出队列，然后根据弧 e 上的标记，分别进行处理：

① 如果弧的标记是 r，意味着该属性位于导出断言的右边。这时应先找到该路径的连接器，然后根据连接器找到 PDI 及其所在的数据群，继而从数据群中找到满足条件（即它的锚值与连接器的值相等）的实例 hi，并且将路径的出度弧（e，hi，p，pv，+）压入队列。

② 如果弧的标记是 c，意味着该属性是路径的连接器；如果可达关系为1∶1或者 m∶1，那么算法结束。否则，第一步，应先根据连接器的旧值找到 PDI 及其所在的数据群，并且将路径的出度弧（e，hi，rp（参照），rv（参照值），−）压入队列。第二步，根据连接器的新值找到 PDI 及其所在的数据群，并且将路径的出度弧（e，hi，rp（参照），rv（参照值），+）压入队列。

③ 如果弧的标记是 a，意味着该属性是路径的锚，如果可达关系为 1∶1 或

者 1∶n，算法结束。否则，第一步应先根据锚的旧值找到参照及其所在的数据群，并且将路径的出度弧（e，hi，rp（参照），rv（参照值），－）压入队列；第二步根据锚的新值找到参照及其所在的数据群，并且将路径的出度弧（e，hi，rp（参照），rv（参照值），＋）压入队列。

④ 如果弧的标记是 t，意味着该属性是路径的 PDI，则

第一，根据弧 e_1 找到 PDI；

第二，获得该 PDI 的所有入度边的值；

第三，通过计算获得 PDI 的值。

在算法思路（3）的②中，如果出现了关系为 1∶1 或者 m∶1 的情况，连接器值的改变意味着整个实体的改变（即在关系数据库中，该连接器是关系表的主属性），对本算法是无意义的，因为本算法研究的是属性上的依赖。同理，在算法思路（3）的③中，如果出现了关系为 1∶1 或者 1∶n 的情形，锚值的改变同样意味着整个实体的改变。所以我们规定在算法思路（3）的②中只适用于 1∶m 或者 n∶m 的情形，在算法思路（3）的③中只适用于 n∶1 或者 n∶m 的情形（m，n 均为大于 1 的整数）。否则，认为出错。

以上算法思路的实质是将用户改动的属性所对应的标记为 a，c，r 的弧通过 PATH 实体结点转变为标记为 t 的弧，然后根据导出断言对 PDI 进行计算。

在以下算法中，算法 15.2 是主算法，在算法 15.2 中调用了算法 15.1。

算法 15.1　Activate-Derivation（e_1，g，p，pv，op）（PDI 直接导出算法）

```
输入:以十字链表形式存在的属性依赖图,一条标记为“t”的弧信息;
输出:对 PDI 值的修改;
begin
      PDI = dest(e1);
      根据不同路径获得该 PDI 的所有右边属性的值;
      p = pv;
        根据导出断言计算该 PDI 的值;
end.
```

定理 15.1　算法 15.1 是正确的、可终止的，其时间复杂度为 $O(n)$。

证明　（正确性）由于该 PDI 属性从所有以它为 PDI 的路径实体出发，找到了所有当不变式断言的右边属性的值，因而保证了不变式断言的成立，因此算法 15.1 是正确的。

（可终止性）由于不变式断言的右边属性总是有限的，所以算法可以终止。

（时间复杂度分析）该算法分析比较简单，请读者自行分析。证毕。

算法 15.2　Compute Attribute（gi，p，pv，＋）（计算型属性依赖导出）

```
输入:以十字链表形式存在的属性依赖图;用户对属性值的修改操作(gi,p,pv,+);
输出:该属性所在导出断言中 PDI 的修改操作,否则返回值为 false;
```

```
begin
        执行用户更新操作(gi,p,pv,+);
        InitQueue(&Q);  /*创建一个新队列*/
        m = gi.firstout;/*找到依赖图中以被修改属性为弧尾的第一个弧结点*/
        if m≠∅ then
            enqueue(Q,(m,gi,p,pv,+));
            m = m.tlink;
            e1 = dequeue(Q);
      case:
            case e1.info = "t"
            call Activate-Derivation(e1);
            case e1.info = "r"
            n = e1.headvex.firstout.headvex;
            for i = 1 to n do
                if n.hi.anchor.value = gi.connector.value then
                  enqueue(e1.headvex.firstout,hi,p,pv,+);
            case e1.info = "c"
            if(PATH路径的可达关系是1:1或者 m:1)then
               return false;
             else
               oc = old connector.value;
               n = e1.headvex.firstout.headvex;
               rp = PATH.reference;
             for i = 1 to n do
               if n.hi.anchor.value = pv then
                  enqueue(e1.headvex.firstout,hi,rp,rv,+);
             for i = 1 to n do
               if n.hi.anchor.value = oc then
                  enqueue(e1.headvex.firstout, hi,rp,rv,-);
             case e1.info = "a"
               if PATH路径的可达关系是1:1或者1:n then
             return false;
               else
             oa = old anchor.value;
             rp = PATH.reference;
             n = e1.headvex.firstin.tailvex;
             for i = 1 to n do
                if(n.hi.connector.value = pv)then
```

```
            enqueue(e1.headvex.firstout,hi,rp,rv,+);
      for i = 1 to n do
        if(n.hi.connector.value = oa)then
        rp = PATH.reference;
        enqueue(e1.headvex.firstout,hi,rp,rv,-);
end.
```

定理 15.2　算法 15.2 是正确的、可终止的，其时间复杂度是 $O(nm)$。其中，n 为相匹配的连接器所在的元组数，m 为 PDI 所在不变式断言的右边属性数。

证明　（正确性）由上述算法思路可知，当一个实例 h 在属性依赖图中的出度不为空的属性值被修改时，如果该弧的标志是“r”，那么可以直接通过 PATH 路径找到与之匹配的实例，修改相应的 PDI 的值。如果该弧的标志是“c”，那么应当先找到 PDI 所在数据群中与 h 相匹配的实例，并对相应的 PDI 进行修改，然后找到以前与 h 相匹配的实例，并对相应的 PDI 进行修改；如果弧的标志是“a”，那么应当先找到与之匹配的参照所在的数据群中的实例，然后根据导出断言对相应的 PDI 进行计算，再找到过去与之匹配的参照所在的数据群中的实例，并对相应的实例中的 PDI 进行修改；如果弧的标志是“t”，那么就可以直接对 PDI 进行相应的修改。由此可知，算法正确。

（可终止性）由于在算法中，调用了算法 15.1，算法 15.1 已经证明是可以终止的。而在算法中，当修改了一条 PATH 路径上的连接器的值时，当该路径的可达关系是 1∶1 或者 m∶1 时，返回 false 值，算法终止。否则，找到所有与该连接器的新值或者旧值相匹配的锚所在的元组中 PDI 的值并进行修改。由于数据库中的元组数量是有限的，所以这个过程是终止的。类似地，当修改了一条 PATH 路径上的锚或者参照的值的时候，修改过程同样是可以终止的。综上所述，算法是终止的。

（时间复杂度分析）本算法的基本运算是弧的转换和对 PDI 的重新计算。所以，如果被修改的属性是一个路径的参照，该 PDI 所在不变式断言的右边属性有 m 个时，算法的时间复杂度为 $O(m)$；如果被修改的属性是一个路径的连接器，且与该连接器的新值和旧值所匹配的锚所在元组共有 n 个，PDI 所在不变式断言的右边属性有 m 个时，时间复杂度为 $O(nm)$；如果被修改属性是一个路径的锚，且与该锚的新值和旧值相匹配的连接器所在的元组共有 n 个，该 PDI 所在不变式断言的右边属性有 m 个时，算法的时间复杂度为 $O(mn)$，综上所述，算法的最坏时间复杂度为 $O(nm)$。证毕。

15.3　路径定义的冲突与终止性

路径作为元信息，当导出断言定义时由系统根据算法给出。不难看出，在导出断言太多时，不同的路径也会发生冲突，这一点是非常重要的。因为如果对于可能发生的冲突不进行必要的监测，并采取合理的解决方案，系统会出现不确定性和不稳定性。

首先给出下列定义。

定义 15.12　如果 PATH：$a_i \in$ {reference，connector，anchor}，b_j = PDI，且 a_i 的改动会导致 b_j 的改动（即 a_i 是 reference，或者 a_i 是 connector，且关系是 $1:n$ 或者 $m:n$，或者 a_i 是 anchor，且关系是 $m:1$ 或者 $m:n$）则有，$a_i \rightarrow b_j$，称 b_j 计算属性依赖于 a_i。

定义 15.13　如果存在下列的属性依赖关系：$a_i \rightarrow b_j \rightarrow c_k \rightarrow \cdots \rightarrow a_i$，将其称作属性依赖的不可终止性或存在属性依赖环。

定义 15.14　令 o_i 是一个对象 o 的一个属性，如果存在另外一个对象的属性 a_i，a_i 有不止一条到达 o_i 的相异属性依赖路径，即 $a_i \rightarrow b_k \cdots \rightarrow o_i$，$a_i \rightarrow c_m \cdots \rightarrow o_i$，则说 o_i 存在多重路径。

定义 15.15　如果一个 PDI 属性 o_i 存在多重路径，假设 $a_i \rightarrow b_k \cdots \rightarrow o_i$，$a_i \rightarrow c_m \cdots \rightarrow o_i$ 是其中的任意两条路径，并且在两条路径序列中存在彼此干涉的情况（比如 c_m 也计算属性依赖于 b_k），那么，称 o_i 存在路径冲突。

路径定义的冲突与不可终止性都会导致系统的不稳定性和不确定性。这也是应用程序的设计者不愿意看到的。下面给出一个监测路径定义冲突与不可终止性的算法。

首先，讨论 PATH 路径的终止性问题。我们先定义一个函数SELECT(M)，其中 M 是一个集合，函数的返回值是集合 M 中的任意一个元素。

由定义 15.12，属性依赖的不可终止性是由于存在以下的属性依赖关系，$a_i \rightarrow b_j \rightarrow c_k \rightarrow \cdots \rightarrow a_i$，根据导出断言的 PATH 结构，我们可以通过反向寻找一个指定 PDI 的依赖属性，当一个指定 PDI 的间接依赖属性是它自身时，我们就可以判定存在属性依赖环，进而可以判定属性依赖是不可终止的。

算法 15.3　S(a_i,PATH)（某个 PDI 属性的依赖属性寻找算法）

```
输入:一个 PDI 属性和路径 PATH;
输出:该路径的 reference 和有效 conncetor(即关系是1 : n 或者 m : n 的时候);或
     者有效 anchor(即关系是 m : 1或者 m : n 的时候)
begin
  case:
```

```
        case relationship = 1 : n
        return {g.(PATH.reference), g.(PATH.connector)};
        case relationship = m : 1
        return {g.(PATH.reference), g.(PATH.anchor)};
        case relationship = m : n
        return {g.(PATH.reference), g.(PATH.connector), g.(PATH.anchor)};
        otherwise return {g.(PATH.reference)};
end.
```

定理 15.3　算法 15.3 是正确的、可终止的，其时间复杂度是 $O(1)$。

证明　（正确性）我们由 PATH 路径的定义可以得知，当可达关系的类型是 $1:n$ 或者 $m:n$ 时，connector 计算属性依赖于 PDI；当可达关系的类型是 $m:1$ 或者 $m:n$ 时，anchor 计算属性依赖于 PDI；无论可达类型如何，reference 都计算属性依赖于 PDI，由此可知，算法 15.3 是正确的。

（可终止性）由于一个 PATH 结构只包括 PDI，reference，anchor，connector 几项，所以算法是终止的。

（时间复杂度分析）该算法分析比较简单，请读者自行分析。证毕。

算法 15.4　PDI-Attribute Dependence Delect（o_i，PATH）（PDI 属性依赖终止性判定）

```
输入:一个 PDI 属性 oi 及其所属路径;
输出:不可终止则返回值为 false,否则返回值是 true;
begin
        M = ∅;
        a = oi;
        if a ≠ ∅ then
          if  oi ∈ M  then /*即 oi 间接依赖于它自身*/
            return false;
          else
            M = M ∪ S(a,PATH);/*将 oi 的直接依赖属性和间接依赖属性并入集合 M*/
            a = SELECT(S(a,PATH));/*递归调用寻找 oi 的依赖属性*/
        else
          return true;
end.
```

定理 15.4　算法 15.4 是正确的、可终止的，其时间复杂度为 $O(nm)$。其中，n 为步数平均数，m 为以 o_i 为 PDI 的路径数。

证明　（正确性）在寻找 PDI o_i 的直接依赖属性和间接依赖属性的过程中，如果找到了 o_i，这也就意味着存在以下关系：$o_i \rightarrow \cdots \rightarrow o_i$，这符合定义 15.3 所规定的属性依赖的不可终止性条件。

（可终止性）由于以 o_i 为 PDI 的路径是有限的，每一条路径的寻找步数是有限的（要么终止，要么成环），所以本算法是可以终止的。

（时间复杂度分析）如果以 o_i 为 PDI 的路径共有 m 条，每一条路径的寻找步数平均为 n 步，那么算法的时间复杂度是 $O(nm)$。证毕。

下面讨论在已经判定 PATH 路径可以终止的前提下路径定义是否存在冲突的问题。

从语义的角度来看，一个导出属性只能由一个不变式来导出，否则就会出现导出混乱。但是，即使每个导出属性只由一个不变式导出，也会出现 PDI 冲突现象。

这里首先讨论检测一个 PDI 是否存在多重路径的算法。

检测 PDI 是否存在多重路径的算法思路：

（1）找到所有在不同路径定义中均是 PDI 的属性，并且将它们归入集合 H。

（2）从 H 中找到一个属性 o_i，建立一个集合 $M=\varnothing$，将以 o_i 为 PDI 的路径归入集合 M。

（3）从 M 中任取一个路径 PATH，并将该路径的 reference 和有效 connector 及有效 anchor 归入集合 N，如果该 reference，connector 或者 anchor 是另外一个路径的 PDI，如果它们的直接依赖属性已经出现在集合 N 中，转入（5），否则同样将该路径的 reference 和有效 connector 及有效 anchor 归入集合 N，如此这样递归进行下去，直至新出现的 reference 和 connector，anchor 都不是另外路径的 PDI 为止（我们是以不存在属性依赖环为前提的）。

（4）从 M 中删去 PATH，转向（3）。如果 M 为空，从 H 中删去 o_i，转向（2）。如果 H 为空，转向（6）。

（5）则称 PDI 存在多重路径。算法结束。

（6）则称 PDI 不存在多重路径。算法结束。

算法 15.5 Multiplicity-Check（a）（某个 PDI 多重路径检测算法）

```
输入：以一个对象的属性 oᵢ 为 PDI 的路径（一条或者多条）及其参数；
输出：oᵢ 不存在多重路径时返回值为 true，否则返回值为 false；
begin
    M = ∅，N = ∅；
    将以 oᵢ 为 PDI 的路径归入集合 M；
    if M≠∅ then
       a = oᵢ；
    PATH = SELECT(M)；
       if a≠∅ then
         a = SELECT(S(a,PATH))；/*递归调用*/
         if a∈N then
```

```
            return false;
            else
          N = N∪a; /*将 oᵢ 的直接依赖属性和间接依赖属性并入集合 N */
          M = M - {PATH};
        else
          return true;
  end.
```

定理 15.5　算法 15.5 是正确的、可终止的，其时间复杂度为 $O(mn)$。

证明　（正确性）以上算法的实质是对于一个路径的 PDI，反向找到它的直接依赖属性和间接依赖属性。如果通过不同的路径找到了相同的依赖属性 u，那也就意味着存在下列属性依赖序列 $u \to u_1 \to \cdots \to$ PDI，$u \to u_2 \to \cdots \to$ PDI，这符合定义 15.13 所说的情况，因此该 PDI 存在多重路径，所以算法 15.5 是正确的。

（可终止性）由于我们的前提是所有路径都是终止的，因而反向寻找过程是终止的。所以算法 15.5 也就是终止的。

（时间复杂度分析）如果以 o_i 为 PDI 的路径共有 n 条，每条路径的平均长度为 m，则时间复杂度是 $O(mn)$。证毕。

算法 15.6　All _ Check(PATHS, N)（全部 PDI 多重路径检测算法）

```
输入:定义的所有路径;
输出:找到所有存在多重路径的 PDI;
begin
  N = ∅;
  M = PDI 集合;
  if M≠∅ then
    a = SELECT(M);
    call Multiplicity-Check(a);/*调用算法15.5*/
    if return false then
      N = N∪a; /*将存在多重路径的 PDI 并入集合 N*/
      M = M - {a};
  return(N);
end.
```

定理 15.6　算法 15.6 是正确的、可终止的，其时间复杂度是 $O(nmk)$。其中，n 为平均路径数，k 为平均路径长度，m 为 PDI 属性个数。

证明　（正确性）算法 15.6 是以算法 15.5 为基础的，它对于所有的 PDI 一一进行检查，判断该 PDI 是否存在多重路径，然后输出所有存在多重路径的 PDI，因而该算法是正确的。

（可终止性）由于 PDI 的数量是有限的，前提是所有存在的路径都是终止的，所以算法也是终止的。

（时间复杂度分析）在导出断言的定义中，如果有不同的 PDI 定义的 PDI 属性有 m 个，每一个 PDI 平均有 n 条路径，每条路径的平均长度是 k，则时间复杂度是 $O(nmk)$。证毕。

假设存在以下两条路径，$u \to u_1 \to \cdots \to$ PDI，$u \to u_2 \to \cdots \to$ PDI。同时，u_1 又是导出 u_2 的元素之一，即 u 和 u_1 都出现在一个不变式的右边，u_2 出现在该不变式的左边。这样，就可能根据不同的计算顺序得出不同的 PDI 结果。我们给出下列检测 PDI 冲突的算法。

算法 15.7 PDI Check-C（冲突检测）

```
输入:定义的所有路径(我们用 p.der 来表示由 p 所导出的所有属性,用 p.next 来
     表示在一条导出序列中属性 p 的下一个属性);
输出:存在冲突的 PDI;
begin
  M = ∅, T = ∅;
  call all_check(PATHS, N);
  if N≠∅ then
    a = SELECT(N); /*a 是一个具有多重路径的 PDI*/
    找到具有相同出发点 u,以 a 为 PDI 的所有多重路径(如有 n 条路径:u→u1…
    →a,…,u→u2…→a);
    将路径并入集合 M;
    U = ∅;
    if(M≠∅)then
      d = SELECT(M);
      p = u;
        if(p≠a)then
          if(p.der∈U and p≠u)then
            T = T∪p;/*一条路径中的一个属性可导出另外一条路径中的一个属
            性*/
            U = U∪p;
            p = p.next; /*在同一条路径中从 u 向 a 推进*/
      M = M - d;
      N = N - a;
      return(T);
end.
```

定理 15.7 算法 15.7 是正确的、可终止的，其时间复杂度是 $O(mnk)$。

证明 （正确性）该算法是先找到存在多重路径的属性，如果有一个路径序列中的中间属性会导出其他路径序列中的属性，那么我们就说该 PDI 存在冲突，所以说算法是正确的。

（可终止性）由于存在多重路径的 PDI 是有限的，所以算法是可以终止的。

（时间复杂度分析）如果存在多重路径的 PDI 共有 m 个，每一个 PDI 的路径有 n 条，每一条路径的属性平均有 k 个属性，则算法的时间复杂度是 $O(mnk)$。证毕。

定理 15.8　如果所有的 PDI 都不存在冲突，则计算型属性依赖是汇流的。

证明　如果所有的 PDI 都不存在冲突，那也就意味着如果存在下列属性依赖序列：（1）$a\to u_1\cdots\to c_1\to b$；（2）$a\to u_2\cdots c_2\to b$。那么两个序列中的 a，b 之间的所有属性之间不会彼此干涉，又因为导出属性只能由一个不变式导出，所以该属性依赖是汇流的。证毕。

15.4　存在型属性依赖

属性依赖强调了由于导出断言的存在，当断言中的右边属性的值或该 PATH 路径中的锚或连接器的值出现修改操作时，与之相应的左边属性（PDI）的值也应随之改变，因为只有这样，才能使导出断言继续成立。从而使数据库系统继续处于导出断言的相容状态。

在数据库系统的设计过程中，开发人员出于一定的需要将一个数据库分解为不同的部分，但各个部分之间又存在着密切的联系，其中一种联系就是它们之间可能存在的存在型依赖关系。所谓的存在型依赖关系，就是一个对象的存在是以另一个对象的存在为前提的，比较典型的就是参照完整性问题。参照完整性规定了如果属性 F 是基本关系 R 的外码，它与基本关系 S 的主码 K_S 相对应，则对于 R 中的每个元组在 F 上的值，必须为空值或者是 S 中某个元组的主码值。

在面向对象数据库系统中，由于继承机制的存在，不同导出约定导致了某些子类中实例的存在是以其父类中相应实例的存在为前提的。为了维持这种存在性依赖关系，必须建立起相应的规则，当这种存在性依赖关系被打破时，规则也就随之被触发执行。从而保证了执行后的数据库系统继续维持着这种存在型依赖关系的相容状态。

以下在主动的关系数据库系统的基础之上，讨论了存在型属性依赖的终止性与汇流性问题，并且将这种思想扩展到主动的面向对象数据库系统的研究之中。

15.4.1　表示方法和终止性

定义 15.16　当一个事务对数据库的插入、删除操作触发了更新传播规则时（我们设第一个规则执行前的数据库状态为 S_0），我们用下列形式描述更新传播过程。

$S_0 \rightarrow_{r1} S_1 \rightarrow \cdots \rightarrow_{m} S_n$

上述形式的含义是用户对数据库进行更新之后处于 S_0 状态，该更新操作触发了规则 r_1，在执行完规则 r_1 的时候，数据库处于 S_1 状态，r_1 所进行的更新操作又触发了规则 r_2，以此类推，直到 r_n 为止，此时的更新操作不再触发新的规则。

定义 15.17　如果在状态 S_n 时不再触动任何一个规则，我们称 S_n 为一个固定点（fixed-point），称更新传播是可以终止的。

定义 15.18　对于从 S_0 到 S_n 的过程中的每一个中间状态，我们用一个二维向量来表示，记作：$S(S_0, u_i)$，其中，u_i 代表了从 S_0 到 S_i 之间的所有更新的集合。

如果在 u_i 中包含了对于同一事实的插入和删除，从语义的角度，我们认为它是不相容的，更新事务因此而夭折。当在叠加更新集合中出现了对同一事实的相反操作时，主动机制将会使所有导出操作夭折，用户事务回滚。

我们将从 S_0 到 S_n 的更新传播过程用另外一种方式进行描述，即叠加更新的方式。我们将状态 S_1 写作一个二元组（S_0，u_0），apply 被定义为一个函数名，它将当前的数据库状态 S_0 和数据库更新操作集合 u 映射到一个新的数据库状态 S_1 上，该数据库状态是在 S_0 的基础上进行了数据库更新操作 u_0 之后得到的新的数据库状态，$\text{apply}(S_0, u_0) = S_1$。同理可得，$S_i(i>0 \wedge i \leqslant n) = (S_0,\ u_i - 1)$。其中，$\text{apply}(S_0, u_i - 1) = S_i$。用以上的表达方式，我们可以得到下列更新序列：$u_0$（用户事务操作）$\rightarrow u_1 \rightarrow \cdots \rightarrow u_n$，其中上述更新序列的元素可以得到如下关系，$u_0 \subset u_1 \subset \cdots \subset u_n$。

对于一个关系模式 R，令 $a(R)$ 是该关系表的维数（即属性的个数），$v(R)$ 表示一个 $a(R)$ 维的 R 的实例。

定义 15.19　设一个数据库的关系模式为 $R = \{R_1, R_2, \cdots, R_n\}$，它的一个实例状态为 $S = \{r_1, r_2, \cdots, r_n\}$，其中，$r_i = v(R_i)$，$1 \leqslant i \leqslant n$，我们将对数据库的更新操作记作：

$$u = \begin{cases} p_1, p_2, \cdots, p_n \ p_i = v(+R_i) \\ q_1, q_2, \cdots, q_n \ q_i = v(-R_i) \end{cases}$$

将更新用于状态 S，我们可以得到新的数据库状态如下：

$U(S) = \{r_1 \cup p_1 - q_1, r_2 \cup p_2 - q_2, \cdots, r_n \cup p_n - q_n\}$。

定义 15.20　对于规则 R，可以用以下形式进行描述：δx_1，x_2，…，x_n. $F = U$，其中，F 是一阶逻辑谓词，δx_1，x_2，…，x_n 列举了所有的在 F 中出现的自由变量，U 是动作中插入、删除序列的集合。

F 中包括了 $+R$，$-R$ 的形式，表明对于关系表元组的插入和删除。

U 采取了 $++R(t_1, t_2, \cdots, t_n)$ 或者 $--R(t_1, t_2, \cdots, t_n)$ 的形式。

其中，"+"意味着在规则的事件（E）部分包括了元组的插入操作，"−"意味着规则的事件部分包括了元组的删除操作，"++"意味着规则的动作（A）部分包括了元组的插入操作，"−−"意味着规则的动作（A）部分包括了元组的删除操作。

例如一个包含两个关系表的数据库如下：

$R=\{P$（父亲，儿子），A（祖先，本人）$\}$

我们可以根据存在性依赖关系（表 P 中对象（元组）的存在是以表 A 中相应对象（元组）的存在为前提的）建立起如下的更新传播规则。

$R_1:\delta x,y.+P(x,y)\rightarrow ++A(x,y)$

$R_2:\delta x,y.\exists z A(x,z)\wedge + A(z,y)\rightarrow ++ A(x,y)$

$R_3:\delta x,y.\exists z + A(x,z)\wedge A(z,y)\rightarrow ++ A(x,y)$

$R_4:\delta x,y.\exists z + A(x,z)\wedge + A(z,y)\rightarrow ++ A(x,y)$

我们可以将规则 α 看作一个函数，其中 $\alpha(S,u)=u'$ 意味着该函数将数据库状态 S 和对 S 的更新操作 u 映射到这样一个集合，该集合不仅包含了 u，而且包含了由于对 S 的更新操作 u 运用规则 α 所导致的新的数据库操作，我们可以形式化的表示如下。

我们将规则的动作部分可以看作以下更新序列：$\begin{bmatrix} p_1, & p_2, & \cdots, & p_n \\ q_1, & q_2, & \cdots, & q_n \end{bmatrix}$。

定义 15.21　对于元组$(c_1,c_2,\cdots,c_n)$，如果$++P_i(c_1,c_2,\cdots,c_n)\in U$，那么，$(c_1,c_2,\cdots,c_n)\in p_i$，如果$--P_i(c_1,c_2,\cdots,c_n)\in U$，那么，$(c_1,c_2,\cdots,c_n)\in q_i$.

我们令 $f_v(F)=\{x_1,x_2,\cdots,x_n\}$，其中 x_i表示在第 i 个关系中出现的属性名称，则 $f_v(U)=\{x_1,x_2,\cdots,x_n\}$，令 $\varepsilon\{F(x_1,x_2,\cdots,x_n)\}Su$ 代表 F 在 S，u 上的评价（evaluation），而 $U(c_1,c_2,\cdots,c_n)$则是 U 的实例。如果$(c_1,c_2,\cdots,c_n)\in\varepsilon\{F(x_1,x_2,\cdots,x_n)\}S_u$，则意味着元组$(c_1,c_2,\cdots,c_n)$所对应的规则在以 S，u 为基础的 F 上的评价为真。

由上可得作为函数形式存在的规则 $f_\alpha(S,u)=u\bigcup[(c_1,c_2,\cdots,c_n)\in\varepsilon\{F(x_1,x_2,\cdots,x_n)\}Su]U(c_1,c_2,\cdots,c_n)$。

定理 15.9　更新传播序列 u_0（用户事务操作）$\rightarrow u_1\rightarrow\cdots\rightarrow u_n$是终止的。

证明　由于 $u_i\rightarrow u_j$的前提是 $u_i\subset u_j$，也就是说 u_i触发了某些规则，而这些规则的动作部分产生了相应的插入、删除操作，我们可以分三种情况进行讨论。

（1）新产生的插入、删除操作与 u_i是不相容的，此时，用户的更新操作事务夭折，序列自然终止；

（2）新产生的所有插入删除操作在 u_i中已经出现，此时，$u_i=u_j$，根据语义，更新传播序列在此终止；

（3）新产生的插入删除操作与 u_i是相容的，并且它们有在 u_i中未曾出现的插入删除操作，$u_i \subset u_j$，由于规则库中的规则数量是有限的，而规则即使成环，也不会增加新的插入删除操作，所以由相关规则的动作部分构建的插入、删除操作是有限的，所以更新传播序列 u_0（用户事务操作）$\rightarrow u_1 \rightarrow \cdots \rightarrow u_n$ 必然终止。证毕。

15.4.2 汇流性

首先讨论规则的单调性的汇流性问题。

定义 15.22 （单调规则）如果对于任意的数据库状态 S 和更新操作$v(u\subseteq v)$，都有 $\alpha(S,u)\subseteq\alpha(S,v)$，那么我们称规则 α 是一个单调规则。

定理 15.10 如果规则库中的规则都是单调规则，则属性更新传播是汇流的。

证明 假设数据库状态是 S_0，存在下述更新传播过程：

$u_0 \rightarrow \beta_1 u_1 \rightarrow \cdots \rightarrow u_n$

$u_0 = v_0 \rightarrow \alpha_1 v_1 \cdots \rightarrow v_m$

数据库更新操作 u_0 同时触发了规则 α_1 和 β_1，而规则 α_1 和 β_1 的执行又分别触发了其他规则的执行，这样就形成了两条数据库更新路径。第一条路径在更新集合 u_n 处终止，不再触发其他规则；第二条路径在更新集合 v_n 处终止，不再触发其他规则。因为 $u_0 = v_0$，所有规则均为单调规则，u_0 是 u_n 的子集，所以 v_0 是 u_n 的子集。对于 v_0，u_n 同时应用 α_1，则 $\alpha_1(S,v_0)$ 是 $\alpha_1(S,u_n)$ 的子集，$\alpha_1(S,v_0)=v_1$。因为 u_n 是固定点，也就是说它不会触发任意规则，所以 $\alpha_1(S,u_n)=u_n$，因而 $v_1\subseteq u_n$。依此类推，得出结论 v_m 是 u_n 的子集。同理可证，u_n 也是 v_m 的子集。

综上所述，$u_n = v_m$。所以说存在型属性依赖的更新传播是汇流的。证毕。

对于规则的单调性，从定义 15.16 可知，对于任意 S，u，v 且 $u\subseteq v$，如果 $\alpha(u)\subseteq\alpha(v)$，则规则 α 是单调的，那么也就是说，如果规则 α 不是单调的，则更新 v 的出现导致了规则 α 的 F 评价为假。但是作为它的子集的更新 u 的出现却使规则 α 的 F 评价为真，换句话说，就是规则 α 的 F 谓词必然包含了$\neg v$，但是却未单独包含$\neg u$。只有这样，才会出现 u 触发而 v 不曾触发 α 的情况。

当规则非单调时，需要讨论属性更新传播是否是汇流的问题。

令 $\Delta=\{{}^+R_1, {}^+R_2, \cdots, {}^+R_n\}\cup\{{}^-R_1, {}^-R_2, \cdots, {}^-R_n\}$，将一个规则 $\alpha=\delta x_1, x_2, \cdots, x_n$。$F\rightarrow U$ 的读集记作 $Rd(\alpha)$，写集记作 $Wd(\alpha)$，即

$Rd(\alpha)=\{R \mid R\in\Delta\wedge R$ 出现在 α 的 F 部分$\}$；

$Wd(\alpha)=\{R \mid R\in\Delta\wedge R$ 出现在 α 的 U 部分$\}$。

定义 15.23 规则 β 依赖于规则 α，当且仅当 β 的读集与 α 的写集相交不为空，即 $Rd(\beta)\wedge Wd(\alpha)\neq\varnothing$。

定义 15.24 如果 u 是一组具体的数据库操作，$R\in\Delta$（R 是 Δ 中的一个元

素)，则 $R(u)$是指从 u 中得到的在 R 之中的部分。

对于 $\forall X\in\Delta$，$X(u)=\bigcup_{R\in X}R(u)$。

定义 15.25　α 是一个规则，$X\subseteq\Delta$（X 是一个集合），如果对于 $\forall S,u,v$，且 $u\subseteq v, v-u\subseteq X(v-u)$，总有下列关系存在，$\alpha(S,u)\subseteq\alpha(S,v)$，我们称规则 α 在 X 之中是单调的。

定义 15.26　假如规则 α 在 $\{R\}$ 中是单调的（也称 α 在 R 中是单调的），R 称作规则 α 的单调变量。用 $Mon(\alpha)$代表规则 α 的所有单调变量，$\Delta-Mon(\alpha)$代表规则 α 的所有非单调变量，记作 $Non(\alpha)$。

定理 15.11　α 在 X 中是单调的当且仅当 $X\subseteq Mon(\alpha)$。

证明　假设 $X\subseteq Mon(\alpha)$，那么 α 在 X 中是单调的。也就是证明，如果 α 在 X 和 R 中都是单调的，则 α 在 $X\cup\{R\}$中也是单调的。

只要证明对于已知条件：(1) α 在 X 中和 R 中都是单调的，(2) $X'=X\cup\{R\}$，(3) S，u，v，且 $u\subseteq v$，$X'=X\cup\{R\}, v-u\subseteq X'(v-u)$。得到结果 $\alpha(S,u)\subseteq\alpha(S,v)$，记作 $f(u)\subseteq f(v)$。

建立一个中间变量：$u_1=u\cup X(v-u)$，由此可得到如下关系：$u\subseteq u_1\subseteq v$，又因为 (u_1-u) 在 X 之内，所以 $u_1-u\subseteq X(u_1-u)$。

下面证明 $v-u_1\subseteq R(v-u_1)$。

反证法：如果一个更新操作 o 在 $v-u_1$之中，但是却不在 R 中。因为 $v-u$ 在 X'上，$u\subseteq u_1$，所以 $v-u_1$ 也在 X'上。由上假设可得 $v-u_1$ 在 X 上，又因为 $u_1=u\cup X(v-u)$，所以 o 不在 $v-u$ 上。因为 $u\subseteq u_1$，所以 o 也不在 $v-u_1$ 上（因为如果 o 在 $v-u_1$ 中，$v-u_1$ 又在 X 上，则 o 在 u_1 中，这与 o 在 $v-u_1$ 相矛盾），这与假设矛盾，则 o 在 R 中，故 $v-u_1$ 必然在 R 中，所以 $v-u_1\subseteq R(v-u_1)$。

综上所述，$u_1-u\subseteq X(u_1-u)$，$v-u_1\subseteq R(v-u_1)$，有 $f(u)\subseteq f(u_1)\subseteq f(v)$。于是 α 在 X 和 R 上是单调的，因此 α 在 $X\cup\{R\}$上也是单调的，所以 $X\subseteq Mon(\alpha)$，则 α 在 X 上是单调的。证毕。

定义 15.27　规则 α 干涉了 β 是指 α 使用写了 β 的非单调变量。即 $W_t(\alpha)\cap Non(\beta)\neq\varnothing$。

定义 15.28　对于一个规则库 T，对于 $\forall u$，$v\in T$，u 不干涉 v，那么我们称规则库 T 是非干涉的。

定理 15.12　如果一个规则库 T 是非干涉的，那么，序列 $u_0\to u_1\to\cdots\to u_n$是汇流的。

证明　假设有两个序列：(1) $u_0\to_{\alpha 1}u_1\to\cdots\to_{\alpha n}u_n$；(2) $u_0=v_0\to_{\beta 1}v_1\to\cdots\to_{\beta n}v_m$。

令 $X=\bigcup_{i=0}^{n}Wt(\alpha_i)$，也就是说 X 是 α 的写集。由于 $v_0=u_0\subseteq u_n$，$u_n-v_0\subseteq$

$X(u_n-v_0)$，因为（u_n-v_0）不可能超出所有 α 的写集 X。由于规则库 T 是非干涉的，所以 $\alpha_i(1\leqslant i\leqslant n)$不会干涉 β_1，所以 β_1在 X 内是单调的，所以 $\beta_1(S,v_0)\subseteq\beta_1(S,u_n)$，即 $v_1\subseteq u_n$（因为 u_n是固定点）。同理，可以证明 $v_2\subseteq u_n$，$v_3\subseteq u_n$，…，$v_m\subseteq u_n$。

用同样的方法可以构建相应的 β 的写集，并根据规则库 T 的非干涉性，证明 $v_n\subseteq u_m$，因此 $v_m=u_n$。证毕。

在面向对象的数据库的设计过程中，相应的类及其导出约定都是确定的，类之间的依赖图因此而确定。因而根据依赖图就可以建立相应的更新传播规则，当用户的数据库操作触发这些规则时，便会出现更新传播，从而保证了维系存在型依赖关系。在向下传播的规则中，由于语义的不确定性，所以向下的更新传播规则有可能是析取的。

当这些规则建立以后，还存在一个相对优先级的问题，即当一个数据库操作（插入或者删除）发生以后，如果根据两个不同的规则，它既可以向上传播，又可以向下传播。那么，这两个规则之间的相对优先级决定了更新传播的路线。

由定理 15.9 可知，更新传播总是可以终止的，它要么正常终止于一个固定点（fixed-point)，要么因为不相容（u_i中出现了对于同一事实的插入）从而使得用户的更新操作夭折而非正常终止。

为了讨论下面的算法，规定向下传播规则总是优先于向上传播的规则。由于是以面向对象的数据库模式的导出依赖图为基础构建规则的，所以每一步都是产生此次更新传播过程中未曾出现的类中的对象或其属性的插入、删除操作，于是规则总是单调的。根据定理 15.10 更新传播是汇流的，所以优先级的规定并不影响最后的终态。

算法的思路：动态的构建一棵执行树，将其称作 dag 树，Δ_{user}是根，当向下传播出现析取形式时，则构建相应的子结点，每个结点包括了在它之上的所有更新操作（包括 Δ_{user}）和它的父结点应用规则所构建的新的更新操作向量，当出现等价的 Δ 时，就进行合并。

下面从理论上分析有可能出现的更新传播终点的情况。为了便于说明，采用扩展三维向量的含义，规定了两种形式的三维向量。

（1）当 dag 中的新结点中的更新向量违背已经规定的约束，此分支局部失败终止。

（2）如果在 dag 的某条路径下会出现无穷的路径，算法结束，用户的更新操作夭折，称之为全局失败。

（3）合法终点，记作 Δ_{comp}，Δ_{comp} 可能有一个，零个或者多个。如果 Δ_{comp} 出现多个，究竟哪一个是合理的则应由用户根据语义进行选择。

Δ_{comp}必须满足的条件是：

(1) 相容性，在 Δ_{comp} 中不能出现对同一事实的加入和删除；

(2) 合法性：Δ_{comp} 不能违背约束；

(3) 延展性：Δ_{comp} 是对 Δ_{user} 的延展，所以 Δ_{comp} 必须包含 Δ_{user}；

(4) 合理路径：每一个 Δ_{comp} 必须是由 Δ_{user} 通过零步或者 m 步的向下传播，然后通过零步或者 n 步的向上传播而得。

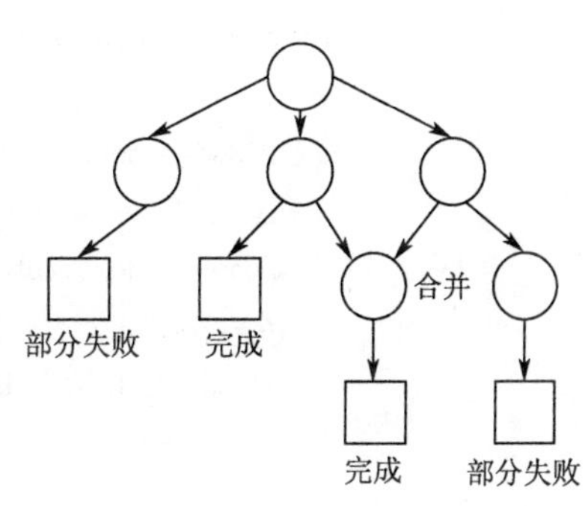

图 15.4　dag 树

dag 树的构建如图 15.4 所示。

算法基础：

(1) dag 树用孩子兄弟表示法。

这种存储结构可形式化说明如下：

```
typedef struct CSNode{
    elemtype  data;
    struct CSNode firstchild,*nextsibing;
}CSNode,*CSTree
```

(2) rd 表示所有向下传播的规则集合；$dr[i]$表示向下传播规则 r 的 action 中的第 i 个析取的数据库操作。

(3) triggers (Δ) 表示由 Δ 所触发的规则集合。Perform (r) 为由执行规则 r 所带来的新的数据库操作。

(4) creat (CSNode) 的作用是创立一个结点。

算法 15.8　Dowmward Progation (Δ_{user})(向下传播算法)

```
输入:用户的更新操作 Δ_user;
输出:向下传播完成集合;
begin
  creat(CSNode);
  CSNode.data = Δ_user;    /*创立根结点*/
  if triggers(Δ)∩rd≠∅ then
    node = CSNode;
    if CSNode≠∅ then
    Δ = CSNode.data;
    if(r∈triggers(Δ)and r∈rd and r 的动作是n 个动作的析取)then
      for i = 1 to n do
        creat(CSNode[i]),CSNode[i].data = Δ∪dr[i];
        CSNode[i-1].nextsibling = CSNode[i];
        CSNode.firstchild = CSNode[1]; /*构建 CSNode 结点的子结点*/
```

```
            CSNode = CSNode.nextsibling ;
                                        /*构建与 CSNode 结点同层的结点的子结点*/
            CSNode = node.firstchild;
            Δ = CSNode.data;
            node = node.firstchild ;
            N = ∅;
            if node∈叶结点 then
                N = n∪node;
                if(m∈N and n∈N and m.date = n.data)then
                    N = N - n;
                    return(N);
end.
```

定理 15.13 算法 15.8 是正确的、可终止的，时间复杂度是 $O(mn)$。

证明 （正确性）在算法中最外层条件语句保证了 dag 从上层向下层的构建，次外层条件语句保证了同一层中所有符合条件的结点的向下构建，最内层条件语句保证了一个结点根据它触发规则中 action 部分中析取的数量构建相同数量的子结点。最后合并了等价的 Δ。

（终止性）由于更新是逆弧的方向的传播，而在数据库模式之中，类的个数是有限的，而依赖图又是无环的，所以算法总是可以终止的。

（时间复杂度分析）如果用户的数据库操作 $|\Delta_{user}|=1$，算法相当于从它所属的类向下的搜索，一直到最基本的类，所以设在它之下的类的个数为 n，每个结点的子结点个数平均为 m 个，那么最坏时间复杂度是 $O(mn)$。证毕。

算法 15.9 Upward Propagation（N）（向上传播算法）

```
输入:一个向下传播更新结果;(由算法15.8得到的向下传播完成结果 N)
输出:一个最终完成结果 Δcomp ;
begin
    if N≠∅ then
        m = SELECT(N);
        Δ = m.data;
        T = ∅,U = ∅;
        if Triggers(Δ)≠∅ then
            T = T∪Triggers(Δ);
            r = SELECT(T);
            Δ = Δ∪perform(r);
            U = U∪Δ;
        N = N - m;
end.
```

定理 15.14　算法 15.9 是正确的、可终止的，其时间复杂度是 $O(mn)$。

证明　（正确性）由于向上传播没有析取形式，又由上可知它总是汇流的，所以可以任意取规则最后都可以达到一个终态。

（终止性）由于数据库模式中类的个数是有限的，所以算法是可以终止的。

（时间复杂度分析）设类的层数是 m，每一层的类的个数是 n，则最坏时间复杂度是 $O(mn)$。证毕。

算法 15.10　Progation（Δ_{user}）（更新传播算法）

```
输入：Δ_user；
输出：Δ_comp；
begin
  dowmward progation(Δ_user)；
  upward propagation(N)；
end.
```

定理 15.15　算法 15.10 是正确的，可终止的，其时间复杂度是 $O(mn)$。

证明　由算法 15.8 与算法 15.9 的证明可知，该算法是正确的、终止的。

（时间复杂度分析）设类的层数是 m，每一层的类的个数是 n，则最坏时间复杂度是 $O(mn)$。证毕。

小　结

针对计算型属性依赖和存在型属性依赖这两种属性依赖，我们结合逻辑型属性依赖分别进行了讨论，并且使用了不同的方法。

计算型属性依赖关系的存在主要是由于在数据库中存在属性值之间的恒等关系，对于这种情况，我们可以采取规则的方式，但是这种规则的形式非常简单，属于 E-A 型规则，而规则的数量却非常庞大，并不利于规则库的维护，而且大大增加了对于规则库终止性与汇流性的分析难度。与传统的单一数据库的处理办法不同的是，本章用更加直观抽象的不变式断言的方式来实现这种主动功能，为了更好地实现数据独立性，PATH 路径在存在属性依赖的属性之间建立起相应的联系，当相应的属性数据被修改时，系统会自动根据路径寻找算法，找到相应对象中的 PDI 属性项进行修改，从而最终使数据库系统达到相容状态。为了避免执行结果的不一致性这种情况的发生，本章给出了一个寻找所有存在冲突的 PDI 的算法。

存在型属性依赖关系我们用规则的方式进行实现，即使存在着规则触发环，由于它并不产生新的更新集合，更新序列也自动终止。对于汇流性，引入了单调规则、局部单调规则、规则函数和规则干涉等概念，对汇流性的充分条件进行了详细的讨论。

第 16 章　规则依赖和事务依赖

16.1　规则依赖的分类

规则库是主动数据库中的核心部分，是实现主动功能的基础。在某一事件发生时引发数据库管理系统去监测数据库当前状态，看是否满足设定的条件，如果条件满足，便触发规定动作的执行。从规则的形式可以看出，一个规则的事件部分可以是另外一个规则的动作部分的子集，也就是说，一个规则的动作的执行同时也就意味着另外一个规则的事件的发生；同样，一个规则的条件部分依赖于当前数据库状态的查询，它的动作部分同时也在改变着当前数据库的状态，因而也就有可能使得另外一个原本条件为假的规则的条件部分变为真。可以看出，在一个规则库中，不同的规则的不同部分之间存在着影响和依赖。

规则依赖主要体现在一个规则的执行可能会导致若干规则的事件表达式或者条件表达式为真，这样的一种依赖关系有可能导致系统的不确定性和不稳定性。例如，如果规则 r 的执行导致了规则 r_i 的活化，规则 r_i 的执行导致了规则 r_j 的活化，规则 r_j 的执行又导致了规则 r 的活化。由此会出现不可终止的规则执行。显然，这种情况是应用程序的设计者所不愿看到的，因而对于不良依赖关系集合的查找就显得十分必要。

定义 16.1　（触发依赖）如果规则 α 的事件部分是规则 β 的动作部分的子集（即 α. event$\subseteq\beta$. action），那么，我们称规则 α 触发依赖于规则 β。

定义 16.2　（条件依赖）如果规则 β 的动作部分使得规则 α 的条件为真，我们称规则 α 条件依赖于规则 β。

规则库中的这种规则之间的相互依赖关系导致了规则运行的不确定性和不可预知性，定义良好的规则集必须保证规则之间的相互触发不会无限地进行下去。但是由于规则库中的规则是在不同时刻由不同用户定义的，当规则数量较多时，人工保证其终止是困难的，甚至是不可能的。因而需要我们静态的分析这种依赖关系所导致的不良后果，从而使得我们在设计数据库时，能够保证规则库中的规则运行的终止性。

如果一个规则 r_i 的执行导致了规则 r_j 的活化，规则 r_j 的执行又导致了规则 r_k 的活化，而规则 r_k 的执行又导致了规则 r_i 的活化，于是当 r_i 被调度执行以后，便会出现链锁（循环）执行。而链锁执行的结果是 r_i 又成为可被调度执行的规则，则这个主动规则集便是不可终止的。

定义 16.3　（自依赖规则）所谓自依赖规则，是指当一个规则 r 被系统调度执行后，它的条件部分自动置为假，它的动作又触发和活化了规则库中的其他规则，产生了连锁反应。而经过了由规则 r 的执行所导致的一系列的规则执行以后，r 又成为可以被系统调度执行的合格规则（触发事件发生，条件为真），则称规则 r 为自依赖规则。

自依赖规则的出现导致了系统的不稳定、不确定性。因此，需要判定规则库中一个规则是否是自依赖规则。

16.2　自依赖规则的判定算法

16.2.1　自依赖规则和规则依赖图的关系

定义 16.4　（二叉树）二叉树是一种数据结构：

（1）有且仅有一个特定的称为根的结点；

（2）当 $n>1$ 时，其余结点可分为两个互不相交的有限集 T_1，T_2，其中每一个集合本身又是一棵树，并称为根的子树；

（3）子树有左右之分，其次序不能任意颠倒。

定义 16.5　（规则依赖图）用二叉树的形式来描述规则 r 与它的触发边、活化边之间的关系。在规则依赖图中结点代表规则，结点的左孩子结点代表它的条件依赖规则结点，结点的右孩子结点代表它的触发依赖规则结点，实线表示活化边，虚线表示触发边。

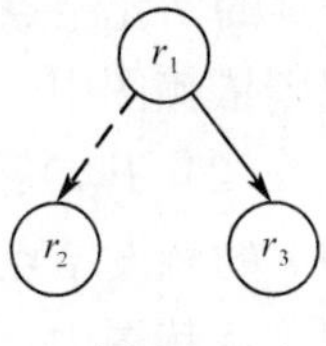

如在图 16.1 中，规则 r_1 的条件依赖于规则 r_2，规则 r_1 触发依赖于规则 r_3。

图 16.1

可以使用十字链表的存储结构来表示规则依赖图，并对十字链表进行扩充。在此数据结构的基础之上，研究由于规则之间的这种错综复杂的触发、条件依赖关系所造成的规则的终止性问题。即去寻找规则库中的自依赖规则。

定理 16.1　如果规则 r 是规则库中的一个自依赖规则，那么规则 r 必然在规则依赖图中的一个触发环上。

证明　（反证法）设规则 r 不在规则依赖图的任意一个触发环上，且规则 r 由规则 r_i 触发，那么，假定规则 r 被系统调度一次执行，而在这之后的一系列规则的执行过程中，规则 r_i 将不会被触发（因为如果 r_i 被触发，r 就处于一个触发环上）。因此，r 也就不会被再次触发，也就不会因为评价合格而二次执行。这与假设中的规则 r 是规则库中的一个自依赖规则矛盾。于是，规则 r 必然在规则依赖图中的一个触发环上。证毕。

定义 16.6　（触发时序关系）在规则依赖图中，如果存在 $<r_1, r_2> \in VR$，

且 $<r_1, r_2>$ 是触发边，则称规则 r_1 与规则 r_2 存在触发时序关系，称规则 r_1 触发优先于规则 r_2，记作 $r_1 <_t r_2$。

定义 16.7　（触发时序关系集合）由一个规则依赖图中所有触发时序关系构成的集合，称其为触发时序关系集合。

定义 16.8　（逻辑蕴涵触发时序关系）在一个触发时序关系中，如果存在 $r_i <_t r_j$，$r_j <_t r_k$，根据传递关系，$r_i <_t r_k$，我们称 $r_i <_t r_k$ 由 $r_i <_t r_j$，$r_j <_t r_k$ 逻辑蕴涵，记作：$r_i <_t r_j$，$r_j <_t r_k \models r_i <_t r_k$。

定义 16.9　（双部触发规则）在一个触发时序关系集合中，如果规则 r_i 既出现在一个触发时序关系的左面，又出现在另一个触发时序关系的右面，称规则 r_i 是双部触发规则。

定理 16.2　设 $r \in V$，且 U 是一个触发时序关系集合，如果 $U \models r <_t r$，则从规则 r 出发，必然可以找到一个触发环。

证明　由于 $U \models r <_t r$，根据定义 16.6，必然存在着以下触发时序关系，$r <_t r_1, r_1 <_t r_2, \cdots, r_n <_t r$，由此就形成了一个触发环。证毕。

定义 16.10　在一个触发环中，两个规则 r_i 距 r_j 的距离是指在触发环中 r_i 到 r_j 之间的弧的个数。

卜面定义几个函数。

(1) $A(r)$：r 是规则依赖图中的一个规则结点，函数的返回值是规则依赖图中 r 的活化结点 r_i，也就是说在规则依赖图中存在着从 r_i 到 r 的活化弧。如果在规则依赖图中，r 没有活化结点，则返回值为 0。

(2) $T(r)$：r 是规则依赖图中的一个规则结点，函数的返回值是规则依赖图中 r 的触发结点 r_j，也就是说在规则依赖图中存在着从 r_j 到 r 的触发弧。如果在规则依赖图中，r 没有触发结点，则返回值为 0。

定理 16.3　在一个规则依赖图中，一个规则结点 r 调用以上定义的 $A(r)$ 函数或者 $T(r)$ 函数，如果返回值为 0，那么，规则 r 不是自依赖规则。

证明　由于当一个规则被系统认定为合格且被调度执行之后，它的条件部分自动置为假。在这之后，在它被另一个规则活化之前，所有对它的触发都是无效的。因此，假如 $r \in$ 规则依赖图 G，且 $A(r)$ 或者 $T(r)$ 的返回值为 0，根据函数 $A(r)$ 和 $T(r)$ 的定义，这就意味着 r 没有活化边或者规则 r 没有触发边。那么，当 r 被一次调度执行后，没有任何一个规则可以活化它或者触发它，即使它再次被触发或者被活化，它也无法执行。因而，r 不会再次评价合格，所以 r 不是自依赖规则。证毕。

定义 16.11　一个规则 r 的反向触发活化闭包记作 r^*，定义如下：

(1) $r^0 = \{r\}$。

(2) $r^n = \{A(r^{n-1}), T(r^{n-1})\}$。

(3) $r^* = \bigcup_{n\geqslant 0} r^n$。

定义 16.12　在规则依赖图 G 中，如果规则 r_i 可以使规则 r_j 的条件为真，则 r_i 称作 r_j 的直接活化顶点，而 r_i 的反向触发活化闭包中的所有规则结点，则称作规则 r_j 的间接活化顶点。

定义 16.13　设 r 是一个触发环中的结点，如果 r 被调度执行以后不会被再次调度执行，我们称 r 是触发环中的一个断点。

定理 16.4　规则 r 的直接或者间接活化顶点调用函数 T 或者函数 A，如果它的返回值为 0，那么规则 r 不是自依赖规则。

证明　假设 r 是规则库中的一个结点，r_i 是 r 的一个直接或者间接活化结点，且 $A(r_i)$ 或者 $T(r_i)$ 的返回值为 0。根据函数 A 和 T 的定义，规则 r_i 没有活化边（或者触发边），这就意味着规则 r 不可能由其他规则的执行而成为合格结点。因此，r_i 是一个断点，由它所直接或间接触发或者活化的结点在一次执行以后都不可能被再次调度执行。于是 r 在一次执行以后不会自动合格而被再次调度执行，故规则 r 不是自依赖规则。证毕。

16.2.2　规则依赖图中规则结点二叉树的构造过程

定义 16.14　将一个规则结点 r 的活化结点作为一棵二叉树的根结点，调用函数 A，得到的规则结点 r_i 作为 r 的左孩子结点；调用函数 T，得到的规则结点 r_j 作为 r 的右孩子结点。然后再对规则结点 r_i 和 r_j 调用函数 A 和 T 得到的规则结点，分别作为 r_i 和 r_j 的左孩子结点和右孩子结点。如此递归进行，从而形成了一棵二叉树。称这个过程为二叉树的构造过程。

用 $T(V,E,S)$ 来表示一棵根据定义 16.14 形成的二叉树，V 是二叉树中所有结点的集合，E 是二叉树中所有弧的集合（弧总是从父结点指向子结点），S 是为了保证二叉树的根结点最终成为合格结点，二叉树中的结点所必须遵循的时序关系集合。

定义 16.15　在二叉树的形成过程中，作为具有同一父结点的兄弟结点，规定左孩子为活化顶点，右孩子为触发顶点，即左孩子对父结点起活化作用，称为间接活化顶点的活化顶点。

根据二叉树形成的定义，二叉树的根结点是一个规则结点的直接活化顶点。所以二叉树中的活化顶点称作间接活化顶点的活化顶点；右孩子对父结点起到了触发作用，称为间接活化顶点的触发顶点。

根据二叉树形成的定义，二叉树的根结点是一个规则结点的直接活化顶点，所以二叉树中的活化触发顶点称作间接活化顶点的触发顶点。

定义 16.16　在一棵二叉树中，结点 e 的路径长度是指从根结点到 e 之间的弧的个数。定义 16.15 在一棵以 r 为根结点的二叉树 $T_0(V_0, E_0, S_0)$ 中，令

$T_1(V_1,E_1,S_1)$为 r 的左子树，在对 T_1进行中序遍历的过程中访问的最后一个结点，称作二叉树 T_0的左关键结点。

在图 16.2 中，T_0的左关键结点是 r_3，因为对 r 的左子树的中序遍历的访问次序是r_1,r_5,r_2,r_6,r_3，其中 r_3是访问的最后一个规则结点。

定义 16.17 在一棵以 r 为根结点的二叉树 $T_0(0,E_0,S_0)$中，令 $T_2(V_2,E_2,S_2)$为 r 的右子树，在对 T_2进行中序遍历的过程中访问的最后一个结点，称作二叉树 T_0的右关键结点。

在图 16.3 中 T_0的右关键结点是 r_6，因为对 r 的右子树的中序遍历的访问次序是r_2，r_4，r_5，r_3，r_6，其中 r_6是访问的最后一个规则结点。

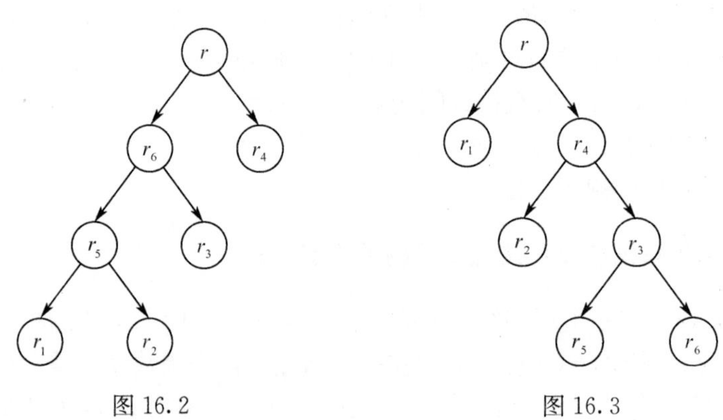

图 16.2　　图 16.3

16.2.3 自依赖规则的判定理论

定理 16.5 如果一个触发环 C 上的规则结点 r 是自依赖规则，那么在对 r 的活化结点 r_i递归调用函数 A 和函数 T 所形成的二叉树中，必然会形成这样一棵二叉树，它的所有叶结点都落在触发环 C 上。

证明 （反证法）如果在对规则结点 r_i递归调用函数 A 和函数 T 所可能形成的二叉树中，不存在这样一棵二叉树，它的所有的叶结点都落在触发环 C 上。意味着规则结点 r_i无法由触发环上的其他结点触发，因而 r_i无法因为触发环C 上其他结点的执行而成为合格结点。而 r_i是规则 r 的活化结点，则 r 不会因为触发环C 上其他结点的执行而成为合格结点，所以规则 r 不是自依赖规则，这与假设矛盾。于是如果一个触发环 C 上的规则结点 r 是自依赖规则，那么在对 r 的活化结点 r_i递归调用函数 A 和函数 T 所形成的二叉树中，必然会形成这样一棵二叉树，它的所有叶结点都落在触发环 C 上。证毕。

定理 16.6 在由对一个规则依赖图中的规则结点 r 递归调用函数 A 和函数 T 所形成的二叉树中，如果按规定新繁衍的叶结点是其祖先结点，则规则 r 不是自依赖规则。

证明　从 A 函数和 T 函数的定义可以看出，二叉树形成并最终叶结点全部落在触发环上，是规则依赖图中 r 结点不可终止的必要条件。其间只要有一个环节出了问题，r 就不会被活化。如果一个新生成的叶结点是其祖先结点，意味着这个结点的父结点的执行是以其祖先结点的执行为前提的。而由函数 A 和 T 的定义可知，其祖先结点规则的执行又是以其父结点规则的执行为前提的。所以，互为前提形成了一个循环，其父结点及祖先结点都不会合格，r 不会被活化，因而规则 r 不是自依赖规则。证毕。

定理 16.7　在触发环中的一个规则结点 r 对函数 A 和 T 的调用所形成的二叉树中，有两个具有同一父结点的兄弟结点 r_i，r_j。若它们都是触发环中的结点且 $|r_i$ 或 r_j 的路径长度$|-|$触发环中 r_j 距 r 的距离$|\geqslant 0$，则规则 r 不是自依赖规则。

证明　假定在触发环中 r 执行以后，r 的间接活化顶点中的活化顶点 r_i 首先被调度执行，即在触发环中，r_i 早于 r_j。则在 r_j 被执行以后，在二叉树上和触发环中出现两个合格规则 r_m，r_l（假定 r_m 是二叉树中 r_i，r_j 的父结点，r_l 是触发环上 r_j 的下一个结点，且从 r_l 到 r（触发环中）及从 r_m 到 r（二叉树中）之间的所有顶点均合格），根据隐含的优先级关系——拓扑结构关系，由于$|r_i$（或 r_j）的路径长度$|-|$触发环中 r_j 距 r 的距离$|\geqslant 0$，则 r 会在被活化之前被触发，这样一种触发属于无效触发。于是，r 不可能因合格而被调度执行，规则 r 不是自依赖规则。

假定在触发环中，r 的间接活化顶点中的触发顶点 r_j 在 r 执行之后首先被调度执行，即在触发环中 r_j 早于 r_i，则 r_i，r_j 的父结点被无效触发。因此 r 也就不会被活化，所以规则 r 不是自依赖规则。证毕。

定理 16.8　在由对触发环中的规则 r 的函数 A 和 T 的递归调用所形成的二叉树中，有两个具有同一父结点的兄弟结点 r_i，r_j。若它们都是触发环中的结点，且$|r_i$ 或 r_j 的路径长度$|-|$触发环中 r_j 到 r 的距离$|<0$，则规则 r 有可能不是触发环中的断点。

证明　假定 r 执行以后，r_i 先于 r_j 被调度执行，由于$|r_i$ 或 r_j 的路径长度$|<|$触发环中 r_j 到 r 的距离$|$，则根据规则依赖图中的拓扑结构关系，在 r_i，r_j 的父结点 r_m 到 r 及 r_j 到 r 之间的所有顶点均合格的前提下，r 会在被触发之前被活化。在这种前提下，r 会被第二次调度执行。但由于这样一种前提又受到其他因素的制约，因此只能说 r 有可能不是触发环中的断点。证毕。

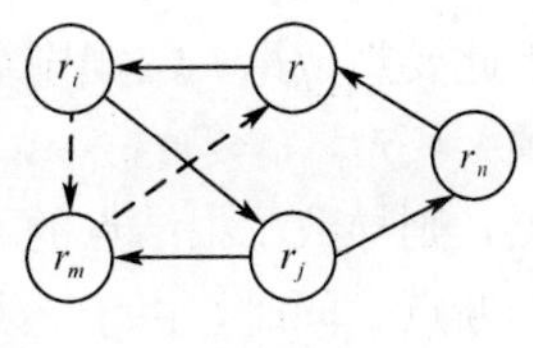

图 16.4

图 16.4 描述了一种简单的符合定理 16.8 的例子，可以看到规则 r 由规则 r_p 触发，由规则 r_m 活化。如果 r 的执行导致了 r_i 的执行，r_i 触发 r_j，r_i 活化 r_m，而 r_j 的

执行触发了 r_p 与 r_m。此时，r_m，r_p 同时合格。由于|二叉树中 r_i 的路径长度为 1|<|触发环中 r_j 到 r 的距离为 2|，根据拓扑关系，r_m 对 r 的活化不迟于 r_p 对 r 的触发。因此，r 会被再次调度执行，r 不是触发环中的断点而是自依赖规则。

定义 16.18 一棵深度为 k，且有 2^k-1 个结点的二叉树称为满二叉树。

定义 16.19 在触发环中，如果在以特定规则 r 为起点和终点的排序中，r_i 排在 r_j 的前面，记作 $r_i <_r r_j$。

定义 16.20 如果一个规则 r_i 的执行可能导致了另外一个规则 r_j 的活化，则称 r_i 是 r_j 的合格关键点。

合格关键点又分为直接合格关键点和间接合格关键点。

定理 16.9 在一棵由对触发环中的一个规则结点 r 递归调用函数 A 和 T 所形成的二叉树中，最后形成了一棵满二叉树（k 层）。如果这棵满二叉树不满足以下任意一个条件，则 r 不是自依赖规则。

（1）任意两个具有同一父结点的叶结点 r_i，r_j 满足下列条件，r_i，r_j 都是触发环中的结点且|r_i 或 r_j 的路径长度|<|触发环中 r_j 到 r 的距离|。

（2）对二叉树中的每一层结点，从最左边开始排序得到的排序结果为 r_1，r_2，r_3，…，$r_{2^{k-1}}$，这些结点，在触发环中以 r 为起点和终点的排序中，$r_1 \leqslant r_2$，$r_3 \leqslant r_4, \cdots, r_{2^{k-1}-1} \leqslant r_{2^{k-1}}$；$r_2 \leqslant r_4, r_6 \leqslant r_8, \cdots, r_{2^{k-1}-2} \leqslant r_{2^{k-1}}$；$\cdots, r_{2^{k-1}-2} \leqslant r_{2^{k-1}}$。

证明 （1）可以由定理 16.7 及定理 16.8 直接证得。则规则 r 不是自依赖规则。

（2）用数学归纳法进行证明。

归纳基础：$n=2$，即以 r 的直接活化顶点为根的二叉树只有两层时。即规则 r 的直接活化顶点 r_o 的左、右孩子结点都是触发环中的结点，设 r_o 的左孩子为 r_i，右孩子为 r_j。如果在触发环中以 r 为起点和终点的排序中，$r_j <_r r_i$，那么在 r 的一次执行以后，r_j 先于 r_i 执行，r_o 被无效触发，r_o 不会合格。由此，r 不被活化，因此规则 r 不是自依赖规则。

归纳步骤：假设 $n \leqslant k$ 时，若不满足

$r_1 \leqslant r_2$，$r_3 \leqslant r_4$，…，$r_{2^{k-1}-1} \leqslant r_{2^{k-1}}$；$r_2 \leqslant r_4$，$r_6 \leqslant r_8, \cdots$，$r_{2^{k-1}-2} \leqslant r_{2^{k-1}}$；…，$r_{2^{k-2}} \leqslant r_{2^{k-1}}$。则规则 r 终止。

当 $n=k+1$ 时，根据规则结点合格的标准，活化边必须不迟于触发边到达，因此要想使第 k 层规则结点合格，在触发环中在以 r 为起点和终点的排序中，必须 $r_1 \leqslant r_2$，$r_3 \leqslant r_4$，…，$r_{2^k-1} \leqslant r_{2^k}$。否则，二叉树中第 k 层结点必然有不合格结点，则导致了根结点的不合格，从而使触发环中的规则结点 r 不被活化，成为一个断点。同时，由于 r_2 是第 k 层结点最左边结点的直接合格关键点，r_4 是第 k 层结点从最左边起第二个结点的直接合格关键点，又因为在 k 层上，$r_1 < r_2$，所以

在 $k+1$ 层上只有 $r_2<r_4$，才能保证第 k 层上 $r_1<r_2$。同理可证，$r_6<r_8$，…，$r_{2^k-2}<r_{2^k}$（在第 $k+1$ 层，最右边结点标号为 2^k，从右边数第三个结点的标号为 2^k-2）。要保证第 $k-1$ 层的最左边结点不迟于最左边起第二个结点的执行，这两个顶点的间接合格关键点必须保证 $r_4<r_8$，$r_{12}<r_{16}$，…。依此类推可得，到第$k+1$层上必能保证：$r_1\leqslant r_2$，$r_3\leqslant r_4$，…，$r_{2^{k-1}-1}\leqslant r_{2^{k-1}}$ 和 $r_2\leqslant r_4$，$r_6\leqslant r_8$，…，$r_{2^{k-1}-2}\leqslant r_{2^{k-1}}$；…，$r_{2^{k-1}}\leqslant r_{2^k}$。才会使根结点合格，从而结点 r 被活化。证毕。

图 16.5 是符合定理 16.9 的一个自依赖规则实例。

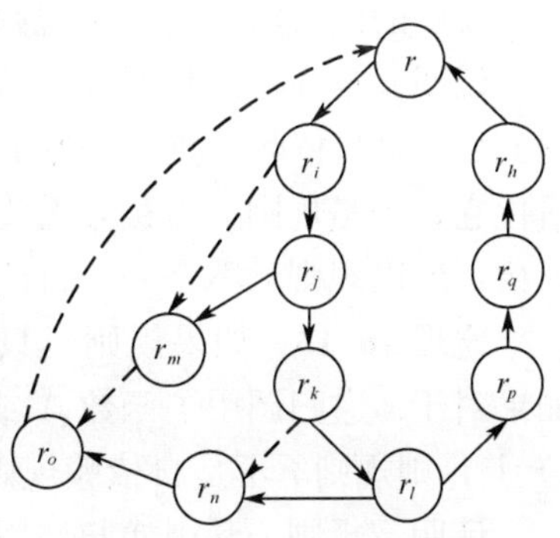

图 16.5　自依赖规则实例

r 作为间接活化顶点的触发顶点，$|r_j$ 的路径长度（二叉树中）$|<|$ 触发环中 r_j 到 r 的距离$|$，$|r_l$的路径长度（二叉树中）$|<|$ 触发环中 r_l到 r 的距离$|$，且在触发环中，以 r 为起点和终点的前提下，$r_i<r_j$；$r_k<r_l$，$r_j<r_l$。当 r 被调度执行之后，r_i执行触发 r_j，活化 r_m，r_j执行触发 r_k，触发 r_m。此时 r_m，r_k合格。r_k执行触发 r_l，活化 r_n，r_m执行活化 r_o，r_l执行触发了 r_n，触发了 r_p，此时 r_p，r_n同时合格。r_n触发 r_o，使之合格，r_p使 r_q合格，r_o的执行使 r 在被触发之前被活化，从而使 r 第二次被调度执行。因此 r 不是触发环中的断点，r 是一个自依赖规则。

定理 16.10　对触发环中的结点 r 递归调用函数 A 和 T 得到的二叉树，如果叶结点都落在触发环上，且使同一个结点合格的左右子树的深度之差＞（触发环中）左子树叶结点的最右边的结点与右子树叶结点的最右边结点两者的距离，则规则 r 不是自依赖规则。

证明　设二叉树中规则 r_o的左右子树深度之差（左子树深度－右子树深度）为 m，r_o的左子树叶结点的最右边的结点为 r_p（即 r_o的左孩子的最远合格关键结点），r_o的右子树叶结点的最右边的结点为 r_q（即 r_o的右孩子的最远合格关键结点），若使 r_o合格的左右子树的深度之差＞（触发环中）左子树叶子结点的最右边的结点与右子树中叶子结点的最右边结点两者的距离，则触发环中 r 执行以后，左子树的 r_p首先合格，r_p执行后，触发环中 r_p结点的下一个结点r_l合格。同时，二叉树中 r_p的父结点合格。根据拓扑关系，必须在 r_p的父结点和 r_l执行完毕之后才会考虑其他结点。又由于 r_p，r_q的距离＜r_o的左右子树深度之差，则 r_o会在被活化之前被触发。因此，规则 r_o不会合格，进而可以推导出规则 r 不是自依赖规则。以上证明的是在触发环上 $r_p<_r r_q$时的情况，而对于 $r_q<_r r_p$时情况的证明与此类似。证毕。

定理 16.11 假设规则 r 只在一个触发环 C 中，如果 $r_i \in C$，$r_i \neq r$，并且 r_i 不是自依赖规则，则规则 r 也不是自依赖规则。

证明 因为规则 r_i 与 r 均属于触发环 C，则规则 r 直接或者间接触发依赖于规则 r_i，如果规则 r_i 不是自依赖规则，则规则 r_i 在一次执行以后，不会第二次因它在触发环中的触发依赖规则结点的执行而合格，故触发环在 r_i 处中断。那么，规则 r 在一次执行之后也就不会被再次触发。又因为规则 r 只在一个触发环中，于是规则 r 不是自依赖规则。证毕。

定理 16.12 如果规则 r 只在一个触发环 C 中，且 r 在 C 中不能在触发它下一个规则的同时活化它，则规则 r 不是一个自依赖规则。

证明 设在触发环 C 中，规则 r 的下一个规则结点是 r_i，由于目的是判断规则 r 是否是自依赖规则，规则 r 应被看做首先执行。如果 r 不能在触发 r_i 的同时活化它，于是规则 r_i 就被 r 无效触发，触发环在 r_i 处断开。因而规则 r 不会再次合格，所以规则 r 不是一个自依赖规则。证毕。

定理 16.13 如果规则 r 只在一个触发环 Cr 中，触发环中共有 n 个结点，如果对于 r 递归调用了函数 A 或者 T n 次，依然无法使全部叶结点落在触发环 Cr 上，则规则 r 不是自依赖规则。

证明 规则 r 利用递归调用函数 A 和 T 寻找规则 r 能够被成功活化的必要条件。如果对函数 A 或者 T 递归调用超过了 n 次，依然无法将全部的叶结点落在触发环上，意味着当规则 r 首先被调度执行之后，在 n 步之内无法使得规则 r 被成功活化。因而规则 r 不会再次合格，所以规则 r 不是一个自依赖规则。证毕。

图 16.6 的（a），（b）分别用实例描述了在二叉树和触发图中各个规则的位置 r_o 是二叉树的根结点或者中间非叶结点。（a）图中规则 r_o 的左右子树的深度差为 2，在触发图中 r_p，r_q 的距离为 1，前者大于后者，则在 r_p 执行之后，r_n，r_q 同

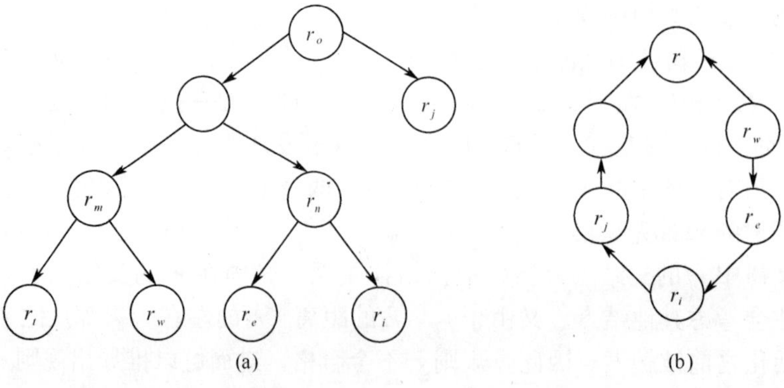

图 16.6

时合格。r_q执行导致了r_o的无效触发，所以规则r不是自依赖规则。

由定理 16.6、定理 16.8 可以得出如下推论。

推论 16.1　在对触发环中的结点r递归调用函数A和T得到的二叉树中，如果一个结点r的左右孩子都是触发环中的结点，则繁衍终止。如果$|r_i$或r_j的路径长度$|-|$触发环中r_j距r的距离$|\geqslant 0$，或者左孩子在右孩子之后（在触发环中，在以r为起点和终点的排序中），则可以判定规则r不是自依赖规则；如果只有一个孩子r_i是触发环上的结点，则另一个孩子继续繁衍，直到所有叶结点全部落在触发环上。若此时左右子树的深度之差>触发环中左子树叶结点的最右边的结点与右子树中叶结点的最右边结点两者的距离时，可判定规则r不是自依赖规则，此时，r_i是r的左子树叶结点的最右边的结点或者右子树叶结点的最右边结点。如果一个规则的孩子结点r_p落在了触发环上，另一个孩子未落在触发环上，但是当调用函数A或者T的次数超过了n次（n是在触发环中在以r为起点和终点的序列中起点r到r_p的距离）时，可判定规则r不是自依赖规则。

推论 16.2　指明了算法要在二叉树生成时进行检查，一旦发现满足上述条件之一，就可判定规则r不是自依赖规则。

16.2.4　自依赖规则的生成树判定算法

判断一个给定规则r是否是自依赖规则的算法思想：①利用初始规则集构造一个规则依赖图。②对初始规则依赖图进行归约。③找到规则库中的所有触发环，便可以找到某个规则的所在触发环。④递归调用函数A和T构建的二叉树。⑤在二叉树的形成过程中，如果已经繁衍了n步，但还没有繁衍结束，可以判定规则r不是自依赖规则。否则，规则r也不一定就是自依赖规则。⑥如果生成二叉树的叶子节点不全落在触发环上，根据定理 16.9 可知该规则也不是自触发规则。⑦逐一考察二叉树中的每一个非终端节点，如果其左、右子树的深度差大于其触发环中的距离，根据定理 16.12，可以判定它不是自依赖规则。⑧逐一考察二叉树中的每一个非终端节点，比较其左、右叶子节点的路径长度和距离。⑨如果右叶子节点的路径长度（活化）<左叶子节点的距离，根据定理 16.11 判定规则r为自依赖规则；如果右叶子节点的路径长度（活化）>左叶子节点的距离，这仅仅是判定规则r是自依赖规则的必要条件，如果二叉树中的所有非终端结点全部满足这个条件，那么这个条件就成了充分条件。根据推论 16.1 判定规则r为自依赖规则。否则，不是自依赖规则。⑩其他情况，如果一个触发环中已经判定其中一条规则已经是自依赖规则，根据定理 16.14，可以判定触发环中的所有规则都是自依赖规则；反之也成立。

必须要指出的是，该算法是判定一个给定的规则是否是自依赖规则，即它在规则库中的存在是否是安全的，而不是判定一个触发环是否是终止的。但是规则

r 不是自依赖规则并不意味着 r 所在的触发环是可以终止的，因为只要触发环中有一个自依赖规则，触发环就不可以终止。如果要判定一个触发环是否不可终止，需要对触发环中的每一个规则按照上述思路进行判断，只有该触发环中所有的规则都被判定为非自依赖规则时，我们才可以说触发环是可以终止的。同样，如果一个给定规则在不止一个触发环中，只有对所有触发环中的情况分别进行判定后才有可能判定该规则是否是自依赖规则。

以上算法的执行前提是系统对合格规则的调度执行根据拓扑结构形式，即当规则 r 使得 m 个规则合格（无论是 r 活化触发了同一个规则（即 r 既是该规则的触发结点，又是该规则的活化结点），还是规则 r 触发了一个已经活化的规则。）而这 m 个规则又会导致 n 个规则合格时，则在第一批合格的所有 m 个规则执行完毕之前，第二批 n 个规则中任意一个规则不许执行，这就说明系统中存在着潜在的优先级关系——拓扑结构关系。

在具体实现上，主要有两个问题需要考虑：一是时序关系如何实现；二是相对深度如何表示。

对于时序关系，我们考虑建立一个时序关系集合 T 及相应的逻辑蕴含关系（也就是通过时序上的传递关系来体现逻辑蕴含）：$r_1 < r_2$，$r_2 < r_3 \models r_1 < r_3$，当新建立的时序关系不符合时序规定的要求或者与 T 中已有的时序关系或由 T 所逻辑蕴含的时序关系发生矛盾时，就可判定二叉树因违反时序关系而无法建立，规则 r 因此而终止。

相对深度由左右关键结点的深度差来表示。

算法 16.1 All_Search（G，T）（找到规则库中的所有触发环）

```
输入:规则依赖图 G,触发时序关系集合 T;
输出:所有的触发环 C;
begin
U = ∅;C = ∅;
    while(r∈V and r 是 T 中的双部触发规则)do
    U = U∪{r }; /*将所有的双部触发规则放入集合 U*/
    for 每一个 r∈U do
          if T ⊨ r<_t r then
            Cr = ∅;
            将推导过程中用到的所有 U 中的触发时序关系并入集合 Cr;
            C = C∪Cr;
          return C;
end.
```

定理 16.14 算法 16.1 是正确的、可终止的，其时间复杂度是 $O(mn)$。其中，n 为结点数，m 为双部触发规则数。

证明　（正确性）由定理 16.2 可知，通过触发时序的逻辑蕴含的推导，可以找到相应的触发环，在具体实现上可以通过从规则 r 出发，对规则依赖图的深度优先的搜索来实现触发逻辑蕴含的推导。

（可终止性）由于规则的数量是有限的，U 中的双部触发规则是有限的。而对一个双部触发规则 r 的逻辑蕴含的推导，要么终止，要么成环，无论如何算法总是可以终止的。

（时间复杂度分析）算法中的基本操作是对双部属性的直接和间接触发规则的查找，其过程类似于树的遍历。一个双部属性作为根结点，所有可以由它所触发的规则作为它的子结点，所有由根结点的子结点所触发的规则作为子结点的子结点，以此类推，从而形成了一棵树。设一棵如此形成的树中最多有 n 个结点，规则库中共有 m 个双部触发规则，则算法的最坏时间复杂度是 $O(mn)$。证毕。

算法 16.2　search（G，T，r）（找到某个规则的所在触发环）

```
输入:规则依赖图 G,触发时序关系集合 T,规则 r;
输出:包含规则 r 的触发环集合 M;
begin
    U = ∅; M = ∅;
    call All _ Search(G);
    将得到的所有触发环并入集合 U;
    for 每一个触发环 C∈U do
       if r∈C then
          M = M∪C;
    return(M);
end.
```

定理 16.15　算法 16.2 是正确的、可终止的，其时间复杂度是 $O(mn)$。其中，n 为双部规则触发可达规则数，m 为双部触发规则数。

证明　（正确性）算法 16.2 是调用算法 16.1 找到所有的触发环，然后一一判定规则 r 是否在触发环内。然后将包含 r 的触发环并入集合 M，从而得到所有的包含规则 r 的触发环，所以算法 16.2 是正确的。

（可终止性）因为算法 16.1 是可终止的，所以算法 16.2 也是终止的。

（时间复杂度分析）本算法的基本操作是调用算法 16.2 和判断规则 r 是否属于一个触发环，如果一个双部触发规则可达的规则最多有 n 个，规则库中有 m 个双部触发规则，则算法的最坏时间复杂度是 $O(mn)$。证毕。

算法 16.3　Self_Dependency（自依赖规则的生成树判定算法）

```
输入:规则 r,规则依赖图(十字链表方式);
输出:如果规则 r 是自依赖规则,返回值为 true,如果规则 r 不是自依赖规则,返回
值为 false;
```

```
begin
    G = 利用初始规则集构造一个规则依赖图;
    R = Basic-Reducing Algorithm(G); /*对初始规则依赖图进行归约得到一个归
                                      约规则依赖图*/
    if R = ∅ then
        return false; /*不存在自依赖规则*/
    else
      R = 利用归约后的规则集再构造规则依赖图;
      U = search(R, T, r);
      将得到的全部触发环并入集合 U(触发环的个数是 m);
      num = 1; /*num 用来统计繁衍的步数*/
      for i = 1 to m do /*分别用来判断每一条规则是不是自依赖规则*/
       flag = true;
          for j = i to |U_i|
          U'_i = ∅;/*繁衍生成的节点生成的集合*/
           r'_i = A(r_i);
           r'_j = T(r_i);
           while(r'_i ∉ U_i or r'_j ∉ U_i)/*当繁衍节点落到触发环则终止循环*/
             if r'_i ∉ U'_i or r'_j ∉ U'_i then
             return false;
             flag = false;
              else /*把繁衍生成的节点添加到集合 U'_i 中,并构造逻辑上的二叉树*/
              num = num + 1;
              if num > |R| then
              return false;
              flag = false;
              if U'_i = ∅ then /*对生成的二叉树进行判定*/
                  return false;
                else
                 for i = 1 to |U'_i|
                   if length(leftchild(r_i))<length(rightchild(r_j))then
                     return false;
                     falg = false; /*length 函数用来计算节点的二叉树中节点的
                                   路径长度*/
                  if |length(r'_i) - length(r'_j)| > |distance(r'_i) - distance
                  (r'_j)| then
                     return false;
                     flag = false;
```

```
else
flag = true; /*r′_i, r′_j 在 while 循环结束以后保存的是刚
        生成的二叉树的终端节点, distance 函数用来计算二叉
        树终端节点在触发环中的距离*/
end.
```

如果在当前正在判定的触发环中有一个规则是自依赖规则，则无需判定剩下的规则，其他的全是自依赖规则。

定理 16.16　算法 16.3 是正确的、可终止的，其时间复杂度是 $O(n^3)$。其中，n 为规则集中规则数。

证明　（正确性）根据定理 16.1 到定理 16.13 和推论 16.1，上述算法可证明是正确的。

（可终止性）由于使用了逆向构建二叉树的方法，当新生结点落在触发环上或其以上层中的特定点上（违背时序或者规则合格标准）或者违背了规定的时序关系时，便会终止。由于规则库是有限的，规则 r 所在的触发环的个数是有限的，因此这个二叉树不可能无限制繁衍下去，说明这个算法是可以终止的。

（时间复杂度分析）上述算法是两个 for 循环和一个 while 循环嵌套，循环嵌套的最深深度为 3。第一个 for 循环的循环次数是归约以后的规则集中规则的数目 n；第二个 for 循环的循环次数是每个触发环中节点的个数，在最坏情况下是包含不可归约集中的所有 n 个规则；while 循环的循环次数是每棵繁衍二叉树的深度，在最坏的情况下为 n，但这种情况很难发生。所以整个算法的时间复杂度为 $O(n^3)$。证毕。

16.3　事务依赖

在主动数据库系统中，由于被触发规则通常是以事务的模式运行的，所以需要研究事务之间的依赖关系。事务依赖体现了不同事务之间在次序上的先后关系和这些事务彼此之间的决定关系。由于事务及其彼此之间的依赖关系是应用程序的设计者根据不同的需要在不同的时间设定的，于是有可能存在依赖矛盾的问题。因此需要分析现存的所有相关事务的依赖关系，判断并寻找存在矛盾的事务依赖关系，从而及时报告给应用程序的设计者以便对相应的事务依赖关系进行修改，保证系统的相容性。

在事务依赖方面，本书在给出的 ACTA 模型的基础上进行讨论，给出了提交依赖、夭折依赖、执行依赖的概念。详细介绍了在一个事务闭包中，将执行依赖和终止性依赖相结合的具体分析方法。还给出了将 $n(n>3)$ 维执行依赖转变为二维或者三维依赖的方法。

16.3.1 依赖事务集

为了支持被触发活动的正确执行，系统必须支持嵌套事务模型。当一个规则被触发时，要建立一个执行条件评价的事务。以立即方式被触发的活动是触发事务的子事务，它立即执行；而以延迟方式被触发的活动也是触发活动的子事务，但在父事务操作完成后提交前执行；以分离方式被触发的活动在触发时启动，与触发规则的事务并发执行。

将被触发的规则作为触发事务的子事务处理至少带来两个好处：一是执行失败的规则可以作为失败事务处理，从而使其具有原子性；二是通过事务并发可以提高规则处理速度。

在主动数据库中，事件 E 的发生可触发 C-A 规则的执行，该 C-A 规则的执行又可导致其他事件的发生，从而相继触发其他 C-A 规则的执行，形成触发规则集。

上述触发规则集的执行使用非平凡的嵌套事务模型，我们将用户事务或者以分离方式触发的 C-A 规则当作一个顶层事务。当规则触发了规则 r_i 时，如果 r_i 的 E-C 耦合模式是立即型或者延迟型，则被触发的 C-A 规则 r_i 作为 r 的子事务，如果 E-C 耦合模式是分离型，则被触发的 C-A 规则作为顶层事务进行处理。

嵌套事务模型支持两类事务，即根事务和子事务。根事务由“begin”或“detach”事件启动，子事务由“trigger”事件启动。

定义 16.21 事务丛林（transaction forest）由多棵事务树构成，满足下列条件：

（1）有且仅有一棵顶层为用户事务的事务树。

（2）若干棵顶层为独立（decoupled）耦合方式规则的事务树。

定义 16.22 事务 t 所在的事务树上所有事务集合记作 $Stree(t)$，其顶层事务记为 $top(Stree(t))$。若 $\exists t' \in Stree(t_1)$，$t'$ 触发 $top(Stree(t_2))$，则称 t_1，t_2 之间具有因果依赖关系，记作 $cd(t_1,t_2)$。事务 t_1，t_2 之间的传递因果依赖 $cd^*(t_1,t_2)$ 递归定义为：

（1）$cd(t_1,t_2)$。

（2）$cd(t_1,t_3) \wedge cd(t_3,t_2)$。

定义 16.23 事务 t 的依赖事务集（dependent transaction set）$DTS(t)$ 递归定义：

（1）$t \in DTS(t)$。

（2）若 $t \in DTS(t), p(t,t')$ 或者 $cd(t,t')$，则 $t' \in DTS(t)$。

定义 16.24 （层次可串行化）令 T 为事务集合，如果 $\forall t, t_1, t_2 \in T$ 满足如下条件，则称 T 的执行是层次可串行化的：

(1) 若 t 夭折，则 DTS (t) 夭折。

(2) 若 $p(t_1,t_2)$，t_2相当于嵌入在 t_1触发 t_2的触发点处执行。

(3) 若 $s(t_1,t_2)$，二者的并行执行结果相当于某一串行执行结果。

(4) 若 $cd(t_1,t_2)$，$top(Stree(t_1))$先于 $top(Stree(t_2))$提交。

16.3.2 嵌套事务的结构依赖

嵌套事务的“提交”和“夭折”语义不同于传统的事务，根事务与子事务的提交与夭折语义应区别对待，只有根事务实现永久性提交，即根事务的提交操作对数据库产生永久性影响；而子事务的提交不具备通常意义上的永久性，仅向父事务登记处理。根事务的夭折清除了其本身以及其后代事务操作对数据库的影响，并夭折所有未完成的子事务，释放占有的系统资源。子事务的夭折仅仅向其父事务登记清除其本身以及其后代事务操作的影响。提交和夭折语义保证了根事务与子事务的原子性。

定义 16.25 （结构依赖）根据嵌套事务模型的结构特征，用来表达嵌套事务内部并行事务行为的一种约束，即是我们所称的结构依赖。

嵌套事务的结构依赖主要包括：提交依赖、夭折依赖、弱夭折依赖、开始依赖。

定义 16.26 （提交依赖）设有任意两事务 t_j，$t_i \in T$，若事务 t_i都将提交，则事务 t_i一定要先于事务 t_j提交。此时称事务 t_j对 t_i事务有提交依赖。记作 $t_j\ CD\ t_i$。

定义 16.27 （夭折依赖）若事务 t_i夭折，则 t_j事务也夭折。则称事务 t_j对 t_i事务有夭折依赖，记作 $t_j\ AD\ t_i$。

定义 16.28 （弱夭折依赖）如果事务 t_i夭折时，t_j事务还没有提交，那么事务 t_j也必须夭折。但假如事务 t_j在 t_i事务夭折时业已提交，则事务 t_j的提交不受影响。则称事务 t_j弱夭折依赖于事务 t_i，记作 $t_j\ WD\ t_i$。

定义 16.29 （开始依赖）事务 t_j的开始事件必须在事务 t_i的开始事件之后发生，则称事务 t_j开始依赖于事务 t_i。记作 $t_j BD\ t_i$。

定义 16.30 （排他依赖）如果两个事务 t_i，t_j只能有一个提交，如果一个事务提交，则另一事务必须夭折，则称事务 t_i与事务 t_j之间存在排他依赖。记作：$t_i\ ED\ t_j$。

事务之间的依赖可能是由于事务的结构属性所导致的，也可能是间接的因为事务对某一数据对象的共享行为而引发的。这类依赖我们称之为复杂依赖。

如在嵌套事务所构建的树状结构中，父事务与子事务的依赖关系在子事务繁衍成功的情况下建立。设 t_p是一个父事务，t_c是 t_p繁衍的一个子事务，t_p，$t_c \in T$。子事务 t_c弱夭折依赖于其父事务 t_p($t_c\ WD\ t_p$)，父事务 t_p提交依赖于其子事

务 $t_c(t_p\ CD\ t_c)$，子事务 t_c开始依赖于其父事务 $t_p(t_c\ BD\ t_p)$。

在父事务夭折的情况下，弱夭折依赖保证了一个未提交的子事务也同时夭折。但是并没有剥夺子事务在父事务执行结束关键事件前的自由提交的权利。由于子事务的提交并不是物理意义上的提交，它所改变的数据对象的状态并没有真正的改变，只是在它的父事务或者是兄弟事务范围内可见了。提交依赖避免了出现父事务先于子事务提交和一个孤儿事务（一个子事务在父事务已经完成提交后才申请提交时，我们就称这个子事务为孤儿事务向数据库进行提交的现象）。开始依赖则保证了嵌套事务的语义完整。

定义 16.31 （行为依赖）事务间的行为依赖关系是由事务的数据相关性及在共享数据对象上的交互作用而引起的。不像结构依赖是直接的，它是由于在同一数据对象操作间的同步所建立的一种间接相关性，通常由事务的冲突关系来表示。两个事务是行为相关的，即指它们之间有冲突关系。

16.3.3 在事务闭包中可能存在的事务依赖关系

定义 16.32 （事务闭包）所谓事务闭包，是指由一个事务的传递特性所引发的一组事务。

定义 16.33 （事务的重大事件和对象事件）一个事务 t_i的开始事件记作 bt_i，一个事务的终止事件记作 et_i，一个事务的终止事件是指一个事务的提交（ct_i）或者夭折(at_i)。et_i和 bt_i称为重大事件，而数据库的操作事件则称作对象事件。

一组事务 T 并发执行的历史是指与 T 中的事务相关的所有事件的集合 E 及 E 上的偏序关系集合。在历史的重大事件之间的（→）代表了一种时态顺序。其前提是两个事件不会同时发生。

事务依赖构成了事务闭包中的控制结构，确定了事务闭包中的控制流。

从事务调度的角度，当一个事务中的所有操作执行完毕之后，它应当首先判断所有与之存在提交依赖的事务是否全部提交，若还存在未提交的事务，该事务必须等待提交，直到所有与之存在提交依赖的事务提交完毕为止。

当一个事务夭折时，它应当找到所有与之存在直接或者间接夭折依赖关系的事务，并使这些事务全部夭折。

除了嵌套事务的结构性依赖以外，下面讨论在事务闭包中可能存在的事务依赖关系。

定义 16.34 （执行依赖）在一个事务闭包中的两个事务的重大事件之间的时序关系集合，则称其为执行依赖。

定义 16.35 （终止性依赖）事务闭包中有关决定关系的事务依赖称作终止性依赖。

一个事务的开始事件必然早于同一事务的终止事件，记作：$bt_i \rightarrow et_i$。

以下是两个事务之间的基本执行依赖关系。

（1）严格交迭并发关系（parallel strict overlapping）：lap(i,j)：$(bt_i \rightarrow bt_j) \wedge (bt_j \rightarrow et_i) \wedge (et_i \rightarrow et_j)$。

（2）包含并发关系（parallel including）：inc(t_i,t_j)：$(bt_i \rightarrow bt_j) \wedge (et_j \rightarrow et_i)$。

（3）并发关系（parallel）：par（t_i，t_j）：lap（t_i，t_j）$\vee$inc（t_i，t_j）。

（4）顺序关系（sequential）：seq（t_i，t_j）：（$et_i \rightarrow bt_j$）。

（5）任意关系：any(t_i,t_j)=lap(t_i,t_j) $\vee$ inc(t_i,t_j) $\vee$ seq(t_i,t_j)。

任意关系只要求事务 t_i 的启动早于事务 t_j 的启动，对于事务 t_i 和事务 t_j 的终止事件没有任何时序上的要求。

定义 16.36　顺序提交依赖（sequential commit）对于两个不同的事务 t_i，t_j 是顺序提交执行的，当且仅当 t_i 的提交早于 t_j 的开始。记作：seq-commit（t_i，t_j）：$ct_i \rightarrow bt_j$。

定义 16.37　顺序夭折依赖（sequential abort）对于两个不同的事务 t_i，t_j 顺序夭折执行的，当且仅当 t_i 的夭折早于 t_j 的开始。记作：seq-abort(t_i,t_j)：$at_i \rightarrow bt_j$。

两个事务的终止性依赖包括下列五项。

（1）vital_dep(t_i,t_j)：即两个事务 t_i，t_j 要么全提交，要么都夭折，t_i 的夭折可以导致 t_j 的夭折，t_j 的夭折可以导致 t_i 的夭折。

（2）vital(t_i,t_j)：即事务 t_i 的夭折可以导致事务 t_j 的夭折。

（3）dep(t_i,t_j)：即事务 t_j 的夭折可以导致事务 t_i 的夭折。

（4）exc(t_i,t_j)：即事务 t_i 的提交可以导致事务 t_j 的夭折，事务 t_j 的提交可以导致事务 t_i 的夭折。

（5）indep(t_i,t_j)：即事务 t_i，t_j 之间不存在上述四种决定关系。

下面讨论执行依赖与终止性依赖的关系。

我们对于在终止性依赖和执行依赖约束下，两个事务可能出现的重大事件搭配列表（表 16.1）说明，在表中 N 代表不允许这样的重大事件搭配，因为这样的重大事件搭配是非法的。

例如，当 vital-dep(t_i,t_j) $\wedge$ seq-commit(t_i,t_j)时，是不可能出现 $at_i \wedge ct_j$ 搭配的，因为由 vital-dep(t_i,t_j)和 at_i 可得事务 t_j 必然夭折，这与 ct_j 相矛盾，所以 $at_i \wedge ct_j$ 是非法的；当 vital-dep(t_i,t_j) $\wedge$ seq-commit(t_i,t_j)时，也不可能出现 $ct_i \wedge at_j$ 搭配，因为由 vital-dep(t_i,t_j)和 at_j 可得事务 t_i 必然夭折，这与 ct_i 相矛盾；当 exc(t_i,t_j) $\wedge$ seq-commit(t_i,t_j)时，是不允许出现 $at_i \wedge ct_j$ 搭配的，因为由 seq-commit(t_i,t_j)的定义可知，t_j 的开始事件必须在 t_i 的提交事件之后发生，所以 t_i 的夭折导致了 t_j 的开始事件不会发生，所以 t_j 不会提交，因而 $at_i \wedge ct_j$ 是矛盾的。

表 16.1 重大事件搭配列表

t_i	t_j	vital-dep(t_i,t_j) seq-commit (t_i,t_j)	vital(t_i,t_j) seq-commit (t_i,t_j)	dep(t_i,t_j) seq-commit (t_i,t_j)	exc(t_i,t_j) seq-commit (t_i,t_j)	indep(t_i,t_j) seq-commit (t_i,t_j)	vital-dep(t_i,t_j) vital(t_i,t_j) seq-abort(t_i,t_j)	deq(t_i,t_j), exc (t_i,t_j)indep(t_i,t_j) seq-abort(t_i,t_j)
at_i	at_j	N	N	N	N	N	$at_i \to at_j$	$at_i \to at_j$
at_i	ct_j	N	N	N	N	N	N	$at_i \to ct_j$
ct_i	at_j	N	$ct_i \to at_j$	N	$ct_i \to at_j$	$ct_i \to at_j$	N	N
ct_i	ct_j	$ct_i \to ct_j$	$ct_i \to ct_j$	$ct_i \to ct_j$	N	$ct_i \to ct_j$	N	N

16.3.4 隐含的事务依赖关系

不同的事务依赖关系在时间轴上可以推导出其他的事务依赖关系，如 $\text{lap}(t_i,t_k) \wedge \text{lap}(t_k,t_j)$可以推导出$(bt_i \to bt_j) \wedge (et_i \to et_j)$，由此可以推导出如下的事务依赖关系：$\text{lap}(t_i,t_j) \vee \text{seq}(t_i,t_j)$。

这种推导关系使得我们可以探测到事务之间存在隐含的执行依赖关系，并且可能使得我们找到在事务之间存在的潜在矛盾。

下面首先给出两个事务 t_i，t_j的重大事件之间有可能出现的时序关系：

(1) $bt_i \to bt_j$。

(2) $bt_i \to et_j$。

(3) $et_i \to et_j$。

(4) $et_i \to bt_j$。

由上述公式，我们可以得到下面的推导（根据传递关系）公式：

(5) $(bt_i \to bt_j) \wedge (bt_j \to et_j) \Rightarrow (bt_i \to et_j)$。

(6) $(bt_i \to et_j) \wedge (bt_j \to et_j) \Rightarrow (bt_j \to et_i) \vee (et_i \to bt_j)$。

(7) $(et_i \to et_j) \wedge (bt_i \to et_i) \Rightarrow (bt_i \to et_j)$。

(8) $(et_i \to bt_j) \wedge (bt_i \to et_i) \wedge (bt_j \to et_j) \Rightarrow (bt_i \to et_j) \wedge (bt_i \to bt_j) \wedge (et_i \to et_j)$。

由上述（1）～（8）推导公式，可以重新定义两个事务之间的基本执行依赖关系：

(1) $\text{lap}(t_i,t_j):(bt_i \to bt_j) \wedge (bt_j \to et_i) \wedge (et_i \to et_j) \wedge (bt_i \to et_j)$。

(2) $\text{inc}(t_i,t_j):(bt_i \to bt_j) \wedge (bt_j \to et_i) \wedge (et_j \to et_i) \wedge (bt_i \to et_j)$。

(3) $\text{seq}(t_i,t_j):(bt_i \to bt_j) \wedge (et_i \to bt_j) \wedge (et_i \to et_j) \wedge (bt_i \to et_j)$。

(4) $\text{lap}(t_j,t_i):(bt_j \to bt_i) \wedge (bt_j \to et_i) \wedge (et_j \to et_i) \wedge (bt_i \to et_j)$。

(5) $\text{inc}(t_j,t_i):(bt_j \to bt_i) \wedge (bt_j \to et_i) \wedge (et_i \to et_j) \wedge (bt_i \to et_j)$。

(6) $\text{seq}(t_j,t_i):(bt_j \to bt_i) \wedge (bt_j \to et_i) \wedge (et_j \to et_i) \wedge (et_j \to bt_i)$。

由上述公式（1）～（8），我们可以得到下列 4 条相关规则：

规则 1：任何（1）～（8）之间的具有相反语义的表达式的合取连接都是矛

盾的，如（1）∧（2）∧（¬（1））是矛盾的。

规则 2：（4）与（1）～（3）中的任意一个的合取连接都是与（4）等价的。所以（4）∧（3）=（4），因而（4）∧（¬（3））是矛盾的。

规则 3：（1），（3），（4）都可以推出（2），因而与（2）的连接可以简化，如（1）∧（2）=（1）。

规则 4：（¬（2））与（1），（3），（4）是矛盾的。

由 $\text{any}(t_i,t_j)$的定义，我们可以得出如下推导公式：

(9) $(bt_i \to bt_j) \Rightarrow \text{any}(t_i,t_j)$。

(10) $(bt_i \to et_j) \Rightarrow \text{any}(t_i,t_j) \vee \text{lap}(t_j,t_i) \vee \text{inc}(t_j,t_i)$。

(11) $(et_i \to et_j) \Rightarrow \text{lap}(t_i,t_j) \vee \text{seq}(t_i,t_j) \vee \text{inc}(t_j,t_i)$。

(12) $(et_i \to bt_j) \Rightarrow \text{seq}(t_i,t_j)$。

(13) $(1 \wedge 3)$：$(bt_i \to bt_j) \wedge (et_i \to et_j) \Rightarrow \text{lap}(t_i,t_j) \vee \text{seq}(t_i,t_j)$。

(14) $(1 \wedge \neg 3)$：$(bt_i \to bt_j) \wedge (et_j \to et_i) \Rightarrow \text{inc}(t_i,t_j)$。

(15) $(1 \wedge \neg 4)$：$(bt_i \to bt_j) \wedge (bt_j \to et_i) \Rightarrow \text{lap}(t_i,t_j) \vee \text{inc}(t_i,t_j)$。

(16) $(2 \wedge \neg 3)$：$(bt_i \to et_j) \wedge (et_j \to et_i) \Rightarrow \text{lap}(t_j,t_i) \vee \text{inc}(t_i,t_j)$。

(17) $(2 \wedge \neg 4)$：$(bt_i \to et_j) \wedge (bt_j \to et_i) \Rightarrow \text{lap}(t_i,t_j) \vee \text{inc}(t_i,t_j) \vee \text{lap}(t_j,t_i) \vee \text{inc}(t_j,t_i)$。

(18) $(3 \wedge \neg 4)$：$(et_i \to et_j) \wedge (bt_j \to et_i) \Rightarrow \text{lap}(t_i,t_j) \vee \text{inc}(t_j,t_i)$。

(19) $(1 \wedge 3 \wedge \neg 4)$：$(bt_i \to bt_j) \wedge (et_i \to et_j) \wedge (bt_j \to et_i) \Rightarrow \text{lap}(t_i,t_j)$。

若一个事务闭包中包括了 n 个事务，则可能存在 $n(n-1)/2$ 种基本执行依赖关系，而事务闭包中的事务依赖集合中不应当出现矛盾，否则便是设计错误（如既出现了 $\text{lap}(t_i,t_j)$，又出现了 $\text{seq}(t_i,t_j)$）。事实上，由设计者出于结构、语义或者并发需要所规定的事务之间的执行依赖关系是不允许出现矛盾的，否则便无法执行，而这种矛盾有些是显性的，有些是隐性的。

如果在事务闭包的执行依赖图中出现了环，则是矛盾的。

小　结

规则库是主动数据库中的核心部分，是实现主动功能的基础。在某一事件发生时引发数据库管理系统去监测数据库当前状态，看是否满足设定的条件，如果条件满足，便触发规定动作的执行。从规则的形式可以看出，一个规则的事件部分可以是另外一个规则的动作部分的子集，也就是说，一个规则的动作的执行同时也就意味着另外一个规则的事件的发生；同样，一个规则的条件部分依赖于当前数据库状态的查询，它的动作部分同时也在改变着当前数据库的状态，因而也就有可能使得另外一个原本条件为假的规则的条件部分变为真。可以看出，在一个规则库中，不同的规则的不同部分之间存在着影响和依赖。规则库中的这种规则之间的相互依赖关系导致了规则运行的不确定性和不可预知性，定义良好的规则集必须保证规则之间的相互触发不会无限地进行下去。但是由于规则库中的规则是在不同时刻由不同用户定义的，当规则数量较多时，人工保证其终止是困难的，甚至是不可能的。因而需要我们静态的分析这种依赖关系所导致的不良后果，从而使得我们在设计数据库时，能够保证规则库中的规则运行的终止性。

自依赖规则的出现导致了系统的不稳定、不确定性，因此需要判定规则库中一个规则是否是自依赖规则。

本章从支持主动规则执行的嵌套事务模型的结构依赖着手，全面讨论了一个事务闭包中的任意两个事务之间可能存在事务依赖关系，并且基于语义和传递特性导出了许多公式和规则。从这些公式和规则入手，可以找到事务之间潜在的事务依赖联系，从而发现应用程序的设计者所不曾发现的潜在的依赖连接矛盾，为现实主动数据库系统的高效实现提供了一种有效的分析工具。

第 17 章　规 则 执 行

规则库是主动数据库的核心。但是，由于规则的行为十分复杂，规则设计人员很难预计他们设计的规则会给数据库状态带来什么样的影响。缺乏对规则设计和分析的方法论支持已成为主动数据库的发展瓶颈。如何有效地管理和维护规则，分析规则的行为特征和快捷的执行规则已经成为衡量一个主动数据库性能好坏的标准。

有两条理由促使我们考虑规则的并行执行：①一个规则有多个部分组成，一些部分涉及磁盘活动（如数据对象状态查询），而一部分可能涉及 CPU 活动（如事件判定），因为磁盘活动可以与 CPU 处理并行进行，利用 CPU 与磁盘系统的并行性，多个规则可并行执行，这样系统的吞吐量增加了，即给定时间内执行的规则数增加，相应的处理器和磁盘利用率也提高了。换句话说，处理器与磁盘空闲（没有做有用的工作）的时间减少了；②系统中可能运行各种各样的规则，一些规则可能很紧急，需要及时得到处理，一些规则可能需要的处理时间很长，并且可以延迟一段时间得到处理。如果规则串行执行，紧急的规则可能得等待它前面的长规则完成后才可以执行，这可能导致难以预测的延时。如果每个规则都相应的设定一个优先级别，系统根据规则各自不同的优先级别，择优处理，这样的系统才是最切合实际应用需要的、最有价值的。同时，如果各规则针对数据库的不同部分进行操作，规则并行执行就会更好，这样各规则可以共享 CPU 周期与磁盘存取。并行执行可以减少不可预测的规则执行延时。此外，并行执行也可减少平均响应时间，即一个规则从开始到完成所需的平均时间。为此，以下将讨论主动数据库中的规则执行，以期最大限度提高主动数据库的整体性能和反应速度。

17.1　规则的执行冲突

17.1.1　规则冲突的消解

对同一组规则的执行导致唯一的数据库状态，保证了主动规则库的终止性和汇流性，也即保证了主动数据库规则的行为正确性。

正如前面讨论中指出的那样，由于规则的条件评估结果和动作执行结果依赖于它被处理时的数据库状态，所以我们无法仅仅根据规则的定义，精确地判定一组规则的执行必定是不可终止的或不可汇流的。但是对于一个规则集合 R，前面几章对规则集的可终止性、汇流性的讨论已经找到正确的方法来判定在什么情况下对 R 的处理能够保证终止或行为可汇流，帮助设计人员改善他所设计的规则。

考虑一个由用户事务直接或间接触发的规则集 R，R 满足终止性条件，如果任意安排 R 中规则的执行次序都可以得到唯一确定的执行结果，则规则集 R 是可汇流的。汇流规则集中的规则互不干扰，因而可以随意安排其执行次序。如果 R 本身不具备汇流性，其中必有相互冲突的规则，这些相互冲突的规则的不同执行次序可能导致不同的规则终止状态。若希望达到唯一确定的执行结果，需要消解冲突。

冲突消解的一般办法是使用优先级，有绝对优先级和相对优先级之分，绝对优先级将每个规则与唯一的一个整数相联系，此时不仅冲突规则，非冲突规则也必须参与排序，既需要将所有规则全排序，这使规则的并行执行成为不可能，因为我们使用的是相对优先级。相对优先级仅为冲突规则对规定相对执行次序，非冲突规则之间无相对次序，这种半序关系支持规则的并行处理。然而，基于相对优先级的规则处理算法不仅需要考虑冲突规则本身，还需要考虑触发冲突规则的规则，否则不能保证规则执行是可汇流的。

在第 2 章介绍的许多主动数据库实验系统中，都是通过给冲突的规则指定相对优先级的办法来解决规则的汇流性问题，在这些系统中，如果多个规则同时触发，将选择它们中优先级别最高的规则最先执行。但是由于规则触发时间和触发次数的不可预测性，在这种情况下，很难保证规则执行的汇流性。尽管通过对规则库中的所有规则都定义绝对优先级，使整个规则库中规则处于一种全排序状态，保证规则执行的可汇流性，但是这种的方法所牺牲的规则调度的并行效率也是很不可取的。

例 17.1　图 17.1（a）中展示了仅考虑冲突规则本身，而忽略触发冲突规则的规则，而导致的规则执行的不可汇流性。在图中实线箭头代表规则间的相互触发关系，虚线箭头连接两个冲突的规则，且箭头方向指示了系统定义的两个冲突规则执行的先后次序。由此我们可以从图中看出，存在两对冲突规则（r_2，r_5）

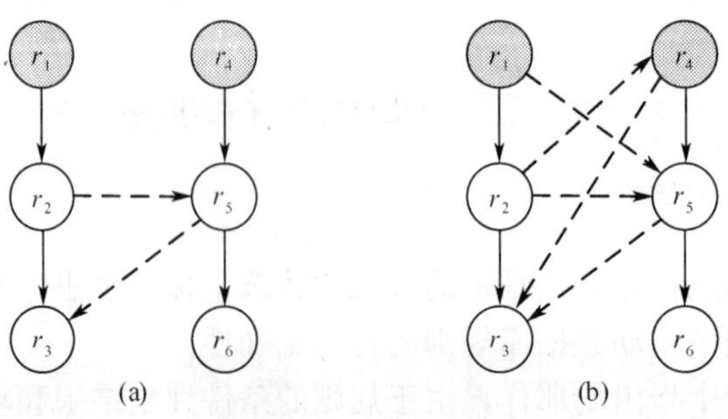

图 17.1　规则执行图

和（r_5，r_3），当它们同时触发的时候，图中的虚线箭头指示出了它们执行的先后次序，即规则r_2优先于规则r_5；规则r_5优先于规则r_3。假如用户事务同时触发了规则r_1和规则r_4（图中实心圆代表用户事务触发规则），因为规则r_1和规则r_4间不存在冲突，系统将从规则r_1和规则r_4中随机选取一个规则执行。假设规则r_4先执行（在本书中在我们没有明确提及触发规则的条件评估为假的情况下，我们都假设触发规则的条件评估为真），接下来规则r_4的执行将触发规则r_5，因为规则r_1和规则r_5间仍不存在冲突，所以规则r_5可能被先调度执行，这时规则r_5的执行触发规则r_6，接下来系统将顺序的调度执行规则r_1，接着执行规则r_2，再执行规则r_3。由此我们不难看出系统中将会出现两种可能规则调度次序：

(1) $< r_4, r_5, r_5, r_1, r_2, r_3 >$。

(2) $< r_1, r_2, r_3, r_4, r_5, r_6 >$。

我们可以看到，在两个不同的规则调度次序中，两个冲突规则（r_2，r_5）和（r_3，r_5）的排列次序是不同的，这样可以推断如此的规则调度算法不能有效的保证规则执行的汇流性。

例 17.2 图17.2展示了在一般的规则调度模型中不能保证规则执行汇流性的另外一种情况。规则r_k和规则r_l间存在冲突关系，同时，规则r_k的优先级高于规则r_l。用户事务触发规则r和规则r_j，同时由于在触发关系上，规则r是规则r_j的祖先规则，所以可以看出由规则r和规则r_j所导出的触发路径存在重叠。于是，我们可以看出系统中将会出现两种可能的规则调度次序：$< r, r_j, r_k, r_l, r_j, r_k, r_l >$；$< r, r_j, r_k, r_j, r_k, r_l, r_l >$。同时，我们可以看到，在两个不同的规则调度次序中，冲突规则r_k和r_l的相互排列次序是不同的，这样可以推断如此的规则调度算法不能有效的保证规则执行的汇流性。

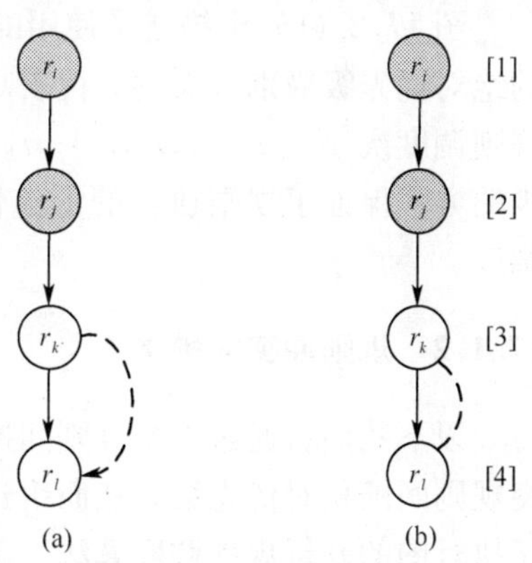

图 17.2 重叠触发路径图

综合以上例子中我们可以发现，现存的规则处理方法很难解决的一个问题，那就是可能两个规则之间不存在冲突，但是触发它们的规则间可能存在冲突，这时如何保证规则执行的汇流性？只考虑触发规则间的直接冲突关系，而没有进一步的考察规则触发后可能产生的间接冲突关系，往往也会导致规则执行的不可汇流性。

本章给出了一种扩展冲突关系的方法，即把所有间接的冲突关系都当作直接的冲突关系来对待，这样当考察规则的冲突关系时就要慎之又慎，同时也会导致规则并行处理性能的降低。在图17.1（b）中我们揭示了这种扩展冲突关系的方法所导致规则优先级间的复杂关系。

但是，即使采用这种损失规则并行处理性能的办法，我们还是不知道如何通过扩展冲突关系解决图 17.2（a）中所描述的触发路径重叠问题。毕竟所有静态规则分析时所定义的规则的优先级，不一定能很好地适应规则实际运行中所出现的情况。因为我们不可能预先知道用户事务将触发哪些规则，以及重复触发这些规则多少次。如图 17.2（a）中所展示的规则，可能存在两种不同的规则调度次序：$< r, r_j, r_k, r_l, r_j, r_k, r_l >$；$< r, r_j, r_k, r_j, r_k, r_l, r_l >$，其他的任何规则调度次序都将等价于以上两种调度次序的一种。也就是说，以上两种不同的规则调度次序涵盖了图 17.2（a）中所展示的规则执行可能导致两种最终的数据库状态。但是，如果在实际的系统运行中，用户事务重复触发了规则 r 一次和规则 r_j 两次，这时我们将获得五种不同的规则调度次序。随着规则 r 和规则 r_j 的重复触发次数的不断增多，可能产生的不同的规则调度次序也将成指数级增长。因此在规则执行前，考虑规则执行可能出现的种种情况是不现实的，所以我们需要找到一种更加切合规则执行实际的规则调度算法。

图 17.2（b）中描述了使用的优先级定义办法，在方括号中定义了这个规则的绝对优先级级别（大的数代表高的优先级级别）。由此产生了一个严格串行的规则调度次序$< r_j, r_k, r_l, r, r_j, r_k, r_l >$，这种办法通过给所有的规则都定义优先级的方式保证了规则执行的汇流性，同时也排除了所有任何可能的规则的并行调度。

17.1.2 规则冲突的种类

以下我们将通过考察规则间冲突关系，判定规则集的行为状况。通过指定冲突规则间的相对优先级，从而组建优先级图，再由优先级图导出执行图，给出基于执行图的并行规则调度算法。基于执行图的并行规则调度算法既保证了规则行为的正确性，同时也不会牺牲规则的并行执行度。

在本章中我们统一使用 R 来表示主动数据库系统规则库中规则的全集（以下简称系统规则集），用 D 来表示主动数据库系统中所有可能出现的数据状态的全集（以下简称数据库状态）。

定义 17.1 （用户事务触发规则集）主动规则首先由用户事务触发，在系统中的用户事务执行时可能触发多个可被用户事务触发的规则（区别于由规则实例的执行而触发产生的规则），我们称这些规则的集合为用户事务触发规则集，记作 R_{utrs}。

如图 17.3 所示，规则 r_1，r_2，…，r_n 都是用户事务触发规则。用户事务触发规则集实际上是一个元素可以重复出现的集合，用户事务触发事务规则集中可能包含一个规则的多个实例。

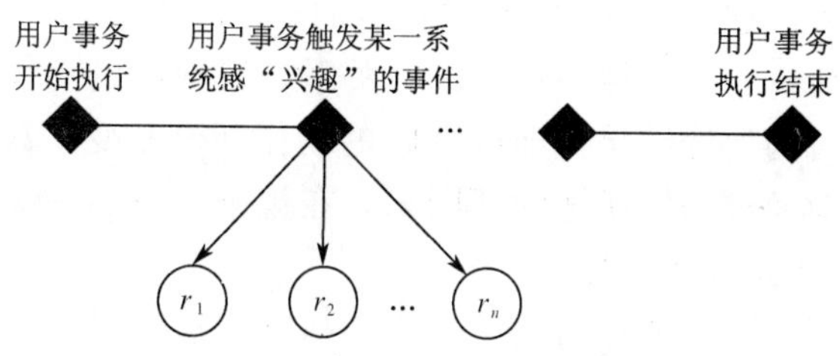

图 17.3 用户事务触发规则

定义 17.2 （规则执行偏序序列）给定 R 和 D，$S_0=\langle d_j, R_k\rangle$，$R_k \in R$ 且 $R_k \neq \varnothing$，$d_j \in D$。规则执行偏序序列 δ 是包含这样一组数据库状态和触发规则集的规则执行序列，即

$$\delta=< S_0 \xrightarrow{r_i} S_1 \xrightarrow{r_{i+1}} \cdots \xrightarrow{r_{i+m-1}} S_{r+m} >$$

或展开为

$$\delta=<(d_j, R_k) \xrightarrow{r_i} (d_{j+1}, R_{k+1}) \xrightarrow{r_{i+1}} \cdots \xrightarrow{r_{i+m-1}} (d_{j+m}, R_{k+m})>$$

式中 $d_{j+h} \in D(1 \leqslant h \leqslant m)$ 是通过执行规则 r_{i+h-1} 所得到的一个新的数据库状态，每个规则 $r_{i+h}(1 \leqslant h \leqslant m)$ 都被规则集 R_{k+h} 所包含，且数据库状态 d_{j+h} 满足规则 R_{k+h} 触发执行的条件，即在数据库状态 d_{j+h} 下，规则 r_{+h} 的条件评估为真。

每个规则触发集 $R_{k+h} \in R(1 \leqslant h \leqslant m)$ 且 $R_{k+h}=(R_{k+h-1}-\{r_{i+h-1}\}-R_{uk+h}) \cup R_{tk+h}$，其中，$R_{uk+h}$ 是被规则 r_{i+h-1} 的执行所熄灭触发（untrgger）的规则集，R_{tk+h} 是被规则 r_{i+h-1} 的执行所触发的规则集。

如果 R_{k+h} 中的某规则 r 又被触发，则 R_{k+h} 中将包括对应于规则 r 的两个元素，我们称 R_{k+h} 中的一个元素为规则 r 的一个触发实例。

A 表示定义在 R 和 D 上的所有规则执行偏序序列的全集。

由于我们所讨论的是关于规则的执行，为了简化讨论，在以下使用规则执行偏序序列时，有时将省略对数据状态和触发规则集的描述。因此，规则执行偏序序列 δ 就可描述为

$$\delta=<r, r_{i+1}, \cdots, r_{i+m-1}>$$

冲突规则之间的相互作用是决定规则集是否可汇流的主要因素。下面我们将定义两种规则间的冲突关系。

定义 17.3 （数据冲突）如果规则 r_1 的动作部分与规则 r_2 的动作部分涉及相同的数据对象，且至少规则 r_1 与规则 r_2 中的其中之一对公共对象有修改操作，这时我们称规则 r_1 和 r_2 间存在数据冲突关系。

定义 17.4 （熄灭冲突 untrgger）如果规则 r_1 在它的动作部分修改规则 r_2 条件部分的评估中涉及的数据对象，这时我们称规则 r_1 和 r_2 间存在熄灭冲突。

如果并行执行的规则 r_1 和 r_2 间存在数据冲突关系，规则 r_1 的动作部分可能

改变规则 r_2的输入，这时极可能导致规则 r_2的执行异常。

如果两个规则 r_1和 r_2间存在熄灭冲突关系，规则 r_1的动作部分可能影响规则 r_2的条件评价时的评价结果，即规则 r_1的动作部分改变了数据状态使得本可以在规则 r_1执行前通过条件评价的规则 r_2，在规则 r_1执行后无法通过，这时也可能导致规则执行的不可汇流。

如果规则 r_2在规则 r_1的执行前已经启动执行，这时尽管规则 r_1的动作部分可能影响另一个规则 r_2的条件评价时的评价结果，但是最终规则 r_1和 r_2都会执行。所以这种情况下的熄灭冲突关系并不会影响到规则执行的汇流性。同时，这种熄灭冲突关系也同主动数据库系统中所实施的执行模型有关，如果主动数据库系统并不在一个规则的动作执行前重新的评价这个规则的条件部分，这时我们所讨论的熄灭冲突关系也就不存在了。但是假如以上的情况都不存在的时候，我们的所讨论的熄灭冲突关系仍然是一个不可小视的实际问题。

17.2 冲突图和规则执行全序序列

定义 17.5 （冲突图）给定系统规则集 R，冲突图 CG=(RC,EC)定义的无向图，其中：

（1）RC 是冲突图中的节点集。对于任意的 $r\in R$，RC 中都有相应的顶点与 r 对应。

（2）EC 是冲突图中的触发关系集。对于任意的规则 u，$v\in R$，当两个规则 u 和 v 之间存在数据冲突关系或者熄灭冲突关系的时候，在 EC 中就存在一条相应的冲突边（u，v）。

（3）除此之外，冲突图 CG 中没有其他的顶点和冲突边存在。

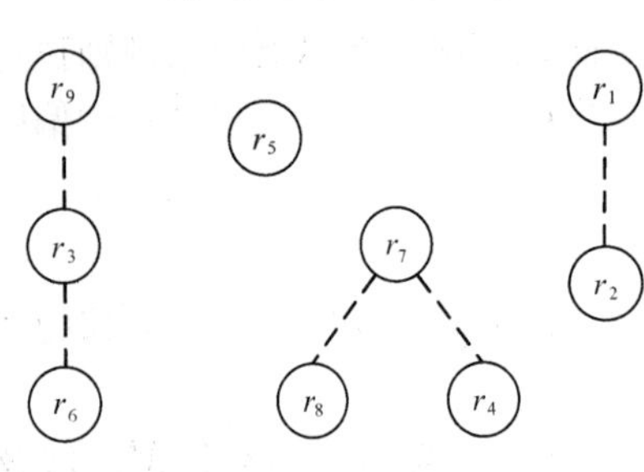

图 17.4 无向冲突图

图 17.4 中所示为系统规则集 $R=\{r_1,r_2,r_3,r_4,r_5,r_6,r_7,r_8,r_9\}$所对应的无向冲突图 CG。在无向冲突图中，我们使用虚线来表示规则间存在冲突关系。

CG=(RC,EC)，其中 $RC=\{r_1,r_2,r_3,r_4,r_5,r_6,r_7,r_8,r_9\}$,$EC=\{(r_1,r_2),(r_3,r_6),(r_3,r_9),(r_7,r_4),(r_7,r_8)\}$。

冲突关系满足对称性，但是不满足传递性和自反性。例如，冲突关系不满足传递性。也就是说，尽管在 EC 中存在（r_7，r_4）和（r_7，r_8）这两条冲突边，并不代表 EC 中一定存在（r_4，r_8）冲突边。通常冲突图中的间接传递关系都是由一组冲突边所组成的冲突路径来表达的。

定义 17.6 （无动作冲突规则）给定系统规则集 R，和相应的无向冲突图 CG。规则 u，$v \in R$，若在冲突图 CG 中规则 u 和 v 之间存在冲突边，则称规则 u 和 v 是冲突规则，反之称规则 u 和 v 是无动作冲突规则。

根据应用语义的不同，规则的执行方式可能要求不一样，按规则的 E-C-A 模型，规则的执行方式主要表现在 E-C（事件-条件）和 C-A（条件-动作）的耦合方式上不同，它们可以分别是立即、推迟或者分离的耦合模式。

（1）E-C 耦合方式，其立即、推迟、分离方式分别表示当事件发生时，立即进行相关条件的评价，推迟到包含该事件的事务（称作触发事务）完成后而提交前进行条件评价，或者在另外一个独立的事务中进行评价。

（2）C-A 耦合方式，其立即、推迟、分离方式分别表示条件满足时被触发的动作作为触发事务的子事务立即执行、推迟到触发事务完成而提交前执行或者作为独立事务单独执行。

定义 17.7 （赋值简单）给定系统规则集 R，任意的规则 $v \in R$，规则 v 的动作部分的执行中对数据对象状态的赋值都是简单的（即赋值的表达式中不含有函数和运算符），则称 R 是赋值简单的。

定义 17.8 （规则执行全序序列）给定 R 和 D，$S_0 = \langle d_j, R_k \rangle$ 且 $R_k = R_{utrs}$。$d_j \in D$，d_j 是由用户事务生成的数据库状态。满足以下条件的规则执行偏序序列 δ，即

$$\delta_{com} = <(d_j, R_k) \xrightarrow{r_i} (d_{j+1}, R_{k+1}) \xrightarrow{r_{i+1}} \cdots \xrightarrow{r_{i+m-1}} (d_{j+m}, R_{k+m} = \varnothing)>$$

我们称为规则执行全序序列。A_{com} 表示定义在 R 和 D 上的所有规则执行全序序列的全集。

在最后的规则 r_{i+m-1} 执行后，系统规则库中将不存在任何符合触发条件的规则，即规则执行全序序列是可终止的，且 $A_{com} \in A$。为了便于说明问题，我们在接下来问题研究中所组建的触发图都将是无环的，也即是 $\neg \exists (t \xrightarrow{T} t \in E_T)$。我们把通过有向图环路检测算法 6.1 发现的所有环提供给用户，帮助用户验证是否有某种具体因素能够避免发生无限的规则循环。

定义 17.9 （规则重组）给定一个规则执行全序序列 δ_{com1} 和规则 r 和 r_j，且 r，$r_j \in \delta_{com1}$，规则 r 和 r_j 执行前 $S_0 = \langle d_j, R_k \rangle$，$\delta_{com1} = <S_0 \xrightarrow{r_i} S_1 \xrightarrow{r_j} S_2>$，$\delta_{com1}$ 中的规则 r 和 r_j 交换彼此的位置得到规则执行全序序列 δ_{com2}，$\delta_{com2} = <S_0 \xrightarrow{r_j} S_1' \xrightarrow{r_i} S_2'>$，这一过程我们称之为规则重组。

定义 17.10 （可等价交换的规则）在规则重组中，如果 $S_2 = S_2'$，称规则 r_i 和 r_j 是可等价交换的。

定理 17.1 如果规则 r_i 和 r_j 是无动作冲突规则，则在任一规则执行全序序

列中规则 r_i 和 r_j 的任意重组不会影响最终所得到的状态。即 $\delta_{com1}=S_0\xrightarrow{r_j}S_1\xrightarrow{r_j}S_2$ 中无动作冲突规则 r_i 和 r_j 重组得到

$$\delta_{com2}=S_0\xrightarrow{r_j}S_1'\xrightarrow{r_j}S_2'$$

则

$$S_2=S_2'$$

证明 由定义 17.3，定义 17.4 和定义 17.7 可知，r_i 动作对 r_2 的条件和动作所要读/写数据不做任何改变，故 r_i 的动作不会影响 r_2 的条件值和 r_2 的动作对数据库状态的改变；反之亦然。

$$f(S_0,r_i)=f(S_1',r_i),f(S_1,r_j)=f(S_0,r_j)$$

其中，$f(S_0,r_i)$ 表示从 S_0 出发应用 r_i 所产生的状态改变，这一改变与 S_0 的复合产生 S_1，亦即如果用"⊕"表示两个改变之间的复合运算，则 $f(S_0,r_j)\oplus f(S_1',r_i)$ 等价于它们在每个关系上的并（union）。所以有 $f(S_0,r_j)\oplus f(S_1',r_i)=f(S_1',r_i)\oplus f(S_0,r_j)$，因而

$$\begin{aligned}S_2&=S_0\oplus f(S_0,r_i)\oplus f(S_1,r_j)\\&=S_0\oplus f(S_1',r_i)\oplus f(S_0,r_j)\\&=f(S_0,r_j)\oplus f(S_1',r_i)\\&=S_2'\end{aligned}$$

证毕。

由定理 17.1 可知规则 r_i 和 r_j 无动作冲突规则，是规则 r_i 和 r_j 是可等价交换的充要条件；反之也成立。

定义 17.11 （等价规则执行全序序列）两个规则执行全序序列：$\delta_{com1}=<(d_j,R_k)\xrightarrow{r_j}(d_{j+1},R_{k+1})\xrightarrow{r_{i+1}}\cdots\xrightarrow{r_{i+m-1}}(d_{j+m},R_{k+m})>$ 和 $\delta_{com2}=<(d_x,R_y)\xrightarrow{r_j}(d_{x+1},R_{y+1})\xrightarrow{r_{i+1}}\cdots\xrightarrow{r_{j+m-1}}(d_{x+n},R_{y+n})>$ 是等价"≡"的，当且仅当

（1）$(d_j,R_k)=(d_x,R_y),(d_{j+m},R_{k+m})=(d_{x+n},R_{y+n})$。

（2）$R_y\cup R_{y+1}\cup\cdots\cup R_{y+n}=R_k\cup R_{k+1}\cup\cdots\cup R_{k+m}$。

定义 17.12 （等价规则执行全序序列类）给定的规则执行全序序列 $\delta_{com}\in A_{com}$，δ_{com} 的等价规则执行全序序列类 EA_{com} 为

$$EA_{com}=\{\varnothing\in A_{com}\mid\varnothing\equiv\delta\}$$

对任何给定的 R 和 D，以及由其产生的规则执行全序序列集 A_{com}，通过等价关系"≡"分割规则执行全序序列集 A_{com} 为几个分离的类，且属于同一个等价规则执行全序序列类的规则执行全序序列的执行结果是可汇流，最终会取得同样的数据库状态和触发规则集。

定义 17.13 （规范的规则执行全序序列）在同一等价规则执行全序序列类

中的按字典顺序排列表达的规则执行全序序列，称其为规范的规则执行全序序列。

例如，假设在一个等价规则执行全序序列类中有三个等价的规则执行全序序列：

$$\delta_{com}=<r_1,r_2,r_4,r_3>$$
$$\delta_{comj}=<r_1,r_4,r_2,r_3>$$
$$\delta_{comk}=<r_1,r_2,r_3,r_4>$$

此时 δ_{comk} 就是我们所定义的规范的规则执行全序序列。后面的讨论中我们主要关心的是规范的等价规则执行全序序列类。

定理 17.2 给定系统规则集 R，若 R 是可终止的，并且任意 $r_1\in R$ 和 $r_2\in R$，r_1 和 r_2 是可等价交换的，则 R 是行为正确的系统规则集。

证明 设初始状态为 $S_0=\langle d_j,R_{k0}\rangle$，其触发规则实例 $R_{k0}=\{r_1,r_2,\cdots,r_k\}$，对任意两个规则执行序列

$$\delta_1=<S_0\xrightarrow{r_d}S_{11}\xrightarrow{r_e}\cdots\xrightarrow{r_l}S_{1m}>$$
$$\delta_2=<S_0\xrightarrow{r_p}S_{21}\xrightarrow{r_q}\cdots\xrightarrow{r_s}S_{2n}>$$

δ_1 和 δ_2 中必都有 R_0 中的 $r_i(1\leqslant i\leqslant k)$ 的一次出现，且 S_{1m} 和 S_{2n} 分别是 δ_1 和 δ_2 的终止状态。由于任意两条规则是可等价交换的，经过有限步的顺序交换后，必然能把 R_0 中的 $r_i(1\leqslant i\leqslant k)$ 调整到规则执行序列的执行步上，此时的规则执行序列 δ_1 和 δ_2 为

$$\delta_1=<S_0\xrightarrow{r_1}S'_{11}\xrightarrow{r_2}\cdots\xrightarrow{r_k}S'_{1k}\cdots\xrightarrow{r_l}S'_{1m}>$$
$$\delta_2=<S_0\xrightarrow{r_1}S'_{21}\xrightarrow{r_2}\cdots\xrightarrow{r_k}S'_{2k}\cdots\xrightarrow{r_{i+1}}S_{2n}>$$

已知任意 r_1，$r_2\in R$，且 r_1 和 r_2 是可等价交换的，所以可得 $S'_1=S'_2\ (1\leqslant i\leqslant k)$。特别地，如果记 $S'_{1k}=S'_{2k}=S_{s1}$，则 δ_1 和 δ_2 自 S'_{1k} 和 S'_{2k} 以后的子序列可记为

$$\delta_{11}=<S_{s1}\longrightarrow\cdots\xrightarrow{r_l}S_{1m}> \quad 和\ \delta_{21}=<S_{s1}\longrightarrow\cdots\xrightarrow{r_{i+1}}S_{2n}>$$

其初始触发规则实例集 $R_{s1}=((R_{ks1-1}-\{r_{ks1-1}\})-R_{uks1})\cup R_{tks1}$ 不妨称 S_{s1} 为 δ_1 和 δ_2 的新出发点。对 δ_{11} 和 δ_{21} 进行类似的有限次变换后又将得到第二个新出发点 δ_{s2}。设 $m\leqslant n$，新出发点的个数必然是有限的，必存在 $t<m$，已知 R 是可终止的，所以序列 $\delta_{11}=<S_{st}\longrightarrow\cdots\xrightarrow{r_l}S_{1m}>$。而此时，$\delta_{21}=<S_{st}\longrightarrow\cdots\xrightarrow{r_l}S_{1m}\xrightarrow{r_{i+1}}S_{2n}>$ 也是可终止的，δ_{21} 中 S_{1m} 到 S_{2n} 的 $R_{kx}(1m\leqslant x\leqslant 2n)$ 应为空，故 $S_{1m}=S_{2n}$。证毕。

推论 17.1 给定规则执行全序序列 δ_{com}，δ_{com} 中的规则自由重组得到规则执行全序序列 δ_{com1}，只要这两个规则执行全序序列中存在冲突的规则间的相对顺序

没有改变，那么这两个规则执行全序序列 δ_{com} 和 δ_{com1} 是等价的。

推论 17.2　给定系统规则集 R，是可终止的，对于任意规则 r，$r_j \in R$，r 和 r_j 是可等价交换的（无动作冲突的），则 R 中只存在唯一的一个等价规则执行全序序列类。

17.3　优先级图和执行图的关系

本节将组建一种新的图来判别冲突规则间的相互作用关系。

首先，考虑一种简单的情况，假设在一个规则执行偏序序列包含了 n 个不同的规则，且在这 n 个规则中有 m 对规则是相互冲突的规则。直观上，由这 m 对冲突的规则中的每两对之间交换一次彼此的排列顺序就会产生一组分离的规行偏序序列，最终可以最大组成 $2m$ 组相互分离的规则执行偏序序列，由这 $2m$ 组相互分离的规则执行偏序序列又将在数据库中产生 $2m$ 种最终的数据状态。

定义 17.14　（优先级图）给定系统规则集 R，冲突图 $\mathrm{CG}=(RC,EC)$ 和触发图 $\mathrm{TG}=(R,TE)$。优先级图 $\mathrm{PG}=(RP,EP)$ 的定义如下：

(1) RP 是优先级图 PG 中的节点集。任意的 $r\in RC$ 或 $r\in R$，RP 中都有相应的顶点与 r 对应。

(2) EP 是优先级图 PG 中的优先级边集。

对于任意的 u，$v\in R$，且 $u\neq v$，当且仅当，$u\xrightarrow{T}v\in TE$，就存在 $u\xrightarrow{T}v\in EP$；对于所有的 u，$v\in R$，且 $u\neq v$，当且仅当，$(u,v)\in EC$，就存在 $(u\xrightarrow{C}v\in EP)or(v\xrightarrow{C}u\in EP)$。（为了区别于 EC 中的无向优先级关系，我们称 $u\xrightarrow{C}v$（或者（$v\xrightarrow{C}u$）为有向优先级边，即 EP 是优先级图中的有向优先级关系集。EP 中的有向优先级边的方向将由规则触发关系隐式确定或由用户显式确定。）

(3) 除此之外，优先级图 PG 中没有其他的顶点和优先级边存在，所有的优先级边不存在任何形式的环路。

在冲突图中，为相互冲突的规则对指定相对执行次序，无向边改为有向边，将如此变化后的冲突图和触发图相叠加，可得到的一个多图（multigraph）就是优先级图（优先图中两个节点间可能存在两条连接边，冲突边和触发边）。

优先级边的方向由规则触发关系隐式确定或由用户显式确定。

规则触发关系隐式确定就是指，假如在 TG 中节点 u 是节点 v 的祖先节点，同时在 CG 中在节点 u 和节点 v 间存在一条冲突边，为了避免在 PG 中产生环路，这是系统会在 PG 中自动指定（$u\xrightarrow{C}v$）。对于不满足定义 17.14 条件（3）

的系统规则集，我们把通过算法 6.1 发现的所有环提供给用户，通过分析和归类是完全可以解除环路的。

用户显式确定即是指，根据应用的不同需要，用户可以根据需要定义不存在结构依赖关系（祖先或后代关系）的冲突规则间的相对优先级关系。

给定系统规则集 $R=\{r_1,r_2,r_3,r_4,r_5,r_6,r_7,r_8,r_9,r_{10},r_{11}\}$，图 17.5（a）和（b）给出了与系统规则集 R 对应的触发图和冲突图。

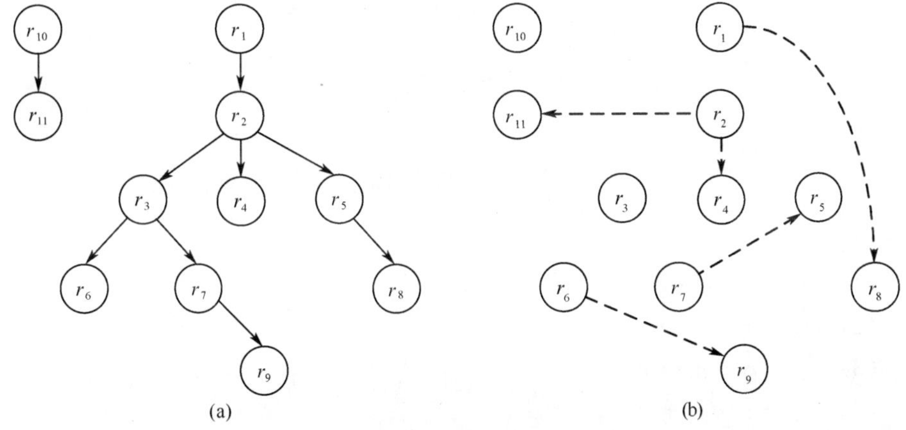

图 17.5 触发图和冲突图

图 17.6 给出了一个由图 17.5（a）和（b）组合所形成的优先级图，图中冲突边的方向由用户指定或规则触发关系隐式确定。因为节点 r_1 是节点 r_8 的祖先节点，所以图中的节点 r_1 和节点 r_8 间的冲突边方向将由规则触发关系隐式确定。同理，节点 r_2 和节点 r_4 间的冲突边方向也将由规则触发关系隐式确定。用户需指定节点 r_7 和节点 r_5、节点 r_6 和节点 r_9 以及节点 r_2 和节点 r_{11} 间的冲突边方向。

图 17.6 中，$PG=(RP,EP)$，其中 $RP=\{r_1,r_2,r_3,r_4,r_5,r_6,r_7,r_8,r_9,r_{10},r_{11}\}$，$EP=\{(r_1\xrightarrow{T}r_2),(r_2\xrightarrow{T}r_3),(r_2\xrightarrow{T}r_4),(r_2\xrightarrow{T}r_5),(r_3\xrightarrow{T}r_6),(r_3\xrightarrow{T}r_7),(r_5\xrightarrow{T}r_8),(r_7\xrightarrow{T}r_9),(r_{10}\xrightarrow{T}r_{11}),(r_1\xrightarrow{C}r_8),(r_2\xrightarrow{C}r_4),(r_2\xrightarrow{C}r_{11}),(r_7\xrightarrow{C}r_5),(r_6\xrightarrow{C}r_9)\}$。在优先级图中，我们使用带箭头的实线来表示触发关系，带箭头的虚线来表示有向的冲突关系。

图 17.7 是图 17.1（a）除去（r_2，r_5）和（r_5，r_3）冲突边的冲突方向后的重现。在图中用实心圆表示 r_1 和 r_4 是用户事务触发规则，即 r_1 和 $r_4\in R_{utrs}$。假设图中给出的所有 6 个规则都可以触发执行，这时规则执行偏序序列 $<r,r_2,r_3>$ 和 $<r_4,r_5,r_6>$ 的组合就将产生所有的规则执行全序序列。由此，通过更改规则 r_2 和规则 r_5 以及规则 r_3 和规则 r_5 之间的相互排列顺序将产生四组分离的规则执行

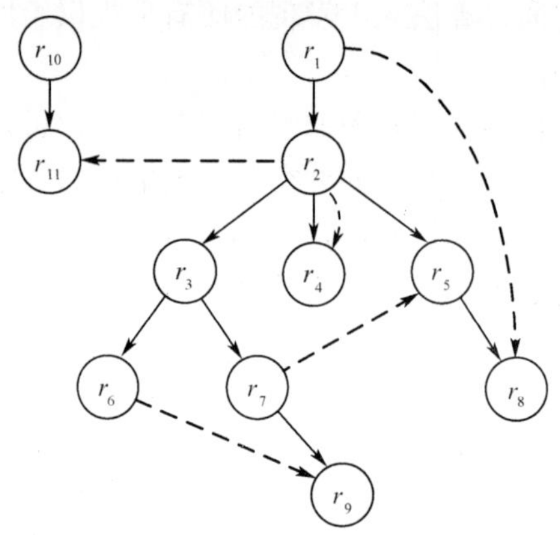

图 17.6　优先级图

全序序列：

(1) $(r_2 \rightarrow r_5)(r_3 \leftarrow r_5)$。

(2) $(r_2 \rightarrow r_5)(r_3 \rightarrow r_5)$。

(3) $(r_2 \leftarrow r_5)(r_3 \leftarrow r_5)$。

(4) $(r_2 \leftarrow r_5)(r_3 \rightarrow r_5)$。

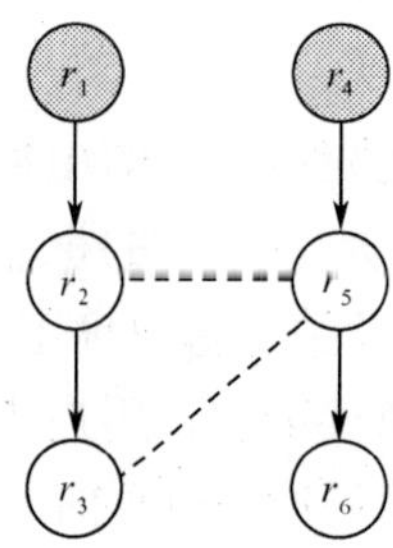

图 17.7　一组冲突规则集

由于在规则 r_2 和规则 r_3 存在触发关系（$r_2 \xrightarrow{T} r_3$），由此可见第（4）组规则执行全序序列产生了环，根据定义 17.14 (3)，所以第（4）组规则执行全序序列是不需考虑的。这样剩下的三组规则执行全序序列就形成了三组等价规则执行序列类，囊括了所有六个规则任意组合将产生的三种不同的数据库状态。

通过定义图 17.7 中存在冲突关系的规则间的冲突方向（规则间的相对优先级）产生了优先级图 17.8，在图中的三种优先级图给出了如何通过定义冲突规则间的相对优先级以保证最终的数据库状态可汇流的三种典型等价类。

图 17.8 中的每一个优先级图都可由一个等价类所表述，通常我们选取这个等价类中的规范的规则执行全序序列来表达这个等价类。由此我们可以得到图 17.8（a）（b）（c）所对应的规范的规则执行全序序列分别为：

$$\delta_{com1} = <_{com1}, \bar{r}_2, r_4, \bar{r}_5, \bar{r}_3, r_6>$$

$$\delta_{com2} = < r_1, \bar{r}_2, \bar{r}_3, r_4, \bar{r}_5, r_6>$$

$$\delta_{com3} = < r_1, r_4, \bar{r}_5, \bar{r}_2, \bar{r}_3, r_6>$$

为了清楚的表达，我们使用“—”来表达本规则是一个冲突规则，同时从上

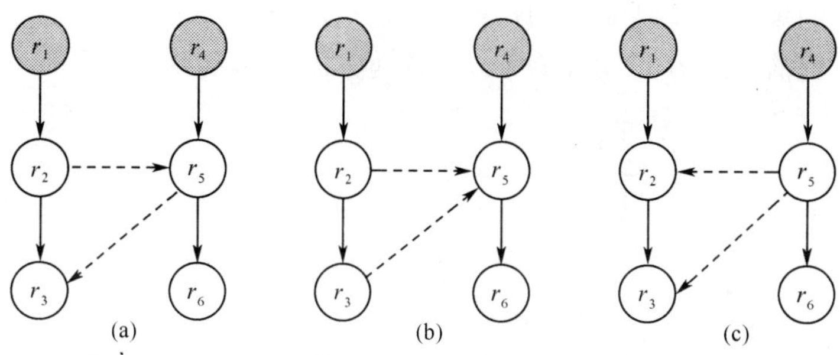

图 17.8 由图 17.7 导出的 3 种可能的优先级图

式我们也可以发现 $\delta_{com1}=< r_1,\bar{r}_2,r_4,\bar{r}_5,\bar{r}_3,r_6>$规则 r_2和 r_4重组后得到的$< r_1,r_4,\bar{r}_2,\bar{r}_5,\bar{r}_3,r_6>$与 δ_{com1}是等价的。

给定的系统规则集 R，在编译时优先级图被组建。这个优先级图包含了系统中的所有规则。当一个主动系统运行过程中，这个 R 的子集将被动态地触发执行。所以当一个用户事务触发了一系列规则后，规则调度器将建立优先级图的子图—执行图来调度触发的规则实例。

定义 17.15 给定系统规则集 R 和优先级图 PG=(RP,EP)和 $R_{utrs}\in R$，执行图 EG=(R_E,E_E)是优先级图的子图，定义如下：

(1) R_E是执行节点集，对任何两个节点 u，$v\in R_E$，且 $u\neq v$，R_E的递归定义为$R_E=\{r|r\in R_{utrs}\cup(\forall r'\in RP\cap(\exists(r\xrightarrow{T}r')\in EP)\}$。

(2) E_E是执行边集，如果存在$(u\xrightarrow{T}v)\in EP$，就存在$(u\xrightarrow{T}v)\in E_E$；如果存在$(u\xrightarrow{C}v)\in EP$，就存在$(u\xrightarrow{C}v)\in E_E$。

(3) 除此之外，执行图 EG 中没有其他的顶点和执行边存在。

节点集R_E是R_{utrs}和R_{utrs}中的所有规则通过 PG 中的触发路径可以到达的所有规则的集合。边集 E_E是 R_E中包含的节点在 PG 中存在的冲突边和触发边的合集。

当$R_{utrs}=\{r_3,r_5,r_{10}\}$时，可由图 17.6 中的优先级图组建得到图 17.9 的执行图。

在图中执行图 EG=(R_E,E_E)，其中$R_E=\{r_3,r_5,r_6,r_7,r_8,r_9,r_{10},r_{11}\}$，$E_E=\{(r_3\xrightarrow{T}r_6),(r_3\xrightarrow{T}r_7),(r_5\xrightarrow{T}r_8),(r_7\xrightarrow{T}r_9),(r_{10}\xrightarrow{T}r_{11}),(r_7\xrightarrow{C}r_5),(r_6\xrightarrow{C}r_9)\}$。

在图 17.9 执行图中，我们使用实心圆表示用户事务触发规则，带箭头的实线来表示触发关系，带箭头的虚线来表示有向的冲突关系。

这时，就可以在所获得的执行图上使用拓扑排序的办法来调度规则，这个执行图所对应的规范的规则执行全序序列为$< r_3, r_6, r_7, r_5, r_8, r_9, r_{10}, r_{11} >$。同时，我们还会发现前面的图 17.8（a）（b）（c）也同样是执行图。

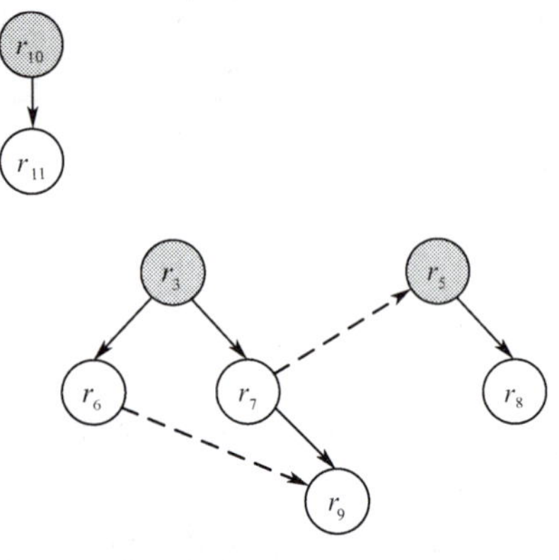

图 17.9　执行图

定义 17.16　（拓扑排序）在有向图中选一个没有前驱的节点且将它输出，从图中删除该节点和所有以它为尾的弧，在有向图中称这种方法为拓扑排序。

定理 17.3　给定执行图 EG=(R_E, E_E)，相对这一执行图通过拓扑排序所得到的规则执行全序序列都属于一个等价类，并且这个等价类的行为独立于初始的数据库状态。

证明　根据定理 6.1 和算法 6.1 可保证组建的 TG 中不存在触发环路。通过 TG 和 CG 的组合产生的 PG，根据 PG 的定义可知 PG 中不可能存在环路。由于 EG 是 PG 的子图，所以 EG 中的每条执行边都是有限长度，可终止的。并且 EG 中所有的冲突规则都已经被指定了相应的优先级（冲突规则之间都存在一条冲突边），这样由 EG 通过拓扑排序产生的规则执行全序序列中，冲突的规则间应该具有可汇流的排列顺序。

根据推论 17.1 和推论 17.2 可知，在同一执行图上应用拓扑排序方法产生的规则执行全序序列，属于同一等价规则执行全序序列类。同时，因为推论 17.1 和推论 17.2 的条件部分没有对初始的数据库状态的条件限定，这样我们在定理 17.3 中也不需要考虑规则调度前的初始的数据库状态。即给定执行图 EG=(R_E, E_E)，相对这一执行图通过拓扑排序方法所得到的规则执行全序序列都属于一个等价类，并且这个等价类的行为独立于初始的数据库状态。证毕。

该定理为规则行为正确的并行调度处理奠定了理论基础，通过该定理保证了在不考虑初始的数据库状态的情况下，在一个规定了冲突规则间相对优先级的有向可终止执行图中，通过拓扑排序方法所获得的所有规则执行全序序列都属于一个等价类，即保证了规则并行执行的行为正确性。

17.4　扩展执行图

迄今为止，我们只考虑了规则间最简单的冲突关系。在 R_{utrs} 中的每一个规则都是分离的，在这些规则之间不存在任何间接或直接的父子关系（触发关系），即执行图中不存在重叠的触发路径。当在 R_{utrs} 中包含的规则存在任何间接或直接的父子关系（触发关系），我们以上所定义的触发图和执行图并不能很好的表达这种触发的重叠关系。

在图 17.10 中 r，$r_j \in R_{utrs}$，r 和 r_j 拥有一部分重叠的触发路径。图中所给出的执行图由以下两个规则执行偏序序列所组成：

$$\delta_1 = < r, \bar{r}_k, \bar{r}_l >$$

$$\delta_2 = < r, r_j, \bar{r}_k, \bar{r}_l >$$

于是，规则执行序列的规则执行全序序列应由以上两个规则执行偏序序列所组成。一种可能的规则执行全序序列为

$$\delta_2 = < r, r_j, r_j, \bar{r}_k, \bar{r}_l, \bar{r}_k, \bar{r}_l >$$

为了能获得以上的规则执行全序序列我们需要扩展以上定义的执行图。

为了分析重叠触发路径的影响，我们对原始的执行图进行了扩展。给定规则集和相应的优先级图，由用户事务触发的每一个规则都会开始建立一个给定的优先级图的子图，这个子图的根结点就是这个被用户事务触发的规则。于是，我们可以不考虑用户事务触发的规则间可能存在的任何父子关系，而把每一个用户事务触发的规则都作为最终扩展执行图中的一个根节点。

图 17.10（b）展示了图 17.10（a）所形成的扩展执行图。在这个扩展执行图中，r_j 和 r_j' 是同一规则的不同实例。因为在规则 r_k 和 r_l 之间存在冲突关系，所

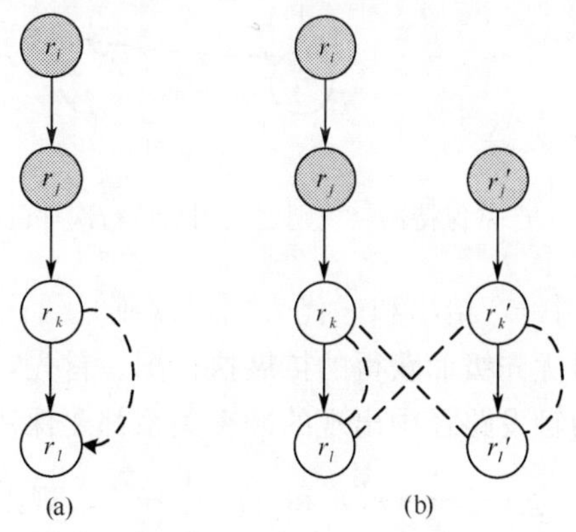

图 17.10　重叠触发路径图和扩展执行图

以在扩展执行图中的每对规则 r_k 和 r_l 的实例间都应该存在冲突关系。在扩展执行图中冲突边的方向可能由规则触发关系隐式确定或者用户显式指定。图 17.11 给出了图 17.10 的三种可能出现的冲突边方向。

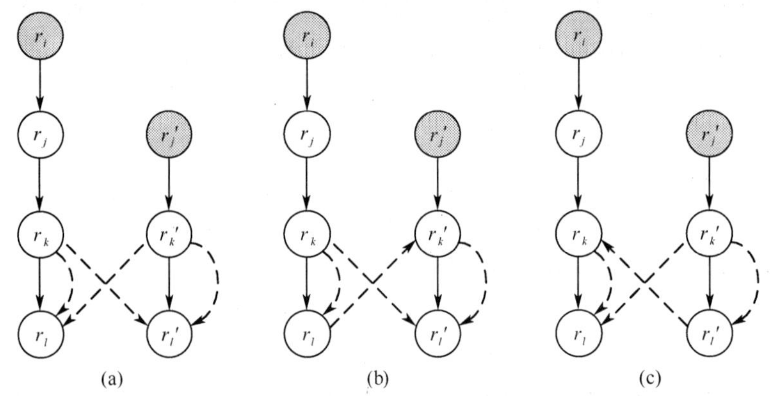

图 17.11 重叠触发路径图和扩展执行图

图 17.12（a）给出了一个优先级图，其中 r_1，r_2 和 $r_3 \in R_{urs}$，规则执行偏序序列 $\langle r_1, \bar{r}_2, \bar{r}_4, \bar{r}_5 \rangle$，$\langle \bar{r}_2, \bar{r}_4, \bar{r}_5 \rangle$ 和 $\langle \bar{r}_3, \bar{r}_4, \bar{r}_5 \rangle$ 表明存在重叠的触发路径。

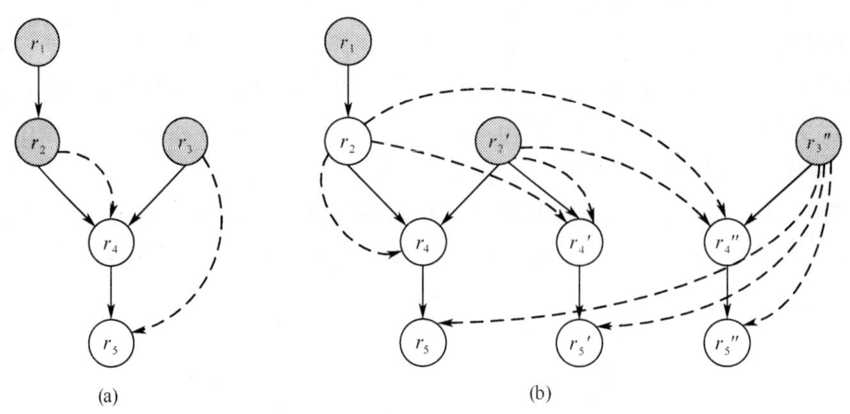

图 17.12 严格保持冲突规则之间相对执行次序的执行图

图 17.12（b）（图中 r，给出和 r' 代表同一规则）给出了一个使用严格的保证用户定义的规则相对优先级而获得的扩展执行图。首先，重叠的触发路径被分离开。然后，在重叠的触发路径中出现的冲突关系都要保留到扩展执行图中。例如，扩展执行图中存在的（$r_2 \xrightarrow{C} r_4'$）和（$r_3'' \xrightarrow{C} r_5'$）。规则调度器根据拓扑排序方法读取得到的扩展执行图调度执行规则，因为扩展执行图中的所有冲突规则都已经确定了相应的排列顺序，所以从扩展执行图获得的所有权规则执行序列都属

于一个等价类（具体见定理 17.3）。这样我们从图 17.12（b）所获得的规范的规则执行全序序列为

$$\delta_{\text{com}} = < r_1, \bar{r}_2, \bar{r}_2, \bar{r}_3, \bar{r}_4, \bar{r}_4, \bar{r}_4, \bar{r}_5, \bar{r}_5, \bar{r}_5 >$$

我们通过观察图 17.12（b）的扩展执行图，不难发现在此图中所有节点间的冲突关系和触发关系方向都是一致的（包括重叠的触发路径方向），所以无须重复的复制多个重叠触发的路径，而可以通过在每个节点上附加一个计数变量的方法来简化图形表达中的繁琐。每个节点所附加的计数变量记载了包含这个节点的路径在扩展执行图中被重叠的次数。在图 17.13 中我们使用一个数组变量 $T()$记载节点的规则 r 被触发的次数，简化地表达了图 17.12（b）的扩展执行图。

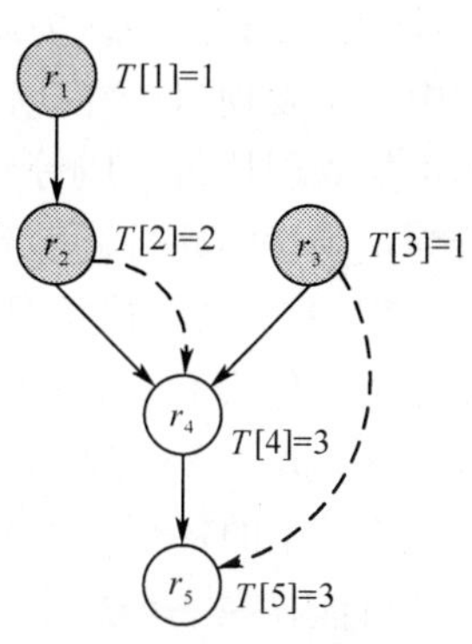

图 17.13 使用规则计数变量的扩展执行图

17.5 规则行为的并行调度算法

汇流性主动规则状态转换自动机如图 17.14 所示。非解除中断态（disabled）和解除中断态（enable）分别表示当前规则是否能恢复操作，只有解除中断态的规则才是规则处理考虑的对象。刚刚建立的规则处于非解除中断状态时则可被修改或删除。用户可以通过解除中断（enable）和非解除中断（disable）命令控制规则在活跃与非活跃状态之间转换。触发态（triggered）表示规则被触发，执行态（executing）表示规则正在执行。事件发生导致相关的允许中断的规则被触发，被触发规则在冲突消解（conflict resolved）后，可立即投入运行。规则在类的级别上定义，同一规则可以被多次触发，每次触发可能有不同的参数，对应不同的规则实例，规则实例在图中用双线圆表示。

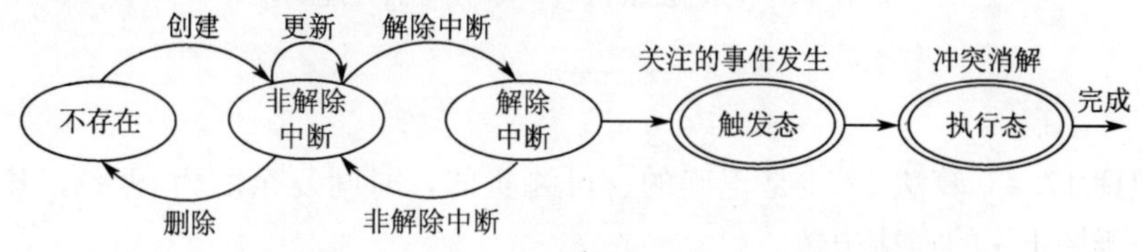

图 17.14 规则状态转换图

根据规则状态转换图，一个活跃规则可投入运行的必要条件是：

(1) 该规则被触发。

(2) 冲突消解完成（冲突边入度为 0）。

当冲突规则对中低优先级别的规则先于高优先级别的规则被触发时，在传统

的规则调度算法中认为规则被触发就是可执行的。实际上，在我们的调度执行模型中，可发现对于在执行图中尚存在冲突边入度非 0 的规则来说，即使被触发也不可能立即执行，应等到冲突边另一端的规则执行完。于是我们给出了保证规则行为正确性的并行调度算法。

算法 17.2 描述的 Buld_EG 算法将实现由给定的 PG 和 R_{utrs} 构造一个相应的执行图（代表我们前面定义的扩展执行图）。本算法中使用一个可变长度数组 $T[i](0\leqslant i\leqslant n, n$ 代表 R_E 中的规则个数）来保存相应节点的规则 r_i 被触发的次数。对于 R_{utrs} 中的每个规则 Buld_EG()都将调用子算法 17.1Create_EG(r_i)，由于系统中可能存在一个规则的多次触发情况，所以 R_{utrs} 中可能包含一个规则的多个实例。Create_EG(r_i)子算法使用深度优先的搜索方式遍历 PG，每次对它所遍历过的节点的规则 r_i 计数值 $T[i]$ 加 1。

算法 17.1 Create_EG(r_i)（建立无环有向执行图）

```
输入:用户事务集中的触发规则 r_i;
输出:在 EG 中创建节点 r_i,与节点 r_i 相关的冲突边或触发边;
begin
    if r_i ∉ R_E then
      R_E = R_E + {r_i};
      T[i] = T[i] + 1; /*创建 EG 中的触发边*/
        for 每一个 r_j ∈ R_P:(∃(r_i —T→ r_j) ∈ E_P)do
        call Create _ EG(r_j);
        if((r_i —T→ r_j) ∉ E_E)then
            E_E = E_E + (r_i —T→ r_j); /*创建 EG 中的冲突边*/
        for 每一个 r_j ∈ R_P:(∃(r_i —C→ r_j) ∈ E_P)do
              if (r_j ∈ R_E)and((r_i —C→ r_j) ∉ E_E)then
                 E_E = E_E + (r_i —C→ r_j);
end.
```

定理 17.4 算法 17.1 是正确的、可终止的，时间复杂度为 $O(e)$。其中，e 为优先级图 PG 的连接边数。

证明 （正确性）通过算法 17.1，我们以 R_{utrs} 中的触发规则为输入变量，根据有向无环图优先级图中规则的触发关系，深度遍历优先级图中的触发路径建立了正确的无环有向执行图。

（可终止性）在算法 17.1 中，只存在 for 循环语句和 if 判断语句，且优先级图 PG 是一个有向的无环图，其节点个数是有限的，所以在算法中的 for 循环控制变量一定是常量，故可自动终止，该算法是可终止的。

（时间复杂度分析）对于存在 n 个顶点和 e 条连接边的有向优先图 PG 和包含 m 条用户事务触发规则的 R_{utrs} 来说，在算法中存在两个并列的 for 循环语句：第一个 for 循环语句通过递归的调用自身算法创建 EG 中的触发边，在假设有向优先级图 PG 的 e 条连接边都是触发边的情况下，则该 for 循环语句的时间复杂度为 $O(e)$；第二个 for 循环语句完成创建 EG 中的冲突边操作，在假设有向优先级图 PG 的 e 条连接边都是冲突边的情况下，则该 for 循环语句的时间复杂度为 $O(e)$。

综上分析，可得算法 17.1 的最坏时间复杂度为 $O(e)$。证毕。

算法 17.2 Build_EG（创建执行图算法）

```
输入:PG 和 R_utrs；
输出:EG;
begin
      R_E = ∅;
      E_E = ∅;
      数组 T[i]赋初值0;
      for 每一个 r_i ∈ R_utrs do
      call Create_EG(r_i);
    end.
```

定理 17.5 算法 17.2 是正确的、可终止的，时间复杂度为 $O(me)$。其中，m 为用户事务触发规则数，e 为优先级图 PG 的连接边数。

证明 （正确性）通过算法 17.1 和算法 17.2，我们以 R_{utrs} 中的触发规则为输入变量，根据有向无环图优先级图中规则的触发关系，深度遍历优先级图中的触发路径建立了正确的无环有向执行图。

（可终止性）在算法 17.2 中，只存在 for 循环语句和 if 判断语句，且优先级图 PG 是一个有向的无环图，其节点个数是有限的，所以在算法 17.1 中的 for 循环控制变量一定是常量，故可自动终止，该算法是可终止的。

（时间复杂度分析）在算法 17.2 中，对 R_{utrs} 中存在的每一个用户事务触发规则，都将调用算法 17.1，在算法分析中，假设 R_{utrs} 中包含 m 条用户事务触发规则，所以可得算法 17.2 的最坏时间复杂度为 $O(me)$。证毕。

一旦算法 Build_EG 组建了执行图，我们就可以在保证规则的行为正确性的前提下，在执行图上通过拓扑排序方法来并行调度规则的执行。

算法 17.4 描述了我们的规则调度算法 Schedule。用 $T[i]$表示规则 r_i 被触发的次数，当规则 r_i 冲突边入度减至 0 时并行启动 r_i 的 $T[i]$个实例。当冲突边出度为 0 的规则在其所有被触发的实例均执行完成后，且该规则不可能被再次触发的条件下，可将其相关的边由执行图中删除。为此我们使用 $S[i]$来代表规则 r_i 正在执行的实例个数。当给定一个执行图后，调度算法将选择一个入度为 0 的节点（规则）执行。因为我们的执行图是无环的，所以在执行图中一定最少存在一个节点的入度为 0。在并行执行了这个节点的 $T[i]$个实例后，算法 17.4 调用算法 17.3 删除这个节点，在算 17.3 中，将检查是否这个规则的执行已经引发了其他规则的执行。

算法 17.3　Remove_node（r_j）（移出节点）

```
输入：预删除的节点；
输出：评估执行图中其他节点与预删除的节点的关系，并行调度消解冲突的规则执行，整理执行图；
begin
  (1)for 每一个 r_i ∈ R_E 存在(r_j --C--> r_i) ∈ E_E do
       if 不存在 j≠k(r_k --C--> r_i) ∈ E_E then /*规则冲突消解*/
       if(在当前的状态 r_i 的条件评估为真)then
       for = T[i] to 0 do
           创建嵌套子事务 t_ri 执行规则 r_i；
           S[i] = S[i] + 1；
           T[i] = T[i] - 1；
  (2)for 每一个 r_i ∈ R_E 存在 r_j --T--> r_i ∈ E_E do
       if 不存在 j≠k(r_k --T--> r_i) ∈ E_E and T[i] = 0 then
         call Remove_node(r_i)；        /*删除子规则节，整理执行图*/
  (3)for 每一个 r_i，r_k ∈ R_E do
           E_E = E_E - {(r_j --C--> r_i)}；
           E_E = E_E - {(r_j --C--> r_k)}；
     R_E = R_E - {r_j}；
  end.
```

定理 17.6　算法 17.3 是可终止的、正确的，时间复杂度为 $O(me)$。

证明　（正确性）通过算法 17.3，我们把重叠的触发路径分离开，有效的构造了无环的执行图，并且在执行图上使用了拓扑排序的方法，所以可以看出该算法在结构上实现了定理 17.3。由此可得，算法 17.3 保证了规则执行的终止性和汇流性。

（可终止性）在算法 17.3 中，只存在 for 循环语句，且执行图 EG 是一个有向的无环图，其节点个数是有限的，所以 for 循环控制变量一定是常量，故可自动终止。

（时间复杂度分析）在存在 m 个顶点且顶点 r_i的规则计数值为 $T[i]$和 e 条连接边的有向执行图 EG 上，就算法 17.3 进行算法分析。

在我们构建的有向执行图 EG 中每两个顶点间最多可能存在两条连接边，所以在执行图未定的情况下，m 和 e 究竟谁大是不可知的，这时我们将使用 $\max(O(e), O(m))$ 表示选择 m 和 e 中的最大者进行分析。

设 EG 中存在的触发边的条数为 a，EG 中存在的冲突边的条数为 b。根据定义 17.15 可知 $m = \sum_{i=1}^{n} T[i] + a$，且 $a \geqslant b, e = a + b, e \geqslant \sum_{i=1}^{n} T[i]$。

由以上的式子可推得 $a = m - \sum_{i=1}^{n} T[i]; b = e - a; m - \sum_{i=1}^{n} T[i] \geqslant e - a; m - \sum_{i=1}^{n} T[i] \geqslant e - m + \sum_{i=1}^{n} T[i]; 2m \geqslant e + 2\sum_{i=1}^{n} T[i]$; $m \geqslant e/2 + \sum_{i=1}^{n} T[i]$。

由上式可得当 $\sum_{i=1}^{n} T[i] \geqslant e/2$ 时，$m \geqslant e$，所以 $\max(O(e), O(m))$ 为 $O(m)$。而当 $\sum_{i=1}^{n} T[i] < e/2$ 时，m 和 e 的大小不可知，所以 $\max(O(e), O(m))$ 的值在不同的执行图中是不可知的。

在算法 17.3 中存在（1）、（2）和（3）循环语句。

（1）for 循环语句完成并行调度 R_E 中冲突消除的规则执行，对于存在 m 个顶点且顶点 r_i 的规则计数值为 $T[i]$ 和 e 条连接边的有向执行图 EG 分析，可得该 for 循环语句的最坏时间复杂为 $O(me)$。

（2）for 循环语句完成删除规则计数值 $T[i]$ 为 0 且不存在被将来调度的规则再次触发的规则节点操作，对于存在 m 个顶点且顶点 r_i 的规则计数值为 $T[i]$ 和 e 条连接边的有向执行图 EG 分析，可得该 for 循环语句的最坏时间复杂为 $O(me)$。

（3）for 循环语句完成整理执行图中规则节点的操作，对于存在 N 个顶点且顶点 r_i 的规则计数值为 $T[i]$ 和 e 条连接边的有向执行图 EG 分析，该 for 循环语句的最坏时间复杂为 $O(m)$。

综上分析，可得算法 17.3 的最坏时间复杂度为 $O(me)$。其中，m 为用户事务触发规则数，e 为优先级图 PG 的连接边数。

算法 17.4 Schedule（规则行为的并行调度算法）

```
输入:EG;
输出:并行调度规则执行;
begin
  数组 S[j]赋初值0;
(1)for 每一个 r_j ∈ R_E 不存在(r_i —C→ r_j) ∈ E_E do
    for i = T[j] to 0 do      /*使用嵌套子事务并行执行规则 r_j*/
      创建嵌套子事务 t_{r_j} 执行规则 r_j;
      S[j] = S[j] + 1;
```

```
        T[j] = T[j] - 1;
    (2)while(EG≠∅)do
            当任何一个子事务 t_rj 执行结束后;
            S[j] = S[j] - 1;
    (3)for 每一个 r_i ∈ R_E 存在(r_j --T--> r_i) ∈ E_E do
        if(不存在(j≠k)(r_k --C--> r_i) ∈ E_E)then
          if 在当前的状态 r_i 的条件评估为真 then
            for i = T[i] to 0 do
            创建嵌套子事务 t_r 执行规则 r_i;
            S[i] = S[i] + 1;/*规则执行完成,删除执行图中的规则节点*/
            T[i] = T[i] - 1;
    (4)if S[j] = 0 and 不存在(r_i --C--> r_j) ∈ E_E then
        call Remove_node(r_j);
    end.
```

定理 17.7　算法 17.4 是正确的、可终止的，时间复杂度为 $O(me(\max(O(e), O(m))))$。其中，m 为用户事务触发规则数，e 为优先级图 PG 的连接边数。

证明　（正确性）通过算法 17.3 和算法 17.4，我们把重叠的触发路径分离开，有效的构造了无环的执行图，并且在执行图上使用了拓扑排序的方法，算法 17.4 在结构上实现了定理 17.3。由此可得，并行调度算法算法 17.4 保证了规则执行的终止性和汇流性。

（可终止性）算法 17.4 中除了存在与算法 17.3 中相同的 for 循环语句和 if 判断语句外，还存在一个 while 循环语句，while 循环语句结束的条件为 EG≠∅，执行图 EG 是一个有向的无环图，其节点个数是有限的。但是由 Remove_node()算法可知，我们将不断地从 EG 删除节点和关联边，故 while 循环语句是可终止的。由此可证算法是可终止的。

（时间复杂度分析）在算法中存在（1）和（2）两个并列的循环操作。在（1）中实现对存在在 R_E 中入度为 0 的规则的并行调度，对于存在 m 个顶点且顶点 r_i 的规则计数值为 $T[i]$ 和 e 条连接边的有向执行图 EG 分析，该 for 循环语句的最坏时间复杂为 $O(me)$。

在（2）中存在（3）和（4）两个并列的操作，在（3）中实现对存在在 R_E 中且被入度为 0 的规则触发的规则的并行调度。对于存在 m 个顶点且顶点 r_i 的规则计数值为 $T[i]$ 和 e 条连接边的有向执行图 EG 分析，该 for 循环语句的最坏时间复杂为 $O(me)$。在（4）中调用算法 17.3 实现删除存在在 R_E 中冲突边的入度为 0 的，且正在执行的实例个数 $S[i]$ 为 0 的规则节点。因为算法 17.3 的最坏时间复杂度为 $O(me)$，所以（4）的最坏时间复杂度为 $O(me)$。因为（2）循环语句的终止条件是 EG = ∅，当 EG 中 R_E 的顶点不存在的时候，EG = ∅，（2）循环语句的最大循环次数为 max $(O(e),O(m))$，且（2）循环语句每次运行时都需要调用（3）和（4）两个并列的循环操作，由此可得（2）循环语句的最坏时间复杂为 $O(me(\max(O(e),O(m))))$。

综上分析，可得算法 17.4 的最坏时间复杂度为 $O(me(\max(O(e),O(m))))$。证毕。

17.6　调度算法的并行性能讨论

由于所组建的执行图和调度算法允许规则执行时并行。在执行图中，所有入度为 0 的节点（不与任何的规则存在冲突关系），可以在不影响规则的行为正确性的基础上并行执行。如在图 17.13 中，当调度执行了规则 r_1 和 r_3 的一个实例后，这时因为节点 r_2 的规则计数值为 2，我们就可以并行的调度二个规则 r_2 的实例执行。

在主动数据库中，规则执行的并行度受到规则间存在的冲突关系的限制。如果所有的规则都是相互分离的，彼此之间不存在任何的冲突关系，这时的理想状态是所有系统规则都可以同时并行执行。但是随着规则之间存在的冲突关系的增加，并行执行的级别将同时反而降低。同时，不合理的优先级定义以及规则执行模型都可能在一定程度上影响规则的并行执行级别。故在保证规则行为正确性前提下，主动数据库中限制规则并行处理一个重要因素是规则间存在的冲突关系。

定理 17.8　在保证规则行为正确性前提下，使用算法 17.4 Schedule 实现了规则调度的最大限度的并行执行。

证明　任何一个执行图中，只存在两种边触发边和冲突边的冲突关系。假设在执行图中已经不存在多余的触发边（规则的触发关系并不能影响规则并行执行的性能），则我们可以删除执行图中多余的冲突关系，以增加规则执行的并行度。这时执行图中只能存在两种类型的冲突关系，也就是：冲突边（$r_i \xrightarrow{C} r_j$）要么表明在一个优先路径中规则 r_i 是规则 r_j 的祖先（我们这时暂称 r_i 和 r_j 存在内在关系），而导致的规则 r_i 和规则 r_j 间的冲突关系；要么代表没有任何内在关系的规则 r_i 和规则 r_j 间存在的冲突关系。

在第一种情况中，执行图中冲突边（$r_i \xrightarrow{C} r_j$）的存在在表示上是冗余的，但是即使我们在执行图中删除冲突关系（$r_i \xrightarrow{C} r_j$），也不会增加规则执行的并行执行级别。因为毕竟规则 r_j 是由规则 r_i 所触发的，所以规则 r_j 是不可能与规则 r_i 并行执行的。

在第二种情况中，如果冲突边（$r_i \xrightarrow{C} r_j$）的存在唯一地描述了规则 r_i 和规

则 r_j 之间的相对优先关系。显然冲突边（$r_i \xrightarrow{C} r_j$）是不可以删除，错误的删除冲突边（$r_i \xrightarrow{C} r_j$）将损害规则的行为正确性。如果冲突边（$r_i \xrightarrow{C} r_j$）的存在并没有唯一地描述了规则 r_i 和规则 r_j 之间的优先关系，即存在其他的优先路径连接规则 r_i 和规则 r_j，由于其他的优先路径一定长于这个冲突边（$r_i \xrightarrow{C} r_j$）。这时虽然冲突边（$r_i \xrightarrow{C} r_j$）的存在是冗余的，因为其他优先路径的存在，所以冲突边（$r_i \xrightarrow{C} r_j$）的删除也不能使 r_i 和规则 r_j 实现并行执行。

综上所述，在保证规则行为正确性的前提下，冲突边（$r_i \xrightarrow{C} r_j$）在执行图中的存在要么是必要的，要么是冗余的。当冲突边（$r_i \xrightarrow{C} r_j$）在执行图中的存在是必要的时候，冲突边（$r_i \xrightarrow{C} r_j$）是不可删除，否则无法保证规则的行为正确性；当冲突边（$r_i \xrightarrow{C} r_j$）在执行图中的存在是冗余的时候，删除冲突边（$r_i \xrightarrow{C} r_j$）也不能提高规则集的并行执行度。

根据规则调度算法，在执行图中，所有规则在冲突消解时（冲突边入度为0）可以并行调度执行，即在规则满足触发条件的最早时刻就及时投入执行。于是在保证规则行为正确性的前提下，使用算法 17.4 Schedule 实现了规则调度的最大限度的并行执行度。证毕。

17.7 规则库不一致性检测

主动数据库的主动能力是借助于主动机制实现的，主动机制一般采用 E-C-A 规则库。规则库是实现主动机制的主要数据结构，由于实际应用中规则库往往是不完备的，需要不断加以完善，即对知识库进行增加、删除或修改。但是在对规则库进行维护时，可能会产生主动规则的不一致性和冗余性。主要表现为以下几个方面：

(1) 循环规则链。当一组规则形成循环链时，称这组规则是循环的规则链。如 $r_1 \to r_2, r_2 \to r_3, r_3 \to r_1$ 就是一条规则链。

(2) 矛盾规则链。当两条规则 r_1 和 r_2 前提等价，而结果矛盾时，称这两条规则矛盾。如规则 $r_p \to r_q$ 与 $r_p \to \neg r_q$ 矛盾。同样，两条规则链在相同前提条件下得出的结论相矛盾，则称这两条规则链矛盾。如规则链 $r_p \to r_q, r_q \to r_f$ 与规则链 $r_p \to r_s, r_s \to r_t, r_t \to \neg r_f$ 矛盾。

(3) 等价规则。当两条规则 r_1 和 r_2 前提等价结论也等价时，称这两条规则等价。如规则 $r_p \wedge r_q \to r$ 与规则 $r_q \wedge r_p \to r$ 等价。

（4）从属规则。当两条规则 r_1 和 r_2 的结论部分等价，但是 r_1 前提的约束比 r_2 多时，称 r_1 是 r_2 的从属规则。采用这种方法来删除图中的多余的边。

（5）传递冗余规则。对于一条规则和一条规则链，若规则的前提与规则链中第一条规则的前提等价，而规则的结论与规则链中最后一条规则的结论等价，则称这条规则相对这条规则链是传递冗余的。如规则 $r_1 \rightarrow r_3$ 对于规则链 $r_1 \rightarrow r_2$，$r_2 \rightarrow r_3$ 是传递冗余的。

上述的几个方面中（1）和（2）代表了规则的不一致性，其中循环规则链的存在可能会导致系统推理陷入死循环，而矛盾规则链的存在会导致系统推出相互矛盾，数据库系统状态不唯一的结论；（3）、（4）和（5）代表了规则的冗余性，即某些规则对于推理而言是多余的，因为他们会影响到系统推理的效率。为了解决上述的两个问题，总的来说有如下两种方法：

（1）从实际运行的角度对规则库进行测试，即通过合适的方法、工具（如数据库管理系统），对规则库的每一分支、每一情况进行详尽的测试，检查出规则的不一致性和冗余性。

（2）从理论角度来研究规则库的维护方法。

书中采用图论的方法来对规则库的不一致性和冗余性进行检查，给出后一种方法的思路。

1. 循环规则链的检查

可达性矩阵描述了一个有向图中任意两个结点之间是否可达以及任意结点之间是否存在回路，于是考虑从可达性矩阵入手，来解决循环规则链问题。首先引入如下定义。

定义 17.17 （规则有向图）对于主动规则库 M，构造一个简单有向图 $D=(V,E)$，其中，结点集 $V=$ 主动规则库 M，边集 E 为规则之间的触发、活化或惰化关系，则该有向图 D 称为主动规则库 M 的规则有向图。

假定主动规则库 M 的规则有向图是 D（注意，D 的结点是一条一条的规则，而不是逻辑表达式），构造图 D 的邻接矩阵 $\mathbf{A}$，然后由 $\mathbf{A}$ 出发求有向图 D 的可达性矩阵 $\mathbf{A}_P$，那么，检查主动系统 M 中的循环规则链就等价于考察矩阵 $\mathbf{A}_P$ 的对角元素，若对角元素为 1，则说明从该结点出发有一条循环规则链。根据这一思路，给出如下循环规则链的检查步骤：

（1）初始化 M 的有向图 D 的邻接矩阵 $\mathbf{A}$ 及其邻接表 L。

（2）将 $\mathbf{A}$ 转化为可达性矩阵 $\mathbf{A}_P$。

（3）去掉 $\mathbf{A}_P$ 中对角元素为 0 的结点，仅保留 D 中的其他结点。

（4）从图中某一结点出发，搜索整理过的有向图，调用相应的回路判定算法判断图中是否存在回路。

通过上面思路所给出的循环规则链的检查步骤，可以很方便地检查出某个主动知识库 M 中的循环规则链，一旦出现循环规则链，系统可以将它提交给专家进行人工处理（还可以建议专家删除该循环规则链中的某条规则），以确保主动数据库系统的正常运行。这样的过程可以不断进行下去，直到系统中再也没有循环规则链为止。下面给出循环规则链的检查算法（Crlca）如下。

算法 17.5　Crlca（m）（循环规则链的检查）

```
输入:M;
输出:若有,则 return Lc;否则,return ∅; /*M 为主动规则库,Lc 为循环规则链集*/
begin
    (1)初始化 A(M_D),L(M_D);
                        /*初始化 M 的有向图 D 的邻接矩阵 A 及其邻接表 L*/
    (2)P(M_D)←A(M_D);
      for i = 1 to n do
          for j = 1 to n do
              if  A_P[j,i] = 1 then
                  for k = 1 to n do
                    A_P[j,k] = A_P[j,k] ∨ A_P[i,k]    /*∨ 为布尔运算符*/
                  return A_P;
                        /*将 A 转化为可达性矩阵 A_P,n = |V| 为 M 中规则数*/
    (3)V←∅;
          for i = 1 to n do
            if A_P[i,i] = 0 then
              将链表 L(v_i)删掉;
               V←V∪{v_i};
               for 所有 v_i∈L(v)do    /* L(v)为结点 v 的对应邻接表*/
                 if v_i∈V Then
                   删掉结点 v_i;
                  /*去掉 A_P 中对角元素为0的结点,保留 D 中的其他结点*/
    (4)call DFS(v_1,v_2);
      return Lc;
end.
```

算法 Crlca 中的第（4）步是从图中某一结点出发，搜索整理过的有向图，判断图中是否存在回路。

深度优先搜索算法（DFS）：首先选定图 $G=(V,E)$ 中的某一结点 v_0 作为起始点，设 $<v_0, u>$ 是图中的一条边，沿着边 $<v_0, u>$ 搜索到结点 u，设 $<u, w>$ 是与 u 关联且没有被搜索过的边，接着沿着这条边搜索到结点 w。再从 w 出发重复上述过程。一般来说，设 x 是最新搜索（访问）到的结点，若与 x 邻接

的结点 y 尚未被访问过，则可沿着边<x，y>访问到结点 y；若与 x 邻接的所有结点都已经被访问过，则退回到访问 x 的前一结点（称为 x 的先驱点），再重复上述过程，直到所有被访问过结点的邻接点都被访问为止。算法略去，请参考数据结构相应书。

2. 矛盾规则链的检查

与循环规则链的检查方法类似，矛盾规则链检查方法步骤如下：

（1）初始化 M 的有向图 D 的邻接矩阵 $\mathbf{A}$ 及其邻接表 L。

（2）将邻接矩阵 $\mathbf{A}$ 转化为可达性矩阵 $\mathbf{A}_P$。

（3）考察可达性矩阵 $\mathbf{A}_P$ 的每个行向量，由矛盾规则链的定义可以知道，仅当该向量中有两个或两个以上值为 1 的分量时，才可能出现矛盾规则链。

（4）得出矛盾规则链。

通过以上四个步骤，可以检查出某个主动规则库 M 中的矛盾规则链，一旦出现矛盾规则链，系统同样可以将相应的规则和规则链提交给专家进行人工处理，可以建议专家删除那条多余的规则，以确保主动数据库系统的正常运行。这样的过程可以不断进行下去，直到系统中不存在矛盾规则链为止。

3. 规则库冗余性检查

规则库冗余性方法步骤如下：

根据定义，等价规则可以看做是从属规则的一个特例，因此可以将等价规则的检查与从属规则的检查合并起来。与循环规则链、矛盾规则链检查方法类似。这里不做详细讨论。

（1）构造 M 的从属矩阵 $\mathbf{A}_{R1}$。

（2）构造 M 的等价矩阵 $\mathbf{A}_{R2}$。

（3）考察矩阵 $\mathbf{A}_{R1}$ 中为 1 的元素，记该元素为 $\mathbf{A}_{R1}[i,j]$。若 $\mathbf{A}_{R2}[i,j]=1$，则规则 i 从属（等价）于规则 j；否则，规则 i 不从属（等价）于规则 j。

4. 传递冗余的检查

传递冗余实际上是对于规则有向图中两个直接相连的结点 v_i 和 v_j，从 v_i 出发到 v_j 是否存在另一条经过了其他结点的路径。因此，可以采用于循环规则链的检查类似的思路。

规则库冗余性步骤如下：

（1）初始化 M 的有向图 D 的邻接矩阵 $\mathbf{A}$ 及其邻接表 L。

（2）将 $\mathbf{A}$ 转化为可达性矩阵 $\mathbf{A}_P$。

（3）去掉 $\mathbf{A}_P$ 中对角元素为 0 的结点，仅保留 D 中的其他结点。

(4) 找出传递冗余规则链。

通过以上四个步骤，可以检查出某个主动知识库 M 中的传递冗余，一旦出现传递冗余，系统同样可以将相应的规则和规则链提交给专家进行人工处理。

小　结

通过分析规则间冲突关系，判定规则集的行为状况。冲突消解的一般办法是使用优先级，通过规定冲突规则间的相对优先级来消解规则间冲突。在冲突图中，为相互冲突的规则对指定相对执行次序，无向边改为有向边，将如此变化后的冲突图和触发图相叠加，从而组建优先级图。再由优先级图导出执行图，考虑规则的并行执行，给出基于执行图的并行规则调度算法。基于执行图的并行规则调度算法既保证了规则行为的正确性，同时也不会牺牲规则的并行执行度。

讨论了主动规则库中的不一致性和冗余性，利用图论给出了检查方法。但是现实中却是一个非常复杂的问题，就不一致性而言，人的常识推理往往是在不完全或者不一致的背景下进行的。因此在 E-C-A 规则系统中往往允许存在局部的不一致性，而且就冗余度而言，有时候适当的冗余能够加快推理的速度，从某些角度而言提高了系统的运行效率。因为主动规则库中是 E-C-A 规则，有时候必须将规则前提中的各个逻辑表达式进行加权，这样就增加了规则库维护的难度。这些问题有待于进一步研究和探索。

第 18 章　基于嵌套事务的规则并行执行模型

18.1　嵌套事务模型

一个事务可能包含很多的子事务，这些子事务也可能繁衍出更多的子事务，从而形成了一个具有一定深度的事务树，由此而产生了嵌套事务的结构模型。

令 T 表示一个嵌套事务树上的事务构成的集合。

定义 18.1　t_1，$t_2 \in T$，$P(t_1,t_2)$表示 t_1 为 t_2 的父事务，t_2 为 t_1 的子事务。$P^*(t_1,t_2)$表示 t_1 是 t_2 的祖先事务，t_2 是 t_1 的后代事务。

定义 18.2　若 $t \in T$，$P(t,t_1) \cap P(t,t_2)$，则称 t_1 和 t_2 为兄弟事务，记为$s(t_1,t_2)$。

定义 18.3　若 $P^*(t_1,t_2) \cup P^*(t_2,t_1) \cup (t \in T, P^*(t,t_1) \cap P^*(t,t_2))$，则称 t_1 和 t_2 为同一家族事务。

定义 18.4　若$\neg\ \exists t_1 \in T$，$P(t_1,t)$，则称 t 为顶层事务；若$\neg\ \exists t_1 \in T$，$P(t,t_1)$，则称 t 为叶事务。

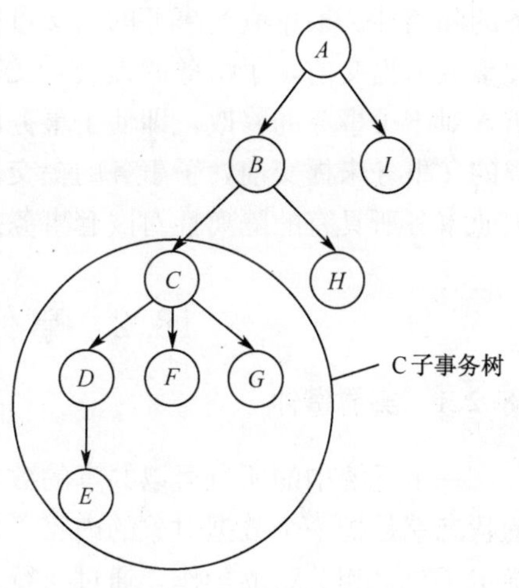

图 18.1　嵌套事务模型

在图 18.1 中，用一个事务树来表示嵌套事务的构成，用树中的结点表示事务，结点间的连线来表示相关事务间的父子关系。在这个事务树中，可以明显地看出，事务 A 为这颗事务树的顶层事务；事务 E，F，H，和 G 为这颗事务树的叶事务；事务 C 的子事务有 D，F 和 G；事务 C 的父事务是事务 B；事务 C 的后代事务有 D，E，F 和 G；事务 C 的祖先事务有 B 和 A。当然事务 C 的祖先事务集和后代事务集也包含事务 C 本身，C 子事务树代表由事务 C 和由其繁衍的后代事务集中的所有事务所形成的一个子树。

一个嵌套事务树可以被认为是由根事务作为外部接口，由根事务的所有子事务的子事务树组成的集合。

嵌套事务是一种复杂度高、灵活性大和应用领域较广的事务模型，它的提交和夭折具有与事务所不同的语义。

提交规则：一个子事务的提交仅意味着其逻辑操作的完成，它对数据库的更改直到包含该子事务的根事务提交时，才可能真正的反映到物理数据库中。

夭折规则：如果任何一级上的（子）事务夭折，则它的所有子事务均夭折。它带来的直接后果是如果根事务夭折，所有的事务全部夭折，不管它们是否实施了局部的提交。

可见性原则：一个子事务能访问其祖先事务所持有的所有数据对象，在它提交后，它对数据库的更改可被其父事务访问，但不能被其兄弟事务访问。

提交规则和夭折规则保证了子事务对父事务的夭折依赖关系；可见性规则及后面讨论的并行控制规则保证了数据库中数据对象的一致性。

嵌套事务的结构和行为特性决定了除根事务严格地遵守 ACD 特性外，其他的子事务则不能严格遵守 ACD 特性。

首先，事务的原子性被破坏了。当子事务被以推迟方式触发时，子事务在父事务的操作完成之后但在提交之前执行，此时的父事务的完成是逻辑上的结束，并非是父事务的最后提交。这时父事务的原子性被破坏了。在嵌套事务中，一个子事务的夭折并不要求其父事务也同时夭折，父事务的原子性也被破坏了。

其次，嵌套事务的层次关系和事务间的依赖性，使得嵌套事务之间不再有事务的隔离性。根据嵌套事务的语义可知，父事务可以读取子事务提交的数据，在父事务未提交前，子事务的提交对父事务的兄弟事务是不可见的。一旦父事务夭折，对于子事务的修改，即使子事务已经完成了提交也将全部作废。于是在子事务的父事务未提交前，子事务的提交和夭折是不会影响数据库中的其他事务的。因此事务所具有的隔离性对嵌套事务来说，在一定程度上被打破。

18.2　事件历史及其投影

18.2.1　实体事件

一个系统中的所有可以共享的数据对象就构成了一个数据库。一个数据对象的状态就是指一个数据对象的内容。每个数据对象都归属一个特定的类型，类型确定了与之相关联的操作，通过执行这些相关联的操作来创建、修改和查询该类型中的相应数据对象。每一个操作都是原子的，每一个操作总产生一个结果输出和一个结果状态，对一个数据对象操作的运行结果只决定于数据对象的当前状态。在给定一个数据对象状态的情况下，使用 RETURN(S,p)来表示在初始状态为 S 的数据对象上执行操作 p 后所产生的结果输出，STATE(S,p)来表示在初始状态为 S 的数据对象上执行 p 操作后所产生的结果状态。

定义 18.5　一个数据对象的一种操作的执行，称之为一个实体事件。以 $p_t[ob]$表示由事务 t 触发在数据对象 ob 上的操作 p 的实体事件，OE_t表示与事务

t 相关联的事件集。显然，$p_t[ob] \in OE_t$，即

$$OE_t = \{p_t\ [ob] \mid \exists ob \exists p\ (ob \in D_t \wedge p \in P_{ob} \wedge p\ (ob)\ \in t)\}$$

其中，D_t为事务 t 的数据对象集，P_{ob}为数据对象 ob 的操作集。这里隐含地引用了"事务是一个操作集合（序列）"的定义。

p 操作成功提交后，$p_t[ob]$的结果才会对相应的数据对象 ob 的状态产生真正的持久的改变。用 Commit$[p_t[ob]]$来表示事务 T 相对数据对象 ob 的操作 p 提交，Abort$[p_t[ob]]$表示事务 T 相对数据对象 ob 的操作 p 夭折，夭折后数据对象 ob 的状态没有任何变化，好像 $p_t[ob]$并未曾执行过一样。

定义 18.6　一个事务管理原语的执行，称之为一个事务的关键事件，SE_t表示与事务 t 相关联的所有可能的关键事件集。事务模型确定了所有可能的关键事件集。则

$$SE_t = \{tp_t \mid \exists tp\ (tp \in TM \wedge tp\ (t)\ \in t)\}$$

其中，TM 为嵌套事务模型下的可能的事务管理操作集；$tp(t)$为事务管理操作 tp 施加于 t。若研究的嵌套事务的事务管理操作有：Begin（开始）、Commit（提交）、End（结束：事务的所有操作执行结束）、Abort（夭折）以及 Spawn（繁衍：生成一个子事务）。

定义 18.7　所有与事务 t 的初始化执行相关联的关键事件，称之为 t 的初始化关键事件，用 E_t来表示，显然 $E_t \in SE_t$。

定义 18.8　所有与事务 t 的结束执行相关联的关键事件，称之为 t 的结束关键事件，用 TE_t来表示，显然 $TE_t \in SE_t$。

定义 18.9　当一个事务已经执行了初始化关键事件，但还没有执行与之相关联的结束关键事件时，则称这一事务为执行态事务。

18.2.2　事件历史及投影

事件的发生都是有序的，在单处理机系统中，当且仅当两个事件是同一事件时才会同时发生，但是在分布式系统或是并行系统中两个不同的事件可以在同一的时间发生。

任何一个事件集都构成一个关于时序关系的偏序集。

定义 18.10　系统中所有事件所构成的关于其发生顺序关系的偏序集，称为事件历史，简记作 H。

定义 18.11　任意一个相关联事件的集合 E 所构成的关于其发生顺序关系的偏序集称为事件 E 的经历，记作 H_E，$H_E \in H$。

定义 18.12　谓词 $e \rightarrow e'$为真，表示在历史 H 中事件 e 先于事件 e'发生，反之为假。因而，谓词 $e \rightarrow e'$隐含 $e \in H$ 且 $e' \in H$，我们使用这一谓词指定事件之间的偏序顺序。

令 E 表示一事件集，$\xrightarrow{e}$表示其中事件发生的顺序关系，H_e表示事件 e 的历史，则 $H_e = \langle E, \xrightarrow{e} \rangle$。

定义 18.13 与一个事务 t 相关联的所有事件历史被称为该事务的事务历史，记作 H_t。即

$$H_t = \langle E_t, \xrightarrow{t} \rangle, E_t \in \{OE_t \cup SE_t\}。$$

其中，E_t为与事务 t 相关联的事件集，当究竟由哪一个事务来触发事件并不重要的时候，将忽略事件集的触发事务，也即是 $E \in H_t \Rightarrow \exists t\ E_t \in H_t$。$\xrightarrow{t}$为在 t 中各事件发生的顺序关系。即是说 H_t包括了由事务 t 所触发的实体事件和关键事件，并且指明了这些事件的发生顺序。

定义 18.14 设 T 为一组事务，与 T 中各事务相关联的所有事件的事件历史，称为 T 的并行执行历史，记作 H_{ct}。即

$$H_{ct} = \langle ET, \xrightarrow{T} \rangle, ET \in \{OET \cup SET\}$$
$$OET = \{\bigcup OEt \mid t \in T\}, SET = \{\bigcup SET \mid t \in T\}$$

式中，$\xrightarrow{T}$为与 T 中各事务相关联的事件发生的顺序关系。

定义 18.15 一个事件历史的投影为其给定范围的事件子集的子事件历史。令 $P(H,q)$表示历史 H 按条件 q 的投影，则不难得出：

$H_{ct} = P(H, T)$为历史 H 在事务集 T 上的投影；

$H_{comm} = P(H, T_{comm})$为历史 H 在已提交的事务集 T_{comm}上的投影。

其中，H 是系统范围内的事件总历史。

在一个事件历史中，一个事件的发生顺序可能受到以下三种因素的制约。

(1) 事件 e 只可以在另一事件 e'发生后才能发生。

(2) 只有在条件 c 为真时，事件 e 才可以发生。

(3) 某一事件 e 发生后，条件 c 为真。

定义 18.16 $(e \in H) \Rightarrow \text{Condition}_H$是指仅当 Condition_H为真时，事件 e 才可以属于历史 H，也即是 Condition_H是 e 在历史 H 中的必要条件。

例 18.1 $(e' \in H) \Rightarrow (e \rightarrow e')$

表示只有在 e 先于 e'发生的情况下，e'才可以属于历史 H。

定义 18.17 $\text{Condition}_H \Rightarrow (e \in H)$是指如果 Condition_H成立，e 一定在历史 H 中，也即是 Condition_H是 e 在历史 H 中的充分条件。

例 18.2 $(e \rightarrow e') \Rightarrow (a \in H)$表示假如 e 在 e'之前执行，事件 a 一定属于历史 H。

18.3　事务的可见性

18.3.1　事务对数据对象的影响

一组事务的并行执行结果的正确与否依赖于并行事务之间如何的相互作用、并行事务如何的影响数据库中的数据对象。

$H_{ob}=P(H,ob)$为历史 H 在给定数据对象 ob 上的操作事件历史。$H_{ob}=p_1\cdot p_2\cdot\cdots\cdot p_n$指明了操作集 P 中各子操作 p_i的操作顺序，p_i提前发生于 p_{i+1}。数据对象 ob（初始状态 S_0）通过执行操作集 P 后得到的状态 STATE（S_0,P）等价于数据对象 ob 从初始状态 S_0起执行与操作集 P 相关联的 H_{ob}所得到的状态 STATE（S_0,H_{ob}），即 STATE(S_0,P)＝STATE（S_0,H_{ob}）。为简洁起见，下面的讨论中将省略数据对象的初始状态 S_0。

定义 18.18　设 p，q 是历史 H 在给定数据对象 ob 上的投影 H_{ob}中的两个操作，当且仅当 $(\text{STATE}(H_{ob}\cdot p,q)\neq\text{STATE}(H_{ob}\cdot q,p))\vee(\text{RETURN}(H_{ob},q)\neq\text{RETURN}(H_{ob}\cdot p,q))\vee(\text{RETURN}(H_{ob},p)\neq\text{RETURN}(H_{ob}\cdot q,p))$，它们相互之间是冲突的，记作 Conflict($H_{ob},p,q$)。

相互冲突的操作之间的相互影响可能导致触发事务之间的依赖关系。即两个冲突事务对一个共享数据对象的操作，总会导致一种事务间的依赖关系：

$\text{Conflict}(p_{ti}[ob],q_{tj}[ob])\wedge(p_{ti}[ob]\rightarrow q_{tj}[ob])\Rightarrow\text{Condition}_H$，$\text{Condition}_H$表示一种依赖关系。如果两个操作间不存在某种冲突关系，则表明这两个操作是相容的。

例 18.3　$\text{Conflict}(p_{ti}[ob],q_{tj}[ob])\wedge(p_{ti}[ob]\rightarrow q_{tj}[ob])\Rightarrow t_j\ AD\ t_i$

因为数据对象状态的变化大多是受操作产生的结果输出的影响，为了细化触发事务之间的依赖关系，能有效地增强并行事务的执行效率，有效地避免无效的夭折和回退，所以我们引入了结果依赖（Return-value-dependent）和非结果依赖（Return-value-independent）的概念，以提高事务执行的整体并行效率。

定义 18.19　如果 Conflict（H_{ob},p,q)为真，且操作 q 的结果输出并不会因为 p 的执行顺序先后而有任何的影响，则 Return-value-independent(H_{ob},p,q)为真，即 $\text{Return}(H_{ob}\cdot p,q)=\text{Return}(H_{ob},q)$；如果 Conflict($H_{ob},p,q$)为真，$\text{Return}(H_{ob}\cdot p,q)\neq\text{Return}(H_{ob},q)$，则 Return-value-dependent(H_{ob},p,q)为真。

通过该定义，例 18.3 可能细化触发事务之间的依赖关系为

$\text{Return-value-independent}(p,q)\wedge(p_{ti}[ob]\rightarrow q_{tj}[ob])\Rightarrow t_j\ CD\ t_i$

$\text{Return-value-dependent}(p,q)\wedge(p_{ti}[ob]\rightarrow q_{tj}[ob])\Rightarrow t_j\ AD\ t_i$

18.3.2　事务的可见性

定义 18.20　（事务 t 的可见域）在某一个时刻可以被事务 t 所随意访问和

操作的数据对象集，即那些数据对象可以被事务 t 所触发的操作在无须考虑会发生任何冲突的情况下直接访问，记作 View_t。

一般情况下 View_t 是 H_{ct} 的一个子集。例如在嵌套事务中，假如一个子事务 t_c，$t_c \in T$ 且 $\mathrm{View}_{tc} = H_{ct}$。这就表示 t_c 可见当前所有并行事务操作的数据对象，可以操作数据库中的所有共享的数据对象的最新状态。

定义 18.21 （事务 t 的冲突集）当事务 t 触发操作时必须考虑的那些可能与 t 触发的操作产生冲突，且包含在当前并行执行历史 H_{ct} 里的操作集。记作 $\mathrm{ConflictSet}_t$。

在以下两个条件都得以满足的情况下，事务 t 就可以对一个共享数据对象 ob 触发操作，而无须考虑会否与事务 t_1 在共享数据对象 ob 上的操作发生冲突。

（1）事务 t_1 的所有操作包含在事务 t 的可见域中。

（2）事务 t_1 的所有操作没有包含在事务 t 的冲突集中。

由此可见：一个事务 t 的冲突集就是符合一定条件的 H_{ct} 的一个事件子集，即

$\mathrm{ConflictSet}_t = \{p_{ti}[ob] \mid \mathrm{Predicate}\}$

考虑嵌套事务模型，尽管子事务 t_c 的操作与其父事务 t_p 的操作相冲突，但是 t_c 仍然可以访问当前被其父事务 t_p 所访问的数据对象，即

$\mathrm{ConflictSet}_{tc} = \{p_{ti}[ob] \mid \mathrm{Inprogress}(p_{ti}[ob]) \wedge t_i \neq t_c \wedge t_i \notin \mathrm{Ancestor}(t_c)\}$

其中，$\mathrm{Ancestor}(t_c)$ 是 t_c 的祖先事务集，$\mathrm{Inprogress}(p_{ti}[ob])$ 是处于执行态的事件。

$\mathrm{Inprogress}(p_{ti}[ob]) \rightarrow ((p_{ti}[ob] \in H_{ct}) \wedge ((\mathrm{Commit}[p_{ti}[ob]] \notin H_{ct}) \wedge (\mathrm{Abort}[p_{ti}[ob]] \notin H_{ct})))$

即是说，子事务 t_c 的祖先事务所触发的任何操作都不应该包括在 $\mathrm{ConflictSet}_{tc}$ 中。反之，在以下三种情况下，事务 t_c 对共享数据对象 ob 的操作可能会与事务 t_i 对共享数据对象 ob 的操作发生冲突。

（1）子事务 t_c 事务 t_i 不是同一事务。

（2）事务 t_i 不是子事务 t_c 的祖先事务。

（3）事务 t_i 的操作 p 现正处于执行态。

综上所述，可以利用每个事务 t 的 $\mathrm{ConflictSet}_t$ 和 View_t 来判断一个事件是否可以被触发。假如这一事件的触发事务通过了 H_{ct} 中 $\mathrm{ConflictSet}_t$ 和 View_t 的检测，这一事件就可以被触发，同时被添加到 H_{ct} 中。

定义 18.22 一个事务获得对一个操作的提交和夭折权这一个过程，称之为授权。

$\mathrm{ResponsibleTr}(p_{ti}[ob])$ 表示事务 t_i 拥有对 $p_{ti}[ob]$ 操作的提交和夭折权。

$\mathrm{Delegate}_{ti}[t_j, p_{ti}[ob]]$ 表示事务 t_i 把对 $p_{ti}[ob]$ 操作的提交和夭折权授予事

务 t_j。

$\text{Delegate}_{ti}[t_j, \text{DelegateSet}]$ 表示事务 t_i 把对 DelegateSet 中的所有操作的提交和夭折权都授予了事务 t_j。

$\text{DelegateSet}_t = \{p_{ti}[ob] \mid \text{ResponsibleTr}(p_{ti}[ob]) = t\}$ 表示 DelegateSet_t 包含了事务 t 对其拥有夭折和提交权的所有操作的集合。

由于把嵌套事务模型应用到规则并行执行中的需要，把 ResponsibleTr 概念分解成为：

$\text{Responsible\_selfTr}(p_{ti}[ob])$ 表示由事务 t_i 真正的在数据对象 ob 上触发了 p 操作从而获得了对 $p_{ti}[ob]$ 的提交和夭折权，而不是由 Delegate 命令所授予产生的。

$\text{Responsible\_retainTr}(p_{ti}[ob])$ 表示事务 t_i 是由于 Delegate 命令的授权才具有对 $p_{ti}[ob]$ 的提交和夭折权。

$\text{Delegate}_{ti}[t_j, p_{ti}[ob]]$ 表示事务 t_i 把对 $p_{ti}[ob]$ 操作所拥有或者是保持的提交和夭折权都授予事务 t_j。

由此得出 DelegateSet_t 的细化定义为

$\text{DelegateSet}_t = \{p_{ti}[ob] \mid (\text{Responsible\_selfTr}(p_{ti}[ob]) = t) \vee (\text{Responsible\_retainTr}(p_{ti}[ob]) = t)\}$

在嵌套事务中，只有当根节点提交的时候，这个事务树中的所有子事务的操作才真正的实现对数据库内容的物理修改。在根事务没有提交前，所有子事务的提交都是逻辑意义上的提交，它们对数据对象的修改只对它们的父事务是可见的，这种子事务的提交传递性，就可以通过子事务对父事务的授权来完成。即

$\text{Commit}_{tc} \in H \Leftrightarrow \text{Delegate}_{tc}\ [t_p,\ \text{AccessSet}_{tc}] \in H$

$\forall t \in T_{comm},\ \neg\ (t \beta^* t)$

判断简单事务并行操作的正确标准就是看其是否符合可串行性，可串行性和原子性失败是并行事务正确与否的判定准则。按这个准则规定，一个给定的并行调度，正确提交完成后当且仅当它是可串行化的，才认为是正确调度。假如不能完成正确的提交，只要它们的失败是原子的，这样仍然不会伤及数据库中数据的一致完整性，尽管后者没有达到操作的目的，但是至少也是一种合法安全的事务并行调度。

相对于可串行性我们关注的是提交事务的正确执行，同时还需要关注在操作前后数据对象的完整性和一致性，尤其是在操作夭折的情况下。所以我们必须保证当一个操作夭折后，所有曾使用过它对数据对象的修改值的操作也必须夭折，为此我们必须给出一个数据对象的行为正确性判断标准。

定义 18.23　数据对象的行为正确性是指一个事件的行为正确，当且仅当

$\forall t_i, t_j \in T, t_i \neq t_j, \forall p, q$ 有（Return-value-dependent$(p,q) \wedge (p_{ti}[ob] \rightarrow q_{tj}[ob] \wedge \neg ((\text{Commit}[p_{ti}[ob]] \rightarrow q_{tj}[ob]) \vee \text{Abort}[p_{ti}[ob]] \rightarrow q_{tj}[ob])) \Rightarrow ((\text{Abort}[p_{ti}[ob]] \in \text{Hob}) \Rightarrow (\text{Abort}[q_{tj}[ob]] \in \text{Hob}))$

这里表明一个数据对象的行为正确性表现在当一个操作夭折后，所有曾使用过它对数据对象修改值的操作也必须夭折。这就保证了在立即方式下，即使出现了操作夭折，数据对象上的操作仍然是正确的。

$\forall t_i, t_j \in T_{comm}, t_i \neq t_j, (t_i \beta ob\, t_j)$ 当且仅当 $\exists p, q$（Conflict$(p_{ti}[ob], q_{tj}[ob]) \wedge (p_{ti}[ob] \rightarrow qt_j[ob])$)；

在一个数据对象上发生的操作行为是可串行的，当且仅当 $\forall t \in T_{comm}, \neg (t \beta ob^* t)$。

一个数据对象的可串行性通过定义一个事务触发冲突操作的提交顺序，防止提交的事务构成冲突关系环来得以保证。

定义 18.24 在一个数据对象的操作行为是可串行的，且操作结果是正确有效的，就称这个数据对象是原子的。

定义 18.25 事务 t 保证了失败的原子性，当且仅当

(1) $\exists ob \exists p, (\text{Commit}\ [p_t[ob]] \in H) \Rightarrow \forall ob' \forall q((q_t[ob] \in H) \Rightarrow (\text{Commit}\ [q_t[ob']] \in H))$；

(2) $\exists ob \exists p, (\text{Abort}\ [p_t[ob]] \in H) \Rightarrow \forall ob' \forall q((q_t[ob] \in H) \Rightarrow (\text{Abort}\ [q_t[ob']] \in H))$。

在上面的定义中，我们用（1）式表示如果一个事务所触发的一个操作成功提交，则这个事务所触发的所有操作都应该实现成功的提交。（2）式表示如果一个事务所触发的一个操作夭折，则这个事务所触发的所有操作都应该相应的夭折。

18.4 嵌套事务耦合方式

耦合方式用来指定在检测到规则感“兴趣”的事件发生后和触发规则相应的条件和动作执行前的时间跨度。

共存在三种基本的规则间的耦合方式。

(1) 立即方式：以立即耦合方式触发的规则在触发时即可以调度执行，触发该规则的事务则需等待，直到被触发规则执行完毕后触发事务继续，因而规则的执行相当于触发该规则的事务在触发点处的延续。同时被触发的多个规则并行执行，效果相当于某一串行结果。嵌套触发的立即规则所对应的事务也具有嵌套结构。

(2) 延迟方式：被触发的延迟耦合方式的规则在事务提交时开始处理，并作为事务的子事务运行。嵌套触发的延迟规则在触发规则执行结束时开始处理，所

有延迟规则的并行处理效果等价于某一串行执行结果。

（3）分离方式：分离耦合方式有因果依赖和无因果依赖之分，二者均在触发时启动，与触发规则的事务并行执行。异步耦合（detached mode）是无因果依赖的，无因果依赖是指触发事务和被触发事务之间不存在任何的依赖。因果依赖包含：异步因果依赖耦合（detached causally dependent coupling）、连续因果依赖耦合（sequential causally dependent coupling）和排他因果依赖耦合（exclusive causally dependent coupling）。

因果依赖耦合是指被触发的事务和触发事务之间存在因果的关联关系。如：异步因果依赖耦合是指被触发的事务只有在触发事务提交的情况下才可以得以提交。对于因果依赖来说效果相当于串接在所有延迟规则之后，同时保证分离规则之间的可串行性。对于无因果依赖方式的规则来说没有可串行性要求。

连续因果依赖耦合是指被触发事务只有在触发事务得以提交的情况下才可以开始执行。排他因果依赖耦合是指被触发事务只有在触发事务夭折的情况下才可以提交。

以下为所有在我们的执行模型中所考虑到的耦合方式，包括延迟方式和连续因果依赖方式。

（1）立即方式：在模型定义中繁衍一个立即方式的子事务的原语表示为 Spawn_Imm。

（2）分离方式：它与在标准的嵌套事务模型中建立一个顶级事务语义相同，在繁衍事务和被繁衍事务间不存在任何的依赖关系。在我们的模型定义中繁衍一个分离方式的事务的原语表示为 Spawn_Detached。

（3）异步因果依赖方式：在这种模式中，繁衍事务夭折的情况下，被繁衍事务也一定要夭折，因此在繁衍事务和被繁衍事务间存在一种夭折依赖关系。在我们的模型定义中繁衍一个异步因果依赖方式的事务的原语表示为 Spawn_Caus。

（4）连续因果依赖方式：这种模式要求，一个被繁衍事务不能开始它的执行，直至它的繁衍事务提交完成后。这样我们需要扩展我们前面定义的耦合方式，以支持这种依赖关系

$$t_j \mathrm{SQD}\ t_i \ \ \mathrm{Begin}\ t_j \in H_t \Rightarrow (\mathrm{Commit}\ t_i \rightarrow \mathrm{Begin}\ t_j)$$

在我们的模型定义中繁衍一个连续因果依赖方式的事务的原语表示为 Spawn_Seq。

（5）排他因果依赖方式：这种模式要求，只有在它的繁衍事务夭折后，被繁衍事务才可以提交。这是我们需要扩展前面定义的依赖关系，以支持这种耦合方式

$$t_j ED\ t_i \quad \mathrm{Commit}\ t_i \in H_t \Rightarrow \mathrm{Abort}\ t_j \in H_t$$

在模型定义中繁衍一个排它因果依赖方式的事务的原语表示为 Spawn_Exc。

（6）延迟方式：在模型定义中繁衍一个延迟方式的事务的原语表示为 Spawn_Def。使用了一种执行环的方法处理延迟方式事务的调度，具体方法如下：把系统中触发的所有规则根据其耦合方式的不同插入到不同的执行环中，在前一执行环中的规则执行完成的情况下，才可以调度下一执行环中的规则。规则的插入使用了具有三层的执行环结构。

在第 1 执行环中包含：

（1）被用户事务以立即方式触发的所有规则。

（2）被用户事务以立即方式触发的所有规则的执行过程中，又以立即方式触发的所有子规则。

在第 2 执行环中包含：

（1）在第 1 执行环中的所有规则的执行过程中，又以延迟方式触发的所有子规则。

（2）在被第 1 执行环中的所有规则以延迟方式触发的所有子规则的执行过程中，以立即方式触发的所有子规则。

在第 3 执行环中包含：

（1）第 2 执行环中的所有规则在执行过程中，又以延迟方式触发的所有规则。

（2）在被第 2 执行环中的所有规则以延迟方式触发的所有子规则的执行过程中，又以立即方式触发的所有子规则。

同样当某一执行环中的所有规则都执行终结后，下一执行环自动升级为上一级执行环，这样就可以有效的控制系统中存在的执行环的总数。

例 18.4 假设 t_0是一个用户事务，t_p是一个用户事务或者是一个子事务，t_c是 t_p以延迟方式繁衍的一个子事务，假设用户事务的执行在第 1 执行环中进行。

第 1 执行环中将包含用户事务和被用户事务以立即方式繁衍的所有子事务，因为 t_p是第 1 执行环中的事务，t_p以延迟方式繁衍产生的 t_c将在第 2 执行环中执行。且在第 1 执行环中的所有事务都已完成执行（包含事务 t_p），t_p将提交前开始执行 t_c。

如果 t_p是一个在第 1 执行环中以延迟方式繁衍的事务，这就意味着 t_p将在第 2 个执行环中被执行，所以 t_c的所有操作应该在 t_p以及 t_p的兄弟事务（第 2 执行环）的所有操作完成后开始执行，即 t_c在第 3 执行环中执行。

小　　结

本章讨论了嵌套事务模型和执行模型。一个事务可能包含很多的子事务，这些子事务也可能繁衍出更多的子事务，从而形成了一个具有一定深度的事务树，由此而产生了嵌套事务的结构模型。嵌套事务是一种复杂度高、灵活性大和应用领域较广的事务模型，它的提交和夭折具有与事务所不同的语义。

事件的发生都是有序的，任何一个事件集都构成一个关于时序关系的偏序集。

因果依赖耦合是指被触发的事务和触发事务之间存在因果的关联关系。如：异步因果依赖耦合是指被触发的事务只有在触发事务提交的情况下才可以得以提交。对于因果依赖来说效果相当于串接在所有延迟规则之后，同时保证分离规则之间的可串行性。对于无因果依赖方式的规则来说没有可串行性要求。

第 19 章 嵌套事务规则的并行控制和死锁检测

本章首先讨论一般事务处理方法，这种方法的原理和相应的算法思想将适用于各类事务的处理，只要根据不同的事务的特征做相应的调整和改动就可以。本章的重点是将在基于嵌套事务框架下讨论主动规则事务的并行控制问题，并基于规则事务树（森林）给出有效的死锁检测算法和具有最小代价的死锁恢复算法。

19.1 一般事务处理

定义 19.1 （操作块）考虑这样一个系统行为模型，在这个模型中数据操作作为一个操作块来考虑，一个数据操作块是一个独立完整的执行单元，即一个操作块作为一个整体来执行和完成。

在执行一个操作块时，可能会有对元组的插入、删除和更新操作。为通用性考虑，我们以操作块，而不是单个的操作来看对数据库的操作。

定义 19.2 变换（transition）由于执行一个操作块的操作而使得数据库从一个状态改变到另一个状态，设数据库在执行操作块之前的状态是 S_0，在执行操作块的操作之后的状态改变为 S_1，从 S_0 到 S_1 数据库状态的改变称为状态变换。

若用 T 表示一个变换，变换的示意图如图 19.1 所示。

图 19.1 是事务更新语义与规则语义关系的一个简单示意图。

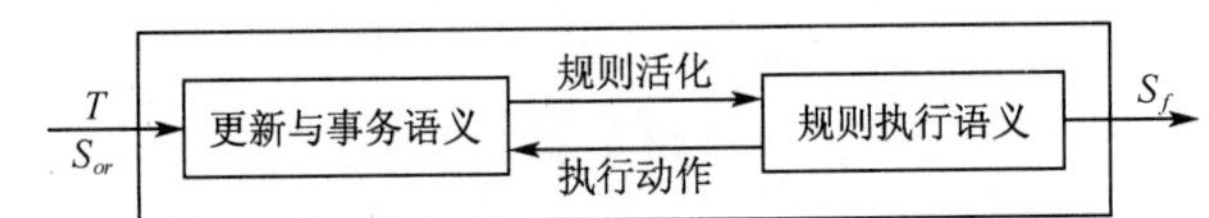

图 19.1 事务更新语义与规则语义关系

用户向一个包含规则集合 R 的主动数据库提交的事务 T 的语义是一个从初始状态 S_{or} 到终态 S_f 的一个变换，由于规则集 R 的存在，事务 T 的处理可能是非终止的，这取决于规则集 R 的定义。

系统顺序地执行事务的操作，在处理每一个更新（modify）操作时，事务将控制转交给规则处理机构。当规则处理完毕，即没有新的规则被触发，系统到达一个静止（quiescent）状态时，规则处理机构将控制交还给事务。

在该模型中，系统由事务处理器对事务进行处理，事务处理器将调用事务处理算法（Process_Transaction(T)）来处理事务。一个事务有一个立即队列 Q_{imm}，包含事务处理器在执行一个非选择语句的语句后所触发的立即式规则，一个延迟队列 Q_{def}，包含事务中所触发的延迟式规则。在过程 Process_Transaction(T)中将依次调用过程 Process_Statement(S)，Process_imm_rules，以及 Process_def_rules。

假设一个规则有一个属性，其值是触发该规则的事件：*R.event*；如果触发规则的事件是 insert，delete 或 update 这三类原子事件之一，事件有一个属性，它的值是触发该规则的事件的操作所产生的变换效果。不难看出，事务事件与时间事件是不会引起数据库状态的改变的，因此这些原子事件的属性为空值。

在算法 19.1 中，ES_S代表与执行语句 S 相关的事件的集合，其中包括与 S 相关的原子事件 Es，以及事件 Es 发生时所引发的复合事件。RS_S则表示当事件集 ES_S所触发的规则集合。Check_Condition(R)是对规则的条件的判断，它返回一个布尔值。

Detect_Compo(Es)是复合事件检测算法（见算法 5.2），它返回的是原子事件 Es 所引发的复合事件的集合。ECs 表示该复合事件集合，因为在事务处理的过程中要判断一个操作是否引发了复合事件，就需要调用复合事件的检测算法，而对于并发处理的事务，在一个事务调用复合事件检测过程进行复合事件检测时，系统可能会切换到另外的事务，在执行这个新的事务时，又可能触发新的事件，原来的事务就不能对新近发生的事件进行处理。因此，我们规定过程 Process_Statement(S)是一个原子的系统操作，即对语句的处理过程是不可中断的，执行 Process_Statement(S)时，系统不能切换到其他的操作。当系统在处理一个事务的语句时，其他的事务只能等待该调用完成之后才有可能被执行。

在计算出执行语句 S 相关的事件集合所触发的规则集合之后，按照系统定义的规则优先策略选择一个规则，对该规则进行条件评价，若规则的条件评价为真，则根据规则定义时所指定的耦合模式，将规则插入事务的相应的规则队列，或者以规则的动作部分创建一个新的事务。最后，将这个规则从规则集合 RS_S中删除。

算法 19.1　Process_Statement(S)（语句处理算法）

```
输入:语句 S;
输出:事务的立即规则队列 Q_imm 以及延迟规则队列 Q_def ;
begin
    ES_S = ∅;RS_S = ∅;执行语句 S;
    计算语句 S 的变换效果[I,D,U];
      Es.Trans_info=[I,D,U];
    ES_S = ES_S ∪ Es;
```

```
ECs = Detect_Compo(Es);
  ES_S = E_S ∪ ECs;
for 每个 e ∈ ES_S do
    计算 E 触发的规则集 R_E;
    for 每个规则 r ∈ R_E do
        r.event = e;
        RS_S = RS_S ∪ R_E;
        while RS_S ≠ ∅ do
            按优先级选择 RS_S 中的一个规则 r;
            if 检测规则 r 的条件评价为 true then
               if r 的耦合模式是立即模式 then
                  将 r 插入事务的立即队列 Q_imm;
               else
               if r 的耦合模式是延迟模式 then
                  将 r 插入事务的延迟队列 Q_def;
                 else
                 以 r 的动作部分为一个新的事务 Tr,向事务处理器提交
                 请求;
        RS_S = RS_S - r;
end.
```

定理 19.1　算法 19.1 是正确的、可终止的，其时间复杂度为 $O(\log_2 n + mn)$。其中，n 为语句 S 所能引发的事件个数，m 为每个事件上定义的规则个数。

证明　（正确性）因为 Detect_Compo(Es)它能返回所有和语句 S 相关的原子事件 Es 所引发的复合事件，则 ES_S是所有与语句 S 相关的所有事件的集合，从而 RS_S是事件集合 ES_S所触发的所有规则的集合，故算法 19.1 能够检测到所有与语句 S 相关的事件所触发的所有规则，并对这些规则进行相应的处理，算法是正确的。

（可终止性）算法中用到了 for 循环语句、while 循环语句和对复合事件检测算法 Detect_Compo(Es)的调用，复合事件检测算法是可终止的，for 循环的循环次数是 ES_S中事件的个数，因为用户定义的事件是有限的，所以一个数据库操作所能引发的事件是有限的，for 循环是可终止的。同样，用户所定义的规则集合也是有限的，故有限的事件集合所能触发的规则集合 RS_S是有限的，则 while 循环也必然可以终止，所以算法是可终止的。

（时间复杂度分析）从算法中可以看出，算法的时间复杂度与用户定义的事件和规则的多少有关。设语句 S 所能引发的事件个数为 n，每个事件上定义的规则个数为 m，则 while 循环的次数为 mn。因为一次复合事件检测算法 Detect_

Compo(Es)的时间复杂度是 $O(\log_2 n)$，则算法的时间复杂度为 $O(\log_2 n+mn)$。证毕。

算法 19.2 用来处理事务的立即规则，若事务的立即规则队列不为空，则取出队列中的第一个规则。对规则的动作部分的每一个语句，判断语句是否为选择语句，若是选择语句，直接执行语句；否则，以该语句为参数调用算法 Process_Statement(S)，最后将该规则从立即队列中删除。

算法 19.2　Process_Imm_Rules（处理事务的立即规则队列算法）

```
输入:事务的立即规则队列 Q_im;
输出:∅;
begin
  while Q_im≠∅ do
    取出队列中的第一个规则 r;
      for r 中的每一个语句 S′ do
            if S′ 是选择语句 then
            执行语句 S′;
            else
            call Process _ Statement(S′);
            从队列中删除规则 r;
    end.
```

算法 19.2 是对事务的立即规则队列中的规则的处理，算法中调用了算法 19.1 Process_Statement(S)来处理每个规则的动作部分中需要处理的语句，而对这些语句的处理有可能触发新的立即式规则，从而在立即队列中加入新触发的规则。因此算法 19.2 的终止性取决于用户的规则定义，若用户的规则定义没有循环触发，则算法 19.2 是可终止的。因此，规定用户定义的规则必须是不存在循环触发的，即系统将不允许定义存在循环触发的规则。在以下的算法 19.3 与算法 19.4 中，我们也使用这条规定。在满足这条规定的条件下，我们有定理 19.2。

定理 19.2　算法 19.2 是正确的、可终止的，其最好情况下的时间复杂度为 $O(nm\log_2 n)$。其中，n 为队列中每个规则的最大语句数，m 为队列中等待处理的规则数。

证明　（正确性）从算法中不难看出，事务的立即规则队列中的每一个规则都得到了处理，对规则的动作部分的语句的处理调用了算法 19.1 Process_Statement(S)，因为算法 19.1 是正确的，故每个语句能得到正确的处理，从而保证了规则执行的正确性，故算法 19.2 是正确的。

（可终止性）由于规则不存在循环触发，而用户定义的规则是有限的，则事务的立即规则队列必然能处理完毕。算法中 Q_{imm} 最终为空，while 循环结束，算法终止。

（时间复杂度分析）算法的时间复杂度也依赖于用户的规则的定义，在最好的情况下，假设每个规则的动作部分没有触发新的规则，若队列中等待处理的规则数为 m，立即队列中每个规则的最大语句数为 n，则算法 19.2 的时间复杂度为 $O(nm\log_2 n)$。证毕。

算法 19.3 是对事务的延迟规则队列中的规则的处理，若事务的延迟规则队列不为空，则取出队列中的第一个规则。对规则的动作部分的每一个语句，判断语句是否为选择语句，若是选择语句，直接执行语句；否则，以该语句为参数调用算法 Process_Statement(S)，在调用过程 Process_Statement(S)结束之后，处理因为该次调用所触发的立即式规则。最后将该规则从延迟队列中删除。

算法 19.3　Process_Def_Rules（处理事务的延迟规则队列）

```
输入:事务的延迟规则队列 Q_def;
输出:∅;
begin
  while Q_def ≠ ∅ do
    取出队列中的第一个规则 r;
    for r 的动作部分的每个语句 S′ do
      if S′是选择语句 then
        执行语句 S′;
      else
        call Process_Statement(S′);
        call Process_imm_rules;
        从队列中删除规则 r;
end.
```

定理 19.3　算法 19.3 是正确的、可终止的，其最好情况下的时间复杂度为 $O(nm\log_2 n)$。其中，n 为队列中每个规则的最大语句数，m 为队列中等待处理的规则数。

证明　（正确性）算法中不难看出，事务的延迟规则队列中的每一个规则都得到了处理，对规则的动作部分的语句的处理调用了算法 Process_Statement (S')，因为该算法是正确的，故每个语句能得到正确的处理，从而保证了规则执行的正确性；若在处理规则的语句时触发了立即式规则，因为算法又调用了算法 Process_imm_rules，则触发的立即规则也能得到正确的处理，故算法 19.3 是正确的。

（可终止性）因为用户定义的规则满足不存在循环触发的条件，而规则的定义是有限的，故延迟规则队列中的规则最终可以处理完毕，while 循环终止。所以算法 19.3 可以终止。

（时间复杂度分析）同样，算法 19.3 的时间复杂度也依赖于用户的规则的定义，在最好的情况下，假设每个规则的动作部分没有触发新的规则，若队列中等待处理的规则数为 m，立即队列中每个规则的最大语句数为 n，则算法 19.3 的时间复杂度为 $O(nm\log_2 n)$。证毕。

算法 19.4 是事务处理算法，当事务处理算法开始执行时，首先将事务的立即队列和延迟队列赋值为空，然后开始顺序处理事务中的各个语句。在处理事务的语句时，对每个非选择语句，将调用语句处理算法 Process_Statement(S)来执行每个语句，然后在 Process_Statement(S)调用返回后，调用算法过程 Process_imm_rules 以处理事务的立即队列，最后当事务的所有语句被执行完毕，事务处理算法调用算法 Process_def_rules 处理事务的延迟队列。

算法 19.4　Process_Transaction(T)（事务处理算法）

```
输入:需要处理的事务 T;
输出:∅;
begin
  Q_imm = ∅;Q_def = ∅;
  for 每一个语句 S do
      if S 是选择语句 then
        执行语句 S;
      else
      call Process_Statement(S);
      call Process_imm_rules;
      call Process_def_rules;
end.
```

定理 19.4　算法 19.4 是正确的、可终止的，其最好情况下的时间复杂度为 $O(n\log_2 n)$。其中，n 为事务中的语句数。

证明　（正确性）算法 19.4 是对一个事务中的各个语句的处理过程，在算法中调用了算法 Process_Statement(S)、算法 Process_imm_rules、算法 Process_def_rules，保证了对语句处理和所触发规则的处理的正确性，因而整个算法是正确的。

（可终止性）在满足规则的定义不存在循环触发的条件下，事务的一个语句触发的规则是有限的，则每个语句在执行之后对算法 Process_imm_rules 的调用是可终止的。算法最后调用了算法 Process_def_rules，而算法 Process_def_rules 是可终止的，故整个算法是可终止的。

（时间复杂度分析）设事务中的语句数为 n，在最好的情况下，若每个语句都不触发规则，则算法的时间复杂度为 $O(n\log_2 n)$。证毕。

19.2　规则事务结构

根据嵌套事务模型的定义可知，被触发规则通常以事务模式运行，所以在下文中我们称每个被封装在事务中的规则为规则事务。当规则事务并行调度执行时，由于触发规则事务的耦合方式的差异，在系统中会形成一种森林状的规则事务结构。

例 19.1　图 19.2 给出了包含二十八个规则事务的事务森林。在图中我们使用实线箭头来表达两个规则事务间是立即或者是延迟耦合关系，使用虚线箭头来表达两个规则事务间因果分离耦合关系。这样从图中我们可以看到，规则事务 t_8 以因果分离耦合方式繁衍产生规则事务 t_{13}；规则事务 t_{12} 以因果分离耦合方式繁衍产生规则事务 t_{16}；规则事务 t_{20} 以因果分离耦合方式繁衍产生规则事务 t_{23}。

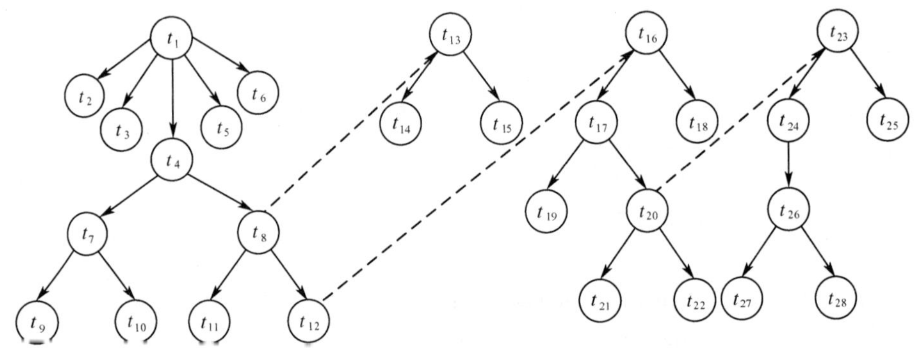

图 19.2　事务树与事务森林

为便于讨论问题，我们给出以下定义。

定义 19.3　（规则事务树）（rule-transaction tree）是由规则事务满足以下性质的事务构成的多叉树。

（1）顶层规则事务为用户事务（user transaction）或分离耦合方式的主动规则事务。

（2）内节点及叶节点为立即耦合方式或延迟耦合方式的主动规则事务。

定义 19.4　（规则事务丛林）（rule-transaction forest）由多棵规则事务树构成。其中，

（1）有且仅有一棵顶层为用户事务的规则事务树。

（2）若干棵顶层为分离耦合方式的规则事务树。

（3）每棵树顶层为分离耦合方式的规则事务树，有一条到达其顶层规则事务节点的虚线边。该边来自事务丛林中的某一其他规则事务树上的一个规则事务节

点 t' 触发。

定义 19.5　t_1，$t_2 \in T$，$P(t_1,t_2)$表示 t_1 为 t_2 的父规则事务，t_2 为 t_1 的子规则事务。$P^*(t_1,t_2)$表示 t_1 是 t_2 的祖先规则事务。t_2 是 t_1 的后代规则事务。

定义 19.6　若$\exists t \in T$，$(P(t,t_1) \cap P(t,t_2))$则称 t_1 和 t_2 为兄弟规则事务，记作 $s(t_1,t_2)$。

定义 19.7　若 $P^*(t_1,t_2) \cup P^*(t_2,t_1) \cup (\exists t \in T, P^*(t,t_1) \cap P^*(t,t_2))$，则称 t_1 和 t_2 为同一家族规则事务。

定义 19.8　若$\neg \exists t_1 \in T, P(t_1,t)$，则称 t 为顶层规则事务；若$\neg \exists t_1 \in T$，$P(t,t_1)$，则称 t 为叶规则事务。

定义 19.9　规则事务 t 所在的规则事务树上所有规则事务集合记为$Stree(t)$，其顶层规则事务记为 $top(Stree(t))$。若 $\exists t' \in Stree(t_1)$，$t'$ 触发 $top(Stree(t_2))$，则称 t_1 和 t_2 之间具有因果依赖关系，记作 $cd(t_1,t_2)$。

规则事务 t_1 和 t_2 之间的传递因果依赖 $cd^*(t_1,t_2)$递归定义如下：

(1) $cd(t_1,t_2)$。

(2) $cd(t_1,t_3), cd^*(t_3,t_2)$。

定义 19.10　规则事务 t 的依赖规则事务集 $DTS(t)$递归定义如下：

(1) $t \in DTS(t)$。

(2) 若 $t \in DTS(t)$，$P(t, t_1)$或 $cd(t,t_1), t_1 \in DTS(t)$。

定义 19.11　令 T 为规则事务集合，如果$\forall t_1$，t_2，$t_3 \in T$ 满足如下条件，则称 T 的执行是层次可串行的：

(1) 若 t 夭折，则 $DTS(t)$夭折，即 $DTS(t) AD\ t$。

(2) 若 $p(t,t_1)$，相当于嵌入在 t 触发 t_1 的触发点处执行。

(3) 若 $s(t,t_1)$，两者的并行执行结果相当于某一串行执行结果。

(4) 若 $cd(t,t_1), top(stree(t))$必须先于 $top(stree(t_1))$提交（即 $top(stree(t_1)) CD\ top(stree(t)))$。若不存在 $cd(t,t_1), top(stree(t))$可以在处理了本规则事务树中的延迟方式规则事务后提交。

例 19.2　在图 19.2 中 t_8 以因果分离耦合方式繁衍产生 t_{13}，根据定义 19.11 的条件（4）可知，t_{13} 必须在 t_1 提交之后方能提交。同样，t_{16} 也必须在 t_1 提交之后方能提交，t_{23} 必须在 t_{16} 提交之后方能提交。t_{16} 和 t_{13} 的提交次序任意。在同一规则事务树上，子规则事务可以继承其父规则事务或祖先规则事务持有的锁，如 t_{11} 可以继承 t_4 持有的锁，t_{12} 提交时所持有的锁由 t_8 继承，t_{11} 夭折时锁交还 t_4。

层次可串行是规则事务执行的正确性标准，规则事务调度和并行控制必须保证层次可串行化。

采用日志恢复数据，按照规则事务层次压入日志栈中。相关的数据结构如下：

(1) 日志栈：栈元素是二元组（pre_value，tid），系统为每个处于修改状态的数据对象保持一个日志栈，记载规则事务树上某一线性分支的数据，用于死锁恢复。

Log _ Stack=stack of(pre_value,tid)

(2) 锁表为锁持有者和等待者构成的二元组($holder$,$waiter$)，$holder$ 表示锁持有者集合，$waiter$ 表示锁等待者集合。当前被访问数据对象 o 的锁记为 $o.lock\_table$。

$o.lock\_table$=($holder$=set of(tid,m),$waiter$=set of(tid,m))

规则事务树上的每个事务节点保持相关信息，记载与对应日志栈的联系。

19.3 并行控制算法

必须支持两种锁类型，分别是读锁（read）和写锁（write）。任何规则事务都可以请求共享数据对象的锁，所有规则事务都必须在取得了对某个共享数据对象的锁，才可以对这个数据对象实施符合这个锁的语义的操作。并行控制算法保证任意时刻最多只有一个规则事务修改任一共享数据对象。

锁可通过竞争方式得到，也可通过继承方式得到，还可通过剥夺方式得到。如果没有其他规则事务以与当前请求规则事务相冲突的方式持有某一数据对象的锁，则当前规则事务获得对该数据对象的锁。

根据嵌套事务的语义，子规则事务可以继承其父规则事务或祖先规则事务持有的锁。锁的向下继承，可升级，即父规则事务或祖先规则事务持有 R 锁，子规则事务申请并得到 W 锁；根据因果依赖规则事务与其触发规则事务之间的串行顺序要求，任意规则事务可以剥夺直接或间接依赖于该规则事务所在规则事务树上某一规则事务的因果依赖规则事务所持有的锁。如果在当前情况下，规则事务 t 的请求锁不能够被满足，这时规则事务 t 将被添加到对请求数据对象的等待列表中。

设有规则事务集 T，$t\in T$ 规则事务请求对于数据对象 o 的锁，访问方式为 i，$L(t,o,i)$表示规则事务 t 以方式 i 持有数据对象 o 的锁。conflict(i,i')判别访问方式 i 与 i' 是否冲突，返回值为真，表示 i 与 i' 存在冲突；返回值为假，表示 i 与 i' 不存在冲突。锁请求处理算法如下。

算法 19.5 Lock_Request(t,o,i)（锁请求处理算法）

输入:(t,o,i)表示规则事务 t 请求以方式 i 持有数据对象 o 的锁；

输出:判定是否授予 t 以方式 i 持有数据对象 o 的锁，且在授予后更新日志栈和锁表；

begin

```
if ∀t′∈T 存在 L(t′,o,i′)and ¬ conflict(i,i′)then
    if i="W"then
      给数据对象 o 分配日志栈空间;
      Push((current_value(o),TID(t)),o.log_stack);
      (o.lock_table).holder=(o.lock_table).holder∪{(t,i)};
      if ∃(t,i)∈(o.lock_table).waiter then
        (o.lock_table).waiter=(o.lock_table).waiter-{(t,i)};
        if ∀t′∈T 存在 L(t′,o,i′)and conflict(i,i′)and P*(t′,t)then
        /*锁的向下继承*/
          if i="W"then
            给数据对象 o 分配日志栈空间 o;
            Push((current_value(o),TID(t)),o.log_stack);
            (o.lock_table).holder=(o.lock_table).holder∪(t,i);
            if ∃(t,i)∈(o.lock_table).waiter then
                (o.lock_table).waiter=(o.lock_table).waiter-
                {(t,i)};
             if ∀t′∈T 存在 L(t′,o,i′)and conflict(i,i′)and cd*(t,
             t′)then
                /*强制剥夺某一规则事务的因果依赖规则事务所持有的锁*/
                abort(i′);
      if i="W"then
          给数据对象 o 分配日志栈空间;
          Push((current_value(o),TID(t)),o.log_stack);
          (o.lock_table).holder=(o.lock_table).holder∪(t,i);
      if ∃(t,i)∈(o.lock_table).waiter then
        (o.lock_table).waiter=(o.lock_table).waiter-(t,i);
        restart(t′);
        if ∀t′∈T 存在 L(t′,o,i′)and conflict(i,i′)and ¬ cd*(t,t′)
        and ¬ P*(t′,t)then
          /* t 请求以方式 i 持有数据对象 o 的锁暂时不能被授予,t 将被添
          加到对请求数据对象的等待列表中*/
        if ¬ ∃(t,i)∈(o.lock_table).waiter then
          (o.lock_table).waiter=(o.lock_table).waiter∪{(t,i)};
        block(t,o);
end.
```

规则事务提交：子规则事务提交，所持有的锁交给其父规则事务（锁的向上继承，可升级，即若父规则事务或祖先规则事务原持有 S 锁，子规则事务继承并升级为 X 锁，子规则事务提交后其父规则事务持有 X 锁）无论锁是竞争得到

的或是继承得到的，数据对象的修改视为其父规则事务所为；顶层规则事务提交，清除与该规则事务树相关的日志栈，释放其持有的锁；用户事务提交，清除日志栈，并在延迟规则事务处理完毕后释放其持有的锁。规则事务提交处理算法如下。

算法 19.6　Transaction _ Commit(*t*)（规则事务提交处理）

```
输入:预提交规则事务 t 的 TID;
输出:是否准予规则事务 t 提交,并在准予规则事务 t 提交后整理更新日志栈和
锁表;
begin
  if t 是子规则事务 then
      for 每一个 o 存在(t,i)∈(o. lock _ table). holder do /*锁的向上继承*/
        if ∃(t′,i′)∈(o. lock _ table). holder,存在 P(t′,t)then
          (o. lock _ table). holder = (o. lock _ table). holder - {(t,i)} ∪
          {t′,max(i,t′)};
        else
          (o. lock _ table). holder = (o. lock _ table). holder - {(t,i)} ∪
          {t′,i}};
        for 每一个 log _ stack 存在 top(o. log _ stack). tid = TID(t)do
           set top(o. log _ stack). t_id = TID(t′),存在 P(t′,t);
            if top(o. log _ stack). t_id = next _ to _ top(o. log _ stack).
            t_id then
               pop(o. log _ stack);
           else
           if t 是因果依赖耦合方式触发的顶级事务 then /*t 是顶级事务*/
               wait for t′,存在 cd(t′,t);
           else
             并行处理 Stree(t)规则事务树上所有的延迟方式触发的规则事务;
             for 每一个 o 存在(t,i)∈(o. lock _ table). holder do
               (o. lock _ table). holder = (o. lock _ table). holder - {(t,i)};
           在日志栈中删除所有与规则事务 t 相关的堆栈值;
end.
```

一规则事务夭折，所有其子孙规则事务以及所有因果依赖于本规则事务的规则事务夭折。子规则事务夭折，对于继承而来的锁交还给其父规则事务或祖先规则事务，对于竞争得到的锁释放。顶层事务夭折，清除与该规则事务树相联系的日志栈。由于锁继承时并未修改锁表中原持有锁的父规则事务（祖先规则事务）对锁的持有标志，因而无论对于继承而来的锁，还是竞争得到的锁其释放动作是相同的。规则事务夭折处理算法如下。

算法 19.7　Transaction_Abort(t)（规则事务夭折处理）

```
输入:规则事务的 TID;
输出:是否 t 夭折,并在 t 夭折后更新日志栈和锁表;
begin
  for 每一个 t′存在 P(t,t′)or cd*(t,t′)do /*回退 t 的子事务和因果依赖于t 的
  事务*/
      call transaction_abort(t′);
         for 每一个 log_stack 存在 top(o.log_stack).tid = TID(t)do
           o = pop(o.log_stack).pre_value;/*恢复原值*/
           for 每一个 o 存在(t,i)∈(o.lock_table).holder do /*释放 t 所持
           有的锁*/
              (o.lock_table).holder = (o.lock_table).holder - {(t,i)};
                if t 是顶级规则事务 then
                   在日志栈中删除所有 t 相关的堆栈值;
end.
```

定理 19.5　对于算法 19.5、算法 19.6、算法 19.7，如果令 T 为任意规则事务集合，H 为上述基于嵌套事务框架下并行调度的任意一个执行，则 H 是层次可串行的、可终止的，其时间复杂度为 $O(n^3)$，$O(n)$，$O(n)$。其中，n 为 T 事务集中已存在的规则事务总数。

证明　（正确性）根据 Transaction_Abort 算法，可知定义 19.11 中条件（1）显然成立。由于父子规则事务是同步触发的，定义 19.11 中条件（2）自然也成立。根据算法 Lock_Request 和 Transaction_Commit 中的锁继承关系，对于$s(t,t_1)$，令 o 为规则事务 t 和 t_1 共享数据对象，若 t 先获得对 o 的访问权，t 提交时锁交还给其父规则事务。其后，t_1 可由父规则事务处继承到 o 的锁，因而规则事务 t 和 t_1 共享数据对象 o 的访问是串行的，所以定义 19.11 中条件（3）成立。根据 Lock_Request 算法，若 $cd^*(i,t')$，i 可以剥夺 t' 持有的锁，根据 Transaction_Commit 算法，若存在 $cd^*(i,t')$，规则事务 i 必须先于 t' 提交，因而定义 19.11 中条件（4）成立。则可证 H 是层次可串行的。

（可终止性）在 Lock_Request，Transaction_Commit 和 Transaction_Abort 算法中，只存在 for 循环语句和 if 判断语句。事务树（森林）不是无限深度的，且其中包含的规则事务个数是有限的。由此可得算法中的每一个 for 循环语句的循环控制变量都是一个常量，故所有的 for 循环语句均可在有限步后，自动终止。故以上三个算法都是可终止的。

（时间复杂度分析）锁请求处理算法 Lock_Request(t,o,i)根据嵌套事务的语句要求，完成规则事务 t 请求以方式 i 持有数据对象 o 的锁的操作，在算法 Lock_Request(t,o,i)中，我们使用分支判断语句 if，表达了四种可能申请该锁可能遭遇的

四种情况：①如果没有其他规则事务以与当前请求规则事务相冲突的方式持有某一数据对象的锁，则当前规则事务获得对该数据对象的锁；②可通过继承方式得到锁；③可通过剥夺方式得到锁；④得不到锁。假设 n 为 T 事务集中已存在的规则事务总数，则锁请求处理算法 Lock_Request(t,o,i)的最坏时间复杂度为 $O(n^3)$。

规则事务提交处理算法 Transaction_Commit(t)，根据嵌套事务的语句要求，完成规则事务提交时的锁继承或锁升级或锁释放以及整理与该规则事务树相关的日志栈等操作。假设 n 为($o.lock\_table$).$holder$ 中存在的锁信息项总数，规则事务提交处理算法 Transaction_Commit (t)的最坏时间复杂度为 $O(n)$。

规则事务夭折算法 Transaction_Abort(t)：根据嵌套事务的语句要求，完成一规则事务夭折后，有关的锁释放和与该规则事务树相联系的日志栈整理工作。假设 n 为 T 事务集中已存在的规则事务，m 为($o.lock\_table$).$holder$ 中存在的锁信息项，根据我们的算法可知 $n \geqslant m$，所以规则事务夭折算法 Transaction_Abort(t)的最坏时间复杂度为 $O(n)$。证毕。

19.4 死锁检测恢复

死锁是数据库领域研究中不可避免的问题，在我们的基于嵌套事务的规则并行调度中，当多个规则事务的并行执行时，产生多个规则事务对共享数据对象的访问时，可能导致死锁。传统的等待图可以用于规则事务死锁的检测，但考虑规则事务之间的锁继承关系需要对等待图作适当改造。在嵌套事务框架下的恢复与在事务框架下的恢复相差无几，事务框架下的恢复算法如，日志栈（Log_Based Stack）和版本（Versioning），仍可使用基于日志栈的嵌套事务恢复算法。由于并行规则事务之间按其触发关系和耦合方式形成确定的拓扑结构，根据规则事务之间的拓扑关系和锁协议可以给出有效的死锁检测。

例 19.3 图 19.3 所示的规则事务森林中含有 28 个规则事务。在图中我们

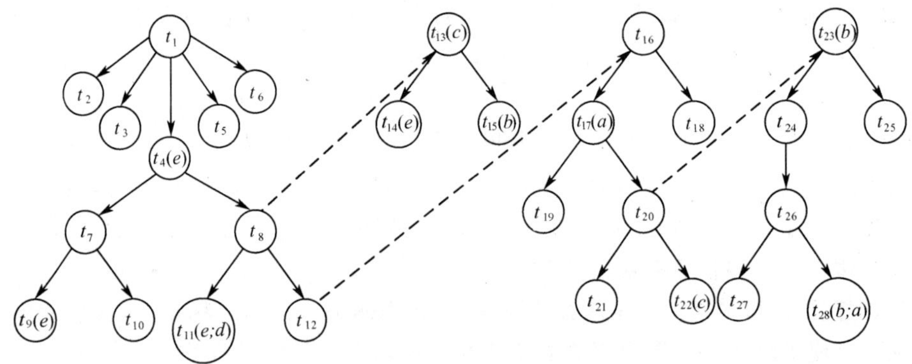

图 19.3 事务森林与死锁

使用实线箭头来表达两个规则事务间是立即或者是延迟耦合关系，使用虚线箭头来表达两个规则事务间因果依赖的分离耦合关系。$t_i(a_1,\cdots,a_m;b)$表示规则事务t_i持有对数据对象a_1，…，a_m的锁，等待对数据对象 b 的锁。例如，$t_{11}(e;d)$表示规则事务 t_{11}锁住数据对象 e，等待数据对象 d。由于同一规则事务树中父子规则事务为同步触发关系，规则事务持有（等待）的锁也是其父规则事务持有（等待）的锁。例如：$hold(t_{17})=\{a\}$；$wait(t_{17})=\{c\}$；$hold(t_{13})=\{c\}$；$wait(t_{13})=\{b\}$；$hold(t_{23})=\{b\}$；$wait(t_{23})=\{a\}$。规则事务集$\{t_{17},t_{13},t_{23}\}$死锁。

夭折 t_{17}，t_{13}，t_{23}其一都可以解除死锁（夭折 t_{17} 意味同时夭折 t_{23}），但其代价不同。下面我们将以夭折规则事务的个数为代价度量标准给出有效的死锁检测和恢复算法。

我们通过在所有规则事务树之上设置一个虚拟事务 top，其子规则事务为用户事务和所有顶层规则事务，以方便发现和处理规则事务树间的死锁。由此通过给图 19.3 中的所有顶层规则事务设置一个虚拟规则事务 top，从而由一个规则事务森林产生一个规则事务树，如图 19.4 所示。

令 T 为规则事务树（森林）中的所有规则事务的集合。t 为任意规则事务，$t.holder$ 表示 t 及其后代规则事务持有的锁集合，$t.waiter$ 表示 t 及其后代规则事务等待的锁集合。基于规则事务之间的拓扑结构，算法递归累计各个规则事务所持有和等待的锁，并判断同层次规则事务之间是否存在锁的相互等待关系，然后求出最小死锁集。在参与死锁的规则事务集中，以依赖事务集大小为代价度量标准选择夭折规则事务。

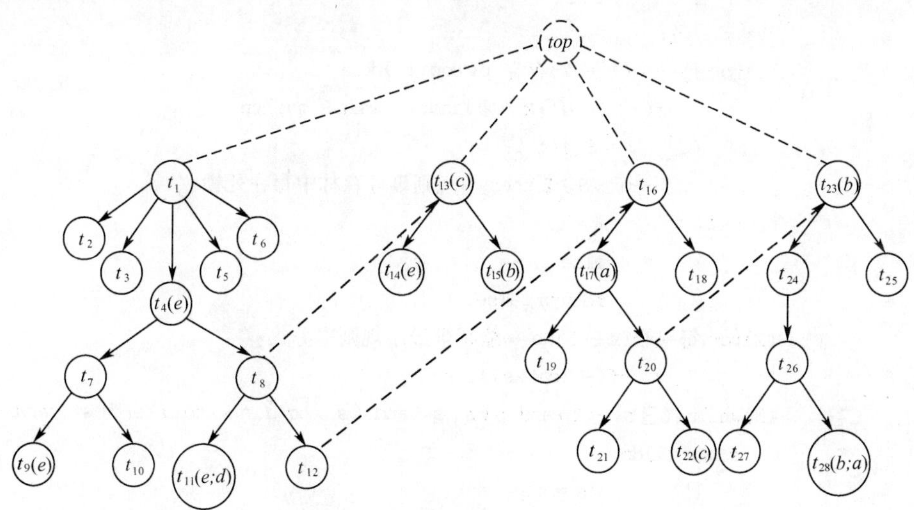

图 19.4　设置了虚拟事务 top 的事务树

算法 19.8　Locking_Set(*top*)

```
输入:虚拟规则事务的 TID;
输出:返回虚拟规则事务的所有子规则事务持有锁和等待锁的交集;
begin
  if leaf(top)then
    return(top.hold,top.wait);
    else
    for 每一个(t′∈T)存在 p(top,t′)do /*递归求交*/
        (top.hold,top.wait)=(top.hold,top.wait)∪Locking_set(t′);
        return(top.hold,top.wait);
end.
```

算法 19.9　Deadlock_Resolving(*top*)（监测虚拟规则事务）

```
输入:虚拟规则事务的 TID;
输出:监测以虚拟规则事务为顶层事务的事务树中是否存在死锁,是则以依赖事务集
大小为选择夭折规则事务;
begin
    call Locking _ Set(top);
              /*虚拟规则事务为顶层规则事务的规则事务树中的所有锁信息求交*/
    m=top.hold∩top.wait;
    if m≥2 then
                    /*构建的以虚拟规则事务为顶层规则事务的规则事务树中存在
                    死锁*/
        S=∅;
    (1)for 每一个(t′∈T)存在 p(top,t′)do
            if(t′.hold∩M≠∅)and(t′.wait∈m)then
                S=S∪{t′};
                if  S≥2 then /*规则事务森林中存在死锁*/
                  R=∅;
                  else
                  return false;
    (2)for 每一个(s∈S)do /*缩减求最小规则事务集*/
              if(¬ leaf(s))then
    (3)while((∃s′∈T)and p(s,s′)and (s′.hold = s.hold)and(s′.wait =
       s.wait))do
                  s=s′;
                  R=R∪{s};
    (4)if R 中冲突的规则事务属于(不包括以虚拟规则事务为顶层规则事务的规
       则事务树)同一棵规则事务树中的子规则事务 then
```

```
        任取 R 中一规则 r′;
        r = r′;
        for 每一个 r″∈R do
                  if size(DTS(r″))≤size(DTS(r′))then
                  r = r″;
                  else
                  R′ = {r′ | r′∈R and r′∈TC1 and 存在 r″∈R and r″∈TC2
                  and TC1≠TC2 and r″.wait∈ r′.hold}
                  任取一规则 r′∈R′
                  r = r′;
                  for 每一个 r″∈R′
                    if size(DTS(r″))≤size(DTS(r′))then
                    r = r″;
                    abort(r);/*回退规则事务 r 的所有子规则事务*/
                    restart(r);
end.
```

定理 19.6　死锁检测与恢复算法 19.9 Deadlock_Resolving 是正确的、可终止的，若以夭折规则事务集大小为度量标准，本算法恢复代价最小，其时间复杂度为 $O(n^2)$。其中，n 为规则事务节点规则数。

证明　（正确性）在本算法中，通过对规则事务树（森林）中的所有子规则事务的持有锁和等待锁取交来发现是否存在死锁。若死锁发生在同一规则事务树中，显然，若死锁涉及多个规则事务树，根据锁剥夺关系，至少存在两个规则事务 $t_1 \in TC_1, t_2 \in TC_2, t_1$ 等待 $t_3 \in TC_3$ 持有的锁，t_2 等待 $t_4 \in TC_4$ 持有的锁，且 $TC_1 \neq TC_3$，$TC_2 \neq TC_4$。因而 $S \neq \varnothing$，故如发生死锁定能发现。在发现死锁后，选取参与死锁的具有最小依赖事务集的规则事务子树进行夭折，因而若以夭折规则事务集大小为度量标准，本算法恢复代价最小。

（可终止性）在该算法中，具有循环操作的步骤有（1）、（2）、（3）和（4）。其中（1）、（2）和（4）均是 for 循环语句，因为以虚拟规则事务为顶层规则事务的规则事务树中的规则事务个数是有限的，所以可知 T 是一个有限量，且它们的循环控制变量都是小于 T 一个常量，故（1）、（2）和（4）for 循环语句在有限步后可自动终止。（3）while 循环语句结束的条件是，虚拟规则事务树中不再存在子规则事务的等待列表和持有列表与其父规则事务的相等。每发现一个子规则事务的等待列表和持有列表与其父规则事务的相等就归约一次规则事务集，因为规则事务树并非无限深度的，所以归约操作也会在有限步后自动终止。因此，（3）while 循环语句一定终止的。由此可证，死锁检测与恢复算法 Deadlock_Resolving 是可终止的。

（时间复杂度分析）在算法 19.8 Locking_Set 算法中，对于存在 n 个规则事务节点规则事务树进行的锁信息求交操作最多被递归调用 n 次，所以算法 19.8 Locking_Set的时间复杂度为 $O(n)$。

在算法 19.9 Deadlock_Resolving 中，调用算法 19.8 Locking_Set 的时间复杂度为 $O(n)$。

对于在该算法中存在（1）、（2）和（4）三个并列的循环操作。

（1）循环完成检验以虚拟规则事务为顶层规则事务的规则事务树中是否存在死锁操作，在以虚拟规则事务为顶层规则事务的规则事务树中是否存在死锁的情况下，检验以虚拟规则事务为顶层规则事务的规则事务树中的次顶层规则事务所形成的规则事务森林中是否存在死锁，对于存在 n 个规则事务节点规则事务树（1）循环的时间复杂度为 $O(n)$。

循环（2）归约求最小规则事务集，对于存在 n 个规则事务节点规则事务树的循环（2）归约求最小规则事务集的时间复杂度为 $O(n^2)$。

循环（4）在 R 中的冲突的规则事务属于（不包括以虚拟规则事务为顶层规则事务的规则事务树）同一棵规则事务树中的子规则事务，或者不属于（不包括以虚拟规则事务为顶层规则事务的规则事务树）同一棵规则事务树中的子规则事务两种不同情况下，进行依赖事务集的大小比较操作，选取依赖事务集的最小的规则事务，其最坏时间复杂度为 $O(n^2)$。

综上可得，Deadlock_Resolving 算法的时间复杂度为 $O(n^2)$。证毕。

小　　结

本章在基于嵌套事务的框架下探讨了支持多种耦合方式的主动规则执行问题，根据并行规则之间的锁继承和锁剥夺关系，给出了一个主动规则并行控制算法。同时基于规则事务树（森林）的拓扑结构，给出了一个有效的死锁检测算法和具有最小代价的死锁恢复算法，本算法可以定义其他代价函数取代本书给出的代价度量标准，例如在实时应用中可以依据事务优先级别和截止时间选择夭折事务。

第 20 章　主动数据库的完整性

完整性维护是数据库管理系统的重要组成部分。完整性是指数据的正确性和相容性。例如，学生的学号必须唯一；性别只能是男或女；本科学生年龄的取值范围为 10～70 的整数；学生所在的系必须是学校已开设的系等。对数据库实施完整性维护可防止数据库中存在不符合语义的数据，防止错误信息的输入和输出。完整性维护的实施会耗费数据库管理系统大量资源，在数据库管理系统资源不是很充分的时候会极大影响数据库性能，所以数据库管理系统对完整性的自动维护能力是有限的，应用程序必须花很大代价去维护数据的完整性。程序员的负担加重了，因为他们在每一步都必须知道并检查相关的约束。那么，主动数据库能否在数据库的完整性方面发挥它特有的作用呢？这是我们所期待的。如果能在数据库和应用程序之间添加主动的控制机制，完成一些传统的数据库管理系统难以完成的完整性维护，肯定能减轻程序的负担，它的应用价值是值得肯定的。

20.1　完整性约束

20.1.1　完整性约束条件

为了维护数据库的完整性，DBMS 必须提供一种机制来检查数据库中的数据，看其是否满足语义规定的条件。这些加在数据库数据之上的语义约束条件称为数据库完整性约束条件，它们作为模式的一部分存入数据库中。而 DBMS 中检查数据是否满足完整性条件的机制称为完整性检查。

完整性检查是围绕完整性约束条件进行的，因此完整性约束条件是完整性控制机制的核心。

对基于关系主动数据库管理系统而言，完整性约束条件作用的对象可以是关系、元组、列三种。其中列约束主要是列的类型、取值范围、精度和排序等约束条件。元组的约束是元组中各个字段间的联系的约束。关系的约束是若干元组间，关系集合上以及关系之间的联系的约束。

完整性约束条件涉及的这三类对象，其状态可以是静态的，也可以是动态的。所谓静态约束是指数据库每一确定状态时的数据对象所应满足的约束条件，它是反映数据库状态合理性的约束，这是最重要的一类完整性约束。

动态约束是指数据库从一种状态转变为另一种状态时，新、旧值之间所应满足的约束条件，它是反映数据库状态变迁的约束。

综合上述两个方面，可以将完整性约束条件分为六类，如图 20.1 所示。

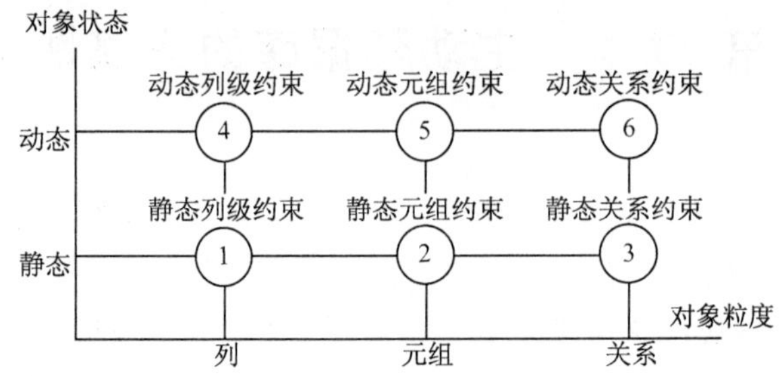

图 20.1 完整性约束条件

下面对这六类完整性约束条件简要说明。

（1）静态列级约束。

① 对数据类型的约束（包括数据的类型、长度、单位、精度等）；

② 对数据格式的约束；

③ 对取值范围或取值集合的约束；

④ 对空值的约束；

⑤ 其他约束。

（2）静态元组约束。

一个元组是由若干个列值组成的，静态元组约束就是规定元组的各个列之间的约束关系。例如订货关系中包含发货量，订货量等列，规定发货量不得超过订货量。

（3）静态关系约束。

在一个关系的各个元组之间或者若干关系之间常常存在各种联系或约束。常见的静态关系约束有：

① 实体完整性约束；

② 参照完整性约束；

③ 函数依赖约束。函数依赖约束在关系模式中定义；

④ 统计约束。即字段值与关系中多个元组的统计值之间的约束关系。

（4）动态列级约束。

动态列级约束是修改列定义或列值时应满足的约束条件，包括下面两个方面：

① 修改列定义时的约束；

② 修改列值时的约束。

（5）动态元组约束。

动态元组约束是指修改元组的值时元组中各个字段间需要满足某种约束条件。

（6）动态关系约束。

动态关系约束是加在关系变化前后状态上的限制条件，例如事务一致性，原子性等约束条件。

当然，完整性的约束条件可以从不同角度进行分类，因此会有多种分类方法。本书将完整性约束依据实施粒度分为行约束、表内约束和表间约束；依据数据状态分为状态约束、状态迁移约束和时态约束。我们在这儿列出这些分类的方法并做了详细的说明，使读者对完整性约束会有较为明白的认识。

20.1.2　完整性控制

下面，首先介绍完整性控制功能。

如果违背了一个已经定义的约束，数据库就会出现异常并将数据库回滚到操作执行前的状态。在这个问题上，应用程序可以对违背操作做出相应处理，要么是使整个事务进行回滚，要么附加一些额外的操作使数据库能够维持一致的状态。

总的说来，DBMS 的完整性控制机制应该具有三个方面的功能。

（1）定义功能，提供定义完整性约束条件的机制。

（2）检查功能，检查用户发出的操作请求是否违背了完整性约束条件。

（3）如果发现用户的操作请求使数据违背了完整性约束条件，则采取一定的动作来保证数据的完整性。

检查是否违背完整性约束的时机通常是在一条语句执行完后立即检查，称这类约束为立即执行约束（immediate constraints）。有时完整性检查需要延迟到整个事务执行结束后再进行，检查正确方可提交，称这类约束为延迟执行约束（deferred constraints）。例如银行数据库中“借贷总金额应平衡”的约束就应该是延迟执行的约束，从账号 A 转一笔钱到账号 B 为一个事务，从账号 A 转出去钱后账就不平衡了，必须等转入账号 B 后账才能重新平衡，这时才能进行完整性检查。确定约束是立即执行约束还是延迟执行约束是由用户决定，因为完整性约束部件不能理解约束的语义。

如果发现用户操作请求违背了完整性约束条件，系统将拒绝该操作，但对于延迟执行的约束，系统将拒绝整个事务，把数据库恢复到该事务执行前的状态。

其次，介绍对完整性规则表示问题。

一条完整性规则可以用一个五元组(D, O, A, C, P)来表示，其中：

（1） D(Data)约束作用的数据对象。

（2） O(Operation)触发完整性检查的数据库操作，即当用户发出什么操作请求时需要检查该完整性规则，是立即检查还是延迟检查。

（3） A(Assertion)数据对象必须满足的断言或语义约束，这是规则的主体。

（4） C(Condition)选择 A 作用的数据对象值的谓词。

（5） P(Procedure)违反完整性规则时触发的过程。

例如，在“教授工资不得低于 1000 元”的约束中：

D 约束作用的对象为工资 Sal 属性。

O 插入或修改职工元组时。

A Sal 不能小于 1000。

C 职称＝‘教授’（A 仅作用于职称＝‘教授’的记录）。

P 拒绝执行该操作。

最后，简单说明完整性控制部件。

目前许多的数据库管理系统都提供了定义和检查实体完整性、参照完整性和用户定义的完整性的功能。对于违反实体完整性和用户定义的完整性的操作，一般都是采用拒绝执行的方式进行处理。而对于违反参照完整性的操作，并不都是简单地拒绝执行，有时要根据应用语义执行一些附加的操作，以保证数据库的正确性。

不同的数据库管理系统挂接完整性控制部件后将具有与应用程序的无关性，应用程序也将不用考虑不同数据库管理系统之间的差别，而只需要与完整性控制部件打交道。

20.1.3 完整性控制部件的产生的过程

完整性控制部件的产生的过程按下列顺序进行。

完整性约束定义⇒ 标准完整性约束规则库⇒ 规则分析⇒ 产生 E-C-A 规则⇒完整性控制部件。

为什么要使用约束呢？为了回答这个问题，让我们看一下数据完整性的基本成分（数据的准确性和一致性），再看看怎样通过使用约束来增强数据库中的完整性。数据准确性在列表上设置规则（约束），这样数据库中只允许某些类型的数据能输入到这些列表中。也可以通过不同方式来保证输入数据的正确性。首先，要做的事是在列表上设置规则（约束），只允许一定类型和一定长度的数据输入。数据也可以用包括画线和其他字符的形式提取，这样使查询的输出更可读一些。其次，前端应用程序应当有控制插入表中值的类型的编辑器，或者允许用户从列表中选值。数据库约束和前端编辑器应当互相联系在一起，以提供更好的数据完整性。最后，数据库规范化也有助于保持数据的一致性，因为数据库中冗余数据被删除了。我们可以使用参照完整性约束（外键）来维持和规范数据库中数据的一致性。

20.2　约束表达式与语言

20.2.1　约束表达式

首先，对约束类型的谓词进行介绍。

一般来说，一个完整性约束可以是与数据库有关的任意谓词。但检测任意谓词的代价可能太高，因此，通常只局限于那些只需极小开销就可检测的完整性约束。约束语言是任意谓词集的一个子集，它决定了完整性约束表达的能力，约束表达能力强，检测代价就会高；反过来，约束表达能力弱，就能减少检测的代价。

本书把约束类型限制在下面的谓词子集里。

$C_1: x_1\ \varphi\ c_1$

$C_2: x_1 \varphi\ x_2$

$C_3:\text{unique}(x_1,\cdots,x_n)$

$C_4: C_i \Rightarrow C_j$，其中，C_i和C_j是C_1或C_2类型的约束。

符号$\varphi \in \{<, \leqslant, =, \neq, \geqslant, >\}$，它代表了一个比较操作符，$x_1$，…，$x_n$是变量（它们是元组的属性），而$c_1$是常量。$C_1$，$C_2$，$C_3$，$C_4$称为原子约束。$\text{unique}(x_1,\cdots,x_n)$表示一个唯一约束，它说明属性组合（$x_1$，…，$x_n$）是唯一的。

在上述约束子集的基础上，得出了以下的约束类型。

1. C_1约束间的关系

C_1约束限制了单个属性可能的取值范围。显然，比较两个C_1约束取决于常数值和约束的比较操作符。即有

$(x_1\varphi_1\ c_1) \wedge (x_2\varphi_2\ c_1) \wedge (c_1\varphi_3\ c_2) \Rightarrow (IC_1 \Theta IC_2)$

表 20.1 概括了这种关系。

表 20.1　C_1约束间的关系

$(x_1\varphi_1\ c_1) \wedge (x_2\varphi_2\ c_1) \wedge (c_1\varphi_3\ c_2) \Rightarrow (IC_1 \Theta\ IC_2)$			
φ_1	φ_2	φ_3	Θ
$<,\leqslant,=$	$=,\geqslant,>$	$<$	ϕ
$\leqslant$	$=,\geqslant,>$	$=$	ϕ
$\leqslant$	$>$	$=$	ϕ
$=$	$<,\neq,>$	$=$	ϕ
$=$	$<,\leqslant,=$	$>$	ϕ

续表

$(x_1\varphi_1\ c_1)\wedge(x_2\varphi_2\ c_1)\wedge(c_1\varphi_3\ c_2)\Rightarrow(IC_1\Theta\ IC_2)$			
φ_1	φ_2	φ_3	Θ
$<,\leqslant,=$	$<,\leqslant,\neq$	$<$	$\supset$
$<$	$\leqslant,\neq$	$=$	$\supset$
$=$	$\leqslant,\geqslant$	$=$	$\supset$
$=$	$\neq,\geqslant,>$	$>$	$\supset$
$<,\leqslant$	$<,\leqslant,=$	$>$	$\subset$
$\leqslant$	$<,=$	$=$	$\subset$
$<,\leqslant$	$\neq,\geqslant,>$	$>$	不相关
$\leqslant$	$\neq,\geqslant$	$=$	不相关

2. C_2约束间的关系

类似于C_1约束，同样可以导出C_2约束间的关系，如表20.2所示。符号∂表示是集合$\{<, \leqslant, =, \neq, \geqslant, >\}$中的任一个。

表20.2　C_2约束间的关系

$(x\varphi_1 y)\wedge(x\varphi_2 y)\Rightarrow(IC_1\Theta IC_2)$			$(x\varphi_1\ y)\wedge(y\ \varphi_2\ z)\Rightarrow(x\ \varphi_3\ z)$		
φ_1	φ_2	Θ	φ_1	φ_2	φ_3
$<$	$=,\geqslant,>$	ϕ	$<$	$<,\leqslant$	$<$
$\leqslant$	$>$	ϕ	$<,\leqslant$	$<$	$<$
$=$	$<,\neq,>$	ϕ	$\leqslant$	$\leqslant$	$\leqslant$
$<$	$\leqslant,\neq$	$\supset$	$=$	∂	∂
$=$	$\leqslant,\geqslant$	$\supset$	∂	$=$	∂
∂	∂	$\equiv$	$\geqslant$	$\geqslant$	$\geqslant$
$\leqslant$	$<,=$	$\subset$	$>$	$\geqslant,>$	$>$
$\leqslant$	$\neq,\geqslant$	不相关	$\geqslant,>$	$>$	$>$

3. C_3约束间的关系

对于C_3约束，得出了下面的结论。

设x和y是两个属性列，则有：

$(\text{unique}(x)\equiv\text{unique}(y))\text{iff}(x=y)$

$(\text{unique}(x)\supset\text{unique}(y))\text{iff}(x\subset y)$

以上论述了一种完整性约束表达语言，它把约束限制在四种表达形式。我们认为它的约束表达能力不够强，因为它们只能表达属性列之间的比较操作关系，所以对它们进行扩展以增强约束表达能力是很有必要的，这将在本章的第三小节中说明。

具有确定真值的陈述句是命题，命题 P 的否定用符号$\neg P$ 表示；给定两个命题 P 和 Q，它们的合取用符号∧表示记为 $P \wedge Q$，析取用符号∨表示记为 $P \vee Q$，条件用符号→表示，记为 $P \rightarrow Q$，若 P 则 Q，P 是 Q 的前件。由 {¬ , ∧ , ∨ , →} 四个连接词组成的命题公式，必可由 {¬ , ∧} 组成的命题公式所替代，所以，{¬ , ∧} 是最小连接词组。约束表达式是通过连接词将原子约束连接起来而得到的谓词表达式，如$(x_1 \varphi c_1) \wedge (x_2 \varphi c_2)$。在以上所述约束表达式的基础上，给出了约束的冗余和一致性约束的检测算法。关于冗余和一致性约束的概念，将在本书的后面说明。

上述约束表达式对于完整性约束的表达能力是较弱的，我们希望所采用的约束语言要有强的约束表达能力，也能较好的进行逻辑演算。因此，对上述的约束表达式进行了扩充。不过我们只是形式化的说明这种约束语言的表达，而不是严格地进行定义。

20.2.2　约束语言

为了进行比较深入地讨论约束语言和完整性约束，下面给出公理系统。约束语言是基于下面的公理系统。

(1) 域闭包公理：DOM 是域集，$x_1 \in DOM$，$x_2 \in DOM$，则 $x_1 \theta x_2 \in DOM$。表示在 DOM 上所做的算术运算结果仍在域集 DOM 内，θ 是算术运算符。

(2) 名称唯一公理：每一个约束名称是唯一的。即对于约束 c_i 和 $c_j (i \neq j)$，则 $c_i \neq c_j$。

(3) 相等公理：

1) 自反性 $\forall x$：$x = x$；

2) 对称性 $\forall x, y$：$x = y \Rightarrow y = x$；

3) 传递性 $\forall x, y, z$：$x = y \wedge y = z \Rightarrow x = z$ 。

(4) 替换公理：对每一个谓词 P，$\forall x, y$：$P(x) \wedge x_1 = y_1 \wedge x_2 = y_2 \wedge \cdots \wedge x_n = y_n \Rightarrow P(y)$，其中，$x = (x_1, \cdots, x_2)$，$y = (y_1, \cdots, y_2)$。

下面是约束语言的一些相关概念的描述。

1. 量词

量词是对其所修饰变量的范围限定。这里采用了两个量词。

符号“∀”称为全称量词，用来表达“对所有的”“每一个”等。

符号“∃”称为存在量词，用来表达“存在一些”“至少一个”等。

2. 算术连接词

算术连接词 $\varphi \in \{<, \leqslant, >, \geqslant, =, \neq\}$。

3. 算术运算符

算术运算符 $\theta \in \{+, -, *, /\}$。

4. 逻辑连接词

逻辑连接词有：
（1）否定¬；
（2）合取∧；
（3）析取∨；
（4）条件⇒。

5. 集合函数

集合函数的采用有两个目的：
（1）为了语言的表达简洁及增强语言的表达能力；
（2）可以将集合函数的定义和实现集中到一个文件中，这就很容易通过在这个文件中添加代码而扩充集合函数。
最初支持的集合函数和 SQL2 相同，有 count，sum，avg，min，max。
它们的功能是：
①count：元组数目统计；
②sum：对特定的列求和；
③avg：对特定的列求平均值；
④min：求特定列所有元素的最小值；
⑤max：求特定列所有元素的最大值。

6. 域

域 x 的表示：$r \in R\ r.x$

定义 20.1 项
（1）常量是一个项（包括 true，false，null）。
（2）每个变量 x 是一个项。
（3）t 是一个项，若 a 是 t 的一个属性（不是操作），则 $t.a$ 是一个项。
（4）t_1，t_2 是两个项，θ 是一个算术运算符（+，－，*，/），则 $t_1 \theta t_2$ 是一个项。

定义 20.2　完整性约束

一个完整性约束 A，是下列形式的表达：

$$A = Qx_1 \in S_1, \cdots, Qx \in S_k : M(x_1, \cdots, x_k)$$

其中，$Q \in \{\forall, \exists\}$，$S_j$是关系。公式 M 定义如下。

（1）θ 是一个算术连接词。

x 和 y 是项，则 $x\theta y$ 是一个原子公式。

（2）每个原子公式是一个公式。

（3）M 和 M'是两个公式，则 $M \wedge M'$，$M \vee M'$，$\neg M$ 是公式。

定义 20.3　基本约束

如果约束中没有逻辑连接词，则此约束称为基本约束。

完整性表达的核心是定义 20.2 的完整性约束，我们把一个完整性约束限定为只能用形式 $Qx_1 \in S_1, \cdots, Qx_k \in S_k : M(x_1, \cdots, x_k)$来表达，这是任意谓词的一个子集，它能表达不同或相同数据库表中的属性列之间的算术关系。不仅能表达属性列之间的算术连接关系（进行比较），而且上面定义的完整性约束还可以表示属性列通过四则运算而得到的项之间的算术连接关系，扩展了完整性约束所能表达的范围。

为了便于理解，我们举例说明约束的表达。

例 20.1　已知如下两个数据库有如下关系：

关系 *emp*	*id*	*name*	*age*	*job*	*salary*	*bonus*	*dept*	*manager*	*number*	*budget*
说明	雇员 *id*	名字	年龄	职业	薪水	奖金	部门	经理	雇员人数	部门预算

约束描述如下：

（1）雇员 *id* 是唯一的。

（2）雇员年龄必须大于 18 周岁。

（3）奖金总额不能超过薪水（基本工资）。

（4）部门经理也是雇员（外键约束）。

（5）如果工作是 *computer*，则薪水必定大于 1000。

（6）奖金和薪水之和不能超过 10000（薪金封顶）。

约束表达如下：

（1）$\forall e_1 \in emp, e_2 \in emp : e_1 \neq e_2 \Rightarrow e_1.id \neq e_2.id$。

（2）$\forall e \in emp : e.age > 18$。

（3）$\forall e \in emp : e.bonus \leqslant e.salary$。

（4）$\forall d \in dept, \exists e \in emp : d.manager = e.id$。

（5）$\forall e \in emp : e.job = computer \Rightarrow e.salary > 1000$。

或者$\neg(e.job = computer) \vee (salary > 1000)$。

(6) $\forall e \in emp: e.bonus + e.salary \leqslant 10000$。

20.3 约束集分解

完整性约束通常是在数据库设计阶段形成的。数据库设计人员在进行设计时通常会将与对象相关的几个约束混合在一起，这导致有些约束的表达很复杂。虽然采用复杂的约束是一个很好的策略，它能够使人们更清晰的看到对象的约束特征，但是计算机不能很好的识别这些复杂的约束，这就是为什么现有的大部分数据库管理系统不支持 Assertion（复杂的断言约束）的原因。所以，对约束进行简化是非常必要的，那么如何将一个复杂的约束化简成计算机更容易识别和处理的几个更为简单的约束。为此，把约束分解分作两部分完成。

(1) 复杂约束转变为基本约束（约束简化）。

(2) 约束集转变为更小的约束集（集合简化）。

20.3.1 约束简化

约束简化就是将一个复杂的约束转变为一个或多个基本约束。我们首先通过一个例子说明这种约束简化的基本思想。

例 20.2 对于每个雇员，薪水在 2000～5000 之间，并且一个部门的薪水总额不能超过部门预算。

完整性约束可以用公式表达如下：

[约束 C] $\forall e \in R: e.salary > 2000 \wedge e.salary < 5000 \wedge \forall d \in D: \text{sum}(e.salary | e \in R \wedge e.dept = d.dept) < d.budget$。

容易看出，这个约束可以被分解成三个独立的基本约束 C_1、C_2 和 C_3。

[约束 C_1] $\forall e \in R: e.salary > 2000$；

[约束 C_2] $\forall e \in R: e.salary < 5000$；

[约束 C_3] $\forall e \in R, \forall d \in D: \text{sum}(e.salary | e.dept = d.dept) < d.budget$。

从以上的例子可以看出，约束简化就是断开复杂约束间的逻辑关系，使每一个基本约束单独存在，下面的算法就是这种思想的实现。

算法 20.1 Constraints_P_to_B（约束表达式到基本约束表达式的转化）

```
输入:约束表达式 C;
输出:基本约束表达式 C1,…,Ck;
begin
  提取约束 C 中的逻辑表达式 M 并在 M 最后附加末尾标志#;
  取 M 中的第一个字符 c;
  while c≠# do /*此 while 循环用#取代逻辑连接词*/
```

```
        if c = ¬ or c = ∧ or c = ∨ then
              在 M 中删除 c;将#标志插入到 c 所处的位置;
              取 M 中的下一个字符;
    取 M 中的第一个字符 c;
    置初值 i = 1;
    while c≠∅ do
        if c≠# then
        i = i + 1;Mi = ∅;
    while c≠ # do
         Mi = Mi + c;
         取 M 中的下一个字符;/*一直取到下一个#,中间的字符做为 Mi*/
        else
         取 M 中的下一个字符;/*这个 while 循环取得两个#之间的字符串作为 Mi*/
         for j: = 0 to i do
            对每个 Mi 中出现的属性列在 C - M 中查找它所属于的关系及它所修饰
            的限定词;将每个属性所属于的关系和它的限定词加上 Mi 作为约
            束 Ci;
            j = j + 1; /*这个 for 循环得到约束 Ci*/
  end.
```

定理 20.1　算法 20.1 对给定约束 C，若不是基本约束，则它可以正确地转化成一系列的基本约束 C_1，C_2，…，C_n是可终止的，其时间复杂度为 $O(n)$。

证明　（正确性）如果 C 是基本约束，则不须进行任何转化；否则，C 是复杂约束。对约束 C 运行算法 20.1，输出一系列约束 C_1，C_2，…，C_n。由于 C_1，C_2，…，C_n不含有逻辑连接词，因此它们都是基本约束。说明约束 C 可以转化为一系列的基本约束 C_1，C_2，…，C_n。

（可终止性）由于 M 表达式是有限的，所以算法 20.1 是可终止的。

（时间复杂度分析）该算法对复杂的约束表达式串进行了两次扫描，第一次扫描是将逻辑连接词替换为#，第二次是将多个#替换为一个#；在最后，以#为分割符，将一个复杂的约束表达式断裂成多个约束。由于断裂成的约束中都不含有逻辑连接词，所以它们都是基本约束。由于在扫描的过程中，指针都是前移的，并没有出现回溯，所以虽然算法中出现了三个循环，但它花费的时间是 $3n$，算法的时间复杂度为 $O(n)$。证毕。

举例说明算法的应用。

$(a \wedge b \vee \neg (c \wedge d) \wedge e) \wedge f$

$\Rightarrow \# a \# b \# \# \# c \# d \# \# e \# \# f$（第一次扫描）

$\Rightarrow \# a \# b \# c \# d \# e \# f$（第二次扫描）

$\Rightarrow M_1 = a, M_2 = b, M_3 = c, M_4 = d, M_5 = e, M_6 = f$（约束断裂）

分析该算法可以看出，它丢失了约束表达式 C 的一些信息，基本约束之间的逻辑关系丢失了。如输入的约束 C 包含输出的基本约束 C_1，C_2，…，C_n，它们之间的逻辑连接关系（¬，∧或∨），而输出的只是单个的基本约束 C_1，C_2，…,C_n。虽然说这不符合无损转化的原则，但它可以完成转化而得到基本约束集，而且时间复杂度只有 $O(n)$。

给定逻辑表达式 M（假设 M 中已经用¬，∨取代了→），则 M 中只含有项，逻辑连接词｛¬，∧，∨｝以及括号'（'、'）'。

我们把 M 中可以出现的逻辑连接词和括号统称为运算符，任意两个相继出现的运算符 θ_1 和 θ_2 之间的优先关系是下面三种关系之一：

$\theta_1<\theta_2$，θ_1 的优先级低于 θ_2；

$\theta_1=\theta_2$，θ_1 的优先级等于 θ_2；

$\theta_1>\theta_2$，θ_1 的优先级大于 θ_2。

表 20.3 定义了运算符之间的这种优先关系。

表 20.3　运算符之间的优先关系

	∧	∨	（	）	#	¬
∧	>	>	<	>	>	<
∨	>	>	<	>	>	<
（	<	<	<	=		<
）	>	>		>	>	
#	<	<	<	<	=	<
¬	>	>	<	>	>	

#是表达式结束符。为了算法简洁，在表达式的最左边也虚设了一个#构成整个表达式的一对括号。表中的'（'＝'）'表示当左右括号相遇时，括号内的运算已经完成。同理，'#'＝'#'表示整个表达式求值完毕。在表 20.3 中，空格表示表达式中不允许它们相继出现，一旦遇到这种情况，则可以认为出现了语法错误。在下面的讨论中，我们假定所输入的表达式不会出现语法错误。

下列算法可以将逻辑表达式 M 转化为对应的二叉树。

算法 20.2　M_To_B_Tree（M）（M 转化为对应的二叉树）

```
输入:逻辑表达式 M;
输出:M 所对应的二叉树;
begin
    if M 是单个算术表达式 then
    M 是单结点树,算法结束;
    运算符栈 optr = ∅ /*用来存放运算符*/
```

```
    算术表达式栈 opnd = ∅ /*用来存放参与运算的算术表达式*/
    #进运算符栈；
    取表达式 M 的一个元素 c(算术表达式做为单独的元素)；
    while c≠# or 运算符栈栈顶元素 ≠# do
      if c 是算术表达式 then
        if 运算符栈栈顶元素为¬ then
          ¬ 出栈；
          构建以¬ 为根结点,c 为叶结点的二叉树 a；
          将 a 看作一个算术表达式并进算术表达式栈；
          取 M 的下一元素 c；
        else c 进算术表达式栈；
             取 M 的下一元素 c；
      else              /*c 不是算术表达式*/
        比较运算符栈顶元素和 c 的优先级；
  <:                                          /*栈顶元素优先级低*/
        c 进运算符栈；
        取 M 的下一元素 c；
      break；
  =:                                          /*脱括号并接收下一字符*/
        运算符栈顶元素出栈；
        取 M 的下一元素 c；
      break；
  >:                                          /*退栈并构造二叉树*/
      if 运算符栈顶元素为¬ then
          运算符栈顶元素出栈并作为根结点；/*得到操作符*/
          算术表达式栈栈顶元素出栈并赋值于 a；
          左叶结点为空,右叶结点为 a 创建二叉树 t；
          将 t 看作算术表达式并进算术表达式栈；
      break；
     else
      运算符栈顶元素出栈并作为根结点；/*得到操作符*/
      算术表达式栈顶元素出栈并赋值于 a；/*得到参与运算的两个算术表达式*/
      算术表达式栈栈顶元素出栈并赋值于 b；
      以 a,b 作为根结点的两个左右叶结点构建二叉树 t；
      将 t 看作算术表达式并进算术表达式栈；
      break；
     返回算术表达式栈最后的二叉树；
end.
```

定理 20.2　算法 20.2 可以正确地将逻辑表达式 M 转化为唯一的对应二叉树，是可终止的，算法的时间复杂度为 $O(n^2)$。其中，n 为结点数。

证明　（正确性）如果 M 只是单个的算术表达式，并不含任何的逻辑连接词，那么 M 本身可以做为单结点树；如果 M 表达式中含有逻辑连接词，那么通过算法 20.2，M 可以转化为一棵二叉树，其中逻辑连接词转化为树的分支结点，算术表达式中的项转化为树的叶结点。对二叉树的中序遍历可以得到 M 表达式，而二叉树的中序遍历序列和二叉树是一一对应的，所以 M 可以转化为唯一的二叉树。

（可终止性）由于 M 表达式是有限的，所以算法 20.2 是可终止的。

（时间复杂度分析）算法 20.2 是一个二叉树的创建算法，它的基本操作是确定根结点（包括子树的根结点），得到树的根结点，最坏情况下需遍历 n 个结点，对于 n 个结点的表达式来说，算法的时间复杂度为 $O(n^2)$。证毕。

下面给出了一个 M 表达式转化为二叉树的一个例子。如图 20.2 所示。

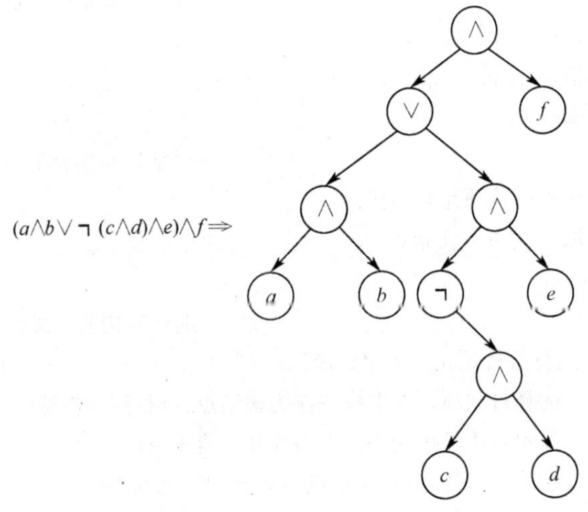

图 20.2　M 表达式转化为二叉树

对图的二叉树执行中序遍历可以得到 M 表达式。在 M 转化为二叉树后，项转化为树的叶结点，逻辑运算符转化为树的分支结点。

20.3.2　集合简化

令 $S=\{C_1,C_2,\cdots,C_m\}$，约束 C_i 属于的属性集记为 $DS(C_i)$，如果约束 C_i 是基于属性 R_{i1}，R_{i2}，…，R_{is} 描述的，则有 $DS(C_i)=\{R_{i1},R_{i2},\cdots,R_{is}\}$

R_{ij} 的得到是通过扫描 C_i 中的［元组］.［属性名］而得到的属性集。

定义 20.4　（属性相关）对于约束 a 和 b，如果 $DS(a)\cap DS(b)\neq\varnothing$，那么

我们称约束 a 和 b 是属性相关的，否则是属性不相关的。

集合简化就是将基本约束集中，属性相关的约束合并成一个新的约束集。重复执行这样的操作，直到所有的约束都完成这样的操作而并入一个新的约束集。首先我们记关系 $R=(X_1,X_2,\cdots,X_n)$，R 是关系，X_i是关系的域。

约束集 S 可以分解为更小的约束集 S_1，S_2，…，S_k，其中，$S=S_1\cup S_2\cup\cdots\cup S_k$，$S_i\cap S_j=\varnothing(i\neq j)$。约束集 S 转化为 S_1，S_2，…，S_k的步骤就是集合简化的步骤。

先给出集合简化的直观描述：使用无向图的概念，以约束 C_i作为图的结点，如果 $DS(C_i)\cap DS(C_j)\neq\varnothing$，则在 C_i和 C_j结点之间存在一条连线。当所有结点都经过连接判断处理后，得到无向图 G。设 G 中连通分支数为 k，则每个连通分支中所有的 C_i组成了新的约束集。

一般而言，我们将元组 e 的属性 x 表示为 $e.x$，为简化表达式，有时我们并没有加上前缀名 e，因为在同一个关系中，属性名是不相同的；即使在不同关系中，也可以通过重命名解决（如 $e.x$ 表示为 X ，$s.x$ 表示为 Y，e 和 s 来自不同的关系）。

例 20.3　考虑约束集 $S=\{C_1,C_2,C_3,C_4\}$，其中 $C_1=(U\neq\text{'}a\text{'})\vee(X>Y)$，$C_2=(Z\leqslant 10)$，$C_3=(U=\text{'}a\text{'})$,$C_4=(W>V)\vee(V<8)$。

假定 U 取值自 DOM_1，X，Y，Z 取值自 DOM_2，W 和 V 取值自 DOM_3，那么属性集 $DS(C_1)=\{DOM_1,DOM_2\}$,$DS(C_2)=\{DOM_2\}$,$DS(C_3)=\{DOM_1\}$,$DS(C_4)=\{DOM_3\}$。容易看出，C_1，C_2，C_3可以通过“∧”操作而合并成约束集 S_1。这样，S 可以分解成 $S_1=\{C_1,C_2,C_3\}$和 $S_2=\{C_4\}$。它们拥有的属性集分别是 $DS(S_1)=\{DOM_1,DOM_2\}$，$DS(S_2)=\{DOM_3\}$。注意到有 $DS(S_1)\cap DS(S_2)=\varnothing$，且 $DS(S_1)\cup DS(S_2)=DS(S)$。

无向图表示如下：

$DS(C_1)\cap DS(C_2)=\{DOM_2\}\neq\varnothing$：$C_1$和 C_2之间存在连线

$DS(C_1)\cap DS(C_3)=\{DOM_1\}\neq\varnothing$：$C_1$和 C_3之间存在连线

$DS(C_1)\cap DS(C_4)=\varnothing$

$DS(C_2)\cap DS(C_3)=\varnothing$

$DS(C_2)\cap DS(C_4)=\varnothing$

$DS(C_3)\cap DS(C_4)=\varnothing$

从图 20.3 中可以看出，C_1、C_2和 C_3组成一个连通图，而 C_4是一个单独的连通图，这样 S 可以分解成 $S_1=\{C_1,C_2,C_3\}$和 $S_2=\{C_4\}$，它们拥有的属性集分别是 $DS(S_1)=\{DOM_1,DOM_2\}$,$DS(S_2)=\{DOM_3\}$。

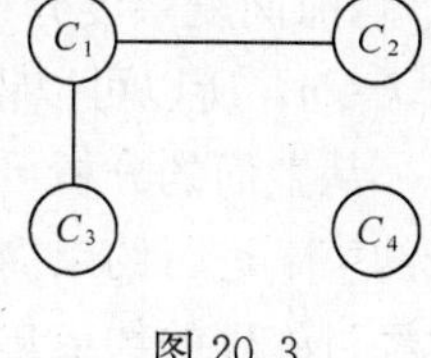

图 20.3

不妨设约束集 $S=\{C_1,C_2,\cdots,C_n\}$。

算法 20.3 Set-S（S）（集合简化的算法）

```
输入:约束集 S = {C1,C2,…,Cn};
输出:约束集 S1,S2,…,Sk;
begin
    T1 = {C1};
    flag = false;
    k = 1;
    for i = 1 to n do
        for j = 1 to k do
        if DS(Ti)∩ DS(Tj)≠∅ then /*将 Ci 并入 Tj*/
          flag = true;
          DS(Tj) = DS(Tj)∪ DS(Ci);
         Tj = Tj∪ {Ci};
         break;
         if flag = false then
           k = k + 1;
           Tk = {Ci};
         DS(Tk) = DS(Ci);
end.
```

定理 20.3 算法 20.3 正确的将约束集 S 分解为更小的约束集 S_1，S_2，…，S_k，其中 $S=S_1\cup S_2\cup\cdots\cup S_k$，$S_i\cap S_j=\varnothing(i\neq j)$，是可终止的，时间复杂度为 $O(n^2)$。

证明 （正确性）因为 $S_i\subseteq S$，所以有（1）$S_1\cup S_2\cup\cdots\cup S_k\subseteq S$；

而且对 S 中的任意约束 C_i，在 S 所表示的图中，它必属于其中的一个连通分支，从而有（2）$C_i\subseteq S_1\cup S_2\cup\cdots\cup S_k, S=\{C_1,C_2,\cdots,C_n\}\subseteq S_1\cup S_2\cup\cdots\cup S_k$。

综合（1），（2），我们得到 $S=S_1\cup S_2\cup\cdots\cup S_k$。若 $S_i\cap S_j\neq\varnothing$，则必有某个约束 $C_i\in S_i\cap S_j$，这说明 S_i 和 S_j 是连通的，与 $S_i\cap S_j$ 都是单个的连通分支矛盾，所以必有 $S_i\cap S_j=\varnothing(i\neq j)$。

（可终止性）由于均为两个 for 循环，故是可终止的。

（时间复杂度分析）从两个 for 循环可以看出，算法的时间复杂度为 nk，因为 $k\leqslant n$，所以可以得出算法时间复杂度为 $O(n^2)$。证毕。

从上面的分析可以看到，一个约束集进行约束分解，首先对约束集中的每一个约束，进行约束简化，得到更多的基本约束，这是对单个约束的处理。然后，对经过处理的约束集里面的约束，寻找属性相关的约束，并把它们并入一个新的约束集。当对所有的约束集里的约束都归并入一个约束集后，就完成了集合简化的处理。约束简化和集合简化使复杂的约束集更容易被计算机处理，也使处理的工作量大为减少。

20.4 冗余约束与非一致约束

一个复杂的约束集经过简化后，得到的是彼此不相关的都是由基本约束所组成的多个约束集。然而在这些约束集中，由于复杂约束的分解，所产生的基本约束中会存在重复的情况甚至出现相互不一致的现象，接下来的工作就是进行约束集的纯化，也就是检测冗余约束和非一致的约束。至于对这些约束的处理，将是后面要讨论的问题。

20.4.1 冗余约束和非一致约束的描述

定义 20.5 令 S 是约束集，对于 S 中任一约束 C，如果 $\{C\} \subset S-\{C\}$，即 $S=S-\{C\}$，则 C 对于约束集 S 来说是冗余的，S 是冗余集，C 称为 S 的冗余约束。

冗余约束对数据库系统来说，如果约束集合中冗余约束较多，它会对数据库系统性能产生较大影响，甚至使系统变得令人难以接受。所以对冗余约束进行检测是非常必要的。

例 20.4 有以下三条约束：

$[C_1]$ $\forall e \in emp: e.salary \leqslant 5000$；

$[C_2]$ $\forall e \in emp: e.bonus \leqslant 2000$；

$[C_3]$ $\forall e \in emp: e.salary + e.bonus \leqslant 8000$。

显然，若约束 C_1 和 C_2 成立，则 C_3 必定成立，$\{C_3\} \subset \{C_1, C_2\}$。这说明 C_3 对于约束集 $\{C_1, C_2\}$ 是冗余的，由 C_1，C_2，C_3 组成的约束集是冗余约束集。然而，有的时候，冗余是隐含的。

例 20.5 有以下三条约束：

$[C_1]$ $\forall e \in emp: e.salary \leqslant 5000$；

$[C_2]$ $\forall d \in dept: \mathrm{count}(e.id \mid e \in emp \wedge e.dept = d.dept) \leqslant 10$；

$[C_3]$ $\forall d \in dept: \mathrm{sum}(e.salary \mid e \in emp \wedge e.dept = d.dept) \leqslant 10000$。

C_3 约束的冗余性并不是特别明显。

C_1 表示雇员个人薪水 $\leqslant 5000$；

C_2 表示部门人数 $\leqslant 10$；

C_3 表示每一个部门的雇员薪水总额 $\leqslant 100000$。

因为任一部门的薪水总额 $= \Sigma$ 雇员个人薪水。显然 $\leqslant 5000 \times 10 = 50000$，所以若 C_1 和 C_2 成立，则 C_3 必成立，无须检测，是冗余的约束。

定义 20.6 对于约束集 $S=\{C_1,C_2,\cdots,C_k\}$中的约束，如果$\{C_i\}\cap\{S-C_i\}=\varnothing$，则说明约束$C_i$对集合$S$是非一致的。否则约束$C_i$对集合$S$是一致的。

数据库中是不允许存在非一致约束的，它使数据库存在错误，如果不通过某些方法消除这种不一致的约束，则数据库管理系统也不可能基于此约束集而实现完整性控制。

例 20.6 关于关系 *emp*，存在下面三条约束：

$[C_1]$ $\forall e\in emp$：$e.salary\leqslant 5000$；

$[C_2]$ $\forall e\in emp$：$e.bonus\leqslant 2000$；

$[C_3]$ $\forall e\in emp$：$e.salary\leqslant e.bonus+2500$。

容易看出若C_1、C_2成立，则C_3不可能成立，约束C_3对于 $\{C_1, C_2\}$ 是非一致的。

20.4.2 冗余约束和非一致约束的检测算法

完整性约束集必须符合两个主要的标准：(1) 它不存在非一致的约束；(2) 它也不存在冗余的约束。

如何对约束集进行冗余和非一致的检测一直是数据库领域完整性方面探讨的热点，同时也是一个较难的问题。在这里，我们探讨的约束集是基于定义 20.2 所描述的约束表达式。不妨假设没有约束的数据库系统是非冗余的，并且具有一致性。对约束的引入检测就是决定该约束是否对原有系统造成冗余或产生非一致。原有约束集S是非冗余的、一致性的约束集，对于新产生的约束C是否能容纳到约束集S中，需要检测C对于S是否是冗余的或非一致的。

为了简化对约束的检测，下列的步骤是必要的。复杂约束到基本约束的简化处理（算法 20.1 或算法 20.2）；通过约束集简化算法（算法 20.1）将S分解为S_1，S_2，…，S_n。这样对新加入的约束C，需要分别检测C对$S_i(i=1,\cdots,n)$是否是非冗余的和一致的。

定理 20.4 若$DS(S_i)\cap DS(C)=\varnothing$，则$C$对$S_i$来说是非冗余的和一致的。

证明 如果有$DS(S_i)\cap DS(C)=\varnothing$，说明$S_i$和$C$中没有相同的属性，约束$C$对集合$S_i$的所有约束都是属性不相关的，约束$C$的引入不会对$S_i$的属性产生影响，所以说$C$对$S_i$来说是非冗余的和一致的。证毕。

定理 20.5 若$DS(C)-DS(S_i)\neq\varnothing$，则$C$对$S_i$来说是非冗余的和一致的。

证明 如果$DS(C)-DS(S_i)\neq\varnothing$，即$C$中存在$S_i$中所没有的属性$x$，显然$C$对$x$域进行了限制，又$S_i$没有对属性$x$提供限制，这说明$C$对$S_i$不是矛盾的，也不是冗余的，而是必须的，它没有对$S_i$产生冗余或矛盾。证毕。

定理 20.4 和定理 20.5 是对C是否对S_i来说是非冗余的和一致的充分条件的描述，而不是充要条件。并且描述的是比较特殊的一种情况，下面我们对更一般的情况进行探讨。

在这里，不妨设约束 C 中 M 具有：$f(a_1,a_2,\cdots,a_n)\leqslant K$（$K$ 为数值型常量）①的形式，在此基础上，讨论 $f(a_1,a_2,\cdots,a_n)$ 的最大和最小值对约束检测的影响。其中 a_i 是属性，f 函数只带有＋，－，＊，/四种运算符和小括号')'，'('。

定理 20.6　(1) 如果 $f(a_1,a_2,\cdots,a_n)$ 有最大值 M_{max}，若 $M_{max}\leqslant K$，则①式是恒成立的，约束 C 是冗余约束；若 $M_{max}>K$，则不能判断 $f(a_1,a_2,\cdots,a_n)\leqslant K$ 的真假性。

(2) 如果 $f(a_1,a_2,\cdots,a_n)$ 有最小值 M_{min}，若 $M_{min}>K$，则①式是不可能成立的，约束 C 是非一致约束；若 $M_{min}\leqslant K$，则不能判断 $f(a_1,a_2,\cdots,a_n)\leqslant K$ 的真假性。

(3) 如果 $f(a_1,a_2,\cdots,a_n)$ 不存在最大或最小值则不能判断①式成立的必然性，因此也不能判断 C 是否是冗余约束或非一致约束。

证明　(1) 因为 $f(a_1,a_2,\cdots,a_n)\leqslant M_{max}\leqslant K$，所以①必然成立。它表示约束 C 可以由其他条件同样得出，它是冗余的约束。

(2) 因为 $f(a_1,a_2,\cdots,a_n)>M_{min}\geqslant K$，所以①是不可能成立的。它表示约束 C 不可能由其他条件得出，它是非一致的约束。

(3) 如果不能判断 $f(a_1,a_2,\cdots,a_n)$ 是否存在最大或最小值，①式是否成立是不能判断的，因此也不能判断 C 是否是冗余约束或非一致约束。证毕。

综合以上的讨论我们可以看出，问题的关键在于判断 $f(a_1,a_2,\cdots,a_n)$ 是否存在最大或最小值，并且如何求得最大和最小值。

我们仍然以前两节给出的例子说明最大和最小值的求法，以加深对定理 20.5 的理解。

例 20.7　已知

$[C_1]\ \forall e\in emp: e.salary\leqslant 5000$；

$[C_2]\ \forall e\in emp: e.bonus\leqslant 2000$；

$[C_3]\ \forall e\in emp: e.salary+e.bonus\leqslant 8000$。

可以看出，在 C_1 和 C_2 成立的前提下，讨论 C_3 是否能和 C_1、C_2 一致或非冗余。

表 20.4　例 20.7 求解

	max	min
e. salary	5000	0
e. bonus	2000	0
e. salary＋*e. bonus*	7000	0

由表 20.4 可以得到 $\max(e.salary+e.bonus)=7000\leqslant 8000$（$K$ 值），根据定

理 20.5 不等式恒成立，说明 C_3 是冗余的。

例 20.8 已知

$[C_1]\forall e \in emp: e.salary \geqslant 5000$；

$[C_2]\forall e \in emp: e.bonus \leqslant 2000$；

$[C_3]\forall e \in emp: e.salary \leqslant e.bonus + 2500$。

可以看出，C_2 等价于 $-e.bonus \geqslant -2000$，C_3 等价于 $e.salary - e.bonus \leqslant 2500$。

表 20.5 例 20.8 求解

	max	min
$e.salary$		5000
$-e.bonus$		−2000
$e.salary-e.bonus$		3000

由表 20.5 可以得到 $\min(e.salary-e.bonus)=3000>2500$（$K$ 值），根据定理 20.5，不等式在 C_1 和 C_2 成立的前提下不可能成立。说明 C_3 式是非一致的，C_3 是非一致约束。

还可以使用有向图来推导冗余约束和非一致约束，我们借用一个例子来说明这种方法的运用。

例 20.9 设约束集 S 包含以下四个约束，$C_1=(x>5)\vee(w<8)$，$C_2=(w>12)$，$C_3=(y<5)$，$C_4=(x\leqslant y)$。并且 w 取自属性域 DOM_1，x 和 y 取自属性域 DOM_2。可以构建有向图 20.4，推导出这是一个矛盾的约束集。

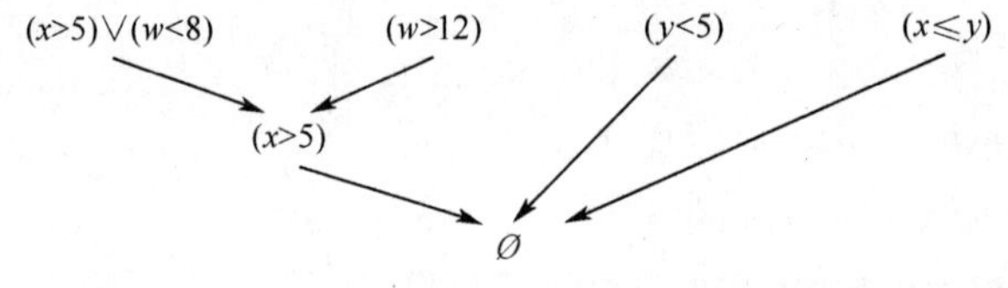

图 20.4 例 20.9 有向图

$\{x>5\}$ 是由约束 C_1 和约束 C_2 导出，C_3、C_4 和 $\{x>5\}$ 的合集是 $(x>5)\wedge(y<5)\wedge(x\leqslant y)=\varnothing$。

将一个探讨约束冗余和非一致的检测问题转化为对一个纯数学问题的讨论。问题是：在下面的不等式组成立的前提下，有

$$f_1(a_1,a_2,\cdots,a_n)\leqslant K_1$$

$$f_2(a_1,a_2,\cdots,a_n)\leqslant K_2$$

$$\vdots$$

$$f_s(a_1,a_2,\cdots,a_n)\leqslant K_s$$

讨论 $f(a_1,a_2,\cdots,a_n)$的最大和最小值问题。

定理 20.7　不等式 $f(a_1,a_2,\cdots,a_n)\leqslant K$ 可以转化为只含有算术运算符＋，×的不等式 $f'(a_1,a_2,\cdots,a_n)\leqslant K'$。

证明　若 f 中存在－运算符，则可使 $-a_i$ 转化为＋（$-a_i$）；

若 f 中存在÷运算符，则通过在不等式两边同乘以分母以将÷转化为×运算符。证毕。

在实际使用的数据库模式完整性约束控制中，÷运算并不是多见的。

现在我们假设不等式 $f(a_1,a_2,\cdots,a_n)\leqslant K$ 中只存在＋，×运算符，它已经消除了－，÷运算符。

定理 20.8　（1）如果 $f(a_1,a_2,\cdots,a_n)$可以转化为下面表达式的形式，则 $f(a_1,a_2,\cdots,a_n)$存在最大值。

$$\begin{aligned}f(a_1,a_2,\cdots,a_n)= & c_1\times f_1(a_1,a_2,\cdots,a_n)\\ & +(\text{或}\times)c_2\times f_2(a_1,a_2,\cdots,a_n)\\ & +(\text{或}\times)\cdots\\ & +(\text{或}\times)c_s\times f_s(a_1,a_2,\cdots,a_n)(c_i>0)\end{aligned}$$

（2）如果 $f(a_1,a_2,\cdots,a_n)$可以转化为下面表达式的形式，则 $f(a_1,a_2,\cdots,a_n)$存在最小值。

$$\begin{aligned}f(a_1,a_2,\cdots,a_n)= & c_1\times f_1(a_1,a_2,\cdots,a_n)\\ & +(\text{或}\times)c_2\times f_2(a_1,a_2,\cdots,a_n)\\ & +(\text{或}\times)\cdots\\ & +(\text{或}\times)c_s\times f_s(a_1,a_2,\cdots,a_n)(c_i<0)\end{aligned}$$

证明　（1）因为是基于不等式组成立的前提下进行讨论的，即 $f_i(a_1,a_2,\cdots,a_n)$存在最大值 K_i，所以 $f(a_1,a_2,\cdots,a_n)$存在最大值 $c_1\times K_1+(\times)c_2\times K_2+(\times)\cdots+(\times)c_s\times K_s(c_i>0)$。

（2）因为 $f_i(a_1,a_2,\cdots,a_n)$存在最大值 K_i，所以 $f(a_1,a_2,\cdots,a_n)$存在最小值 $c_1\times K_1+(\times)c_2\times K_2+(\times)\cdots+(\times)c_s\times K_s(c_i<0)$。

证毕。

依据上面的讨论，可以看出例 20.5 中

f_1: $e.salary\leqslant 5000(K_1)$

f_2: $e.bonus\leqslant 2000(K_2)$

因为 f：$e.salary+e.bonus=f_1+f_2$，f_1和 f_2的系数都是 $1>0$，所以 f 存在最大值 $K_1+K_2=7000\leqslant 8000$。从而 C_3是必然成立的，可以判断它是冗余的约束。

同样的，例 20.6 中

f_1: $-e.salary\leqslant -5000(K_1)$

$f_2: e.bonus \leqslant 2000(K_2)$

因为 f：$e.salary - e.bonus = -f_1 - f_2$，$f_1$ 和 f_2 的系数都是 $-1<0$，所以 f 存在最小值 $-K_1-K_2=3000 \geqslant 2500$。从而 C_3 是必然不会成立的，可以判断它是一个不一致的约束。

20.5 约束规则的生成

通过前面的讨论，可以得到经过标准化处理的约束集 S，S 中的约束都是基本约束，没有冗余约束也没有非一致约束。那么如何维护约束集 S 所能表达的完整性功能，如何使约束集 S 中的约束生成完整性约束规则，这正是本章最终要解决的问题。为此，必须讨论以下问题。

20.5.1 完整性约束规则表示

事务是数据库控制的基本单位。对完整性进行控制所进行的讨论也是以事务为对象的。

现在对约束集 S 中的约束进行处理。给定一个完整性约束 C，首要任务就是寻找与 C 相关的数据库操作，相关操作就是指可能会涉及 $DS(C)$ 的数据库操作，因为只有对 $DS(C)$ 的操作才可能会违背约束 C。相关操作是这样表示的：〈关系名，操作名〉。

这些操作是对与 C 相关的关系中的记录进行插入、删除或更新。这些操作决定了与 C 相关的关系上的触发事件，并以此事件作为触发器说明的一部分（E 部分）。一旦遗漏了相关操作，就可能会违背完整性约束，且数据库管理系统不会对这种违背事件作出反应。类似的，如果一些与 C 无关的操作被标识为需要检测事件，但实际上却没有（也不可能）违背约束 C，这时实现相应的触发器会导致系统性能的下降。

在本书中，完整性约束用公式形式化表示如下：

$Qr_1 \in R_1, \cdots, Qr_n \in R_n$: <cond> ,其中 $Q \in \{\forall, \exists\}$

<cond>是一个基于关系 R_1，…，R_n 中一个或多个属性的逻辑表达式，它使用了连接词¬，∧，∨和算术连接符。

从一个约束的表达式可以提取出约束的相关操作。原则是：

(1) 关系 R_i 被任意限定词（∀）覆盖，则插入（insert）操作是相关的。

(2) 关系 R_i 被存在限定词（∃）覆盖，则删除（delete）操作是相关的。

(3) 两种情况下，更新（update）操作与使用的列属性是相关的。

下面对相关操作的提取、数据库操作的相关约束的提取算法分别给出。

算法 20.4 Operation-Fetch（相关操作的提取）

```
输入:约束 C:Qx1∈s1,…,Qxk∈sk:M(x1,…,xk);
输出:约束 C 的相关操作集;
begin
    U=∅;
    for(C)中的每一个属性 Y do
        update(Y)是相关约束;
        U=U ∪ {update(Y)};
        在约束 C 表达式的前半部分查找 Y 的限定词 Q;
        if Q=∀ then
          insert(Y)是相关操作;
        U=U∪{insert(Y)};
    else
      if Q=∃ then
          delete(Y)是相关操作;
          U=U∪{delete(Y)};
end.
```

例 20.10　约束 C

$\forall e \in emp: e.salary + e.bonus \leqslant 8000$

对关系 *emp* 的限定词是∀，依据①，在 *emp* 插入元组需检测是否违背了约束 C；同理，依据③，对 *emp* 的更新操作也需要检测。所以对约束 C，相关操作集为{insert（*），update（*）}（*表示关系中的所有属性）。这说明在事件 insert(e)，update(e)发生时，约束 C 需要检测。

如果记操作 insert(e)为 T，对等的，约束 C 属于 T 的相关约束。在这里我们记 T 的相关约束集为 $DC(T)$，则有 $C\in DC(T)$。当约束集 S 中所有的约束都进行了寻找相关操作的处理后，我们就能得到 T 的相关约束集 $DC(T)$。

算法 20.5　Constraints（数据库操作的相关约束的提取）

```
输入:约束 S={C1,C2,…,Cm};
输出:与 S 相对应的所有数据库操作的相关约束;
begin
    for S 中的每一个约束 Ci do
        call 算法20.4(相关操作的提取),得到该约束的相关操作集 Ui;
        /*(对 Ui 中的元素,记录方式为{<操作 T,约束 C>,…,<操作 T,约束
        C> })*/
    U=U1∪U2∪…∪Um;
    for U 中的每一个数据库操作 Tj do
        DC(Tj)=∅;
    for U 中的每一个数据对<操作 T,约束 C> do
```

```
        if T = T_j then
            DC(T_j) = DC(T_j) ∪ {C};
    end.
```

定理 20.9 当包含操作 T 的事件发生时，$DC(T)$中的所有约束都需要检测以判断是否违背约束集 S。

证明 对 $DC(T)$中的任一一个约束 C 来说，T 都是 C 的相关操作，T 的发生都可能会侵犯该约束，则对它是需要进行检测的。因此，对 $DC(T)$中的所有约束都需要检测。

证毕。

20.5.2 校正处理

事务是用户定义的一个数据库操作序列，这些操作要么全做要么全不做，它是一个不可分割的工作单位。当在处理事务中，发生了违背约束的操作时，数据库管理系统应该怎样处理呢？通常的方法也是最简单的方法就是事务回滚，将数据库状态恢复到事务处理前的状态，也是缺省的处理方法。

现在的问题就是，有时处理一个事务已经花费了很大的代价，如果只是简单的回滚而放弃事务，这会浪费用户处理单元的资源，也耗费了大量的时间。如果在违背约束的操作发生时，预先定义一个序列的处理操作则可以挽救整个事务，这个违背约束的操作发生时所定义的预处理就称为该约束的约束校正。

下面是约束校正的简单图示说明。如图 20.5 所示。(a) 中整个事务经过 P_1，P_2，P_3三个操作，P_3违背了约束，事务被迫回滚。(b) 中事务经过校正处理 P_4，重新使数据库回到了一致性状态。

关于数据库操作 Θ 是下面的 4 种表达之一：

(1) insert($P(t_1,\cdots,t_n)$)。

(2) delete($P(t_1,\cdots,t_n)$)。

(3) update($P(t_1,\cdots,t_n,t_k\leftarrow t_{k'})$)。

(4) abort。

主动规则具有这种表达形式：$F(x)\rightarrow\{\Theta_1(y_1),\cdots,\Theta_n(y_n)\}$，其中$\{\Theta_1(y_1),\cdots,\Theta_n(y_n)\}$是数据库操作集（$n\geqslant 1$），每个 y_i都是 x 的子集。

我们用 $P(e)$表示关系 P 的一个元组。

这样，上一节中从约束表达式提取约束的相关操作的三个原则用符号表示：

(1) ifΘ 是 insert($P(e)$)then $S'=S\cup P(e)$。

(2) ifΘ 是 delete($P(e)$)then $S'=S-P(e)$。

(3) ifΘ 是 update($P(e',C_k\rightarrow C'_k)$)then $S'=(S-P(C))\cup P(C_1,\cdots,C_{k-1},C'_k,C_{k+1},\cdots,C_n)$。

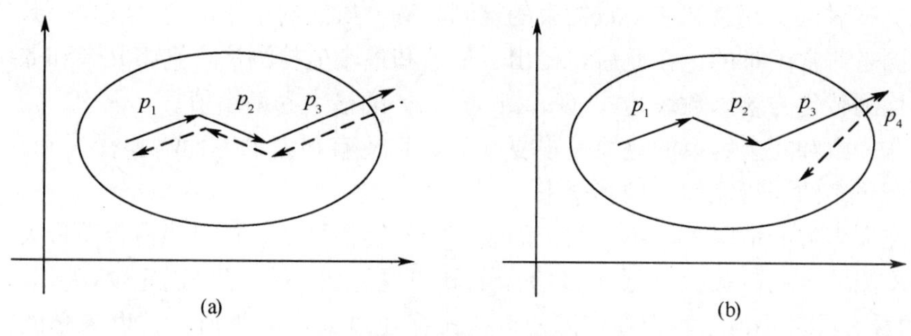

图 20.5　约束校正的图示

(4) ifΘ 是 abort，则 S'是数据库初始状态 S_0（用户事务提交前的状态）。

寻找合适的修正操作是约束设计者的任务，比较常见的修正操作是通过寻找合适的值来替换侵犯约束的属性的值，从而达到修正的目的。当然，这里所说的数据库的缺省处理就是对事务的放弃。

例 20.11　任一部门，经理的薪水一定不低于职员的薪水。

［约束 C］ $\forall e \in emp$，$e' \in emp$：

$e.job=$'manager'$\wedge e'.job=$'clerk'$\Rightarrow e.salary \geqslant e'.salary$

很显然，$<emp$，update（$salary$）$>$是相关操作。这个数据对提供的信息就是，当更新关系 *emp* 中的 *salary*（薪水）时，需要检测约束 C。

当违背约束 C 的操作发生时，我们可以做这样的校正处理：如果职员薪水大于部门经理薪水，则使其等于经理薪水。

表达上例的主动规则：

```
define deferred trigger TooMuchPay
event create(emp),update(e.salary),update(经理.salary)
condition occurred
          (create(emp),update(e.salary),update(经理.salary)
e.salary>经理.Salary )
action update(e.salary = 经理.salary)
end
```

小　结

本章首先讨论了约束集的分解，我们是分两步完成了这项工作，首先是将单个的复杂约束简化成多个基本约束，然后将一个较大的约束集分解为多个约束更少的约束集，这可以减少冗余和非一致约束检测的时间复杂度，容易得出时间复杂度会从 n^2减少到 $n/k \times O(k^2)$。接着提出了冗余约束和非一致约束的概念。同时也尝试讨论了冗余和非一致约束的检测算法，虽然约束集的冗余和非一致约束的检测是非常困难的。在此后，提出了最大和最小值检测法，它将冗余和非一致约束检测转化为求函数表达式 $f(a_1,a_2,\cdots,a_n)$的最大和最小值。

非一致和冗余约束的化简是很复杂的，它还有很多的方面需要探讨和完善，希望有更多的同行能加入到其中来。

在大多数的情况下，单个约束的表达式不会很复杂，这可能适合于最大和最小值检测的运用。最大和最小值检测的缺点是它并不能完全确定 $f(a_1,a_2,\cdots,a_n)$的最大或最小值是否存在（即使表达式存在最大或最小值，它也未必能检查出来），它只是对 $f(a_1,a_2,\cdots,a_n)$ 存在最大或最小值的充分条件的讨论。

参 考 文 献

郝忠孝. 1990. 空值环境下的完全函数依赖和部分依赖. 计算机研究与发展，27，(9)：58～64

郝忠孝. 1992. 基于超图的全部候选关键字求法. 计算机学报，15 (4)：264～270

郝忠孝. 1996. 模式矩阵的理论研究Ⅰ：基本概念. 计算机研究与发展，33 (10)：733～740

郝忠孝. 1996. 模式矩阵的理论研究Ⅱ：同类标准型有关理论. 计算机研究与发展，33 (10)：741～747

郝忠孝. 1998. 关系数据库数据理论新进展. 北京：机械工业出版社

郝忠孝等. 1990. 一种基于超图的最小覆盖求法. 计算机研究与发展，27 (10)：58～64

郝忠孝等. 1994. 含有不确定和Maybe信息的关系数据库更新处理的研究. 计算机研究与发展，31 (10)：15～22

郝忠孝等. 1997. 连接超图的有关理论研究Ⅰ：基本概念. 计算机研究与发展，S1：259～262

郝忠孝等. 1997. 连接超图的有关理论研究Ⅰ：无 α 环分解的基本理论. 计算机研究与发展，S1：263～266

郝忠孝等. 2004. 关于主动数据库的汇流性问题. 哈尔滨理工大学学报，9 (2)：73～75

郝忠孝等. 2004. 主动数据库中交叉数据依赖关系的研究. 哈尔滨理工大学学报，9 (6)：93～96

郝忠孝等. 2005. 含环触发图对应的主动规则集可中止性分析. 计算机研究与发展，42 (12)：2199～2205

郝忠孝等. 2005. 基于事务的规则终止性分析. 哈尔滨理工大学学报，10 (6)：55～58

郝忠孝等. 2005. 主动数据库的事件检测器和规则管理器评价. 哈尔滨理工大学学报，10 (1)：118～121

郝忠孝等. 2006. 含有非独立型触发环的主动规则集规约算法研究. 计算机科学，33 (6)：163～167

郝忠孝等. 2006. 基于活化路径和条件公式的主动规则集可终止性判定方法. 计算机研究与发展，43 (5)：901～907

郝忠孝等. 2006. 基于活化路径同步关系的规则集可终止性判定. 哈尔滨工程大学学报，27 (4)：546～550

郝忠孝等. 2006. 计算主动数据库中不可归约规则集的有效算法. 计算机研究与发展，43 (2)：281～287

郝忠孝等. 2006. 可检测用户解释冲突的对象模式规范化方法. 计算机工程与应用，24：157～159

郝忠孝等. 2006. 主动规则的终止性分析. 哈尔滨理工大学学报，11 (6)：13～15

郝忠孝等. 2006. 主动数据库中规则可观察确定性判定问题的一个解决方法. 哈尔滨理工大学学报，11 (1)：86～89

郝忠孝等. 2007. 基于耦合模式的主动实时并发控制算法. 计算机工程，33 (8)：60～62

郝忠孝等. 2008. 基于数据截止期的实时并发控制策略. 哈尔滨工业大学（自然版），40 (2)：25

熊中敏，郝忠孝. 2006. 基于路径函数依赖和键约束的复杂对象嵌套结构规范化. 计算机工程，32 (4)：4～6

Bae J，Bae H，et al. 2004. Automatic control of workflow processes using E-C-A rules. IEEE Transaction on Knowledge and Data Engineering，16 (8)：1010～1023

Bailey J，Poulovassilis A. 1999. Abstract interpretation for termination analysis in functional active databases. Journal of Intelligent Information Systems，12 (2/3)：243～273

Baralis E，Ceri S，et al. 1995. Improved rule analysis by means of triggering and activation graphs. Proc. Int'l Second Workshop Rules in Database Systems (RIDS)，Athens，Greence：165～181

Baralis E，Ceri S，et al. 1998. Compile-time and runtime analysis of active behaviors. IEEE Transactions on Knowledge and Data Engineering，10（3）：353～370

Baralis E，Ceri S，Paraboschi S. 1996. Modularization techniques for active rules design. ACM Trans. Database Systems，21（1）：1～29

Baralis E，Widom J. 1994. An algebralic approach to rule analysis in expert database systems. Proc. 20th Int'l Conf. Very Large Data Bases，Santiago，Chile：475～486

Baralis E，Widom J. 2000. An algebraic approach to static analysis of active database rules. ACM Transactions on Database Systems，25（3）：269～332

Karadimce A P，Urban S D. 1996. Refined triggering graph：A logic-based approach to termination analysis in an active object-oriented database. Proc. Int'l Conf. on Data Engineering（ICDE），New-Orlean，Louisiana：384～391

Lee S Y，Ling T W. 1998. A path removing technique for detecting trigger termination. Proc. Int'l Conf. On Extended Database Technology（EDBT），Valencia，Spain：341～355

Paton N W，et al. 1999. Active Database System. ACM Computing Surveys，31（1）：63～103

Widom J，Finkelstein S J. 1990. Set-oriented production rule in relational database systems. ACM SIGMOD Int. Conf. On Management of Data：259～270